职业教育创新教材

U0818993

# 电子技术基础与技能

## （电气电力类）

刘海燕　主　编

陆留宏　阚海辉　副主编

電子工業出版社

Publishing House of Electronics Industry

北京·BEIJING

## 内 容 简 介

本书系职业技术学校教材，是根据教育部2009年颁发的《中等职业学校电子技术基础与技能教学大纲》编写的。全书以项目包的形式包括了模拟电路、数字电路及其实训的基本内容，主要项目有：二极管及其应用、放大电路基础、正弦波振荡电路、直流稳压电源、晶闸管及其应用电路、数字电路及门电路基础、组合逻辑电路及其应用、触发器及其应用、时序逻辑电路的应用及综合技能。书末附有其他相关学习资料，供教学参考和使用。

本书项目内容丰富，结构合理，通俗易懂，操作方便，便于教学和自学，既可作为职业技术学校专业教材，也可作为岗位培训及自学用书。



**图书在版编目（CIP）数据**

电子技术基础与技能：电气电力类 / 刘海燕主编．—北京：电子工业出版社，2015.11
职业教育创新教材

ISBN 978-7-121-22351-8

Ⅰ.①电… Ⅱ.①刘… Ⅲ.①电子技术—高等职业教育—教材 Ⅳ.①TN

中国版本图书馆 CIP 数据核字（2014）第 008837 号

策划编辑：施玉新
责任编辑：郝黎明
印　　刷：三河市双峰印刷装订有限公司
装　　订：三河市双峰印刷装订有限公司
出版发行：电子工业出版社
　　　　　北京市海淀区万寿路 173 信箱　邮编　100036
开　　本：787×1 092　1/16　印张：18　字数：460.8 千字
版　　次：2015 年 11 月第 1 版
印　　次：2015 年 11 月第 1 次印刷
定　　价：36.00 元

凡所购买电子工业出版社图书有缺损问题，请向购买书店调换。若书店售缺，请与本社发行部联系，联系及邮购电话：（010）88254888。

质量投诉请发邮件至 zlts@phei.com.cn，盗版侵权举报请发邮件至 dbqq@phei.com.cn。

服务热线：（010）88258888。

# 前　　言

《电子技术基础与技能》一书是根据教育部2009年颁发的《中等职业学校电子技术基础与技能教学大纲》，并参照有关行业职业技能鉴定规范和标准编写的职业教育国家规划教材。依据职业教育的培养目标，围绕电子技术基础与技能的特点，紧扣新颁教学大纲的内容和要求，以项目展开教学内容，体现做中学、学中做、做中教的教学理念。

全书以项目包的形式包括了模拟电路、数字电路及其实训的基本内容，全书分十个学习领域31个项目。主要项目有：二极管及其应用、放大电路基础、正弦波振荡电路、直流稳压电源、晶闸管及其应用电路、数字电路及门电路基础、组合逻辑电路及其应用、触发器及其应用、时序逻辑电路的应用及综合技能。通过本书的学习，使学生具备电子技术技能，初步具有解决实际问题的能力，为学习其他专业知识和专业技能打下基础。

本书在文字表述上力求简明扼要，通俗易懂，并附有仿真电路，操作方便，图文并茂，直观形象，便于学生理解和接受。

本教材适用于三年制职业学校，也可作为职业岗位培训教材，总学时为152学时，各部分的内容课时分配建议如下：

《电子技术基础与技能》学时安排建议

（电气电力类）

| 学习领域 | | 项　目 | 参考学时 | |
|---|---|---|---|---|
| 一 | 二极管及其应用 | 单相整流电路的制作 | 6 | 14 |
| | | 三相整流电路的制作 | 2 | |
| | | 滤波电路的制作 | 2 | |
| | | 充电器的制作 | 4 | |
| 二 | 放大电路基础 | 基本放大电路的制作 | 8 | 30 |
| | | 低频功率放大器的制作 | 6 | |
| | | 负反馈放大电路的制作 | 4 | |
| | | 集成运算放大电路的制作 | 6 | |
| | | 扩音机的制作 | 6 | |
| 三 | 正弦波振荡电路 | 谐振电路的制作 | 4 | 12 |
| | | 正弦波振荡器的制作 | 8 | |
| 四 | 直流稳压电源 | 串联型稳压电源的制作 | 4 | 10 |
| | | 集成稳压电源的制作 | 2 | |
| | | 多用途直流稳压电源的制作 | 4 | |
| 五 | 晶闸管及其应用电路 | 单相可控整流电路的制作 | 6 | 10 |
| | | 家用光控调光台灯的制作 | 4 | |
| 六 | 数字电路及门电路基础 | 数字信号的认识 | 4 | 14 |
| | | TTL逻辑门电路测试 | 4 | |
| | | 用门电路制作简单逻辑电路 | 6 | |

续表

| 学习领域 | | 项　目 | 参考学时 | |
|---|---|---|---|---|
| 七 | 组合逻辑电路及其应用 | 交通灯故障报警电路的制作 | 6 | 14 |
| | | 译码显示电路功能测试 | 4 | |
| | | 编码显示电路功能测试 | 4 | |
| 八 | 触发器及其应用 | 触发器逻辑功能测试及应用 | 6 | 12 |
| | | 四人抢答器电路的制作 | 6 | |
| 九 | 时序逻辑电路的应用 | 流水灯的制作 | 4 | 22 |
| | | 用 555 定时器构成振荡器 | 6 | |
| | | 计数电路的制作 | 6 | |
| | | 秒计数器译码显示电路的制作 | 6 | |
| 十 | *综合技能 | 焊接与拆焊技术 | 2 | 14 |
| | | 温度控制器的制作 | 4 | |
| | | 24 秒倒计时器电路的制作 | 8 | |
| 总学时 | | | 152 | |

本教材在江苏省教科院职教所马成荣所长的指导下，由江苏省泰兴中等专业学校刘海燕、陆留宏、阚海辉、鲍敏、杨海晶老师共同编写，刘海燕老师担任主编，对全书进行了整理和统稿。

本教材由扬州高等职业技术学校赵杰主任主审。在编写过程中得到了南京工业职业技术学院、南京铁道职业技术学院等全省各地兄弟学校教师的支持和帮助，特别得到了电子工业出版社的领导、老师，泰州市教育局的领导、泰兴市教育局的领导以及江苏省电子中心教研组全体老师的帮助。江苏省泰兴中等专业学校的领导、机电工程系的同事，从编写到定稿提出了许多建议和方法，对于上述所有单位和同志，我们谨致以衷心的感谢。

由于编者水平有限，书中难免出现疏漏及错误，恳请各位专家、老师批评指正，以便我们进一步完善，不断提高。

编　者

2014 年 12 月

# 目　　录

# 学习领域一　二极管及其应用

## 领域简介

半导体元器件的种类很多，用途也各不相同，最简单的半导体元器件是晶体二极管（简称二极管）。它是诞生最早的半导体元器件之一，其应用也非常广泛。

本领域重点学习晶体二极管的特性及应用电路。通过学习，使读者深入了解二极管的导电特性及其应用。通过对单相整流电路的制作、三相整流电路的制作、滤波电路的制作以及充电器的制作提高学生电路安装、调试和排除故障等能力。为本专业后续的学习打下良好的理论和操作基础。

## 项目 1　单相整流电路的制作

### 学习目标

✧ 掌握二极管的单向导电性，了解二极管的结构、图形符号、引脚、伏安特性、主要参数，并能在实践中合理使用二极管。

✧ 了解硅稳压管、发光二极管、光电二极管、变容二极管等特殊二极管的外形特征、功能以及实际应用。

✧ 观察整流电路输出电压的波形，掌握整流电路的作用及工作原理。

### 工作任务

✧ 能用万用表判别二极管的极性和质量的优劣。

✧ 能识读整流电路，会合理选用整流电路元器件的参数。

✧ 能列举整流电路在电子技术领域的应用。

✧ 搭接由整流桥组成的应用电路，并会使用整流桥。

### 第 1 步　判别二极管的极性

#### 看一看

**认识半导体二极管**

观察如图 1.1.1 所示的几种常见二极管的实物外形，可以得出二极管的共同特征：具有两个电极，这两个电极分别称为正极和负极。普通二极管的结构与图形符号如图 1.1.2 所示，图（b）中的字符“V”为其文字符号。如果将二极管接入电路中会出现哪些特性呢？下面通过二极管单向导电性的测试即可了解。

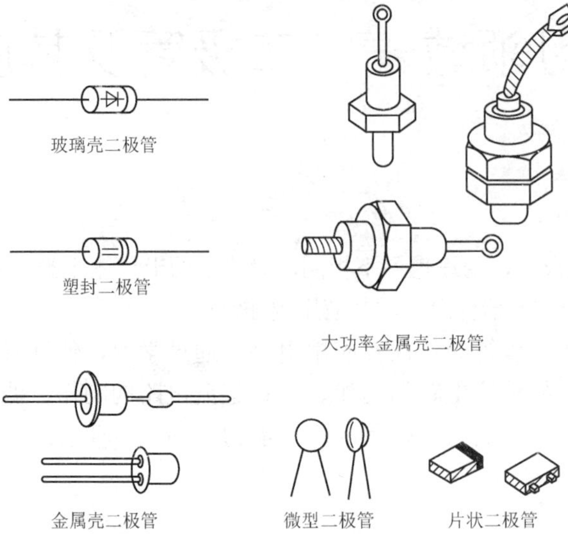


图 1.1.1　几种常见的二极管实物外形

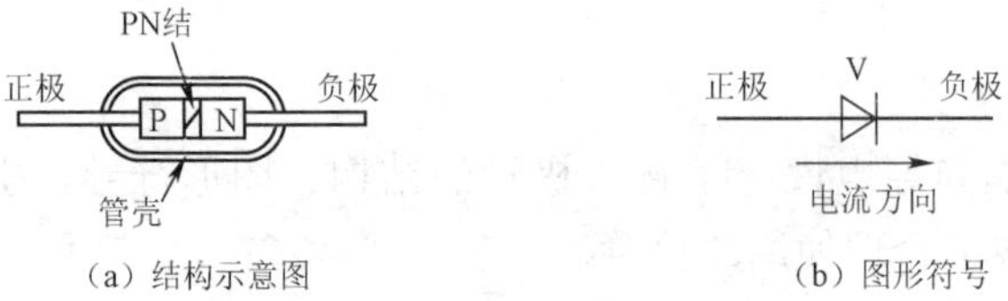


图 1.1.2　普通二极管的结构与符号

## 做一做

### 体验二极管的单向导电性

#### 1. 电子电路

如图 1.1.3 所示，V 为硅整流二极管（1N4007），$R$ 为 2kΩ 的电阻，H 为 2.5W 的小灯泡。

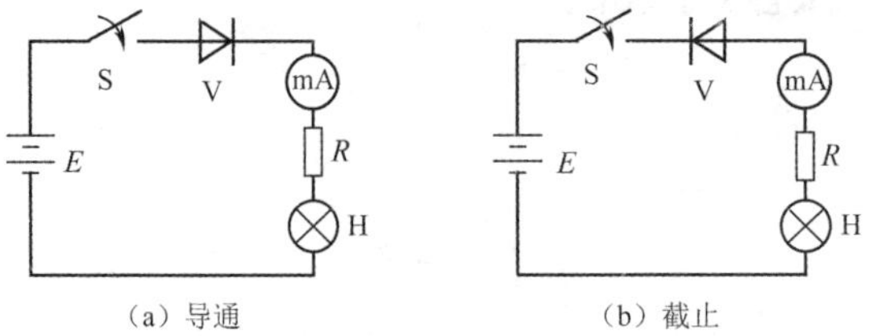


图 1.1.3　二极管单向导电性的测试

### 2. 仪器仪表工具

0～30V 可调直流稳压电源 1 台，普通万用表（作为电流表和电压表使用）1 只，镊子 1 把。

### 3. 制作步骤

（1）识读二极管单向导电性测试电路图。

（2）根据阻值大小和二极管型号正确选择元器件。电阻选择碳膜电阻，色环为红黑红金，代表阻值为 2kΩ。二极管选择整流二极管，标识型号为 1N4007。

（3）电阻、二极管正确成形，注意元器件成形时尺寸应符合万能电路板插孔间距的要求。

（4）在万能电路板上按测试电路图正确连接好元器件，串接上直流电流表，注意电流表的极性。

### 4. 测试步骤

（1）按上述制作步骤连接好如图 1.1.3（a）所示电路，经复查确定连接正确后再通电检测。

（2）调节直流稳压电源，使输出电压为 15V，通电后灯泡________（发光/不发光），电流表指针__________（偏转/不偏转），观察电流表的读数，用万用表测量电阻 $R$ 和二极管 V 两端的电压，并记录：$I$=______mA，$U_R$=________V，$U_V$=________V。

（3）在保持步骤（2）的基础上，仅将二极管极性对调，如图 1.1.3（b）所示，通电后灯泡________（发光/不发光），电流表指针________（偏转/不偏转），观察电流表的读数，用万用表测量电阻 $R$ 和二极管 V 两端的电压，并记录：$I$=________mA，$U_R$=________V，$U_V$=________V。

### 5. 综合分析

分析测试步骤，步骤（3）仅仅是在步骤（2）的基础上对调了二极管 V 的极性，但结果说明：当二极管 V 两端电压为正向电压时，灯泡就会发光，此时二极管必将___________（导通/截止）；当二极管 V 两端电压为反向电压时，灯泡就会熄灭，二极管必将____________（导通/截止）。

**结论：**二极管__________（具有/不具有）单向导电性。正向导通时，普通二极管 V 的正向压降约为________（零点几伏/几点几伏）。

## 读一读

理论和实践证明：二极管加一定的正向电压时导通，加一定的反向电压时截止的导电特性就是二极管的单向导电性。

## 做一做

### 判别二极管的极性

### 1. 有标记二极管的判别

一般情况下，二极管有色点的一端为正极，如 2AP1～2AP7，2AP11～2AP17 等。如果是透明玻璃壳二极管，可直接看出极性，即内部连触丝的一头是正极，连半导体片的一头是负极。塑封二极管有圆环标志的是负极，如 1N4000 系列。

### 2．无标记二极管的判别

可用万用表电阻挡来判别二极管的正、负极。根据二极管正向电阻小，反向电阻大的特点，将万用表拨到电阻挡（一般用 R×100 或 R×1k 挡。不要用 R×1 或 R×10k 挡，因为 R×1 挡使用的电流太大，容易烧坏管子，而 R×10k 挡使用的电压太高，可能击穿管子）。用表笔分别与二极管的两极相接，测出两个阻值。在所测得阻值较小的一次，与黑表笔相接的一端为二极管的正极；同理，在所测得较大阻值的一次，与黑表笔相接的一端为二极管的负极。如图 1.1.4 所示。如果测得的正、反向电阻均很小，说明管子内部短路；若正、反向电阻均很大，则说明管子内部开路。在这两种情况下，管子就不能使用了。

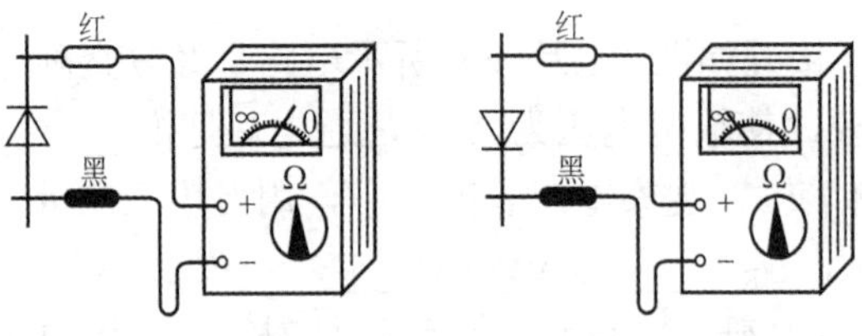

（a）测出正向电阻较小　（b）测出反向电阻较大

图 1.1.4　万用表检测二极管

## 拓　展

### 二极管的分类

常见的二极管有以下几种分类。

（1）以制造的材料分类：硅二极管、锗二极管。

（2）以 PN 结面积的大小分类：点接触型（PN 结面积小）、面接触型（PN 结面积大）。

（3）以用途分类：二极管的用途广泛，按用途有许多分类，下面简单介绍常见的二极管。

① 整流二极管：一种利用二极管的单向导电性，把交流电变换成直流电的二极管，其图形符号如图 1.1.5（a）所示。

② 稳压二极管：一种利用二极管反向击穿时两端电压保持稳定的特性来稳定电路两点之间电压的二极管，其图形符号如图 1.1.5（b）所示。

③ 发光二极管：一种采用磷化镓（GaP）或磷砷化镓（GaAsP）等半导体材料制成的可以直接将电能转换为光能的二极管，其图形符号如图 1.1.5（c）所示。

④ 光电二极管：一种能将光照强弱的变化转变成电信号的二极管，其图形符号如图 1.1.5（d）所示。光电二极管在反向电压下工作，没有光照时，反向电流很小；有光照时反向电流变大，光的强度越大，反向电流也越大。

⑤ 变容二极管：一种利用反向偏压改变 PN 结的结电容大小的二极管（反向偏压升高，结

电容量变小），其图形符号如图 1.1.5（e）所示。变容二极管被广泛应用于彩色电视机的电子调谐器中，通过控制电压的改变来改变结电容大小，此时它相当于一个可变电容，从而用来选择某一频道的谐振频率。

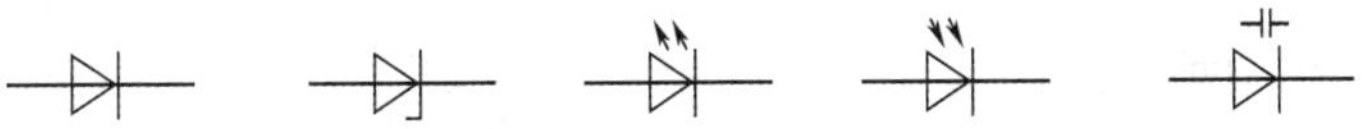

（a）整流二极管 （b）稳压二极管 （c）发光二极管 （d）光电二极管 （e）变容二极管

图 1.1.5 常见二极管的图形符号

此外还有很多其他用途的二极管，如检波二极管、开关二极管、红外光电二极管、红外发光二极管、激光二极管、阻尼二极管等。

## 拓 展

### 二极管的选用

二极管的参数是正确使用二极管的依据。由于制造工艺的限制，即使是同一型号的管子，参数的分散性也很大，一般半导体元器件手册上给出的往往是在一定测试条件下测得的参数范围。如果条件发生变化，相应参数也会发生变化。因此，在选择二极管时一定要注意留有足够的余量，同时注意其使用条件的限制（如散热条件等）。

## 拓 展

### 国产半导体二极管型号的命名方法

国产半导体二极管型号由 5 部分组成，如硅稳压二极管 2CW7B，其中，2 代表二极管、C 代表 N 型硅材料、W 代表稳压管、7 代表序号、B 代表规格号。

## 第 2 步 单相半波整流电路的制作

## 读一读

把交流电转换成直流电的过程称为整流。利用晶体二极管的单向导电性把单相交流电转换为直流电的电路称为二极管单相整流电路，常用的有单相半波整流、单相全波整流、单相桥式整流和倍压整流等。首先进行单相半波整流电路的制作。

## 做一做

### 单相半波整流电路的制作

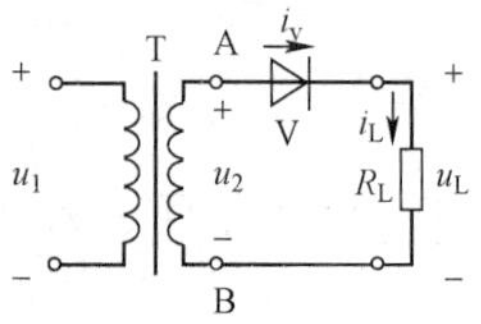

图 1.1.6 单相半波整流电路

#### 1. 电子电路

如图 1.1.6 所示电路中的变压器是输出电压为 6V 的降压变压器，负载电阻 $R_L$ 为 1kΩ，整流二极管 V 为 1N4007。

#### 2. 仪器仪表工具

双踪示波器 1 台，万用表 1 只，烙铁等焊接工具及材料。

#### 3. 制作步骤

（1）识读半波整流电路图。

（2）根据阻值大小和二极管型号正确选择元器件。电阻选择碳膜电阻，色环为棕黑红金，代表阻值为 1kΩ。二极管选择整流二极管，标识型号为 1N4007。

（3）电阻、二极管正确成形，注意元器件成形时尺寸须符合万能电路板插孔间距要求。

（4）在万能电路板上按电路原理图正确插装成形好的元器件，并用导线把它们连接好。

#### 4. 测试步骤

（1）按上述制作步骤连接如图 1.1.6 所示的电路，经复查确定电路连接正确后再通电检测。

（2）将变压器输出的 6V/50Hz 交流电压 $u_2$ 加到整流电路输入端，用双踪示波器同时观察整流电路输入电压 $u_2$ 和输出电压 $u_L$ 的波形，比较它们的大小及相位，记录观察到的输入和输出电压波形（画在坐标纸上）。同时用万用表直流电压挡检测负载电阻 $R_L$ 两端的电压并记录，$U_L$=____________V。

（3）在保持实验步骤（2）的基础上，将二极管 V 反接，同样用双踪示波器同时观察整流电路输入电压 $u_2$ 和输出电压 $u_L$ 的波形，比较它们的大小及相位，记录观察到的输入和输出电压波形（画在坐标纸上）。同时用万用表直流电压挡检测负载电阻 $R_L$ 两端的电压并记录 $U_L$=________V。

#### 5. 综合分析

所谓“整流”，就是指把______（双向/单向）交流电变为_______（双向/单向）脉动直流电。因电路仅利用了电源电压的_______（半个/一个）波，故称为半波整流电路。若在电路中改变二极管的接法，输出波形_____（会/不会）发生变化，即输出电压的极性_____（会/不会）发生变化。

## 读一读

通过制作半波整流电路，可以知道，半波整流电路的输出电压 $u_L$ 只有输入电压 $u_2$ 的一半，电源利用率低，输出电压的脉动大，没有实用价值。通过第 3 步、第 4 步的制作，即可体会到将输入电压的整个周期都得到充分利用的整流电路的效果。

## 第 3 步　单相桥式整流电路的制作

### 做一做

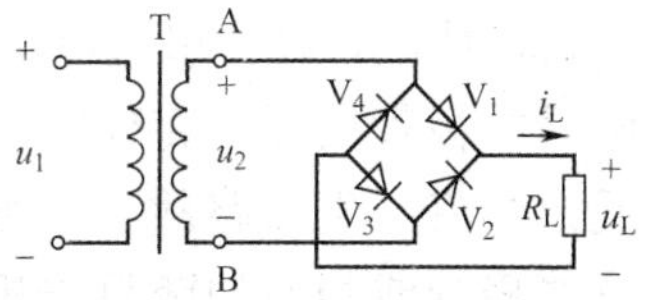


图 1.1.7　单相桥式整流电路

**1. 电子电路**

如图 1.1.7 所示电路中的变压器是输出电压为 6V 的降压变压器，负载电阻 $R_L$ 为 1.2kΩ，$V_1$、$V_2$、$V_3$、$V_4$ 为 1N4007。

**2. 仪器仪表工具**

万用表 1 只，双踪示波器一台，烙铁等焊接工具及材料。

**3. 制作步骤**

（1）识读桥式整流电路图。

（2）根据阻值大小和二极管型号正确选择元器件。电阻选择碳膜电阻，色环为棕红红金，代表阻值为 1.2kΩ。二极管选择整流二极管，标识型号为 1N4007。

（3）电阻、二极管正确成形，注意元器件成形时，尺寸须符合电路通用板插孔间距的要求。

（4）在电路通用板上按电路原理图正确插装成形好的元器件，并用导线把它们连接好，注意二极管的极性。

**4. 测试步骤**

（1）按上述制作步骤连接如图 1.1.7 所示的电路，经复查确定电路连接正确后再通电检测。

（2）将变压器次级的 6V/50Hz 交流电压 $u_2$ 加到整流电路输入端。用示波器同时观察输入电压 $u_2$ 和输出电压（即 $R_L$ 两端电压）$u_L$ 的波形，并在坐标纸上记录 $u_2$ 和 $u_L$ 的波形。输入电压 $u_2$ 和输出电压 $u_L$ 之间波形的不同之处在于输入是________（双向正弦交流/单向全波）的波形，输出是______（双向正弦交流/单向全波）的波形。并用万用表检测电阻 $R_L$ 两端的电压并记录 $U_L$=________V。

（3）保持检测步骤（1），将二极管 $V_2$ 断开。再用示波器同时观察 $u_2$ 和 $u_L$ 的波形，并在坐标纸上记录 $u_L$ 波形，与检测步骤（1）中测试的 $u_L$ 波形比较，判断两者________（相同/不相同），原因是电路由_______（桥式/半波）整流电路变为_________（桥式/半波）整流电路。用万用表检测电阻 $R_L$ 两端的电压并记录 $U_L$=__________V。

（4）在保持检测步骤（1）的基础上，将所有二极管同时反接。用示波器同时观察输入和输出电压（$R_L$ 两端）的波形，并在坐标纸上记录输出电压波形，与检测步骤（1）中测试的输出电压波形比较，它们_________（一样/不一样），原因是电压极性_______（发生/不发生）变化。并用万用表检测电阻 $R_L$ 两端的电压并记录 $U_L$=__________V。

**5. 综合分析**

二极管桥式整流电路是利用了二极管________的特性，从而实现了整流。经整流后的输出波形与______（半波/全波）整流电路的输出波形大致相同。

## 安全警告

**二极管的正确连接**

一定要注意二极管的极性和连接方向。如果四只二极管同时反接，电路不会出现短路故障，但会使输出电压的正、负极性反向，此时用万用表直流电压挡进行测量时一定要注意其正、负极性，否则将引起电压表反向偏转，严重时可能烧毁电表。如果将与负载 $R_L$ 任一端相接的两只二极管接反，将使输出电压为零。其他情况下如果将其中的一只、两只或者三只二极管接反，都将产生短路故障，可能引起二极管或变压器烧毁。另外，在电路连接过程中，若其中一只二极管或相对边两只二极管虚焊，则电路将变成半波整流，此时输出的为半波整流波形；但若与负载任一端相接的两只二极管虚焊，则使输出电压为零。

## 知识链接

**单相桥式整流电路的工作原理**

通过制作前面的电路并通过示波器进行观察，看到了桥式整流电路的输出波形 $u_L$，那么其形成原因是什么呢？同样通过学习其工作原理即可了解其形成原因。

在如图 1.1.7 所示的参考方向下，$u_2$ 为正半周时，A 端为正、B 端为负，A 端电位高于 B 端电位，二极管 $V_1$ 和 $V_3$ 加正向电压导通，$V_2$ 和 $V_4$ 加反向电压截止，电流 $i_1$ 自 A 端流过 $V_1$、$R_L$、$V_3$ 到 B 端，它自上而下流过 $R_L$。

$u_2$ 为负半周时，A 端为负、B 端为正，A 端电位低于 B 端电位，二极管 $V_2$ 和 $V_4$ 加正向电压导通，$V_1$ 和 $V_3$ 加反向电压截止，电流 $i_2$ 自 B 端流过 $V_2$、$R_L$、$V_4$ 到 A 端，它自上而下流过 $R_L$。

在交流电压 $u_2$ 工作的整个周期内，$i_1$ 和 $i_2$ 叠加形成全波脉动直流电流 $i_L$，在 $R_L$ 上只有自上而下的单方向电流 $i_L$，在 $R_L$ 两端得到全波脉动直流电压 $u_L$，同样实现了全波整流。

如图 1.1.8 所示的三个电路是桥式整流电路的常见画法，图 1.1.8（c）为其简化画法。

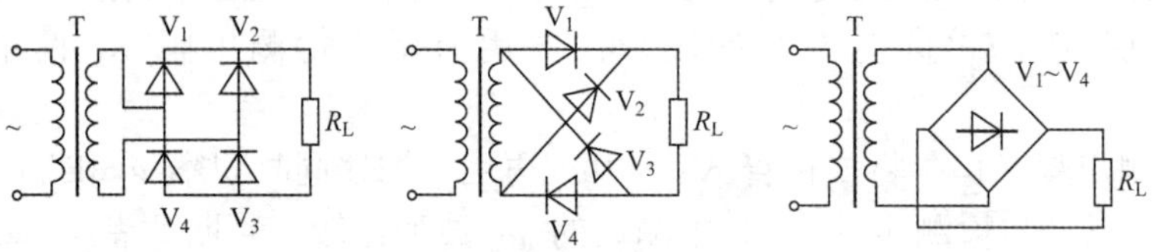


（a）画法1　（b）画法2　（c）简化画法

图 1.1.8　单相桥式整流电路几种常见画法

# 项目 2　三相整流电路的制作

## 学习目标

✧　了解三相整流电路的组成与特点。

## 工作任务

✧　能用二极管搭接三相整流电路。

### 读一读

**三相整流电路的特点**

前面介绍的单相整流电路通常应用于电子电路或电子仪器中，它们的输出功率较小，一般为几瓦到几百瓦，如果负载功率太大，将会引起电网三相负荷不平衡。对于某些场合要求输出功率高达几千瓦以上的大功率直流电源，大多数是从三相整流电路得到的。三相整流电路具有输出电压脉动小，输出功率大，变压器利用率高并能使三相电网的负荷平衡等优点，在电气设备中被广泛应用。

三相整流电路有多种类型，首先介绍三相半波整流电路。

## 第 1 步　三相半波整流电路的制作

### 做一做

**1．电子电路**

如图 1.2.1 所示是一个三相半波整流电路。图中变压器的初级绕组接成三角形，次级绕组接成星形。

**2．电压波形**

次级绕组的相电压是三相对称电压并按正弦规律变化，彼此相位差为 120°，电压波形如图 1.2.2（a）所示。图中三只二极管 $V_1$、$V_2$、$V_3$ 的负极接在一起（A 点），称为共阴极接法。负载电阻 $R_L$ 一端接 A 点，另一端接中性点 N 而构成回路。

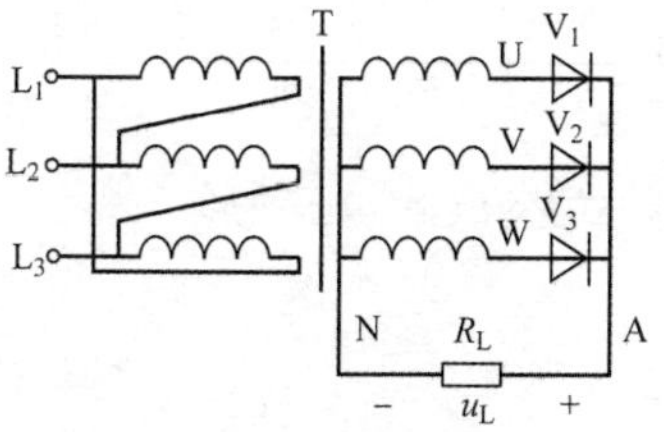


图 1.2.1　三相半波整流电路

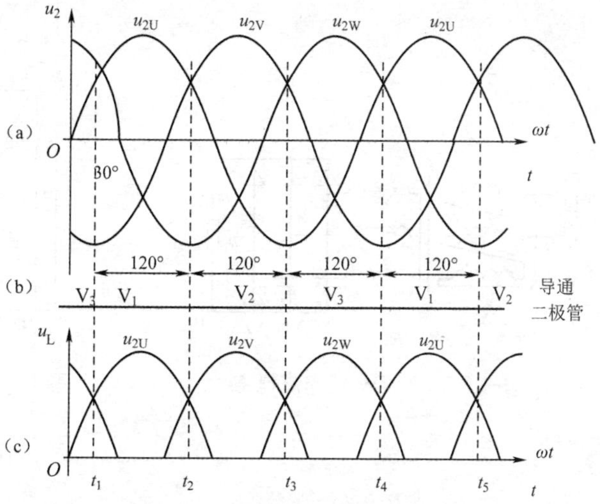


图 1.2.2　三相半波整流电路电压波形

## 安全警告

**二极管的正确连接**

一定要注意二极管的极性和连接方向。与前面单相整流电流相似，如果将其中一只或两只二极管接反将产生短路故障，可能引起二极管或变压器烧毁。但如果三只二极管同时反接，电路不会出现短路故障，但会使输出电压的正、负极性反向，此时用万用表直流电压挡进行测量时一定要注意其正、负极性，否则将引起电压表反向偏转，严重时可能烧毁电表。

## 第 2 步　三相桥式整流电路的制作

## 做一做

**1. 电子电路**

如图 1.2.3 所示是三相桥式整流电路，二极管 $V_1$、$V_3$、$V_5$ 组成共阴极接法，$V_2$、$V_4$、$V_6$ 组成共阳极接法，负载 $R_L$ 接在 A、B 两点间。

**2. 电压波形**

电压波形如图 1.2.4 所示。

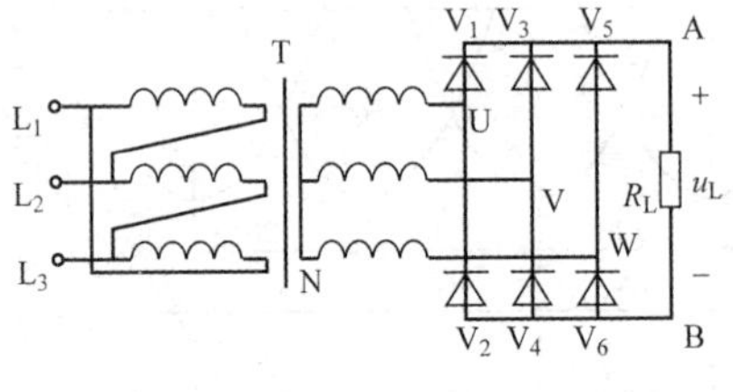


图 1.2.3　三相桥式整流电路

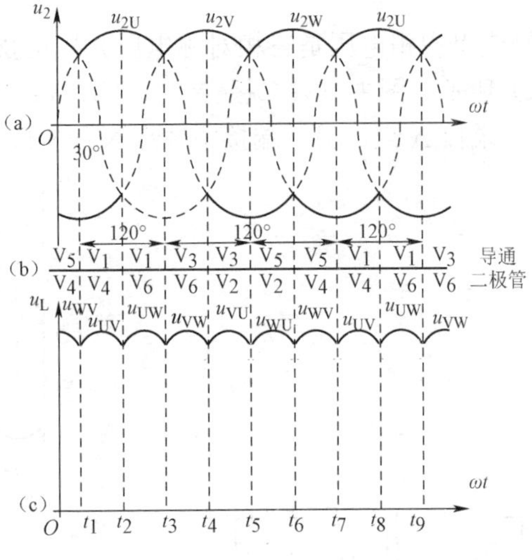


图 1.2.4　三相桥式整流电路电压波形

## 安全警告

### 二极管的正确连接

一定要注意二极管的极性和连接方向。与前面三相半波整流电流相似，如果 6 只二极管同时反接，电路不会出现短路故障，但会使输出电压的正、负极性反向，此时用万用表直流电压挡进行测量时一定要注意其正、负极性，否则将引起电压表反向偏转，严重时可能烧毁电表。但如果将其中部分二极管接反都将产生短路故障，可能引起二极管或变压器烧毁。

## 链　接

### 三相桥式整流电路的工作原理

为分析方便，将变压器次级绕组三个相电压的波形画在图 1.2.4（a）中，并将一个周期的时间从 $t_1$～$t_7$ 分成六等份，在每个六分之一周期时间内，相电压 $u_{2U}$、$u_{2V}$、$u_{2W}$ 中总有一个是最大的，一个最小的。对于共阴极连接的二极管哪一只的正极电位最高，则这只二极管就处于导通状态；对于共阳极连接的二极管，哪一只的负极电位最低，则这只二极管就处于导通状态。

在 $t_1$～$t_2$ 时间内：$V_1$、$V_3$、$V_5$ 的负极电位相同，而 U、V、W 三点中 U 相电压最高，所以 $V_1$ 优先导通，使 A 点电位等于 U 点，这样 $V_3$、$V_5$ 承受反向电压而截止。再看 $V_2$、$V_4$、$V_6$，它们的正极电位相同，而 U、V、W 三点中 V 相电压最低，所以 $V_4$ 优先导通，使 B 点电位等于 V 点，使 $V_4$、$V_6$ 反偏截止。在这段时间中，$V_1$ 与 $V_4$ 串联导通，电流通路为：U→$V_1$→$R_L$→$V_4$→V→N。输出电压 $u_L$ 近似等于变压器次级电压 $u_{UV}$。

在 $t_2$～$t_3$ 时间内：U 相电压仍然最高，而 W 相电压最低，因此 $V_1$ 与 $V_6$ 串联导通，其余二极管反偏截止，电流通路为：U→$V_1$→$R_L$→$V_6$→W→N。输出电压 $u_L$ 近似等于变压器次级电压 $v_{UW}$。

在 $t_3$～$t_4$ 时间内：V 相电压最高，而 W 相电压仍然最低，因此 $V_3$ 与 $V_6$ 串联导通，其余二极管反偏截止，电流通路为：U→$V_3$→$R_L$→$V_6$→W→N。输出电压 $u_L$ 近似等于变压器次级电压 $u_{UW}$。

依此类推，循环往复。因而不难得出如下结论，在任一瞬时，共阴极组和共阳极组中各有一只二极管导通，每个二极管在一个周期内的导通角都为 120°，导通顺序如图 1.2.4（b）所示。负载上获得的脉动直流电压 $u_L$ 的波形如图 1.2.4（c）所示，它是线电压 $u_{UV}$、$u_{UW}$、$u_{VW}$、$u_{VU}$、$u_{WU}$、$u_{WV}$ 的波顶连线，在一个周期内出现 6 个波头。如果将它与单相整流电路的输出电压波形相比，显然三相桥式整流电路的输出电压波形平滑得多，脉动更小。

## 拓　展

### 常见的几种整流电路比较（表 1.2.1）

表 1.2.1　常见的几种整流电路比较

| 类型 | 电路形式 | 整流输出 $u_L$ 的波形 | 输出电压平均值 $u_L$ | 输出电流平均值 $I_L$ | 每管流过电流平均值 $I_V$ | 每管承受的最高反向电压 $U_{RM}$ | 变压器副边电流有效值 $I$ |
|---|---|---|---|---|---|---|---|
| 单相半波 | 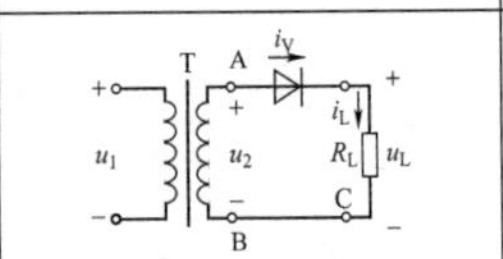 | 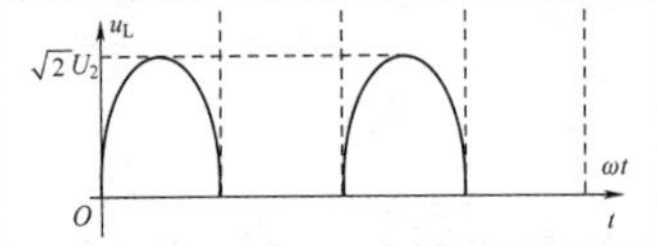 | $0.45U_2$ | $\frac{0.45U_2}{R_L}$ | $I_L$ | $\sqrt{2}U_2$ | $1.57I_L$ |
| 单相全波 | 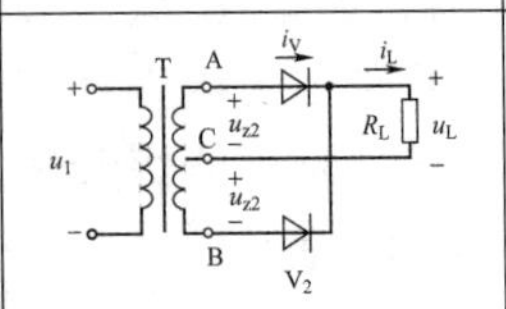 | 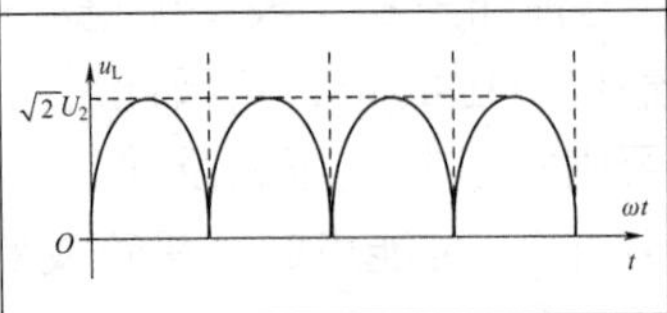 | $0.9U_2$ | $\frac{0.9U_2}{R_L}$ | $\frac{1}{2}I_L$ | $2\sqrt{2}U_2$ | $I_L$ |
| 单相桥式 | 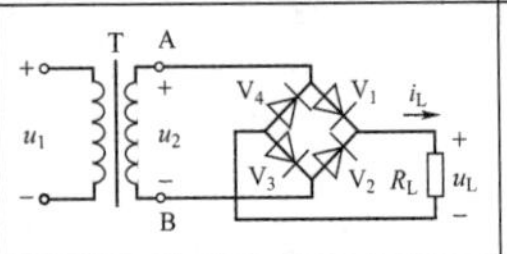 | 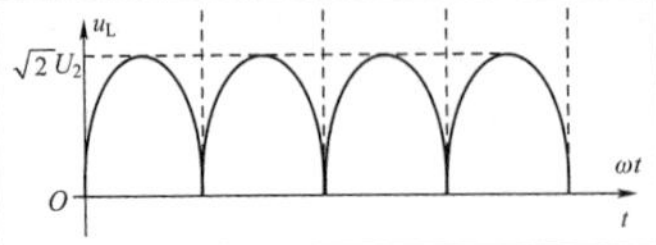 | $0.9U_2$ | $\frac{0.9U_2}{R_L}$ | $\frac{1}{2}I_L$ | $\sqrt{2}U_2$ | $I_L$ |
| 三相半波 | 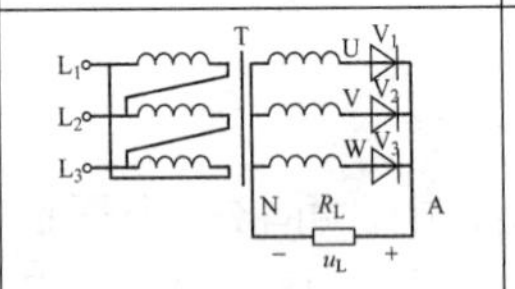 | 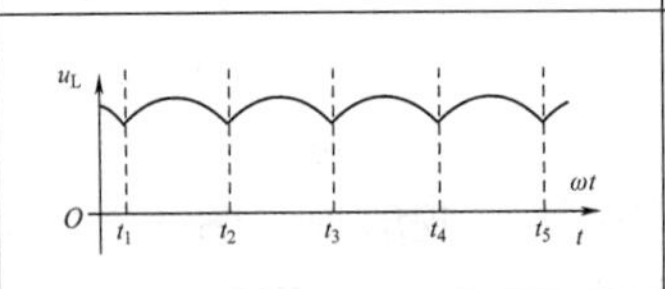 | $1.17U_2$ | $\frac{1.17U_2}{R_L}$ | $\frac{1}{3}I_L$ | $\sqrt{3}\cdot\sqrt{2}U_2=\sqrt{6}U_2$ | $0.577I_L$ |
| 三相桥式 | 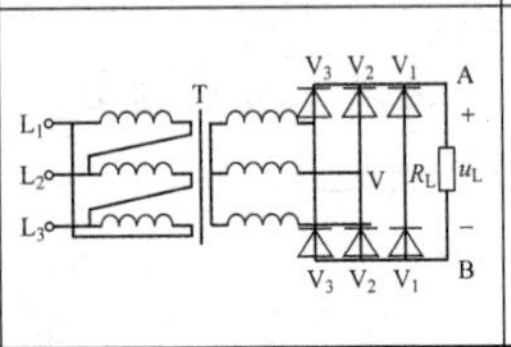 | 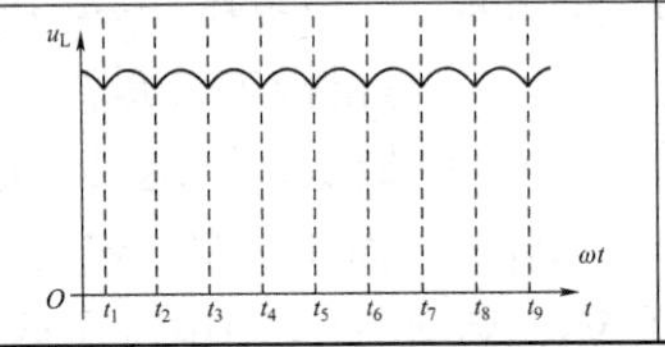 | $2.34U_2$ | $\frac{2.34U_2}{R_L}$ | $\frac{1}{3}I_L$ | $\sqrt{3}\cdot\sqrt{2}U_2=\sqrt{6}U_2$ | $0.816I_L$ |

# 项目 3　滤波电路的制作

## 学习目标

✧ 能识读电容滤波、电感滤波、复式滤波电路图。
✧ 了解滤波电路的应用实例；观察滤波电路的输出电压波形，了解滤波电路的作用及其工作原理。
✧ 会估算电容滤波电路的输出电压。

## 工作任务

✧ 用电解电容搭接电容滤波电路。

### 读一读

**滤波的概念**

二极管整流电路将交流电转换为脉动直流电，其极性方向虽然不变，但它的量值是波动的，即平滑性差。其原因是脉动直流电中除了含有直流分量外，还含有较高的谐波分量，这些谐波分量称为纹波。由于纹波的存在，使脉动直流电只能在一些电压要求不高的场合（如电镀、电磁铁等）使用，但对有些电压要求较高的电子仪器设备来说，用这样的电压供电，将会对电子仪器设备的工作产生严重的干扰，甚至不能正常工作。

为了满足电子仪器设备正常工作的需要，就必须在整流电路后，接入负载前采取滤波措施。所谓滤波，就是把脉动直流电压中的脉动成分或纹波成分滤除，以得到较为平滑的直流输出电压。通过下面电容滤波电路的制作即可理解滤波电路的作用。

## 第 1 步　电容滤波电路的制作

### 做一做

#### 1．电子电路

如图 1.3.1 所示为半波整流电容滤波电路，T 为输出电压为 12V 的降压变压器，V 为 1N4007，电解电容 $C$ 为 1000μF/25V，$R_L$ 为 1.2kΩ。

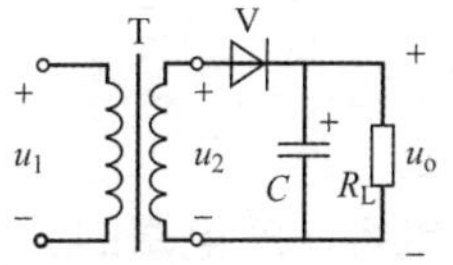


图 1.3.1　桥式整流电容滤波电路

#### 2．仪器仪表工具

万用表 1 只，双踪示波器一台，烙铁等焊接工具及材料。

#### 3．制作步骤

（1）识读半波整流电容滤波电路图。

（2）根据阻值大小和二极管型号正确选择元器件。电阻选择碳膜电阻，色环为棕红红金，代表阻值为 1.2kΩ。二极管选择整流二极管，标识型号为 1N4007。电容选择电解电容，标识型号为 1000μF/25V。

（3）电阻、二极管正确成形，注意元器件成形时尺寸须符合万能电路板插孔间距要求。

（4）在万能电路板上按测试电路图正确插装成形好的元器件，并用导线把它们连接好。注意二极管、电解电容的极性。

#### 4．测试步骤

（1）按上述制作步骤连接好如图 1.3.1 所示电路，经复查确定电路连接正确后再通电检测。

（2）将半波整流电路输出的脉动直流电压加到电路输出端，用双踪示波器同时观察电压 $u_2$ 和输出电压 $u_o$ 的波形，并在坐标纸上画出电压 $u_2$ 和输出电压 $u_o$ 的波形。

（3）用万用表检测负载 $R_L$ 两端的电压并记录：$U_O$=________V。

（4）将电容 $C$ 的容量调换为 500μF/25V，按上述步骤（2）、（3）再次观测 $u_o$ 的波形并测量 $U_O$ 值。

5. 综合分析

（1）将刚测出的如图 1.3.1 所示电路的波形与图 1.1.6 所示电路中测出的波形相比较，可以看出在负载两端并联上电容后，输出电压的波形比不加电容直接整流后的输出电压的波形更加__________（平滑/不平滑）。

（2）比较电容 $C$ 值分别为 1000μF/25V 和 500μF/25V 时观测到的电压波形 $u_o$ 与电压 $U_O$ 值，可以看出，电容量越大，滤波的效果越____________（好/差）。

## 安全警告

**二极管和电解电容的正确连接**

在滤波电路的连接过程中，与前面制作整流电路相似除要注意二极管的极性外，同时还应注意电解电容的极性，若电解电容极性接反会使其击穿损坏，从而引发电路故障。

## 链 接

**电容滤波电路的工作原理**

从前面的制作可以看出，电容量越大，输出电压的纹波越小，即滤波效果越好。电容器能够滤波的原因是利用储能元器件电容的充放电作用以及电容两端电压 $u_C$ 的存在，当电压升高时电容充电，储存能量，当电压下降时电容放电释放能量，这样就使得整流输出电压的脉动程度大为减弱，波形近于平滑，从而起到滤波的作用。

## 第 2 步　滤波电路的类型及特点的认识

用来实现滤波功能的电路除了电容滤波电路以外，常见的滤波电路还有电感滤波和复式滤波电路。

### 1. 电容滤波电路

如图 1.3.1 所示，主要利用电容两端的电压不能突变的特性，使负载电压波形平滑，电容与负载并联。这种滤波电路结构简单，输出直流电压较高，纹波较小，但带负载能力较差，电源接通瞬间充电电流很大，整流管要承受很大的正向浪涌电流，一般用在负载电流较小且变化不大的场合，是小功率整流电路中的主要滤波形式。

各种整流电路采用电容滤波后，电路参数可能会发生相应的变化，其具体参数见表 1.3.1。

表 1.3.1　各电容滤波电路的参数

| 滤波电路形式 | 输出电压平均值 $U_O$ | | 二极管参数 | | 电路原理图 |
|---|---|---|---|---|---|
| | 有载时 | 空载时 | 电流 $I_V$ | 最高反向工作电压 $U_{RM}$ | |
| 半波整流 | $U_2$ | $\sqrt{2}U_2$ | $I_L$ | $2\sqrt{2}U_2$ | 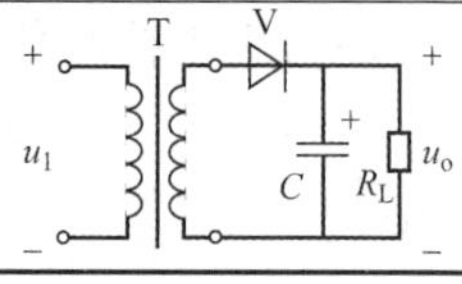 |

续表

| 滤波电路形式 | 输出电压平均值 $U_O$ | | 二极管参数 | | 电路原理图 |
|---|---|---|---|---|---|
| | 有载时 | 空载时 | 电流 $I_V$ | 最高反向工作电压 $U_{RM}$ | |
| 全波整流 | $1.2U_2$ | $\sqrt{2}U_2$ | $\frac{I_L}{2}$ | $2\sqrt{2}U_2$ | 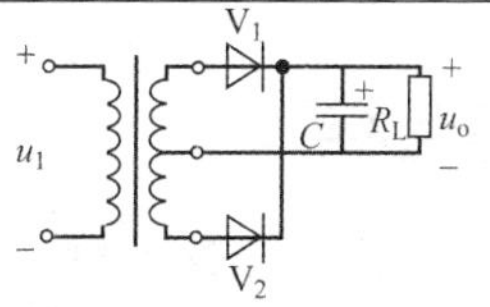 |
| 桥式整流 | $1.2U_2$ | $\sqrt{2}U_2$ | $\frac{I_L}{2}$ | $2\sqrt{2}U_2$ | 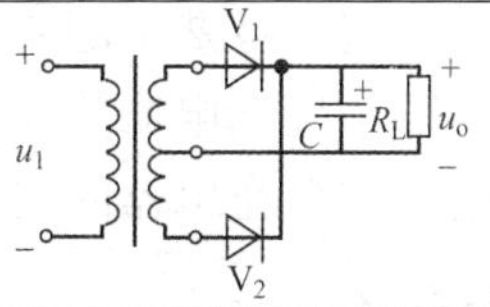 |

## 2. 电感滤波电路

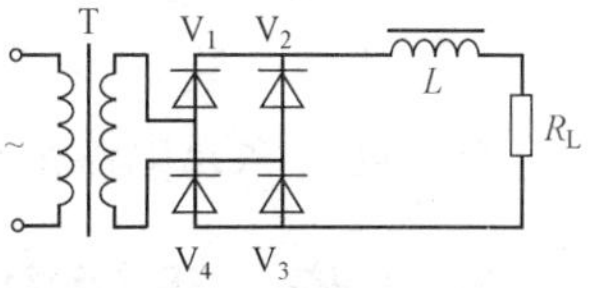


图 1.3.2　电感滤波电路

如图 1.3.2 所示，主要利用通过电感中的电流不能突变的特点，使输出电流波形比较平滑，从而使输出电压的波形也比较平滑，故电感与负载串联。这种电路工作频率愈高，电感愈大，负载愈小，滤波效果愈好，整流管不会受到浪涌电流的损害，适用于负载电流较大以及负载变化较大的场合。但输出电压较低，且电感铁芯笨重，体积大，故在小型电子设备中很少采用。

## 3. 复式滤波电路

为了进一步提高滤波效果，可将电感和电容组合成复式滤波电路，常用的有 π 型 RC、π 型 LC 和 Γ 型 LC 复式滤波电路。

Γ 型 LC 滤波电路如图 1.3.3（a）所示。整流后输出的脉动直流经过电感 $L$，交流成分被削弱，再经电容 $C$ 滤波，就可在负载上获得更加平滑的直流电压。输出电流大，带负载能力强，滤波效果好，但电感线圈体积大，价格高，故适用于负载变动较大、负载电流较大的场合。

π 型 LC 滤波电路如图 1.3.3（b）所示。脉动直流电经过电容 $C_1$ 的滤波后，又经电感 $L$ 和电容 $C_2$ 的滤波，使脉动成分大大降低，在负载上获得平滑的直流。输出电压高、滤波效果好，但输出电流小，带负载能力差，对整流二极管存在着浪涌电流冲击。适用于要求输出电压脉动小，负载电流不大的场合。

π 型 RC 滤波电路如图 1.3.3（c）所示。用电阻 $R$ 代替 π 型 LC 滤波电路中的电感 $L$。电路成本低，体积小，结构简单，滤波效果好，但 $R$ 的存在，使输出电压降低，适用于负载电流较小的场合。

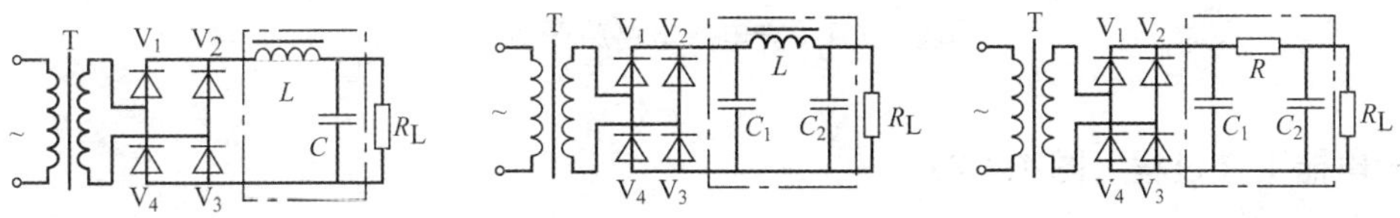

（a）Γ 型 LC　　（b）π 型 LC　　（c）π 型 RC

图 1.3.3　复式滤波电路

# 项目4 充电器的制作

## 学习目标

✧ 进一步熟悉桥式整流电路的工作原理。
✧ 进一步熟悉滤波电路的工作原理。
✧ 掌握充电器的电路组成及其工作过程。
✧ 掌握充电器的安装调试方法。

## 工作任务

✧ 完成充电器电路中各元器件的检测。
✧ 完成组装并调试好充电器电路。
✧ 能排除充电器常见的故障。

### 第1步 识读电路

**链 接**

**充电器的组成及其工作原理**

充电器电路原理图如图 1.4.1 所示。该电路具有充电和稳压输出两种功能。电路在结构上有公用部分（变压器、桥式整流电路、滤波电路）、充电部分和稳压输出部分，并且配有相应的发光二极管指示电路。

**1．充电器电路（图 1.4.1）**

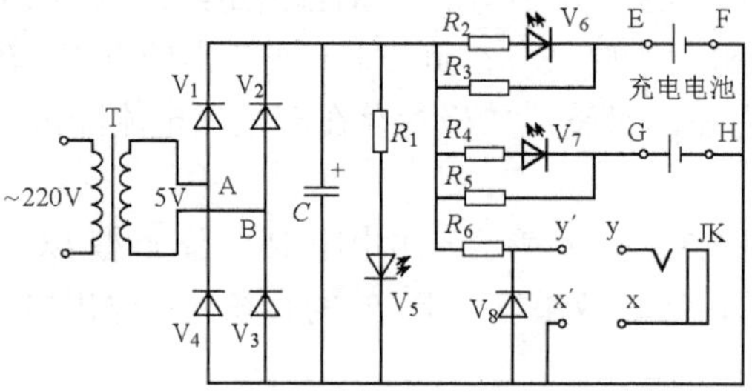


图 1.4.1 充电器电路原理图

**2．充电器工作过程（图 1.4.2）**

工作过程：该充电器电路中变压器 T 将 220V 交流电转变为 5V 的低压交流电。输入由二极管 $V_1$～$V_4$ 组成的桥式整流电路，使交流电变成单向脉动直流电，通过电解电容 $C$ 的滤波作用，变成较为平滑直流电，当电路工作正常时，接在电容两端的绿色发光二极管 $V_5$ 就会发光。

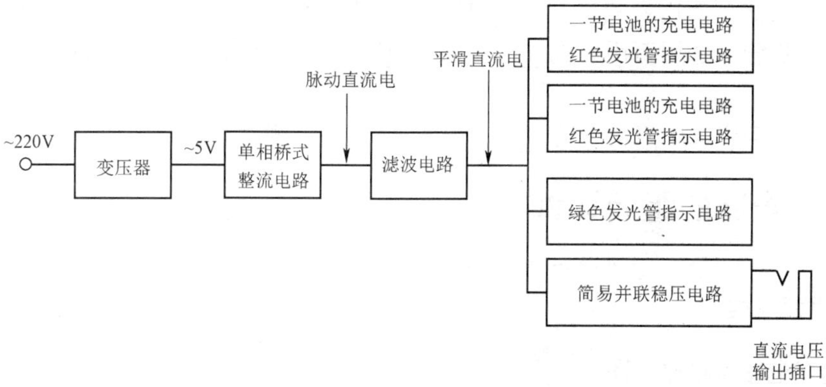


图 1.4.2　充电器电路工作过程框图

经电容 $C$ 滤波后的平滑直流电分成两部分，一路送至两节充电电路。一节充电电路由电阻 $R_3$ 做充电限流电阻，电阻 $R_2$ 和红色发光二极管 $V_6$ 串联后并联在电阻 $R_3$ 两端，同时提供充电电流，并指示充电状态。只有在充电电池的位置装入充电电池，并且接触良好，用做指示的发光二极管 $V_6$ 才会发光。另一节充电电路由 $R_5$、$R_4$、$V_7$ 组成。

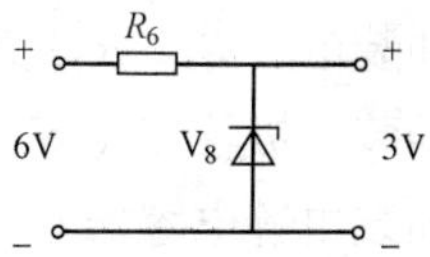


图 1.4.3　并联稳压原理示意图

另一路送至稳压输出部分。稳压部分采用简易并联稳压电路，稳压原理如图 1.4.3 所示。输入 6V 的电压除了稳压二极管 $V_8$ 的反向电压外，都降到限流电阻 $R_6$ 上，接上负载后，如负载电流增大，则流过稳压二极管 $V_8$ 的电流自动减小；如负载电流减小，则流过稳压二极管 $V_8$ 的电流自动增大，通过这样的调节基本保持输出电压在 3V 左右的范围内。

## 第 2 步　元器件检测

### 做一做

表 1.4.1 为充电器电路元器件清单，对照清单逐个检测元器件，并回答下列问题。

表 1.4.1　充电器电路元器件清单表

| 序　号 | 元器件名称 | | 型　号 | 数　量 |
|---|---|---|---|---|
| 1 | 整流二极管 | $V_1$～$V_4$ | 1N4001 | 4 |
| 2 | 发光二极管 | V5 | $\phi$3mm 绿色 | 1 |
| 3 | 发光二极管 | $V_6$～$V_7$ | $\phi$3mm 红色 | 2 |
| 4 | 稳压二极管 | $V_8$ | 2CW102 | 1 |
| 5 | 电阻 | $R_1$、$R_2$、$R_4$ | 75Ω1/8W | 3 |
| 6 | 电阻 | $R_3$、$R_5$ | 43Ω1/8W | 2 |
| 7 | 电阻 | $R_6$ | 5.1Ω1/8W | 1 |
| 8 | 电解电容器 | $C$ | 1000μF/16V | 1 |
| 9 | 变压器 | T | 220V/6V×2 | 1 |
| 10 | 印制板 | | 配套 | 1 |
| 11 | 外壳 | | 包括电池极片和固定螺丝(套) | 1 |
| 12 | JK 插座 | JK | $\phi$2.5mm 插座 | 1 |
| 13 | 十字插头连接线 | | 一副 | 1 |

（1）电容 $C$ 应选用万用表的________挡进行检测，检测过程中出现的现象是_______。

（2）整流二极管应选用万用表的_____挡进行检测，正常情况下，其正向电阻为______，反向电阻为_________。

（3）发光二极管应选用万用表的___________挡进行检测。

## 第 3 步　电路的组装调试

### 1. 电路组装过程

（1）识读充电器电路原理图。

（2）在万能电路板上找到相对应的元器件的合适位置，将元器件成形。

（3）采用边插装边焊接的方法依次正确插装焊接好元器件（注意：二极管、电解电容的正、负极）。

插装步骤如下：

插装电阻 $R_1$、$R_2$、$R_3$、$R_4$、$R_5$、$R_6$；

插装二极管 $V_1$、$V_2$、$V_3$、$V_4$、$V_8$；

插装电解电容器 $C$；

插装发光二极管 $V_5$、$V_6$、$V_7$；

插装正、负极板；

插装电源输出插座。

（4）安装变压器，再用电烙铁焊接好变压器（注意：此时不要急于把变压器的初级和交流电源相连）。

（5）检查焊接的电路中元器件是否有假焊、漏焊，以及元器件的极性是否正确。

（6）通电试验，观察电路通电情况。

### 2. 电路调试

（1）通电后观察发光二极管。________（绿色/红色）发光二极管发光，_______（绿色/红色）发光二极管不发光。

（2）测电压。使用万用表交流电压挡测量 AB 间电压，$U_{AB}$=_____V；使用万用表直流电压挡测量电解电容 $C$ 端电压，$U_C$=_______V；测量充电电池正负极板间电压，$U_{EF}$=_______V，$U_{GH}$=________V；在输出插座上插入十字插头连接线，使用万用表直流电压挡，在连接线的十字插头端测得的电压 $U_{xy}$=________V。

（3）观察充电情况。拔掉 JK 插头连接线，在充电极板正、负极正确串联万用表，测得电流为_________mA；将两节充电电池分别正确装入正负极板间，这时可以看到充电红色发光二极管______（发光/不发光），表示充电器工作正常。

（4）波形测量。用示波器观测电路中 A 点、电解电容 $C$ 两端、E 点、G 点波形并记录，画在坐标纸上。

## 做一做

故障排除

1．故障现象一

电路全部安装成功后，接上电源，绿色发光二极管不发光。

排除方法如下：

（1）插上连接导线，用万用表测量输出电压。如果输出电压正常，则检查发光二极管正负极性是否接反，如接反，则调换极性；或检查发光二极管是否损坏，如损坏，则更换。

（2）如果测量发现没有输出电压，则检查电桥上整流二极管 $V_1$～$V_4$ 部分是否接错，找出错误的地方并将其正确连接。

2．故障现象二

接上电源后，所有发光二极管都工作正常，但插上 JK 插头后发现没有电压输出。

排除方法如下：

（1）检查连接 x→x′、y→y′或 x→y′、y→x′之间的跳线是否断开，如断开，则将断开跳线连接上。

（2）检查稳压管是否损坏、短路。

3．故障现象三

接上电源后，绿色发光二极管发光，红色发光二极管不发光，或有一只红色发光二极管不发光。

排除方法如下：

（1）检查有无充电电池，若无，则安装充电电池；或检查充电电池接触是否良好。

（2）检查红色发光二极管极性是否接反，若接反，则调换极性；或检查红色发光二极管是否损坏，若损坏，则更换。

## 习 题

1．判断题

（1）在半波整流电路中，二极管极性接反，将无整流作用。（　　）

（2）滤波器的作用是把交流电变为直流电。（　　）

（3）晶体二极管击穿后，则一定损坏。（　　）

（4）二极管导通时，电流是从其负极流出，从正极流入的。（　　）

2．选择题

（1）在直流稳压电源中加滤波电路的主要目的是（　　）。

A．变交流电为直流电　　B．去掉脉动直流电中的脉动成分

C. 将高频变为低频　　D. 将正弦交流电变为脉冲信号

（2）图 1.5.1 所示电路中，三个二极管的正向管压降忽略不计，三个出厂规格一样，则最亮的灯是（　　）。

A. M　　B. N

C. H　　D. 无法确定

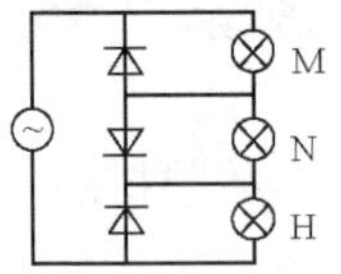

图 1.5.1

（3）在单相整流电路中，部分二极管反向后可能使输出电压为零的是（　　）。

A. 单相半波整流电路　　B. 单相全波整流电路

C. 单相桥式整流电路　　D. 无法确定

## 3. 填空题

（1）发光二极管的功能是____________________。

光电二极管的功能是____________________。

变容二极管是一种____________________的二极管；变容二极管的结电容大小与反向电压的关系是____________________。

稳压二极管是一种____________________的二极管。

整流二极管是一种____________________的二极管。

（2）半波整流与桥式整流相比，输出电压脉动成分较小的是__________电路。

## 4. 综合分析题

（1）在线路板上有四只二极管，排列如图 1.5.2 所示，如何连接交流电源和负载电阻以实现桥式整流，要求画出最简电路，并标出负载两端的电压极性。

（2）电路如图 3 所示，判别图 1.5.3（a）～（d）中二极管的工作状态是什么？$U_{AO}$ 是多少？

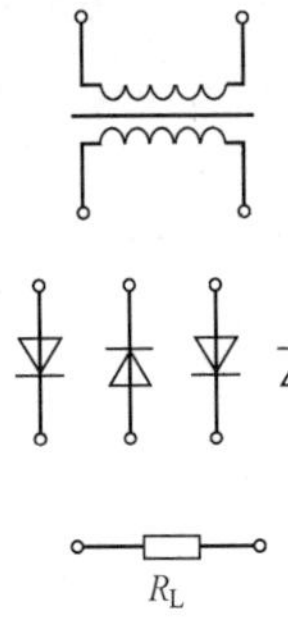

图 1.5.2

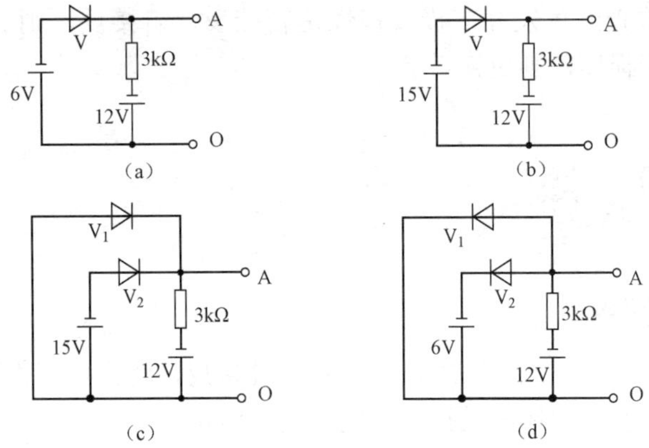

图 1.5.3

（3）在桥式整流电路制作过程中，桥臂上的二极管应怎样连接？如果其中某一只连接错误，会出现什么问题？怎样解决？

# 学习领域二　放大电路基础

## 领域简介

测量微弱信号或用微弱信号进行控制，首先要对信号进行放大，然后才能应用。将微弱电信号进行放大，并转换成较强电信号的电路称为放大电路（又称放大器）。放大电路广泛应用于各种电子设备中，如音响、视听设备、精密测量仪器、自动控制系统等。

本领域重点介绍晶体三极管的特性及其构成的常见放大电路、集成运算放大电路等。通过学习，读者可以深入了解常见放大电路的分析方法及其应用。通过对基本放大电路的制作、低频功率放大器的制作、集成运算放大器电路的制作，以及扩音机的制作，提高读者对常见放大电路的安装、调试和排除故障等能力，为本专业后续学习打下良好的专业理论和操作能力的基础。

## 项目 1　基本放大电路的制作

### 学习目标

- ✧ 了解三极管日常应用实例及其电流放大特点；掌握三极管的结构及符号，能识别引脚，了解特性曲线、主要参数、温度对特性的影响，在实践中能合理使用三极管；会用万用表判别三极管的引脚和质量优劣。
- ✧ 了解放大器直流通路与交流通路，了解小信号放大器性能指标（放大倍数、输入电阻、输出电阻）的含义。
- ✧ 会使用万用表调试三极管的静态工作点，了解温度对放大器静态工作点的影响。
- ✧ 能识读分压式偏置，了解分压式偏置放大器的工作原理。
- ✧ 搭接分压式偏置放大器，会调整静态工作点。
- ✧ 会使用公式估算静态工作点、输入电阻、输出电阻和电压放大倍数。

### 工作任务

- ✧ 在实践中能合理使用三极管。
- ✧ 会用万用表判别三极管的引脚和质量优劣。
- ✧ 会使用万用表调试三极管的静态工作点。
- ✧ 搭接分压式偏置放大器，会调整静态工作点。

# 第 1 步　认识半导体三极管

## 看一看

### 认识三极管

观察图 2.1.1 所示几种常见三极管的实物外形，可以得出三极管的共性特征：具有 3 个电极，这 3 个电极分别称为基极 B、发射极 E 和集电极 C。图 2.1.2 所示分别为 NPN 型和 PNP 型三极管的图形结构和符号，其文字符号与二极管相同，也为“V”。然而将三极管接入电路中会出现哪些特性呢？下面通过三极管电流放大作用的测试来了解。

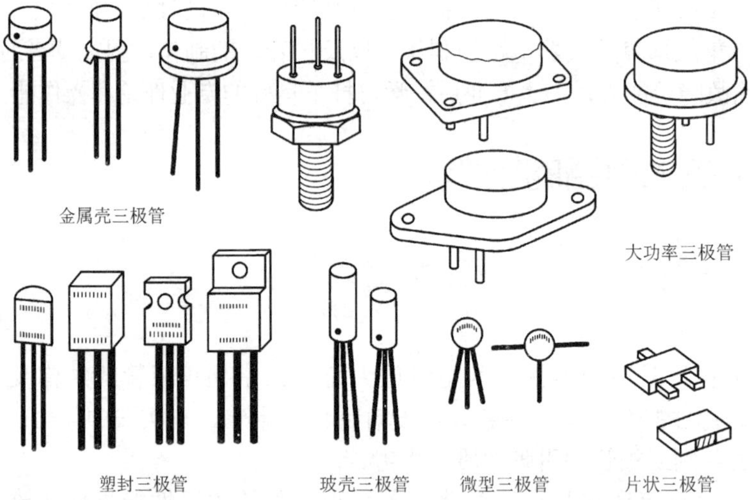


图 2.1.1　常用三极管的外形和封装形式

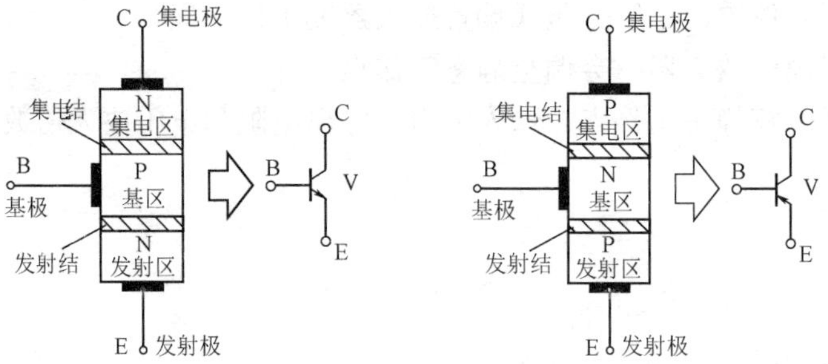


（a）NPN 型　　（b）PNP 型

图 2.1.2　三极管的结构和符号

# 第 2 步 体验三极管电流放大作用

## 做一做

### 1. 电子电路

如图 2.1.3 所示为三极管电流放大作用测试图，V 为三极管（C9018），电阻 $R_B$ 为 10kΩ，电位器 $R_P$ 为 500kΩ，$R_B$ 与 $R_P$ 串联组成三极管的基极偏置电阻，集电极负载电阻 $R_C$ 为 3kΩ 的电位器。

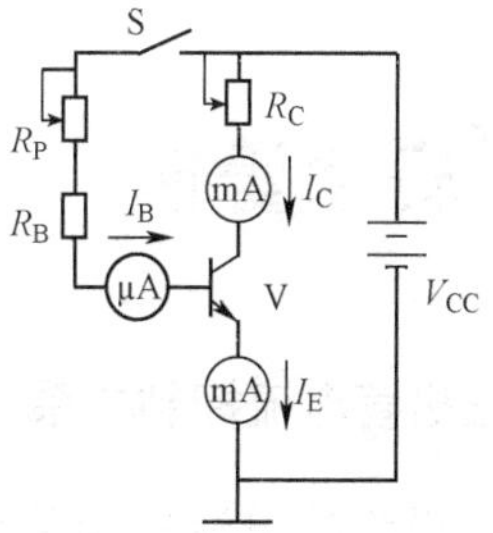


图 2.1.3 三极管电流放大作用测试

### 2. 仪器仪表工具

0～30V 可调直流稳压电源 1 台，毫安表 2 只，微安表 1 只，万用表 1 只，镊子 1 把，烙铁等焊接工具及材料。

### 3. 制作步骤

（1）识读三极管电流分配测试电路图。

（2）根据阻值大小和三极管型号正确选择元器件。

（3）电阻、三极管正确成形，注意元器件成形时尺寸须符合万能电路板插孔间距要求。

（4）在万能电路板上按测试电路图正确插装成形好的元器件，并用导线把它们连接好。注意 E、B、C 三个电极。

### 4. 测试步骤

（1）按上述制作步骤完整接好图 2.1.3 所示电路，经复查确定电路连接正确后再通电检测。

（2）在基极回路串接微安电流表，在发射极和集电极回路中串接 mA 电流表。

（3）断开开关 S 使三极管基极电压 $V_{BB}$=0V、$V_{CC}$=20V，观察三极管集电极回路毫安表中______（有/无）集电极电流 $I_C$，并记录 $I_C$ 为________。

（4）闭合开关 S，改变调节电位器 $R_P$，使 $I_B$ 为表 2.1.1 中所给的各数值，并测出此时相应 $I_C$ 和 $I_E$ 的值，求出 $I_C/I_B$ 值，填入表 2.1.1 中。

（5）改变调节电位器 $R_P$，观察电路中各电极电流表的读数_______（有/无）发生变化。

表 2.1.1 三极管各极电流

| $I_B$(μA) | 0 | 10 | 20 | 50 |
|---|---|---|---|---|
| $I_C$(mA) | | | | |
| $I_E$(mA) | | | | |
| $I_C/I_B$ | — | | | |

### 5. 综合分析

从前面的测试过程可以看到，闭合开关 S 后，只要调节电位器 $R_P$ 使基极电流 $I_B$ 发生变化，则

集电极电流 $I_C$ 也随之变化。

分析表 2.1.1 中的数据，可以看出，____________（$I_B/I_C/I_E$）有一个微小的变化，就能引起__________（$I_B/I_C/I_E$）的较大变化，称这种现象为三极管的电流放大作用。电流放大作用的实质是通过改变____________（$I_B/I_C/I_E$）的大小，达到控制_______（$I_B/I_C/I_E$）的目的，因此晶体三极管是一种_______（电流/电压）控制元件，且 $I_C/I_B$ 的值在 $I_B$ 变化时________（会/基本不会）发生明显变化。同时分析表 2.1.1，可以看出三极管 3 个电极电流（$I_B$、$I_C$ 和 $I_E$）之间的关系是_______________。

## 安全警告

### 三极管电流控制关系

三极管的电流控制关系体现在基极电流对集电极电流的控制作用，即基极电流变化，集电极电流立即随之发生变化，但是，集电极电流对基极电流没有控制作用，即不能通过改变集电极电流来达到改变基极电流的目的。

## 拓　展

### 国产半导体三极管的型号命名方法

与半导体二极管相同，国产半导体三极管型号同样由 5 部分组成，例如，三极管 3DA93B，3——三极管、D——NPN 型硅材料、A——高频大功率管、93——序号、B——规格号，详见附录 D。

## 做一做

### 三极管的判别

#### 1．管型判别

将万用表设置在 R×1k 或 R×100k 挡，用黑表笔和任一引脚相接（假设它是基极 B），红表笔分别和另外两个引脚相接，如果测得两个阻值都很小，则黑表笔所连接的就是基极，而且是 NPN 型的管子，如图 2.1.4（a）所示。

用红表笔和任一引脚相接（假设它是基极 B），黑表笔分别和另外两个引脚相接，如果测得两个阻值都很小，则红表笔所连接的就是基极，而且是 PNP 型的管子，如图 2.1.4（b）所示。

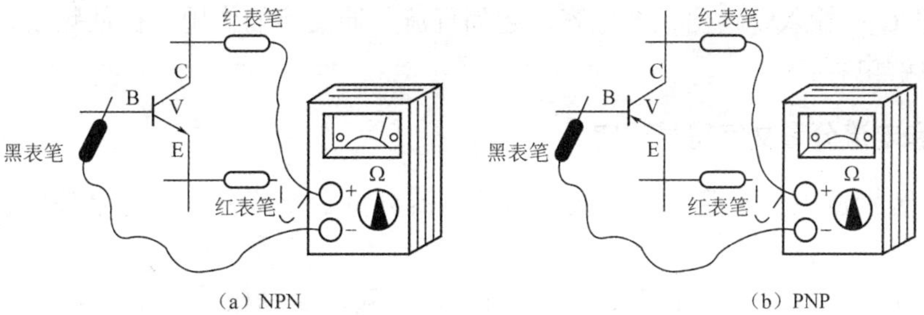


图 2.1.4　三极管基极的判别

2. 引脚判别

首先确定三极管的基极和管型，然后采用估测 $\beta$ 值的方法判断 C、E 极。测 NPN 管时，先假定一个待定电极为集电极（另一个假定为发射极），在集电极和基极间接一个 100kΩ 左右的电阻，将万用表的黑表笔接集电极，红表笔接发射极，测量并记下电阻表的摆动幅度；然后再假定另一个待定电极为集电极，用同样的方法，测量并记下电阻表的摆动幅度。摆动幅度大的一次，黑表笔所连接的管脚是集电极 C，红表笔所连接的管脚为发射极 E。测 PNP 管时，只要把红、黑表笔对调位置，仍照上述方法测试即可。

3. 质量判别

将三极管的基极开路，将万用表设置在 R×1k 或 R×100k 挡，用红表笔接发射极，黑表笔接集电极（NPN 型）。正常情况下穿透电流应该很小，阻值应该较高。若测得的电阻太小，说明穿透电流大，工作不稳定。若测得的阻值近似为 0，表明管子已被击穿；若阻值为无穷大，说明管子内部已断路。

## 第 3 步　共射基本放大电路的制作与调试

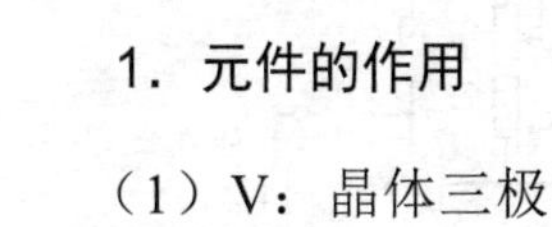


### 固定偏置共射极放大电路

固定偏置共射极放大电路如图 2.1.5 所示。

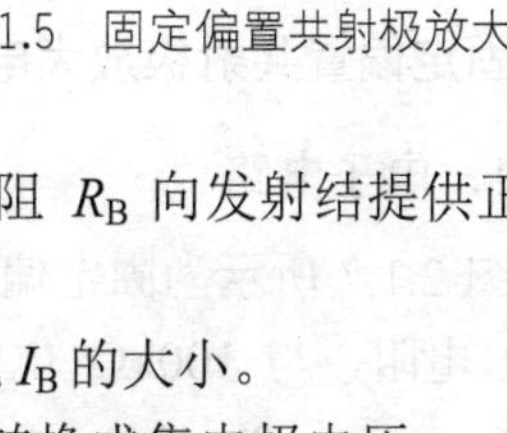


图 2.1.5　固定偏置共射极放大电路

1. 元件的作用

（1）V：晶体三极管，其作用是将电流放大，是整个放大电路的核心。

（2）$V_{CC}$：直流电源，是整个放大电路能量的提供者，它通过电阻 $R_B$ 向发射结提供正偏电压，通过电阻 $R_C$ 向集电结提供反偏电压。

（3）$R_B$：基极偏置电阻，由它和直流电源共同决定基极直流电流 $I_B$ 的大小。

（4）$R_C$：集电极偏置电阻，它的作用是将集电极电流 $i_C$ 的变化转换成集电极电压 $u_{CE}$ 的变化。否则，若 $R_C$=0，则 $u_{CE}$ 恒等于 $V_{CC}$，输出电压 $u_o$ 等于 0，电路失去放大作用。

（5）$C_1$ 和 $C_2$：输入、输出耦合电容，起隔直流、通交流的作用。在低频放大电路中，$C_1$ 和 $C_2$ 通常采用电解电容。

### 2．电压和电流分量文字符号规定

为了便于区别放大器电路中电流或电压的直流分量、交流分量、总量等概念，文字符号写法做如下规定。

（1）直流分量：用大写字母和大写下标表示，如 $I_B$ 表示基极的直流电流。

（2）交流分量：用小写字母和小写下标表示，如 $i_b$ 表示基极的交流电流。

（3）瞬时值：是直流分量和交流分量之和，用小写字母和大写下标表示，如 $i_B=I_B+i_b$ 表示基极电流的总量。

（4）交流有效值：用大写字母和小写下标表示，如 $I_b$ 表示基极正弦交流有效值。

（5）交流最大值：交流有效值下标再添加小写 m，如 $I_{bm}$ 表示基极正弦交流最大值。

### 3．交、直流通路的画法

以固定偏置共射极放大电路为例画交、直流通路。

（1）直流通路。

画法原则：把电容视为开路、电感视为短路，其他不变。

（2）交流通路。

画法原则：把电容和直流电源都简化成一条短路直线，其他不变。

根据上述要点，可把图 2.1.6（a）所示的放大器电路画成图 2.1.6（b）和图 2.1.6（c）所示的直流通路和交流通路。

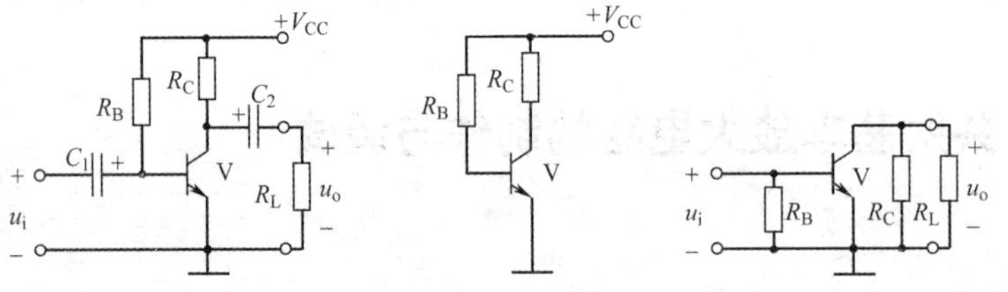


（a）原电路　　（b）直流通路　　（c）交流通路

图 2.1.6　直流、交流通路画法

## 做一做

### 固定偏置共射极放大电路的制作与调试

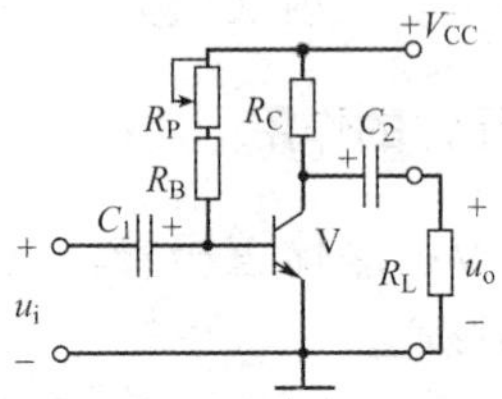


图 2.1.7　固定偏置共射极放大电路

### 1．电子电路

图 2.1.7 所示为固定偏置共射极放大电路，其中 $R_B$ 为 68kΩ 电阻，与 100kΩ 电位器 $R_P$ 相串联构成基极偏置电阻，$R_C$=1kΩ，$R_L$=1kΩ，$C_1$=10μF/50V，$C_2$=10μF/50V，V 为 3DG201A。

**2．仪器仪表工具**

0～30V 双路直流稳压电源 1 台，双踪示波器 1 台，万用表 1 只，烙铁等焊接工具及材料。

**3．制作步骤**

① 识读固定偏置共射极放大电路图。

② 根据阻值大小和三极管型号正确选择元器件。电阻选择碳膜电阻，$R_L$ 色环为棕黑红金，代表阻值为 1kΩ；$R_B$ 色环为蓝灰橙金，代表阻值为 68kΩ；电位器 $R_P$ 选择直接标识为 100kΩ 的电位器。三极管选择硅小功率三极管，标识型号为 3DG201A。电容选择电解电容，标识型号为 10μF/50V。

③ 电阻、电容和三极管正确成形，注意元器件成形时尺寸须符合万能电路板插孔间距要求。

④ 万能电路板上按测试电路图正确插装成形好的元器件，并用导线把它们连接好。注意三极管 E、B、C 电极，以及电容的极性。

⑤ 按上述制作步骤连接好如图 2.1.7 所示电路，经复查确定电路连接正确后再通电检测以下各项电路性能。

**4．测试步骤**

（1）静态工作点的测量。

① 不接 $u_i$，接入 $V_{CC}=12V$，用万用表测量三极管的静态工作点。

② 测量 $U_{BE}$，并记录 $U_{BE}=$________V。

③ 调节 $R_P$，观察 $U_{BE}$ 有无明显变化，并记录 $U_{BE}$__________（有/无）明显变化。由 $I_B=\frac{V_{CC}-U_{BE}}{R_B}$ 可知 $I_B$_______（有/无）明显变化。

④ 调节 $R_P$，观察 $U_{CE}$ 有无明显变化，并记录 $U_{CE}$__________（有/无）明显变化。由 $I_C=\frac{V_{CC}-U_{CE}}{R_C}$ 可知，此时 $I_C$ 应__________（有/无）明显变化。显然，在放大区，$I_C$ 实际上主要受_________（$I_B/U_{CE}$）控制。此时，三极管的发射结_________偏，集电结________偏，工作在________区。调节 $R_P$，使 $U_{CE}$=6V。

⑤ 从测试中可以看出：在放大区，调节 $R_P$ 时，$U_{BE}$_______（有/无）明显变化，$I_B$_______（有/无）明显变化，而 $I_C=\beta I_B$ 必然__________（有/无）明显变化，因此，$U_{CE}=V_{CC}-I_C R_C$ 也会_______（有/无）明显变化，即调节 $R_P$________（不可以/可以）明显改变放大器的工作点和工作状态。

（2）动态工作过程的测量与观察。

① 不接 $u_i$，接入 $V_{CC}$=12V，用万用表测量三极管的静态值。$U_{BQ}$=________________V，$U_{CQ}$=____________V。

② 调节 $R_P$，使 $U_{CE}=6V$。

③ 保持步骤②，输入端接入 $u_i$（$f$=1kHz，$u_i$=10mV），用示波器（AC 输入）同时观察 $u_i$、$u_{BE}$ 波形，并记录 $u_i$、$u_{BE}$ 的波形。

④ 从实践中可以看出，$u_i$ 与 $u_{BE}$ 波形幅度大小__________（基本相同/完全不同）。另外，接入 $u_i$ 后，由于 $u_{BE}$ 中______（含有/不含有）直流分量，即 $u_{BE}$ 为_________（纯交流量/交直流叠加量），因此，$u_{BE}$ =______________（$U_{BE}+u_i$ 或 $u_i$），$i_B$ =______________（$I_B+i_b$ 或 $i_b$），$i_C=\beta i_B$ =____________________________［$\beta(I_B+i_b)=\beta I_B+\beta i_b=I_C+i_c$　（$I_C=\beta I_B$ 或 $i_c=\beta i_b$)］

⑤ 保持步骤③，用示波器 $Y_2$ 轴输入（DC 输入/"交替"显示）观察 $u_{CE}$ 波形和幅度大小，并记录 $u_{CE}$ 波形和幅度大小。

从实践中可以看出，输出电压的波形与输入电压波形_______________（基本相同/完全不同），输出电压波形比输入电压波形的幅度___________________（变大/变小/基本相同），即___________（实现了/没有实现）信号的不失真放大。

从实践中还可以看出，$u_{CE}$ 中______（含有/不含有）直流分量，即 $u_{CE}$ 为_________（纯交流量/交直流叠加量），因此，$u_{CE}$ =________（$U_{CE}+u_{ce}$ 或 $u_{ce}$）。

⑥ 保持步骤④，改用示波器 $Y_2$ 轴输入观察 $u_o$ 的波形和幅度大小，并记录 $u_o$ 的波形和幅度大小。从实践中可以看出，由于电容 $C_2$ 的隔直流作用，实际的输出电压 $u_o$ 中_____（含有/不含有）直流成分，即 $u_o$ =___________（$U_{CE}+u_{ce}$ 或 $u_{ce}$）。

⑦ 保持步骤⑤，观察和比较 $u_i$ 与 $u_o$ 的相位关系，并记录：$u_i$ 与 $u_o$ 的相位关系为_________（同相/反相）。

**结论**：$u_i$ 与 $u_o$______（同相/反相），即共射基本放大电路为______（同相/反相）放大电路。实际上，$u_{CE}=V_{CC}-i_CR_C=V_{CC}-(I_C+i_c)R_C=(V_{CC}-I_CR_C)-i_cR_C=U_{CE}+u_o$，即 $u_o=-i_cR_C$。

（3）放大电路不正常现象的观察。

① 用短路线将 $R_C$ 两端短接，观察 $v_o$ 有无输出，并记录：________________。

**结论**：$R_C=0$ 时，_____（有/无）交流电压输出。

② 去掉 $R_C$ 两端的短路线，然后将 $R_B$ 支路断开，观察 $u_o$ 有无输出，并记录：_________。

**结论**：$U_{BE}=0$（$I_B=0$）时，__________________（有/无）交流电压输出，此时三极管工作在_________（放大状态/非放大状态）。

## 知识链接

### 固定偏置共射极放大电路的静态和动态分析

#### 1. 静态工作点 Q 分析

放大器处于无交流信号输入（即将放大器的输入端短路）时，电路中电压、电流都不变的状态，称为静态。静态时晶体管各电极间的电压（$U_{BEQ}$、$U_{CEQ}$）和电流（$I_{BQ}$、$I_{CQ}$）称为静态工作点 $Q$。静态工作点可通过直流通路确定。

根据前面所学知识可知，$U_{BEQ}$ 为 0.7V（硅管）或 0.3V（锗管）左右。图 2.1.8（b）所示为共射放大电路的直流通路，经分析可知，$R_B$ 两端电压为 $V_{CC}-U_{BEQ}$，则

$$I_{BQ}=\frac{V_{CC}-U_{BEQ}}{R_B}$$

$$I_{CQ}=\beta I_{BQ}$$

$$U_{CEQ}=V_{CC}-I_{CQ}R_C$$

由前面的分析可知，对基本共射极放大电路，要改变其静态工作点一般可通过改变基极偏置电阻 $R_B$ 来实现。

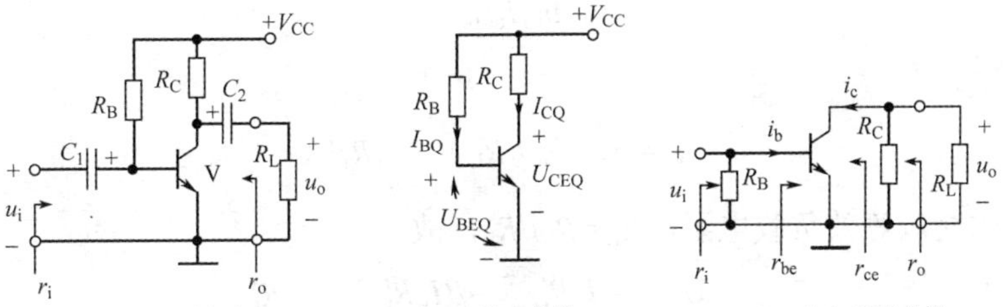


（a）原电路　（b）静态分析　（c）动态分析

图 2.1.8　共射极放大电路分析

## 2．动态参数分析

放大器有交流信号输入时，电路中电压、电流随输入信号做相应变化的状态，称为动态。放大器的动态参数可通过交流通路确定。动态参数主要包括输入电阻 $r_i$、输出电阻 $r_o$、电压放大倍数 $A_u$ 等。

输入电阻 $r_i$ 是指从放大器输入端看进去的交流等效电阻。对图 2.1.8（c）所示共射极放大电路的交流通路分析可知，共射放大电路的输入电阻 $r_i$ 应为 $R_B$ 与基极、发射极间交流等效电阻 $r_{be}$ 的并联值，即

$$r_i=\frac{U_i}{I_i}=R_B\ /\!/\ r_{be}=\frac{R_B r_{be}}{R_B+r_{be}}$$

根据半导体理论，低频小功率三极管在常温下时，$r_{be}$ 常用下式近似估算

$$r_{be}\approx 300\Omega+(1+\beta)\frac{26(\text{mV})}{I_{EQ}(\text{mA})}$$

一般 $R_B \gg r_{be}$，故

$$r_i \approx r_{be}$$

输出电阻 $r_o$ 是指从放大器输出端（不包括外接负载电阻 $R_L$）看进去的交流等效电阻。对图 2.1.8（c）所示共射极放大电路的交流通路分析可知，共射极放大电路的输出电阻 $r_o$ 应为 $R_C$ 与集电极、发射极间交流等效电阻 $r_{ce}$ 的并联值，即

$$r_o=\frac{U_o}{I_o}=R_C\ /\!/\ r_{ce}$$

因为三极管输出端在放大区呈现近似恒流特性，因而反映出动态电阻 $r_{ce}$ 很大，即 $r_{ce} \gg R_C$，故

$$r_o \approx R_C$$

电压放大倍数 $A_u$ 是指放大器的输出电压有效值 $U_o$ 与输入电压有效值 $U_i$ 的比值。即

$$A_u = \frac{U_o}{U_i}$$

对图 2.1.8（c）所示共射极放大电路的交流通路分析可知，输入电压为

$$u_i = i_b r_{be}$$

输出电压为

$$u_o = -i_c（R_C//R_L）= -i_c R_L'$$

$R_L'$为放大器的交流等效负载电阻，$R_L'=R_C//R_L$，故

$$A_u = \frac{U_o}{U_i} = \frac{-I_c R_L'}{I_b r_{be}} = \frac{-\beta I_b R_L'}{I_b r_{be}} = -\beta \frac{R_L'}{r_{be}}$$

式中负号是由图 2.1.8 中设定的参考方向产生的，说明输出信号与输入信号相位相反。

**例 2.1.1** 图 2.1.8（a）所示电路中 $R_B$=300kΩ，$R_C$=4kΩ，$\beta$=50，$V_{CC}$=9V，求该电路的静态工作点及交流参数。

**解：**

（1）求静态工作点。

$$I_{BQ} = \frac{V_{CC} - U_{BEQ}}{R_B} \approx \frac{V_{CC}}{R_B} = \frac{9}{300} = 0.03(\text{mA})$$

$$I_{CQ} = \beta I_{BQ} = 50\times0.03 = 1.5\ （\text{mA}）$$

$$U_{CEQ} = V_{CC} - I_{CQ} R_C = 9 - 1.5\times4 = 3\ （\text{V}）$$

（2）求交流参数。

$$r_{be} = 300 + (1+\beta)\frac{26}{I_{EQ}} = 300 + 51\times\frac{26}{1.5+0.03} \approx 1167(\Omega)$$

$$r_i = R_B // r_{be} \approx r_{be} = 1.167\ （\text{k}\Omega）$$

$$r_o = R_C // r_{ce} \approx R_C = 4\ （\text{k}\Omega）$$

$$A_u = -\beta\frac{R_L'}{r_{be}} = -50\times\frac{4//4}{1.167} = -85.7$$

## 拓 展

**温度对静态工作点的影响**

从前面的静态分析可以看出，当环境温度升高时，虽然 $I_{BQ}$ 为常数，但 $\beta$ 和 $I_{CEQ}$ 的增大会导致 $I_{CQ}$ 的上升，而 $U_{CEQ}$ 下降。可见，电路的温度稳定性较差。只能用在环境温度变化不大，要求不高的场合。

## 知识链接

### 分压式稳定工作点偏置电路分析

前面学习的固定偏置共射极放大电路存在着工作点不稳定的问题，下面介绍能自动稳定工作点的偏置电路——分压式稳定工作点偏置电路。

如图 2.1.9 所示，分压式偏置电路与固定式偏置电路的主要不同点在于三极管的发射极接入了电阻 $R_E$，同时还在三极管的基极接入了一个起辅助作用的电阻 $R_{B2}$。通常称 $R_E$ 为发射极偏置电阻，$R_{B1}$ 和 $R_{B2}$ 为基极上偏置电阻和下偏置电阻。

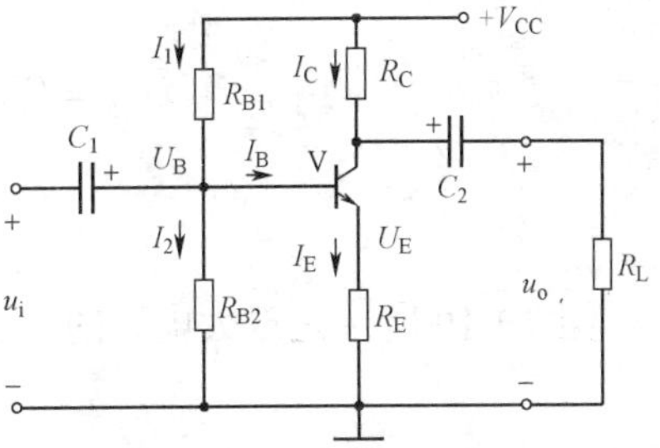


图 2.1.9 分压式偏置电路

图 2.1.9 中，发射极电阻 $R_E$ 是问题的关键。由于 $R_E$ 折合到基极回路的电阻为（$1+\beta$）$R_E$，一般很大（$R_E$ 并不大），而在该电路中，一般总是满足$(1+\beta)R_E \gg R_{B1}$、$R_{B2}$ 的条件，因此有

$$I_1 \gg I_B,\ I_2 \gg I_B,\ I_1 \approx I_2$$

即对基极偏置电路来说，可忽略 $I_B$ 而将 $R_{B1}$ 和 $R_{B2}$ 直接看成是串联的。由于电阻的特性相对来说是非常稳定的，因此可得到稳定的基极电压，即 $R_{B1}$ 和 $R_{B2}$ 串联电路中 $V_{CC}$ 在 $R_{B2}$ 上的分压 $U_B$：

$$U_B \approx \frac{R_{B2}V_{CC}}{R_{B1}+R_{B2}}$$

而

$$I_C \approx I_E = \frac{U_B - U_{BE}}{R_E} \approx \frac{U_B}{R_E}\ (U_B \gg U_{BE}\text{时})$$

由上式可见，$I_E$ 和 $I_C$ 均为稳定的。

上述工作点稳定的结果还可以这样理解，若温度升高使 $I_C$ 增大，则 $I_E$ 也增大，发射极电位 $U_E=I_ER_E$ 也升高。由于 $U_{BE}=U_B-U_E$，且 $U_B$ 基本不变，$U_E$ 升高的结果使 $U_{BE}$ 减小，$I_B$ 也减小，于是抑制了 $I_C$ 的增大，其总的效果是使 $I_C$ 基本不变。其稳定过程可表示为

$$\text{温度}T\uparrow \rightarrow I_C\uparrow \rightarrow I_E\uparrow \rightarrow U_E\uparrow \xrightarrow{U_B\text{不变}} U_{BE}\downarrow \rightarrow I_B\downarrow \rightarrow I_C\downarrow$$

“↑”表示增大，“↓”表示减小，“→”表示引起后面的变化。

由此可见，温度升高引起 $I_C$ 的增大将被电路本身造成的 $I_C$ 减小所牵制。这就是反馈控制的原理。

综上所述，分压式偏置电路的稳定条件为$(1+\beta)R_E \gg R_{B1}$、$(1+\beta)R_E \gg R_{B2}$ 和 $U_B \gg U_{BE}$。实际上，根据戴维南定理，把 $V_{CC}$、$R_{B1}$ 和 $R_{B2}$ 在基极等效为带内阻的直流电压源，可以证明 $(1+\beta)R_E \gg R_{B1}$、$(1+\beta)R_E \gg R_{B2}$ 的条件可以修正为 $(1+\beta)R_E \gg (R_{B1}//R_{B2})$。一般可选取

$$\beta R_E > 10(R_{B1}//R_{B2})$$

$$U_B = (5\sim10)U_{BE}$$

上面两个式子是稳定条件是否满足的判断依据。

在满足稳定条件的情况下，容易求出图 2.1.9 所示放大电路的静态工作点，有

$$U_B \approx \frac{R_{B2}}{R_{B1}+R_{B2}}V_{CC}$$

$$I_C \approx I_E = \frac{U_B - U_{BE}}{R_E} \approx \frac{U_B}{R_E}$$

$$U_{CE} = V_{CC} - I_C R_C - I_E R_E \approx V_{CC} - I_C(R_C + R_E)$$

$$I_B = \frac{I_C}{\beta}$$

图 2.1.10 所示是放大电路的交流通路。

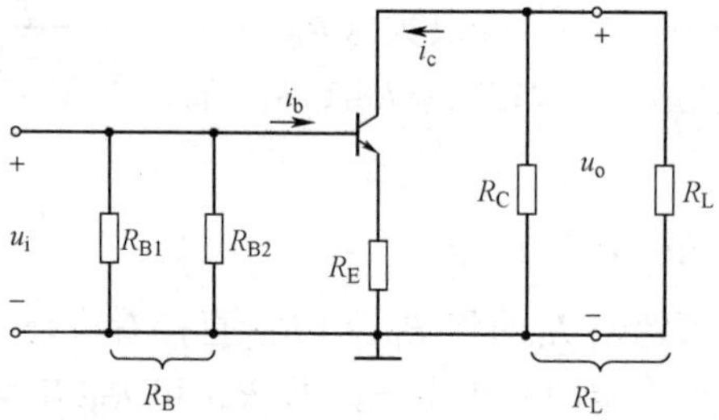


图 2.1.10 分压式偏置电路的交流通路

（1）电压放大倍数 $A_u$。

$$R_B = R_{B1} // R_{B2},\ R'_L = R_C // R_L,$$

$$u_o = -i_c R'_L = -\beta i_b R'_L$$

$$u_i = i_b r_{be} + i_e R_E = i_b[r_{be} + (1+\beta)R_E]$$

$$A_u = \frac{u_o}{u_i} = -\frac{\beta R'_L}{r_{be} + (1+\beta)R_E}$$

其中 $r_{be}$ 为三极管的输入电阻，即：

$$r_{be} = r_{bb'} + (1+\beta)\frac{26\text{mV}}{I_E(\text{mA})}$$

一般来说，对小功率三极管 $r_{bb'}=300\Omega$。

（2）输入电阻 $R_i$。

$$R_i = R_B // R'_i = R_{B1} // R_{B2} // [r_{be} + (1+\beta)R_E]$$

（3）输出电阻 $R_o$。

$$R_o \approx R_C$$

由动态分析可知，由于 $R_E$ 的接入，虽然带来了稳定工作点的好处，但却使 $A_u$ 大大下降（$R_E$

对交流信号也产生负反馈）。为解决这个问题，可在 $R_E$ 两端并联一个大电容 $C_E$（几十至几百微法），如图 2.1.11 所示。由于 $C_E$ 对于交流信号而言相当于短路，因此该电路的交流通路与共射极放大电路完全相同，其交流性能指标也相同。

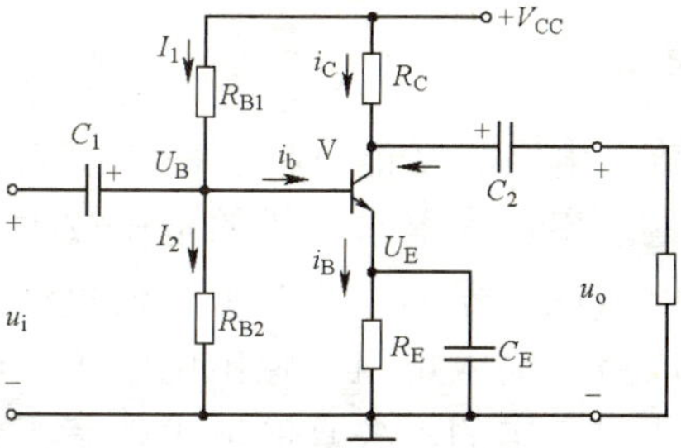


图 2.1.11 接 $C_E$ 的分压式偏置电路

# 项目 2 低频功率放大器的制作

## 学习目标

✧ 了解功率放大器的概念、分类、特点和分析方法。
✧ 理解各类功率放大电路的组成和功率放大原理。
✧ 会调试功率放大电路的静态工作点。
✧ 能制作功率放大电路。
✧ 能测试功率放大电路的主要性能。

## 工作任务

✧ 识读功率放大电路的电路图。
✧ 调试功率放大电路的静态工作点。
✧ 制作功率放大电路。
✧ 测量功率放大电路的主要性能。

### 第 1 步 识读功率放大电路

**功率放大器的要求、分类和特点**

前面所讨论、制作的各类放大器均具有功率放大的作用，但它们属于小信号放大，输出功率很低，主要要求输出电压或电流幅度得到足够的放大，所以称为电压放大器或电流放大器。但在某些场合，需要放大器输出较大的功率以驱动功率型负载，功率型负载有音响放大器中的扬声器、电视机的显像管和计算机监视器等。能输出较大功率的放大器称为功率放大器。它属于大信号放大电路，即不但要向负载提供较大的信号电压，而且要向负载提供足够大的的信号电流。

**1．功率放大电路的要求和特点**

放大电路实质上都是能量转换电路。从能量控制的角度来说，功率放大电路和电压放大电路没有本质上的区别。但是功率放大器与一般的电压放大器或电流放大器的要求是不同的。对一般的电压放大器或电流放大器的主要要求是使负载上得到不失真的电压或电流信号，研究的主要指标是电压增益、输入电阻、输出电阻等，输出功率不一定大。但功率放大电路则有所不同，它要求获得一定的不失真的输出功率，通常是工作在大信号状态。因此，在功率放大器中存在电压放大器没有出现过的特殊问题，对功率放大器也提出了一定的要求。

（1）输出功率 $P_o$尽可能大。

为了获得大的功率输出，要求功放管的电压和电流都有足够大的输出幅度，因此管子往往在接近极限的状态下工作，但又不能超越管子的极限参数。

（2）效率 $\eta$ 要高。

功率放大器的输出功率是由直流电源提供的，直流电源在提供输出功率的同时，还有一部分功率消耗在功率管上并产生热量，这是一种无用功率，因此这里存在一个效率问题。所谓效率就是负载得到的有用信号功率和电源提供的直流总功率的比值，其定义为

$$\eta = \frac{P_o}{P_V}$$

式中，$P_o$为输出信号功率，$P_V$为直流总功率。显然，$\eta$ 越高越好，但总有 $0 \leqslant \eta \leqslant 1$。

设功放管的损耗功率为 $P_{VT}$，则有

$$P_V = P_o + P_{VT}$$

由上面两式可得

$$P_{VT} = \frac{1-\eta}{\eta} P_o$$

上式表明，提高效率 $\eta$ 可以在保持输出功率 $P_o$不变的情况下降低损耗功率 $P_{VT}$，因此，具有重要的意义。除节省能量外，更重要的是减少损耗功率可以使功率管工作更加安全可靠，并使功率管选择的成本下降，同时有效降低了功率放大器的整机温度，从而提高了整机的热稳定性及其他性能。

（3）非线性失真要小。

功率放大电路是在大信号下工作，所以不可避免地会产生非线性失真，而且同一功放管输出功率大，非线性失真就越严重。在测量系统和电声设备中，这个问题显得比较严重，而在工业控制系统中，以输出功率为主要目的，则对非线性失真的要求就成为次要问题了。

（4）功放管的散热性能要好。

在功率放大电路中，即使最大限度地提高效率 $\eta$，由于功放管工作在大电流和大电压状态下，仍有相当大的功率消耗在功率管上，造成结温和管壳温度升高，使功放管损坏的可能性也比较大，为此必须考虑管子的散热问题。

### 2．功率放大器的分类

从功率放大电路静态工作点 $Q$ 在交流负载线上位置的不同来看，功率放大器可分为甲类、乙类、甲乙类等。

1）甲类功放

甲类功放的工作状态如图 2.2.1（a）所示。在输入信号的整个周期内都有电流流过功放管，这种工作方式称为甲类功放。显然，甲类功放的 $Q$ 点位置适中，管子在整个周期内都导通，非线性失真很小，但静态电流较大，效率较低（在理想状态下，其效率最高也只能达到 50%，因此现在已很少采用）。前面学习和制作的电压放大电路就工作在甲类状态。

2）乙类功放

乙类功放的工作状态如图 2.2.1（c）所示。它只在半个周期有电流流过功放管，这种工作方式称为乙类功放。显然，乙类功放的 $Q$ 点位于截止区（零偏置）和放大区的交界处，管子在半个周期内导通，非线性失真严重。由于几乎无静态电流，功率损耗最小，使效率大大提高。为了体现乙类功放的优点，往往用两只不同类型的三极管组合起来，构成推挽型的功率放大电路，则既不使效率降低，又可以输出完整的不失真的信号。

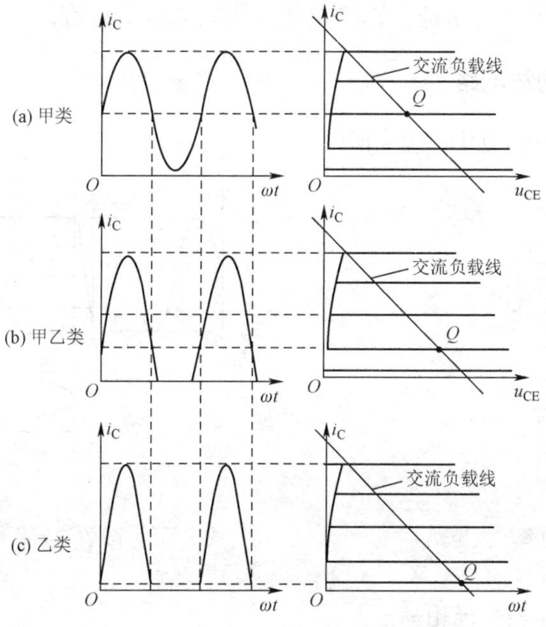


图 2.2.1　三种工作状态的功放电路

3）甲乙类功放

甲乙类功放的工作状态如图 2.2.1（b）所示。甲乙类功放是介于甲类和乙类之间的工作状态，它的静态工作点 $Q$ 比乙类功放的 $Q$ 点略微高一点。在大半个周期内有电流流过功放管。显然，其 $Q$ 点较低，管子在大于半个周期内导通，静态电流较小，效率较高，非线性失真也较小。

从以上的讨论可以看出，功放的工作状态从甲类到甲乙类、乙类，其工作点 $Q$ 逐步降低，管子的导通时间逐渐减小，非线性失真越来越严重，但是，它们的效率却逐渐得到提高。提高效率和减小非线性失真是一对矛盾，这需要在电路结构上采取措施加以协调。

# 第 2 步 甲类功率放大电路的分析

## 读一读

### 1. 电路组成及工作原理

如图 2.2.2 所示，$T_1$、$T_2$ 为输入、输出变压器，起隔直流通交流和阻抗变换的作用，电路偏置方式是分压式偏置。

当 $u_i=0$，没有信号输入时，电路处于静态，集电极电流 $I_C=I_{CQ}$，由于变压器具有隔直流作用，所以次级负载 $R_L$ 上没有电流通过，放大器无信号输出。

当 $u_i\neq0$，有信号输入时，电路处于动态，信号经过变压器 $T_1$ 耦合送入放大器的输入端，产生变化的输入电流，使电路中三极管的集电极输出较大的集电极电流，并通过变压器 $T_2$ 耦合在次级回路中产生功率较大的信号电流，再经负载完成功率放大过程。

### 2. 图解法分析甲类功放电路

图解法分析甲类功放电路如图 2.2.3 所示。

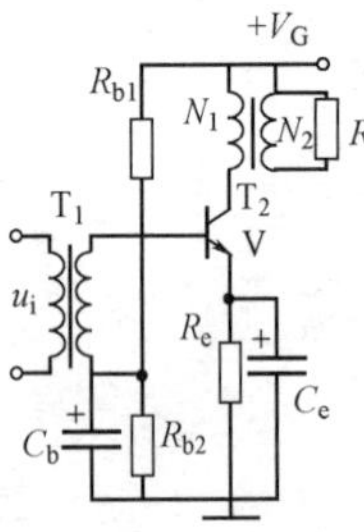


图 2.2.2 甲类功率放大电路

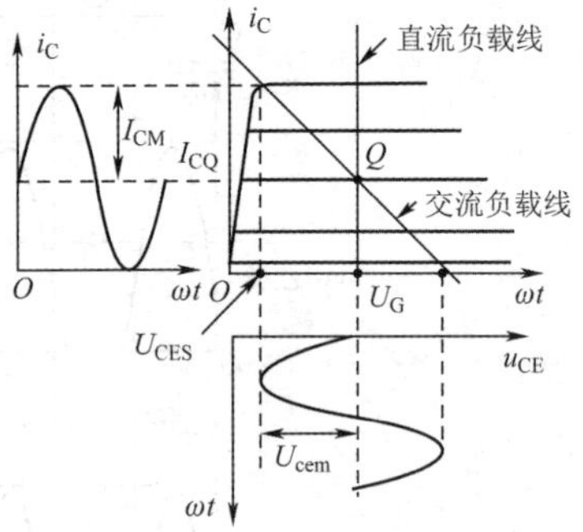


图 2.2.3 图解法分析甲类功放电路

### 3. 最大不失真输出功率、理想效率

最大不失真输出功率为：

$$P_o=I_C U_{ce}=\frac{1}{2}I_{cm}U_{cem}$$

忽略 $U_{CES}$ 和 $I_{CEO}$ 则

$$I_{cm}\approx I_{CQ}，U_{cem}\approx U_G$$

所以

$$P_{om}=\frac{1}{2}I_{CQ}U_G$$

理想效率为：

$$P_{\mathrm{u}}=I_{\mathrm{CQ}}\,U_{\mathrm{G}}$$

所以

$$\eta_{\mathrm{m}}=\frac{P_{\mathrm{om}}}{P_{\mathrm{u}}}\times100\%=\frac{\frac{1}{2}I_{\mathrm{CQ}}\,U_{\mathrm{G}}}{I_{\mathrm{CQ}}\,U_{\mathrm{G}}}\times100\%=50\%$$

由上式说明甲类功放电路的最大不失真输出功率为电源提供功率的一半，效率很低。如果考虑三极管的饱和压降和穿透电流，那么电路的效率更低。

## 第 3 步　甲乙类互补对称式功率放大电路（OTL）的制作与测试

### 做一做

甲乙类互补对称式功率放大电路的制作与测试

#### 1. 电子电路

如图 2.2.4 所示为甲乙类互补对称式功率放大电路，$R_{\mathrm{B1}}$ 由 2kΩ 的电阻与 47kΩ 电位器相串联组成，$R_1$ 为 4.7kΩ 电阻，$R_2$ 为 510Ω 电阻，$R_3$ 为 470Ω 电阻，$R_{\mathrm{B2}}$ 为 470Ω 的电位器，$R_4$ 为 20Ω 电阻，$R_{\mathrm{E1}}$、$R_{\mathrm{E2}}$ 为 1Ω 电阻，$R_{\mathrm{L}}$ 为 1kΩ 电阻，$C_1$ 为 22μF/25V，$C_2$ 为 47μF/10V，$C_3$ 为 220μF/25V，$\mathrm{V}_1$ 为 8050（NPN），$\mathrm{V}_2$ 为 8550（PNP）。

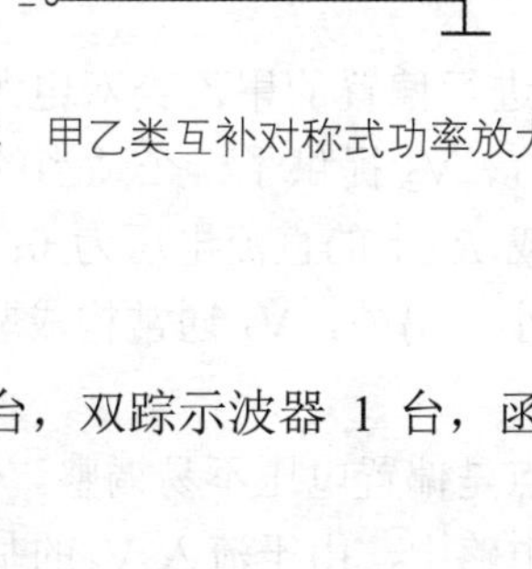


图 2.2.4　甲乙类互补对称式功率放大电路

#### 2. 仪器仪表工具

0～30V 双路直流稳压电源 1 台，双踪示波器 1 台，函数信号发生器 1 台，交流毫伏表 1 只，万用表 1 只，镊子 1 把。

#### 3. 制作步骤

（1）识读甲乙类互补对称式功放电路图。

（2）根据阻值大小和三极管型号正确选择元器件。电阻选择碳膜电阻，色环为棕黑红金，代表阻值为 1kΩ；色环为黄紫红金，代表阻值为 4.7kΩ；色环为绿棕棕金，代表阻值为 510Ω；色环为红黑黑金，代表阻值为 20Ω；色环为黄紫棕金，代表阻值为 470Ω；色环为红黑红金，代表阻值为 2kΩ；色环为棕黑金金，代表阻值为 1Ω。电位器选择直接标识为 47kΩ 的电位器和直接标识为 470Ω 的电位器。三极管选择硅小功率三极管，标识型号为 8050（NPN）和 8550（PNP）。电容选择电解电容，标识型号为 22μF/25V、47μF/10V、220μF/25V。

（3）电阻、电容、三极管正确成形，注意元器件成形尺寸符合电路通用板插孔间距。

（4）在电路通用板上按电路原理图正确插装成形好的元器件，注意三极管 E、B、C 电极，电容的极性。

### 4. 测试步骤

（1）按上述制作步骤完整接好如图 2.2.4 所示电路并复查，通电检测。

（2）接入电源，$V_{CC}$=12V。

（3）不接 $u_i$，用示波器（DC 输入端）测量 N 点直流电压值，调节 $R_{B1}$ 使 $U_N$=6V。

（4）输入端接入 $u_i$（$f$=1kHz，$U_{im}$=3V），用示波器（AC 输入端）同时观察 $u_i$、$u_o$ 的波形，并记录波形。

结果表明：甲乙类互补对称式功放电路的输出波形在过零点处___________（基本无失真/有明显失真）。

（5）保持步骤（3），输入端接入 $u_i$($f$=1kHz)，并使 $U_{im}$ 分别为 1V、2V、3V 和 4V，用示波器同时观察 $u_i$、$u_o$ 的波形，并记录波形。

结果表明：甲乙类互补对称式功放电路________（可以/不可以）实现正常放大，其不失真输出动态范围发生了________（变化/基本不变）。

（6）输入端接入 $u_i$（$f$=1kHz，$U_{im}$=3V），如果去掉电容 $C_3$，用示波器（AC 输入端）同时观察 $u_i$、$u_o$ 的波形，和步骤（4）的波形进行比较，_______（发生/没有发生）变化。

## 读一读

### 甲乙类互补对称式功率放大电路的分析

如图 2.2.5 所示为利用二极管进行偏置的甲乙类双电源互补对称电路。该电路中，$VD_1$、$VD_2$ 上产生的压降为互补输出级 $V_1$、$V_2$ 提供了一个适当的偏压，使之处于微导通的甲乙类状态，且在电路对称时，仍可保持负载 $R_L$ 上的直流电压为 0；而 $VD_1$、$VD_2$ 导通后的交流电阻也较小，对放大器的线性放大影响很小。另外，$V_3$ 通常构成驱动级，为简明起见，其基极偏置电路在这里未画出。

采用二极管作为偏置电路的缺点是偏置电压不易调整。如图 2.2.6 所示为利用恒压源电路进行偏置的甲乙类互补对称电路。该电路中，由于流入 $V_4$ 的基极电流远小于流过 $R_1$、$R_2$ 的电流，因此可求出为 $V_1$、$V_2$ 提供偏压的 $V_4$ 管的 $U_{CE4}=\left(1+\frac{R_1}{R_2}\right)U_{BE4}$，而 $V_4$ 管的 $U_{BE4}$ 基本为一固定值，即 $U_{CE4}$ 相当于一个不受交流信号影响的恒定电压源，只要适当调节 $R_1$、$R_2$ 的比值，就可改变 $V_1$ 管、$V_2$ 管的偏压值，这是集成电路中经常采用的一种方法。

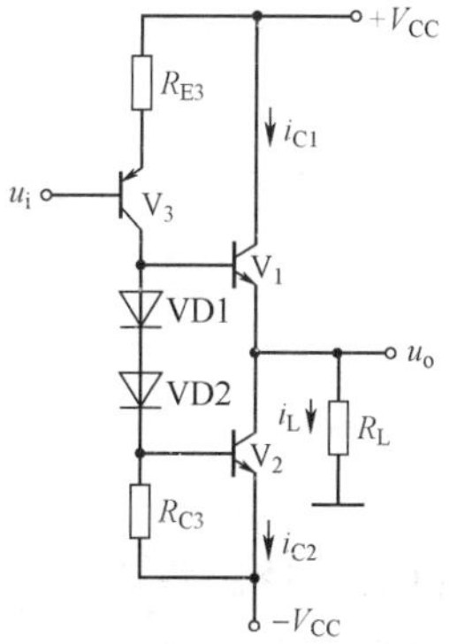


图 2.2.5　利用二极管进行偏置的甲乙类双电源互补对称电路

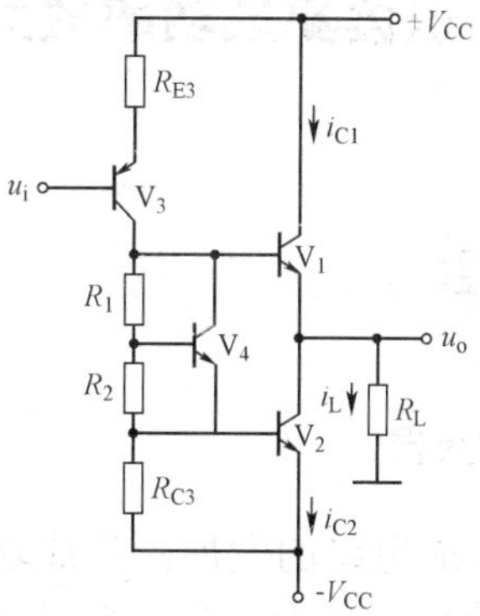


图 2.2.6　利用恒压源电路进行偏置的甲乙类互补对称电路

为了提高电源的利用率，在有些要求不高而又希望电路简化的场合，可以考虑采用一个电源的互补对称电路，如图 2.2.7 所示。该电路中，$C$ 为大电容，正常工作时，可使 N 点直流电位 $U_N=V_{CC}/2$，而大电容 $C$ 对交流近似短路，因此 $C$ 上的电压 $u_C \approx U_C=U_N=V_{CC}/2$。当信号 $u_i$ 输入时，由于 $V_3$ 组成的前置放大级具有倒相作用，因此，在信号的负半周，$V_1$ 导电，信号电流流过负载 $R_L$，同时向 $C$ 充电；在信号的正半周，$V_2$ 导电，则已充电的 $C$ 起着双电源电路中的$-V_{CC}$的作用，通过负载 $R_L$ 放电并产生相应的信号电流。即只要选择时间常数 $R_LC$ 足够大（远大于信号的最大周期），单电源电路就可以达到与双电源电路基本相同的效果。

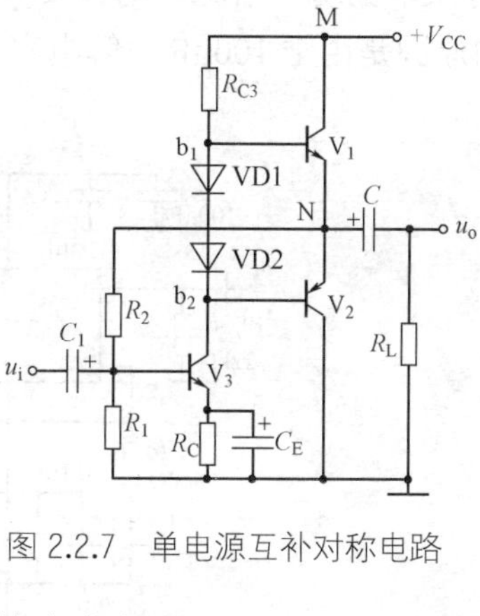


图 2.2.7　单电源互补对称电路

那么，如何使 N 点得到稳定的直流电压 $U_N=V_{CC}/2$，在该电路中，$V_3$ 的上偏置电阻 $R_2$ 的一端与 N 点而不是与 M 点相连，即引入直流负反馈，因此只要适当选择 $R_1$、$R_2$ 的阻值，就可以使 N 点直流电压稳定并容易得到 $U_N=V_{CC}/2$。值得指出，$R_2$ 还引入了交流负反馈，使放大电路的动态性能指标得到了改善。

需要特别指出的是，采用单电源的互补对称电路，由于每个管子的工作电压不是原来的 $V_{CC}$，而是 $V_{CC}/2$（输出电压最大也只能达到约 $V_{CC}/2$），所以计算 $P_{om}$ 公式中的 $V_{CC}$ 要以 $V_{CC}/2$ 代替，即 $P_{om}=\dfrac{V_{CC}^2}{8R_L}$。

## 第 4 步　识读集成功率放大器

### 看一看

**集成功率放大器**

随着线性集成电路的发展，集成功率放大器的应用日益广泛。集成功率放大器的种类繁多，国内外集成功率放大器产品型号多种多样，额定输出功率从几瓦至几百瓦不等。集成功率放大器都具有体积小、稳定性好、便于安装与调试等优点。对应用者来说，要正确使用，必须了解它的外部特性和外部电路的正确连接方法。下面以 TDA2030 集成功率放大器为例来介绍。

TDA2030 集成功率放大器是一种音频质量好的集成电路。内部含有过载保护电路，外部引脚和外接元器件少，散热装置能直接固定在金属板上与地端可靠相连，使用很方便。

如图 2.2.8 所示是 TDA2030 集成功率放大器的外引线排列。电路的参数特点是：电源电压范围为±（6～18）V，输入信号为 0 时的电源电流小于 60μA，频率响应为 10Hz～140kHz，谐波失真小于 0.5%，在 $V_{CC}$=±14V，$R_L$=4Ω 时最大输出功率为 14W。

如图 2.2.9 所示是把 TDA2030 功放集成块接成 OCL 功率放大电路的接法，接入 $V_1$、$V_2$ 是为了防止电源电压接反而损坏组件采取的防护措施。电容 $C_3$、$C_4$、$C_5$ 和 $C_6$ 为电源电压滤波电容，100μF 电容并联 0.1μF 电容的原因是由于 100μF 电解电容具有电感效应。

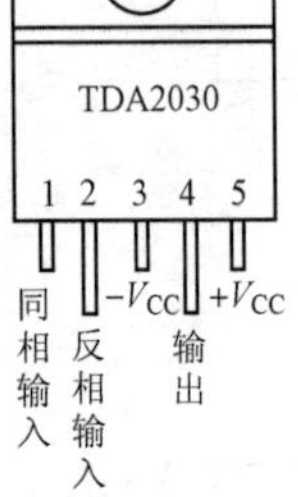


图 2.2.8　TDA2030 的外引线排列

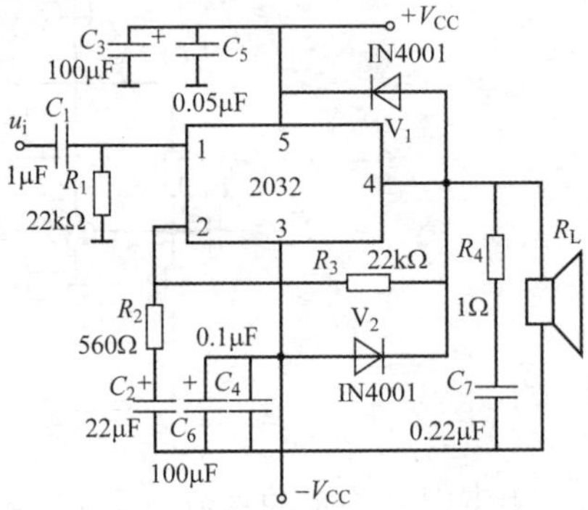


图 2.2.9　TDA2030 接成 OCL 功放电路

在集成功放日益发展，并获得广泛应用的同时，大功率元器件也发展迅速，主要有达林顿管、功率 MOSFET 和功率模块。为了保证元器件的安全运行，可从功率管的散热、防止二次击穿、降低使用定额和保护措施等方面来考虑。

# 项目3 负反馈放大电路的制作

## 学习目标

✧ 了解负反馈放大电路的基本概念、类型、特点、用途。
✧ 会制作负反馈放大电路。
✧ 能测试负反馈放大电路的主要性能。

## 工作任务

✧ 识读负反馈放大电路的电路图。
✧ 制作负反馈放大电路并调试。
✧ 测量负反馈放大电路的主要性能。

### 第1步 负反馈放大电路的认识

#### 反馈的概念与基本形式

在生命科学领域和许多实际的工程领域以及许多非工程领域中，都存在着各种类型的反馈。例如，人体的感觉器官和大脑是一个完整的信息反馈系统。再例如，动力系统、电力系统、计算机系统、通信系统以及各种各样的控制系统都要依赖反馈控制手段来使系统正常运行并保持系统的稳定，而且，不管是在大的系统还是在小的系统中，反馈概念和理论均得到了日益广泛的应用。

在电子电路中，将输出量（输出电压或电流）的一部分或全部通过一定的形式返送到输入回路，用来影响其输入量（放大电路的输入电压或输入电流）的过程，称为反馈。完成这个功能的电路称为反馈电路。反馈电路一般由电阻或电容等元件构成。

反馈放大电路的方框图如图2.3.1所示。

反馈放大电路由基本放大电路和反馈网络两部分组成。基本放大电路的主要作用是放大信号，而反馈网络的主要作用是传输反馈信号。

反馈的基本形式一般有以下几种。

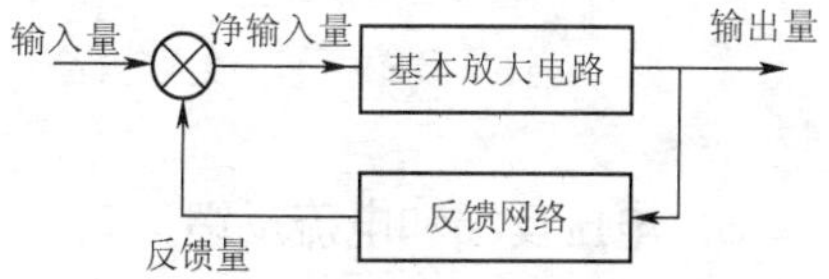


图2.3.1 反馈放大电路方框图

#### 1. 正、负反馈及判断方法

根据反馈极性不同，有正、负反馈之分。正反馈指的是引入的反馈信号使放大电路的净输入信号增加，即能起到增强输入信号的作用；负反馈指的是引入的反馈信号使放大电路的净输入信号减小，即能起到削弱输入信号的作用。

在放大电路中，通常引入负反馈以改善放大电路的性能，如在分压式偏置电路中利用负反馈的原理以稳定放大电路的工作点等。至于正反馈，在放大电路中如果引入容易造成电路产生振荡，使电路不稳定，一般很少采用，常用于振荡电路中。

判别电路中正、负反馈通常用瞬时极性法。具体做法是：先假设放大电路输入端的信号在某一瞬时对地极性为“+”或“−”，并以此为依据，然后逐级判断电路中各相关点的电流流向和电位极性，并标出电路中三极管的各极瞬时极性，从而得到输出信号的极性，根据输出信号的极性再得到反馈信号的极性，最后把反馈到输入端的反馈信号极性和输入端假设的信号极性进行比较，来判断电路的净输入信号是增强还是削弱。若增强了则是引入了正反馈，若削弱了，则是引入了负反馈。

如图 2.3.2 所示电路，为两级放大电路，两级电路中存在的反馈网络是由 $R_f$ 构成的。假设三极管 $V_1$ 的输入端的瞬时极性为正极性（+），根据第一级电路为共射电路，具有倒相作用可知，$V_1$ 的集电极瞬时极性为负，第二级共集放大电路的输入端极性为负，$V_2$ 的发射极瞬时极性为负，再经过反馈网络 $R_f$ 送到第一级电路 $V_1$ 的基极，此时反馈信号的极性与输入端的极性相反，因此 $V_1$ 管的净输入 $u_{BE}=u_i+u_f$ 减小，因此可知引入的是负反馈。

### 2. 直流反馈与交流反馈

在放大电路中同时存在直流分量和交流分量，分析直流分量，要画出直流通路，分析交流分量，要画出交流通路。如果直流通路中含有反馈通路，则说明电路中有直流反馈，若交流通路中有反馈通路，则说明电路中含有交流反馈。直流通路中的直流反馈对电路的直流性能会产生影响，如静态工作点等。交流通路中的交流反馈则对电路的交流性能产生影响，如电压放大倍数、输入电阻、输出电阻等。在很多放大电路中，常常交流反馈、直流反馈在电路中兼而有之。

在图 2.3.3 所示电路中，对直流来讲，电容 $C_f$ 相当于开路，故不为直流反馈，对交流而言，电容 $C_f$ 相当于短路，故它和 $R_f$ 构成的反馈是交流反馈。而图 2.3.2 所示电路中的反馈则是交流反馈和直流反馈同时并存。

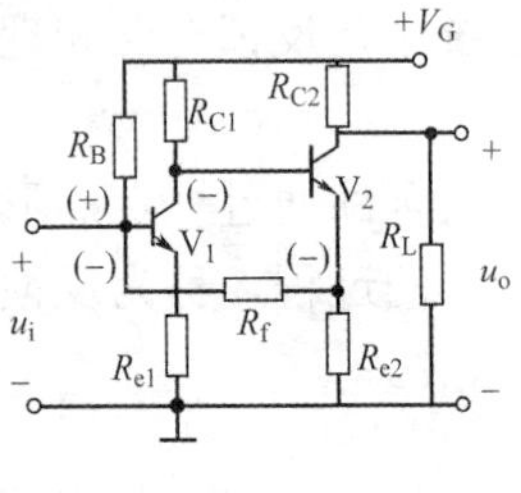


图 2.3.2　反馈放大电路

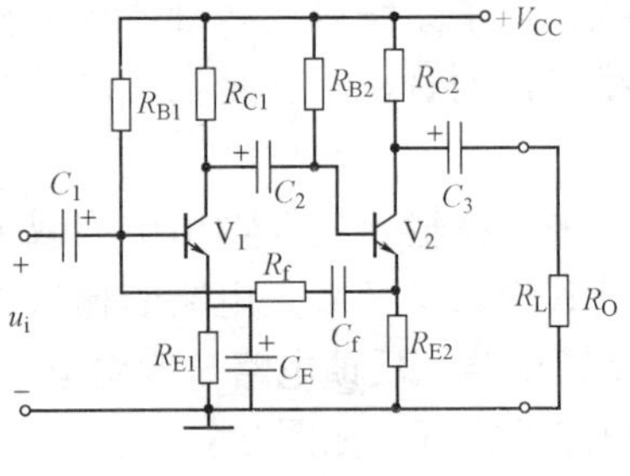


图 2.3.3　交流反馈

### 3. 电压反馈和电流反馈

根据反馈信号从输出端的采样对象（取自放大电路的输出电压或电流）来分类，有电压反馈和电流反馈。

如果反馈信号取自输出电压，并且反馈量与输出电压量成正比，则为电压反馈；如果反馈信号取自输出电流，并且反馈量与输出电流量成正比，则为电流反馈。

判别电路中电压、电流反馈一般用短路法。具体做法是：假定把放大器的输出端的负载短路，使 $u_o$=0，这时如果反馈信号为 0（即反馈不存在），则说明输出端的连接为并联方式，反馈为电压反馈；如果反馈信号不为 0（即反馈仍然存在），则说明输出端的连接为串联方式，反馈为电流反馈。

图 2.3.4（a）所示电路中，若把 $R_L$ 短路，这时反馈量消失，此时反馈通路不存在，反馈为 0，因此反馈为电压反馈。图 2.3.4（b）所示电路中若把 $R_L$ 短路，这时反馈量没有消失，仍然存在反馈，因此反馈为电流反馈。

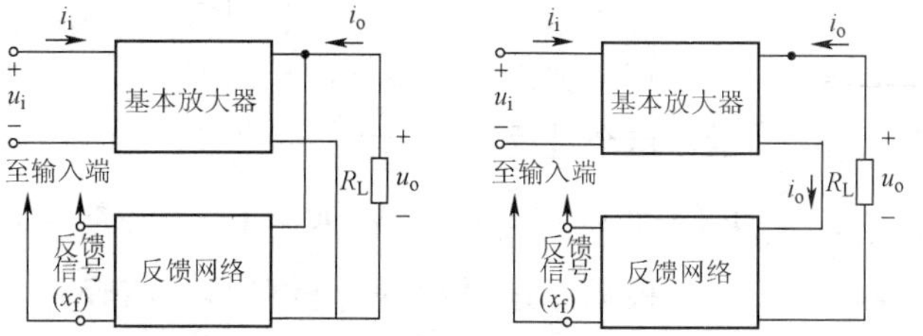


（a）电压反馈　　（b）电流反馈

图 2.3.4　电压反馈、电流反馈

## 4．串联反馈和并联反馈

一般情况下，基本放大器与反馈网络在输入端的连接方式有串联和并联两种，对应的输入端的反馈方式分别称为串联反馈和并联反馈。

如图 2.3.5（a）所示，对于串联反馈来说，反馈对输入信号的影响可通过电压求和形式（相加或相减）反映出来，即反馈电压 $u_f$ 与输入电压 $u_i$ 共同作用于基本放大器的输入端，在负反馈时使净输入电压 $u'_i=u_i-u_f$ 变小（称为电压比较）。

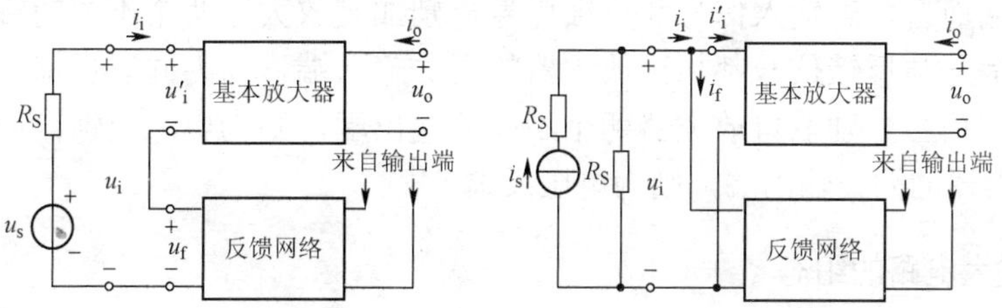


（a）串联反馈　　（b）并联反馈

图 2.3.5　串联反馈、并联反馈

如图 2.3.5（b）所示，对于并联反馈来说，反馈对输入信号的影响可通过电流求和形式（相加或相减）反映出来，即反馈电流 $i_f$ 与输入电流 $i_i$ 共同作用于基本放大器的输入端，在负反馈时使净输入电流 $i'_i=i_i-i_f$ 变小（称为电流比较）。

判断串联反馈或并联反馈同样可采用短路法。具体做法是：假定把放大器的输入端短路，使 $u_i$=0，这时如果反馈信号为 0（即反馈不存在），则说明输入端的连接为并联方式，反馈为并联反馈；如果反馈信号不为 0（即反馈仍然存在），则说明输入端的连接为串联方式，反馈为串联反馈。

**例 2.3.1** 如图 2.3.6 所示电路中，反馈元件 $R_f$ 分别和①、②两个端点相连时，判别引入的是何种反馈。

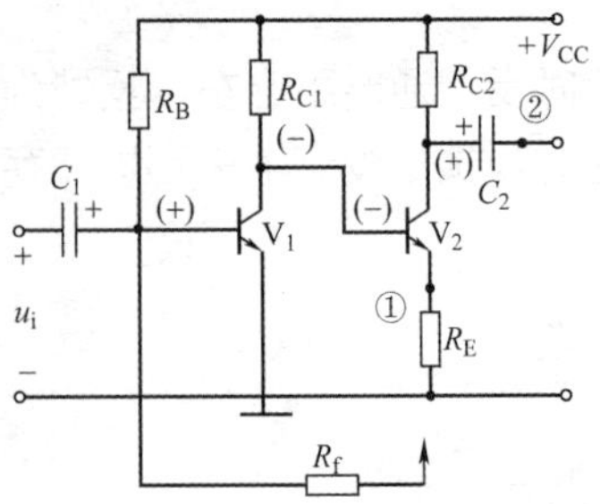


图 2.3.6　并联和串联负反馈

**解：**（1）当反馈元件 $R_f$ 和①端相连时。

串联反馈还是并联反馈：把输入端短路（这里应为 $u_i$=0），此时反馈通路不存在，反馈为 0，因此反馈为并联反馈。

电压反馈还是电流反馈：把输出端短路（这里应为 $u_o$=0），而此时反馈 $u_f$ 仍然存在，因此反馈为电流反馈。

正反馈还是负反馈：用瞬时极性法判别，过程如图 2.3.6 所示，这个过程可表示为

$$u_i(+)\rightarrow V_1 \text{的 } u_i(+)\rightarrow V_1 \text{的 } u_o(-)\rightarrow V_2 \text{的 } u_i(-)\rightarrow V_2 \text{的 } u_{①}(-)\rightarrow u_f(-)$$

根据上述过程的分析可得，将使净输入量减小，因此这个电路的级间反馈为负反馈。

（2）当反馈元件 $R_f$ 和②端相连时。

串联反馈还是并联反馈：把输入端短路（这里应为 $u_i$=0），此时反馈通路不存在，反馈为 0，因此反馈为并联反馈。

电压反馈还是电流反馈：把输出端短路（这里应为 $u_o$=0），此时反馈 $u_f$ 为 0，因此反馈为电压反馈。

正反馈还是负反馈：用瞬时极性法判别，过程如图 2.3.6 所示，这个过程可表示为

$$u_i(+)\rightarrow V_1 \text{的 } u_i(+)\rightarrow V_1 \text{的 } u_o(-)\rightarrow V_2 \text{的 } u_i(-)\rightarrow V_2 \text{的 } u_o(-)\rightarrow u_f(+)$$

根据上述过程的分析可得，将使净输入量增加，因此这个电路的级间反馈为正反馈。

实际上，对串、并联反馈和电压、电流反馈还有更为简便的判断方法，如图 2.3.6 所示，可以发现，对输入端而言，若输入信号和反馈信号分别加到放大器两个不同的输入端，则为串联反馈；如果输入信号与反馈信号都加到放大器的同一输入端，则为并联反馈。对输出端而言，若输出信号和反馈信号分别取自放大器两个不同的输出端，则为电流反馈；如果输出信号与反馈信号都取自放大器的同一输出端，则为电压反馈。

### 5．负反馈放大电路的组态

在放大电路中，由于反馈放大器在输出和输入端均有两种不同的反馈方式，因此负反馈放大器的组态可以有 4 种可能，即电压并联负反馈、电压串联负反馈、电流串联负反馈和电流并联负反馈。

**例 2.3.2** 如图 2.3.7 所示放大电路，试分析它们的交流反馈性质和组态。

**解：**如图 2.3.7（a）所示电路，设 $u_i$ 的瞬极性为（+），即三极管的 $u_b$ 的瞬时极性为（+），$u_b$ 通过共射极电路的反相放大，产生瞬时极性为（–）的 $u_c$，$u_c$ 通过 $R_f$ 这一反馈通路送回到输入端的瞬时极性也为（–），削弱了 $u_i$，因此为负反馈。

当 $R_L$ 短路时，反馈信号 $i_f$ 消失，因此为电压反馈；而在输入端，输入信号与反馈信号都加到放大器的同一输入端（基极），因此为并联反馈。

综上所述，该电路的反馈性质和组态为电压并联负反馈。

如图 2.3.7（b）所示电路，设 $u_i$ 的瞬时极性为（+），即 $u_b$ 的瞬时极性为（+），$u_b$ 通过共集电路（射极跟随器）的同相放大，产生瞬时极性为（+）的 $u_o$，产生 $u_o$ 的同时也产生了瞬时极

性为（+）的 $u_f$（$u_f = u_o = u_e$），由于 $u_i$ 与 $u_f$ 分别加在三极管的 B、E 极（非同一个输入端，串联反馈），$u'_i = u_{be} = u_i - u_f$，削弱了 $u_i$，因此为负反馈。

当 $R_L$ 短路时，$u_f = 0$，$u'_i = u_{be} = u_i$，反馈消失，因此为电压反馈。

综上所述，该电路的反馈性质和组态为电压串联负反馈。

同理分析，可以得知，如图 2.3.7（c）所示电路反馈性质和组态为电流串联负反馈，如图 2.3.7（d）所示电路反馈性质和组态为电流并联负反馈。

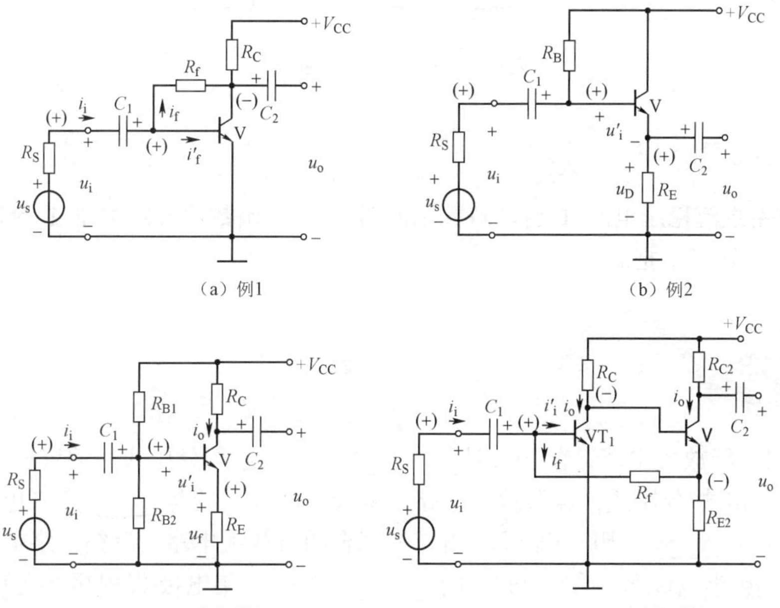

（a）例1　（b）例2　（c）例3　（d）例4

图 2.3.7　负反馈放大电路图

## 第 2 步　负反馈放大电路的制作与调试

### 做一做

反馈放大电路中反馈性质的判别

1．电子电路

图 2.3.8 所示放大电路中，$R_{B1}$ 由 1MΩ 电阻与 1MΩ 电位器 $R_{P1}$ 相串联组成，$R_f$ 由电阻 2kΩ 与 10kΩ 电位器 $R_{P2}$ 相串联组成，$R_{C1}$、$R_{C2}$、$R_{E1}$、$R_{E2}$ 为 2kΩ，$R_{B2}$ 为 20kΩ，$R_{B3}$ 为 15kΩ，$R_L$ 为 1kΩ，$C_1$ 为 10μF/50V，$C_2$ 为 1μF/50V，$C_3$、$C_4$ 为 47μF/10V，$V_1$、$V_2$ 为 C9014。

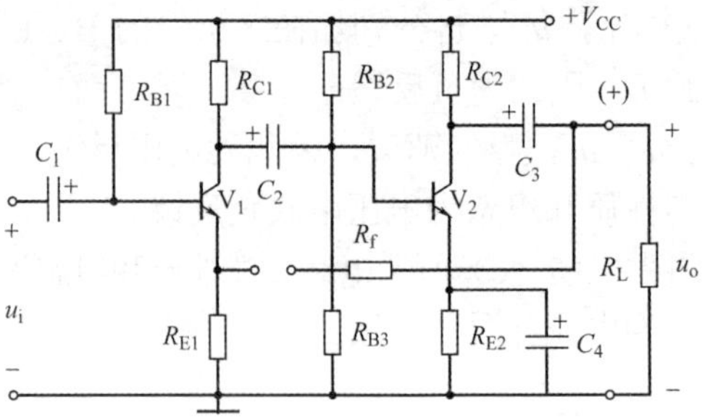


图 2.3.8　正、负反馈判别电路

### 2．仪器仪表工具

0～30V 双路直流稳压电源 1 台，双踪示波器 1 台，函数信号发生器 1 台，交流毫伏表 1 只，万用表 1 只，镊子 1 把。

### 考考你

该电路采用两级放大电路，前一级是__________（固定式/分压式）偏置放大电路，后一级是_________（固定式/分压式）偏置放大电路，两级之间采用的是________（电容/变压器/无）连接，所以称为_________（阻容/变压器/直接）耦合两级放大电路。反馈支路是 $R_f$，它接在 $V_2$ 的________（基极/集电极/发射极）与 $V_1$ 的________（基极/集电极/发射极）之间。

### 3．制作步骤

① 识读正、负反馈判别电路图。

② 根据阻值大小和三极管型号正确选择元器件。电阻选择碳膜电阻，色环为棕黑红金，代表阻值为 1kΩ；色环为红黑红金，代表阻值为 2kΩ；色环为棕绿橙金，代表阻值为 15kΩ；色环为红黑橙金，代表阻值为 20kΩ；色环为棕黑绿金，代表阻值为 1MΩ，电位器选择直接标识为 1MΩ 的电位器。三极管选择硅小功率三极管，标识型号为 C9014。电容选择电解电容，标识型号为 10μF/50V、1μF/50V、47μF/10V。

③ 电阻、电容和三极管正确成形，注意元器件成形时尺寸须符合电路通用板插孔间距要求。

④ 电路通用板上按测试电路图正确插装成形好的元器件，并用导线把它们连接好。注意三极管 E、B、C 电极，电容的极性。

### 4．测试步骤

① 按上述制作步骤完整接好如图 2.3.8 所示电路并复查，通电检测。

② 不接 $u_i$，且不接 $R_f$，接入 $R_L$ 和 $V_{CC}$=12V，调节 $R_{B1}$（$R_{P1}$），使 $U_{CE1}$=4V；测量 $V_2$ 的 $U_{CE2}$=________V。

③ 保持步骤①，输入端接入 $u_i$($f$=1kHz，$U_i$=10mV)；分别用示波器 $Y_1$ 和 $Y_2$ 输入端同时观察输入和输出电压波形；若输出电压波形有失真，则调节输入电压大小，使输出电压基本无失真。

④ 保持步骤②，在示波器上读出输入和输出电压（记为 $u'_o$）的幅值大小，并记录（此时放

大器的接法为开环）：$U_{im}$=__________V，$U'_{om}$=________V。

⑤ 保持步骤③，接入 $R_f$，调节 $R_f$ 的阻值，观察示波器上输出电压（记为 $u_o$）的幅值大小，并记录（此时放大器的接法为闭环）：$U_{om}$=_______V。

结果表明，$U_{om}$_____$U'_{om}$（>或<）。

⑥ 保持步骤④，改用示波器 $Y_2$ 输入端观察反馈电压 $u_f$ 的波形，并比较反馈电压 $u_f$ 和输入电压 $u_i$ 的相位关系，并记录：反馈电压 $u_f$ 与输入电压 $u_i$ 的相位关系为______（同相/反相）。

⑦ 保持步骤⑤，在示波器上观察 $Y_1–Y_2$，即净输入电压 $u'_i=u_i-u_f$ 的波形，并比较净输入电压 $u'_i$ 和输入电压 $u_i$ 的幅值大小，并记录：$U'_{im}$_____$U_{im}$（>或<）。

实验结果表明，该放大电路引入反馈后，其净输入电压______（大于/小于）总输入电压，同时输出电压也______（大于/小于）引入反馈前的输出电压，由此可以判断出这里所引入的反馈为________（正反馈/负反馈）。

## 考考你

负反馈放大电路提高增益稳定性的测量

### 1. 电子电路

如图 2.3.9 所示放大电路中，$R_{B1}$ 由 1MΩ 电阻与 1MΩ 电位器 $R_{P1}$ 相串联组成，$R_f$ 由电阻 2kΩ 与 10kΩ 电位器 $R_{P2}$ 相串联组成，$R_{C1}$、$R_{C2}$、$R_{E1}$、$R_{E2}$ 为 2kΩ，$R_{B2}$ 为 20kΩ，$R_{B3}$ 为 15kΩ，$R_L$ 为 1kΩ，$C_1$ 为 10μF/50V，$C_2$ 为 1μF/50V，$C_3$、$C_4$ 为 47μF/10V，$V_1$、$V_2$ 为 C9014。

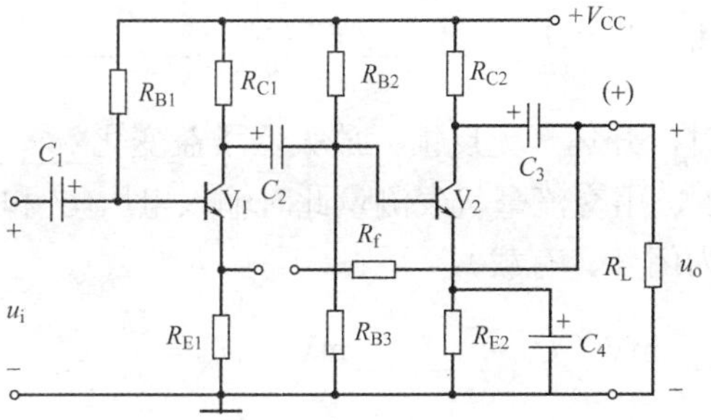


图 2.3.9　提高增益稳定性的测量电路

### 2. 仪器仪表工具

0～30V 双路直流稳压电源 1 台，双踪示波器 1 台，函数信号发生器 1 台，交流毫伏表 1 只，万用表 1 只，镊子 1 把。

### 3. 制作步骤

① 识读提高增益稳定性的测量电路图。

② 根据阻值大小和三极管型号正确选择元器件。电阻选择碳膜电阻，色环为棕黑红金，代

表阻值为 1kΩ；色环为红黑红金，代表阻值为 2kΩ；色环为棕绿橙金，代表阻值为 15kΩ；色环为红黑橙金，代表阻值为 20kΩ；色环为棕黑绿金，代表阻值为 1MΩ，电位器选择直接标识为 1MΩ 的电位器。三极管选择硅小功率三极管，标识型号为 C9014。电容选择电解电容，标识型号为 10μF/50V、1μF/50V、47μF/10V。

③ 电阻、电容和三极管正确成形，注意元器件成形时尺寸须符合电路通用板插孔间距要求。

④ 电路通用板上按测试电路图正确插装成形好的元器件，并用导线把它们连接好。注意三极管 E、B、C 电极，电容的极性。

**4．测试步骤**

① 按上述制作步骤完整接好如图 2.3.9 所示电路并复查，通电检测。

② 不接 $u_i$，且不接 $R_f$，接入 $R_L$ 和 $V_{CC}$=12V，调节 $R_{B1}$（$R_{P1}$），使 $U_{CE1}$=4V；测量 $V_2$ 的 $U_{CE2}$=______V。

③ 保持步骤①，输入端接入 $u_i$（$f$=1kHz ，$U_i$=10mV）；分别用示波器 $Y_1$ 和 $Y_2$ 输入端同时观察输入和输出电压波形；若输出电压波形有失真，则调节输入电压大小，使输出电压基本无失真。

④ 保持步骤②，用交流毫伏表分别测量此时输入电压 $U_i$ 和输出电压（记为$U'_o$）的大小，并记录（此时放大器的工作状态为开环、空载）：

$$U_i=\_\_\_\_\_\_\text{mV}，U'_o=\_\_\_\_\_\_\text{mV}，A'_u=\frac{U'_o}{U_i}=\_\_\_\_\_\_。$$

⑤ 保持步骤③，接入 $R_L$，用交流毫伏表测量此时输入电压 $U_i$ 和输出电压 $U_o$ 的大小，并记录（此时放大器的工作状况为开环、有载）：

$$U_i=\_\_\_\_\_\_\text{mV}，U_o=\_\_\_\_\_\_\text{mV}，A_u=\frac{U_o}{U_i}=\_\_\_\_\_\_$$

$$\Delta A_u=A'_u-A_u=\_\_\_\_\_\_，\frac{\Delta A_u}{A_u}=\_\_\_\_\_\_$$

结果表明：当改变负载时，开环（无反馈）放大器增益变化______（较大/较小）。

⑥ 保持步骤④，接入 $R_f$，用交流毫伏表测量此时输入电压 $U_i$ 和输出电压 $U_o$ 的大小，并记录（此时放大器的工作状况为闭环、有载）：

$$U_i=\_\_\_\_\_\_\text{mV}，U_o=\_\_\_\_\_\_\text{mV}，A_{uf}=\frac{U_o}{U_i}=\_\_\_\_\_\_$$

结果表明：$A_{uf}$______$A_u$（＞/≈/＜），即放大电路中引入负反馈后，其增益______（将提高/基本不变/将下降）。

⑦ 保持步骤⑤，不接 $R_L$，用交流毫伏表测量此时输入电压 $U_i$ 和输出电压（记为 $U'_o$）的大小，并记录（此时放大器的工作状况为闭环、空载）：

$$U_i=\_\_\_\_\_\_\text{mV}，U'_o=\_\_\_\_\_\_\text{mV}，A'_{uf}=\frac{U'_o}{U_i}=\_\_\_\_\_\_$$

$$\Delta A_{uf}=A'_{uf}-A_{uf}=\_\_\_\_\_\_，\frac{\Delta A_{uf}}{A_{uf}}\ \_\_\_\_\_\_$$

结果表明：当改变负载时，闭环（有反馈）放大器增益的相对变化量比开环（无反馈）放大器要____（大/小），即放大电路中引入负反馈后，其增益的稳定性______（将提高/基本不变/将下降）。

## 做一做

**负反馈放大电路减小非线性失真的测量**

### 1．电子电路

如图 2.3.10 所示放大电路中，$R_{B1}$ 由 1MΩ 电阻与 1MΩ 电位器 $R_{P1}$ 相串联组成，$R_f$ 由电阻 2kΩ 与 10kΩ 电位器 $R_{P2}$ 相串联组成，$R_{C1}$、$R_{C2}$、$R_{E1}$、$R_{E2}$ 为 2kΩ，$R_{B2}$ 为 20kΩ，$R_{B3}$ 为 15kΩ，$R_L$ 为 1kΩ，$C_1$ 为 10μF/50V，$C_2$ 为 1μF/50V，$C_3$、$C_4$ 为 47μF/10V，$V_1$、$V_2$ 为 C9014。

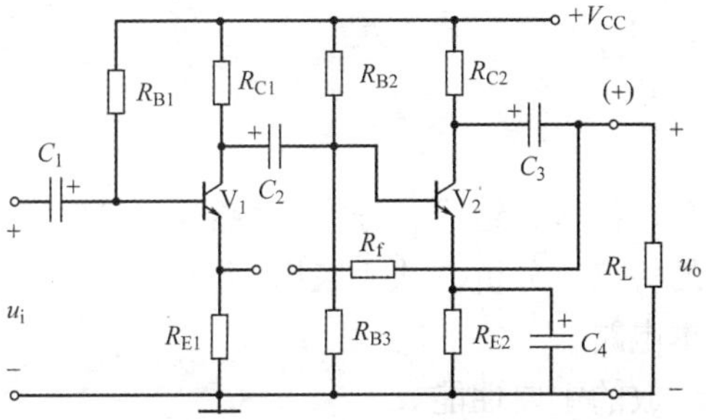


图 2.3.10 减小非线性失真的测量电路

### 2．仪器仪表工具

0～30V 双路直流稳压电源 1 台，双踪示波器 1 台，函数信号发生器 1 台，交流毫伏表 1 只，万用表 1 只，镊子 1 把。

### 3．制作步骤

① 识读减小非线性失真的测量电路图。

② 根据阻值大小和三极管型号正确选择元器件。电阻选择碳膜电阻，色环为棕黑红金，代表阻值为 1kΩ；色环为红黑红金，代表阻值为 2kΩ；色环为棕绿橙金，代表阻值为 15kΩ；色环为红黑橙金，代表阻值为 20kΩ；色环为棕黑绿金，代表阻值为 1MΩ，电位器选择直接标识为 1MΩ 的电位器。三极管选择硅小功率三极管，标识型号为 C9014。电容选择电解电容，标识型号为 10μF/50V、1μF/50V、47μF/10V。

③ 电阻、电容和三极管正确成形，注意元器件成形时尺寸须符合电路通用板插孔间距要求。

④ 电路通用板上按测试电路图正确插装成形好的元器件，并用导线把它们连接好。注意三极管 E、B、C 电极，电容的极性。

### 4．测试步骤

① 按上述制作步骤完整接好图 2.3.10 所示电路并复查，通电检测。

② 不接 $u_i$，且不接 $R_f$，接入 $R_L$ 和 $V_{CC}$=+12V，调节 $R_{B1}$（$R_{P1}$），使 $U_{CE1}$=4V；测量 $V_2$ 的 $U_{CE2}$=________V。

③ 保持步骤①，输入端接入 $u_i$($f$=1kHz，$U_i$=10mV)，用示波器观察输出电压波形，调节输

入电压大小，使输出电压最大且无明显失真。

④ 保持步骤②，调节输入电压大小，使输出电压波形顶部产生明显失真但尚未产生平顶失真，记录此时已失真的输出电压的峰-峰值 $U_{om-m}$：

$$U_{om-m}=\_\_\_\_\_\_\_\_V$$

⑤ 保持步骤③，接入 $R_f$（闭环），调节 $R_f$ 的大小，观察并记录此时输出电压波形较原来波形的失真有无明显改善：______。

结果表明：引入负反馈______（可以/不可以）减小放大电路的非线性失真。

# 项目4　集成运算放大电路的制作

## 学习目标

- ✧ 了解集成电路的概念、符号、组成、分类、特点。
- ✧ 理解各类集成运放的特点、分析方法、应用。
- ✧ 能制作集成运放基本电路。
- ✧ 能测试常见的集成运放的主要性能。

## 工作任务

- ✧ 制作集成运放基本电路。
- ✧ 测量集成运放的主要性能。

### 第1步　识读集成电路和集成运放

读一读

集成电路基本知识

**1. 集成电路的概念**

近几十年来，随着微电子技术的不断进步，集成电路（IC）得到了惊人的同步发展。集成电路是继电子管、晶体管之后的第三代具有电路功能的电子元器件。集成电路是把晶体管、必要的元件和连接导线集中制造在一小块半导体基片上而具有电路功能的元器件。

**2. 集成电路的分类**

（1）按所用元器件不同分为：双极型（BJT）集成电路、单极型（MOS）集成电路。

（2）按功能可分为：模拟集成电路（运算放大器、稳压器、音响电路、电视电路、非线性电路）、数字集成电路（TTL 电路、HTL 电路、ECL 电路、CMOS 电路、存储器、微型机电路）、接口电路（电平转换器、电压比较器、线驱动接收器、外围驱动器）、特殊电路（传感器、通信电路、机电仪电路、消费类电路）。其中模拟集成电路又可分为线性集成电路和非线性集成电路。

（3）按集成度可分为：小规模集成电路（SSI，即包含的元器件在 100 个以下）、中规模集成电路（MSI，即包含的元器件为 100～1000 个）、大规模集成电路（LSI，即包含的元器件为 1000～10 万个）以及超大规模集成电路（VLSI，即包含的元器件在 10 万个以上）。

（4）按外形可分为：圆形（金属外壳晶体管封装型，适用于大功率）、扁平形（稳定性好、体积小）和双列直插式（有利于采用大规模生产技术进行焊接，因此获得了广泛的应用）。

### 3．集成电路的特点

由于集成电路具有体积小、重量轻、耗电省、成本低、可靠性高和电性能优良等突出优点，因此，集成电路得到了极为广泛的应用，而这种应用同时又促进了集成电路的发展。

## 看一看

### 识别集成电路的端子

使用集成电路前，必须认真查对集成电路的端子，确定电源、地、输入、输出、控制等端的端子号，以免因错接而损坏器件。端子排列的一般规律介绍如下。

### 1．圆形集成电路

圆形结构的集成电路形似晶体管，体积较大，外壳用金属封装，端子有 3、5、8、10 多种。识别时，面向端子正视，从定位端逆时针方向依次为 1、2、3、4…，如图 2.4.1 所示。圆形多用于模拟集成电路。

### 2．扁平和双列直插式集成电路

1）扁平形平插式结构

这类结构的集成电路通常以色标作为端子的参考标记。识别时，从外壳顶端看，将色标置于正面左方位置，靠近色标的端子即为第 1 端子，然后按逆时针方向读出第 1、2、3、4…各端子，如图 2.4.2 所示。

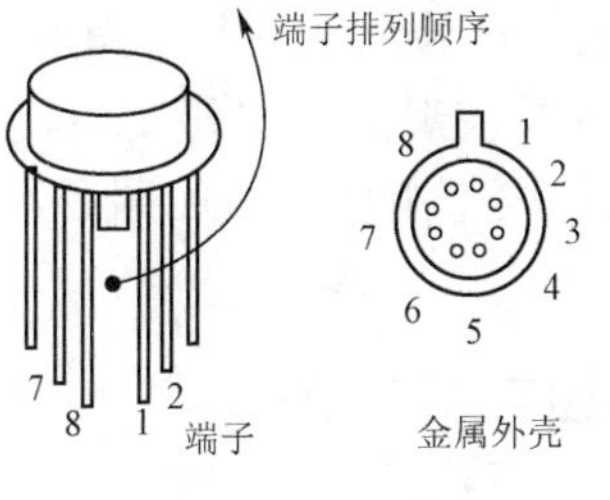


图 2.4.1 圆形集成电路

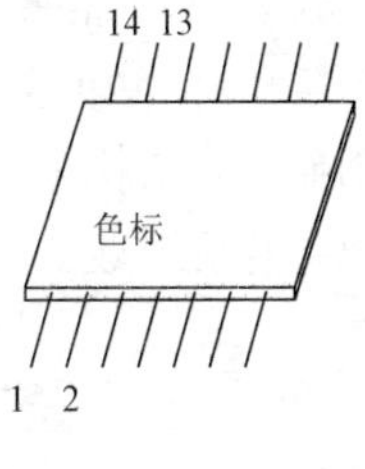


图 2.4.2 扁平形平插式集成电路

2）扁平形直插式结构（塑料封装）

塑料封装的扁平形直插式集成电路通常以凹槽作为端子的标记。识别时，从外壳顶端看，将凹槽置于正面左方位置，靠近凹槽左下方的第一个端子即为第 1 端子，然后按逆时针方向读出第 1、2、3、4…各端子，如图 2.4.3 所示。

3）扁平形直插式结构（陶瓷封装）

这种结构的集成电路通常以凹槽或金属封片作为端子参考标记。识别方法同上，如图 2.4.4 所示。

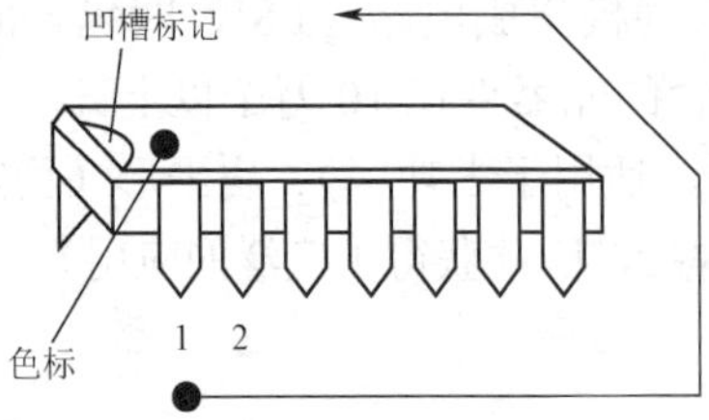


图 2.4.3　扁平形直插式集成电路（塑料封装）

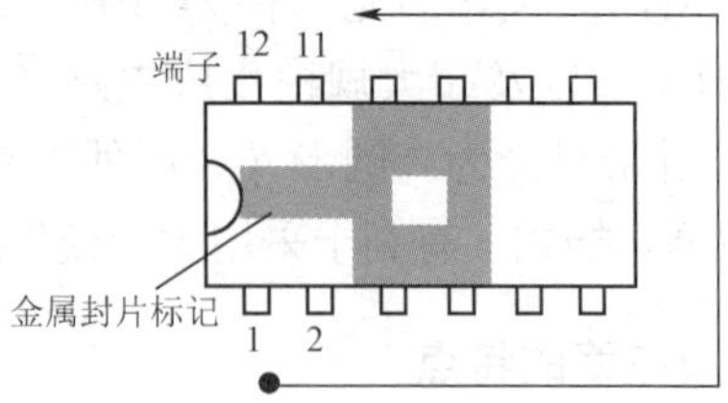


图 2.4.4　扁平形直插式集成电路（陶瓷封装）

4）扁平单列直插式结构

这种结构的集成电路，通常以倒角或凹槽作为端子参考标记。识别时，将端子向下置标记于左方，则可从左向右读出各端子。有的集成电路没有任何标记，此时应将印有型号的一面正向朝着自己，按该方法读出各端子，如图 2.4.5 所示。

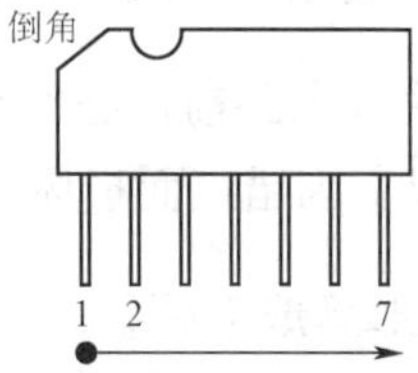


图 2.4.5　扁平单列直插式集成电路

## 知识链接

### 集成运算放大器基本知识

#### 1．集成运算放大器的概念

集成运算放大器（简称集成运放）是模拟集成电路中应用最为广泛的一种，它实际上是一种高增益、高输入电阻和低输出电阻的多级直接耦合放大器。

集成运放之所以被称为运算放大器，是因为该元器件最初主要用于模拟计算机中实现数值运算的缘故。实际上，目前集成运放的应用早已远远超出了这一范围，但仍沿用了运算放大器（简称运放）的名称。

在集成运算放大器的输入与输出之间接入不同的反馈网络，可实现不同用途的电路，例如，利用集成运算放大器可非常方便地完成信号放大、信号运算（加、减、乘、除、对数、反对数、平方、开方等）、信号的处理（滤波、调制）以及波形的产生和变换。集成运放的类型很多，电路也不尽相同，但结构具有共同之处，其一般的内部组成原理如图 2.4.6 所示，它主要由输入级、中间级和输出级组成。

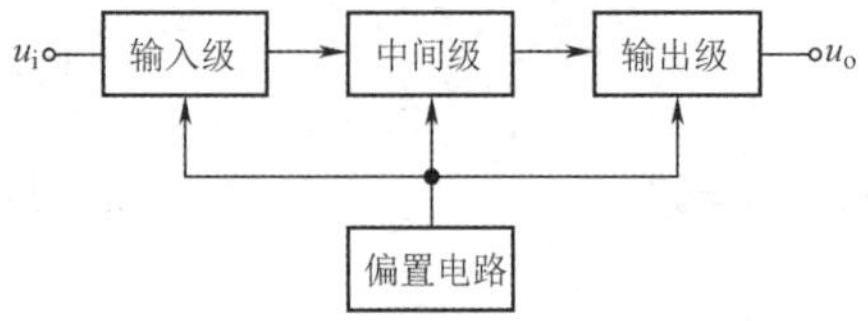


图 2.4.6　集成运放的组成框图

其中，输入级主要由差动放大器构成，以减小运放的零漂和其他方面的性能，它的两个输入端分别构成整个电路的同相输入端和反相输入端；中间级的主要作用是获得高的电压增益，一般由一级或多级直流（直接耦合）放大器构成；输出级一般由电压跟随器（电压缓冲放大器）或互补电压跟随器组成，以降低输出电阻，提高运放的带负载能力和输出功率；偏置电路为各级提供合适的工作点及能源。此外，为获得电路性能的优化，集成运放内部还增加了一些辅助环节，如电平移动电路、过载保护电路和频率补偿电路等。

### 2．集成运放的外形和符号

如图 2.4.7 所示为集成运放的电路符号，如图 2.4.8 所示为集成运放的外形图。

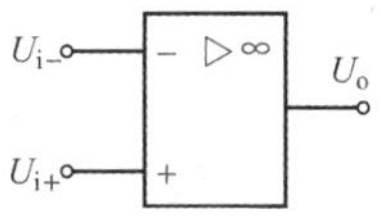


图 2.4.7　电路符号

（a）圆壳式　（b）双列直插式　（c）扁平式

图 2.4.8　集成运放外形

### 3．集成运放的分类

按照集成运放的参数来分，集成运放可分为如下几类。

1）通用型运算放大器

通用型运算放大器就是以通用为目的设计的。这类元器件的主要特点是价格低廉、产品量大面广，其性能指标能适合于一般性使用。例如，A741（单运放）、LM358（双运放）、LM324（四运放）及以场效应管为输入级的 LF356 都属于此类，它们是目前应用最为广泛的集成运算放大器。

2）高阻型运算放大器

这类集成运算放大器的特点是差模输入阻抗非常高，输入偏置电流非常小，一般 $r_{id}>(10^9\sim10^{12})\Omega$，$I_B$ 为几皮安到几十皮安。实现这些指标的主要措施是利用场效应管高输入阻抗的特点，用场效应管组成运算放大器的差分输入级。用 FET 做输入级，不仅输入阻抗高，输入偏置电流低，而且具有高速、宽带和低噪声等优点，但输入失调电压较大。常见的集成元器件有 LF356、LF355、LF347（四运放）及更高输入阻抗的 CA3130、CA3140 等。

3）低温漂型运算放大器

在精密仪器、弱信号检测等自动控制仪表中，总是希望运算放大器的失调电压要小且不随温度的变化而变化。低温漂型运算放大器就是为此而设计的。目前常用的高精度、低温漂运算放大器有 OP-07、OP-27、AD508 及由 MOSFET 组成的斩波稳零型低漂移元器件 ICL7650 等。

4）高速型运算放大器

在快速 A/D 和 D/A 转换器、视频放大器中，要求集成运算放大器的转换速率 $SR$ 一定要高，单位增益带宽 $BWG$ 一定要足够大，通用型集成运放是不能适合于高速应用的场合的。高速型运算放大器的主要特点是具有高的转换速率和宽的频率响应，常见的有 LM318、A715 等，其 $SR$=50～70V/s，$BWG$＞20MHz。

5）低功耗型运算放大器

由于电子电路集成化的最大优点是能使复杂电路小型轻便，所以随着便携式仪器应用范围的扩大，必须使用低电源电压供电、低功率消耗的运算放大器。常用的低功耗型运算放大器有 TL-022C、TL-060C 等，其工作电压为±2V～±18V，消耗电流为 50～250A。目前有的产品功耗已达微瓦级，例如，ICL7600 的供电电源为 1.5V，功耗为 10W，可采用单节电池供电。

6）高压大功率型运算放大器

运算放大器的输出电压主要受供电电源的限制。在普通的运算放大器中，输出电压的最大值一般仅几十伏，输出电流仅几十毫安。若要提高输出电压或增大输出电流，集成运放外部必须要加辅助电路。高压大电流集成运算放大器外部不用附加任何电路，即可输出高电压和大电流。例如，D41 集成运放的电源电压可达±150V，A791 集成运放的输出电流可达 1A。

## 看一看

### 常用集成运算放大器

#### 1. LM324

LM324 系列产品包括 LM124、LM224、LM324，国产对应型号分别为 FX124、FX224、FX324。它们是由 4 个独立的低功耗、高增益、频率内补偿式运算放大器组成的。该系列产品的电源电压范围很宽，能在+3V～30V 单电源或+1.5～±15V 双电源下工作。当电源电压 $U_{+}$=+5V 时，每个运放的功耗仅为 1mW。这类运放的集成度较高，价格低廉，外围电路简单，每片可代替 4 只单运放。

LM124、LM224、LM324 的区别仅仅是工作温度范围不同，分别为−55℃～+125℃、−25℃ ～+85℃、0～+70℃。其中 LM324 的价格最低。它们均采用 14 脚双列直插式封装，引脚排列如图 2.4.9 所示。图中，*U*+、GND 分别为正电源端和地端，*IN*+为同相输入端，*IN*−为反相输入端，OUT 为输出端。

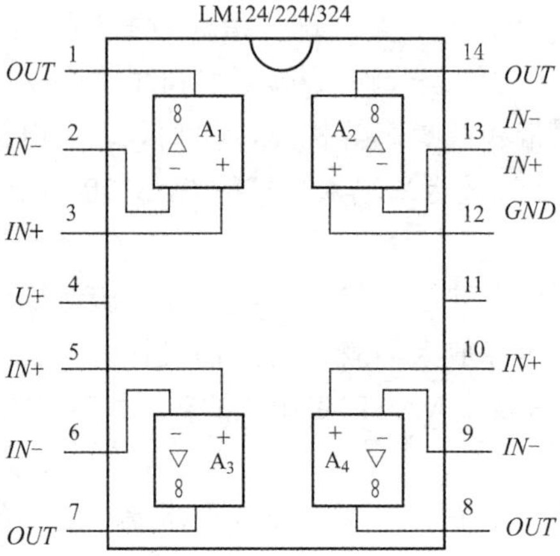


图 2.4.9　LM124/LM224/LM324 引脚排列图

#### 2. MC4558

MC4558 系列产品包括 MC4558C、MC4558V，如图 2.4.10 所示。它们是由两个独立的低功耗、高增益运算放大器组成的。该系列产品没有频率限制要求，电源电压范围很宽，外围电路简单，价格低廉。

MC4558C、MC4558V 的区别仅仅是工作温度不同，分别为 0～+70℃、−45℃～+85℃。它们均采用 8 脚双列直插式封装，引脚排列如图 2.4.10 所示。$V_{CC}$ 表示正电源端，*IN*+为同相输入端，*IN*−为反相输入端，*OUT* 为输出端。

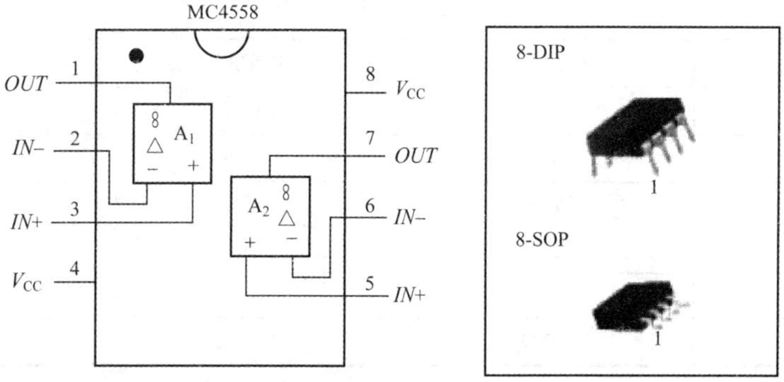


图 2.4.10　MC4558 引脚排列图

## 做一做

集成运放的质量判别

1. 测试元器件

如图 2.4.11 所示为待测集成运放 LM324。

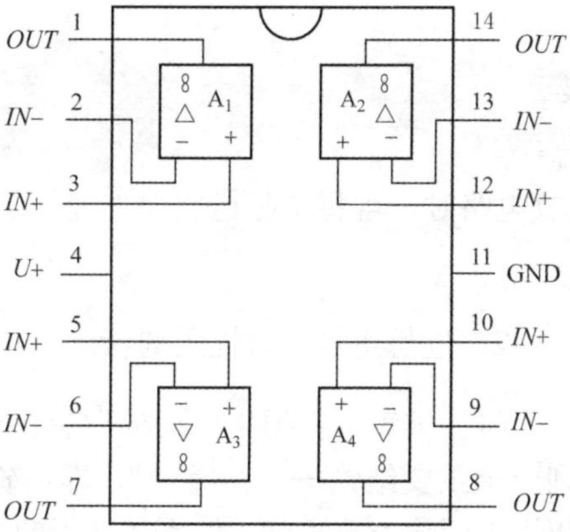


图 2.4.11　LM324

2. 测试仪表

普通万用表 1 只。

### 3. 质量判别步骤

用万用表 R×1kΩ 或 R×100Ω 挡测量运放芯片的正负极电源端及输出端和其他引出端之间的电阻，填入表 2.4.1 中。

表 2.4.1　测量记录表

| 黑表笔位置 | 红表笔位置 | 正常电阻值（kΩ） | 测试值 |
|---|---|---|---|
| *U*+ | GND | 16～17 | |
| GND | *U*+ | 5～6 | |
| *U*+ | *IN*+ | 50 | |
| *U*+ | *IN*− | 55 | |
| *OUT* | *U*+ | 20 | |
| *OUT* | GND | 60～65 | |

## 第 2 步　集成运放基本电路的制作与调试

### 读一读

集成运算放大器线性应用的理想特性

### 1. 集成运放的理想特性

（1）输入信号为零时，输出端应恒处于零电位；

（2）输入阻抗 $r_i=\infty$；

（3）输出电阻 $r_o=0$；

（4）频带宽度 $f_{BW}$ 从 $0\to\infty$；

（5）开环电压放大倍数 $A_{uo}=\infty$。

在实际应用和分析集成运放电路时，可将实际运放视为理想运放（如图 2.4.12 所示为理想运放的符号），以简化分析。

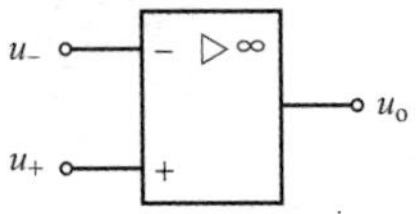


图 2.4.12　理想运放的符号

### 2. 理想运放在线性区的特点

（1）虚短：根据集成运放理想特性中的开环放大倍数无穷大得到一个重要结论——“虚短”，即两输入端电位近似相等 $u_+\approx u_-$，相当于两输入端短路，但不是真正的短路，故称为“虚短”。

（2）虚断：根据集成运放理想特性中的输入电阻无穷大得到一个重要结论——“虚断”，即表明两输入端电流近似为零 $i_+\approx0$，$i_-\approx0$，相当于两输入端断路，但不是真正的断路，故称为“虚断”。

虚短、虚断的情况如图 2.4.13（a）和图 2.4.13（b）所示。

（a）运放的电压和电流　　（b）理想运放的“虚短”、“虚断”示意图

图 2.4.13　集成运放的电压、电流以及“虚短”、“虚断“示意图

实际应用中，理想运放是不存在的，但在分析中，可以认为运放都具有理想特性，这样可以大大简化对电路的分析。

## 做一做

### 同相输入比例运算电路

#### 1．电子电路

如图 2.4.14 所示，MC4558 为集成运算放大器，$R_1$ 为 1kΩ 电阻，$R_f$ 为 10kΩ 电阻。

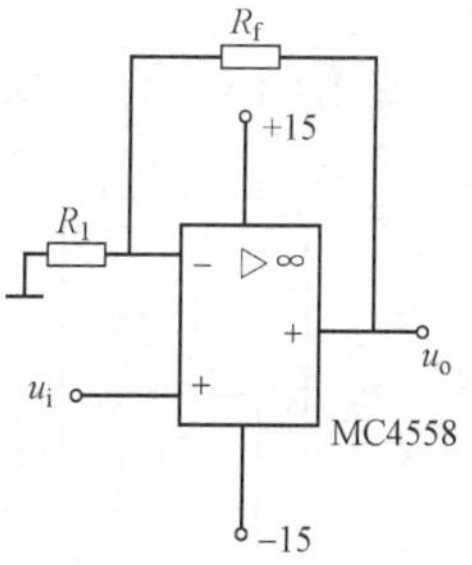


图 2.4.14　同相输入比例运算电路

#### 2．仪器仪表工具

0～30V 直流稳压电源 1 台，低频信号发生器 1 台，双踪示波器 1 台，镊子 1 把。

#### 3．制作步骤

① 识读同相输入比例运算电路图。

② 根据需要选择元器件。电阻选择碳膜电阻，$R_1$ 为 1kΩ、$R_f$ 为 10kΩ。集成运放的标识型号为 MC4558。

③ 电阻、集成运放正确成形，注意元器件成形时尺寸须符合电路通用板插孔间距要求。

④ 在电路通用板上按测试电路图正确插装成形好的元器件，串接上电流表，并用导线把它们连接好。

#### 4．测试步骤

① 按上述制作步骤完整接好电路图并复查，通电检测。

分别将两组电源调至 15V，两组电源与 MC4558 的接法如图 2.4.15 所示。

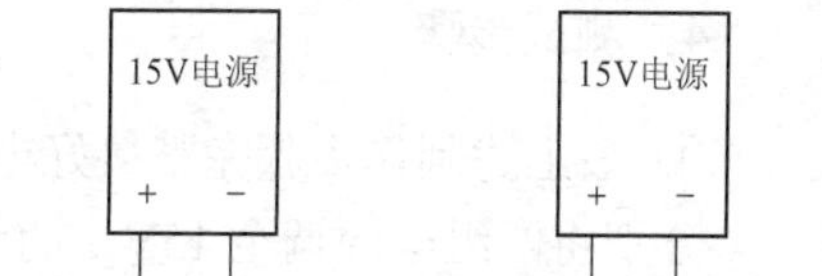


图 2.4.15　电源与 MC4558 的接法

② 利用函数信号发生器输入 $u_i$ 为 1V、1kHz 的正弦信号。

③ 用示波器观察输入、输出电压波形，输出电压幅值基本等于输入电压幅值的____（1/5/11）

倍，即电压放大倍数与$1+\frac{R_f}{R_1}$的值________（基本相等/相差较大），且输出电压与输入电压相位__________（相同/相反），则 $u_o$__________（等于/不等于）（$1+\frac{R_1}{R_f}$）$u_i$。

④ 将 $R_1$ 开路或 $R_f$ 短路，再用示波器观察输入、输出电压波形，输出电压幅值基本等于输入电压幅值的_______（1/5/11）倍，即电压放大倍数等于______（1/5/11）。因输出电压 $u_o$ 与输入电压 $u_i$ 相位__________（相同/相反），大小_________（相等/不相等），所以称为电压跟随器，是同相输入比例运算电路的特例。

## 做一做

### 反相输入比例运算电路

#### 1. 电子电路

如图 2.4.16 所示，MC4558 为集成运算放大器，$R_1$ 为 1kΩ 电阻，$R_f$ 为 10kΩ 电阻。

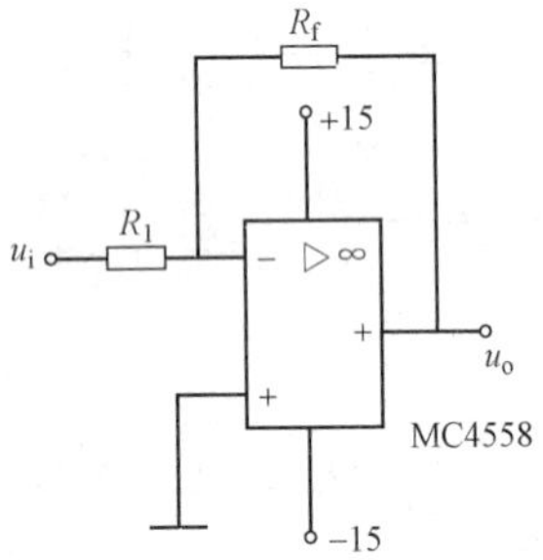


图 2.4.16 反相输入比例运算电路

#### 2. 仪器仪表工具

0～30V 直流稳压电源 1 台，低频信号发生器 1 台，双踪示波器 1 台，镊子 1 把。

#### 3. 制作步骤

① 识读反相输入比例运算电路图。

② 根据需要正确选择元器件。电阻选择碳膜电阻，$R_1$ 为 1kΩ、$R_f$ 为 10kΩ，集成运放的标识型号为 MC4558。

③ 电阻、集成运放正确成形，注意元器件成形时尺寸须符合电路通用板插孔间距要求。

④ 在电路通用板上按测试电路图正确插装成形好的元器件，串接上电流表，并用导线把它们连接好。

#### 4. 测试步骤

① 按上述制作步骤完整接好电路图并复查，通电检测。

分别将两组电源调至 15V，两组电源与 MC4558 的接法如图 2.4.15 所示。

② 利用函数信号发生器输入 $u_i$ 为 1V、1kHz 的正弦信号。

③ 用示波器观察输入、输出电压波形。输出电压幅值基本等于输入电压幅值____（0.1/1/10）倍，即电压放大倍数与$\frac{R_f}{R_1}$值_______（基本相等/相差很大），且输出电压与输入电压相位______（相同/相反），则 $u_o$_______（等于/不等于）$-\frac{R_f}{R_1}u_i$。

④ 将 $R_f$ 改为 1kΩ，再用示波器观察输入、输出电压波形，输出电压幅值与输入电压幅值________（基本相等/相差很大），即电压放大倍数与 $\frac{R_f}{R_1}$ 值________（基本相等/相差很大），此时该电路 $u_o$ 与 $u_i$ 相位__________（相同/相反），大小_________（相等/不相等），称为反相器，是反相输入比例运算电路的特例。

## 做一做

### 加法比例运算电路

#### 1．电子电路

如图 2.4.17 所示，MC4558 为集成运算放大器，$R_1$、$R_2$ 为 1kΩ 的电阻，$R_f$ 为 10kΩ 的电阻。

#### 2．仪器仪表工具

0～30V 直流稳压电源 1 台，低频信号发生器 1 台，双踪示波器 1 台，镊子 1 把。

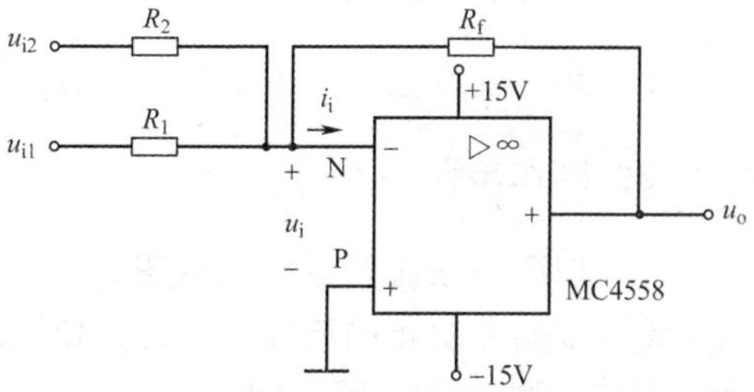

图 2.4.17　加法比例运算电路

#### 3．制作步骤

① 识读加法比例运算电路图。

② 根据需要正确选择元器件。电阻选择碳膜电阻，$R_1$、$R_2$ 为 1kΩ，$R_f$ 为 10kΩ。集成运放的标识型号为 MC4558。

③ 电阻、集成运放正确成形，注意元器件成形时尺寸须符合电路通用板插孔间距要求。

④ 在电路通用板上按测试电路图正确插装成形好的元器件，串接上电流表，并用导线把它们连接好。

#### 4．测试步骤

① 按上述制作步骤完整接好电路图并复查，通电检测。

分别将两组电源调至 15V，两组电源与 MC4558 的接法如图 2.4.15 所示。

② 保持步骤①，接入 $u_{i1}$ 为 0.1V、5kHz 的正弦波信号，不接 $u_{i2}$。

③ 保持步骤②，用示波器观察输入、输出电压波形，画出各波形并记录：输出电压幅值与输入电压幅值__________（基本相等/相差很大），即电压放大倍数与 $\frac{R_f}{R_1}$ 值__________（基本相等/相差很大），且输出电压与输入电压相位________（相同/相反）。

④ 保持步骤③，将 $R_f$ 改为 2kΩ，用示波器观察输入、输出电压波形，画出各波形并记录：

输出电压幅值基本等于输入电压幅值的__________（0.5 倍/1 倍/2 倍），即电压放大倍数与 $\frac{R_f}{R_1}$ 值______________（基本相等/相差很大）。

⑤ 保持步骤④，将 $R_f$ 改为 1kΩ。

⑥ 保持步骤⑤，接入 $u_{i1}$ 和 $u_{i2}$ 均为 0.1V、5kHz 的正弦波信号，用示波器观察输出电压 $u_o$ 和输入电压 $u_{i1}$、$u_{i2}$ 波形，画出各波形并记录：该电路____________（能/不能）实现输入电压相加[$u_o=-(u_{i1}+u_{i2})$]，且输出电压相对于输入电压是__________（正极性的/负极性的）。

## 做一做

### 减法比例运算放大电路

#### 1．电子电路

如图 2.4.18 所示，MC4558 为集成运算放大器，$R_1$、$R_2$ 为 1kΩ 的电阻，$R_3$、$R_f$ 为 10kΩ 的电阻。

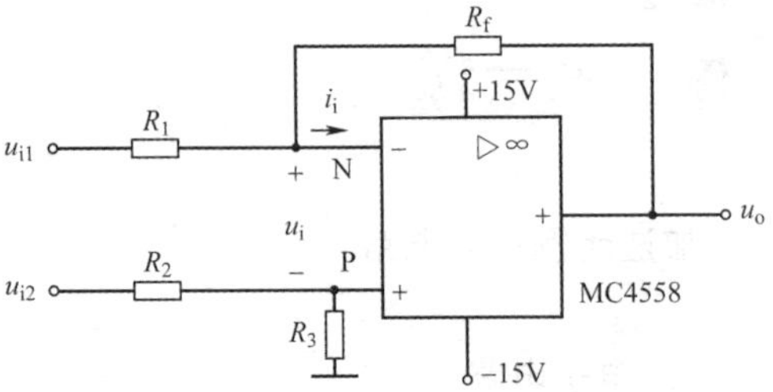


图 2.4.18　减法比例运算放大电路

#### 2．仪器仪表工具

0～30V 直流稳压电源 1 台，低频信号发生器 1 台，双踪示波器 1 台，镊子 1 把。

#### 3．制作步骤

① 识读减法比例运算电路图。

② 根据需要正确选择元器件。电阻选择碳膜电阻，$R_1$、$R_2$ 为 1kΩ，$R_3$、$R_f$ 为 10kΩ，集成运放的标识型号为 MC4558。

③ 电阻、集成运放正确成形，注意元器件成形时尺寸须符合电路通用板插孔间距要求。

④ 在电路通用板上按测试电路图正确插装成形好的元器件，串接上电流表，并用导线把它们连接好。

#### 4．测试步骤

① 按上述制作步骤完整接好电路图并复查，通电检测。

分别将两组电源调至 15V，两组电源与 MC4558 的接法如图 2.4.15 所示。

② 保持步骤①，接入 $u_{i1}$ 为 1V、1kHz 的正弦波信号和 $u_{i2}$ 为 2V、1kHz 的正弦波信号，用示波器观察输出、输入电压波形，画出各波形并记录：输出电压幅值基本等于__________（0.1/1/10）倍两输入电压幅值之差。

③ 保持步骤②，将 $R_3$、$R_f$ 改为 1kΩ，再用示波器观察输入、输出电压波形，则输出电压幅值基本等于__________（0.1/1/10）倍两输入电压幅值之差，即该电路________（能/不能）实现电压相减，此时该电路 $u_i=u_{i2}-u_{i1}$，称为减法器，是减法比例运算电路的特例。

# 项目 5　扩音机的制作

## 学习目标

✧　了解扩音机的组成框图。

✧ 理解扩音机的工作原理。
✧ 会制作扩音机。
✧ 能调试、测量扩音机。
✧ 能排除扩音机的常见故障。
✧ 会撰写扩音机的制作与调试报告书。

## 工作任务

✧ 制作扩音机。
✧ 调试、测量扩音机的主要指标。
✧ 排除扩音机的常见故障。

## 第 1 步 识读扩音机的电路

### 读一读

**扩音机的基本组成和工作原理**

扩音机的组成如图 2.5.1 所示，它应包括前置放大器、功率放大器和直流电源等部分。

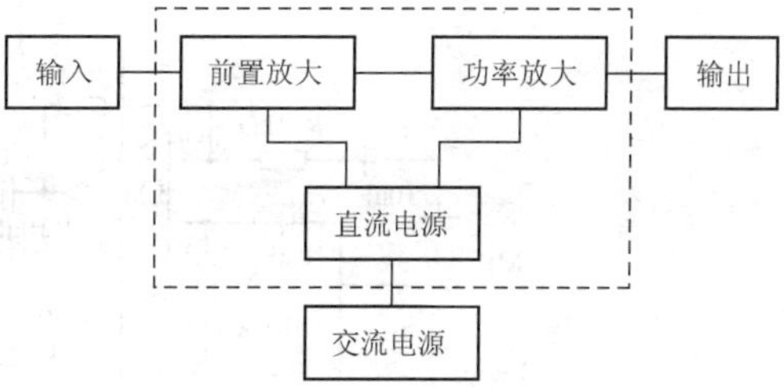

图 2.5.1 扩音机的组成框图

从各种信号源送来的信号，经前置放大器的选择、均衡、混合和放大，得到适当的特性和电平，然后经推动级送到功率放大器加以放大，得到足够功率推动扬声器。电源部分为前置放大器和功率放大器电路提供直流电源。

**1. 前置放大器**

为适应不同的输入方式，前置放大器分为话筒放大器、拾音放大器及线路放大器等，分别将话筒、电唱机、收录机和其他线路输出的微弱音频信号进行放大，然后馈送给混合放大部分。由于输入的信号一般很微弱，因此输入级常由射极跟随器或集成运放组成，这样可使输入级有较高的输入阻抗和较低的输出阻抗。

**2. 混合放大部分**

将前置放大输出的信号混合在一起并进行放大，在混合放大部分一般装有各种音量调节器，用于控制各种音量，此部分一般由多级放大器或集成运放完成。

**3. 推动级**

推动级的任务是供给功率放大器足够大的激励信号，一般由单级放大器组成。

**4. 功率放大器**

当负载一定时，希望输出的功率尽可能大，输出信号的非线性失真尽可能小，效率尽可能高。功率放大器对推动级输出的信号进行功率放大，为扬声器发声提供一定的输出功率。常见的有单电源供电的 OTL 和双电源供电的 OCL、晶体管和集成电路构成的混合型功率放大电路及全集成功率放大电路等。

### 5. 直流电源

直流电源用于给各部分电路提供必要的直流电压。根据电路所需电压的不同，可采用分离元件组成的串联分压式稳压电源或由三端稳压器构成的集成稳压电源。

扩音机电路可以有多种实现方案，常用的有分立元器件扩音机、晶体管和集成电路混合扩音机、集成电路扩音机等。图 2.5.2 和图 2.5.3 所示分别为集成电路扩音机电路和电源电路，表 2.5.1 和表 2.5.2 分别为其元器件清单。在该集成电路扩音机中，前置和推动部分采用集成运放 LM741，功率放大部分采用集成功放 TDA2030，电路使用±15V 电源供电。电源电路中使用了 CW7815 和 CW7915 分别提供正负电源。

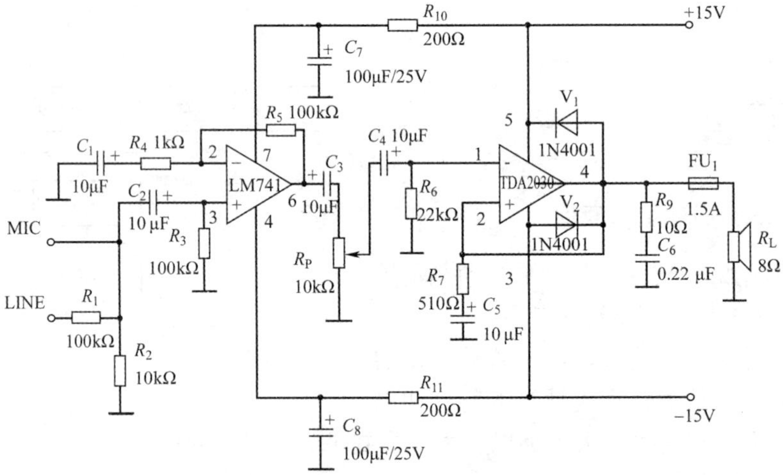


图 2.5.2　集成电路扩音机电路

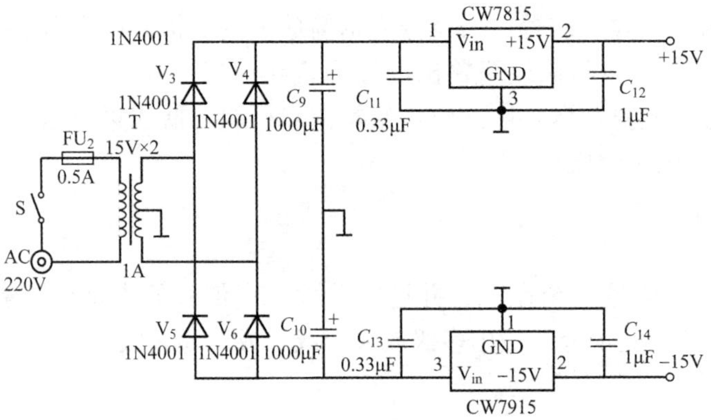


图 2.5.3　扩音机电源电路

电路中使用较多的是电阻、电容、集成运放、集成稳压电源和变压器等。各元器件的型号参数已在图中注明，选择时，对于电阻应注意其额定功率，对于电容应注意其容量及耐压。安装和焊接前，应对各元器件进行质量检测。焊接时，应注意各元器件引脚的功能，不要接错，特别是电解电容器应注意其极性不能接反。

## 第 2 步　扩音机的安装和焊接

### 做一做

**1．电子电路**

电路如图 2.5.2 所示。

**2．元器件清单**

表 2.5.1　扩音机电路元器件清单

| 代　号 | 规　格 | 名　称 |
|---|---|---|
| $IC_1$ | LN741（μA741） | 集成运放 |
| $IC_2$ | TDA2030 | 集成功放 |
| $R_P$ | 10Ω/1W | 电位器 |
| $V_1$、$V_2$ | 1N4001 | 二极管 |
| $C_1$、$C_2$、$C_3$、$C_4$、$C_5$ | 10μF/25V | 电解电容器 |
| $C_6$ | 0.22μF | 涤纶电容器 |
| $C_7$、$C_8$ | 100μF/25V | 电解电容器 |
| $R_L$ | 8Ω | 扬声器 |
| $R_1$、$R_3$、$R_5$ | 100kΩ | （1/8～1/4W）电阻器 |
| $R_2$ | 10kΩ | （1/8～1/4W）电阻器 |
| $R_4$ | 1kΩ | （1/8～1/4W）电阻器 |
| $R_6$、$R_8$ | 22kΩ | （1/8～1/4W）电阻器 |
| $R_7$ | 510kΩ | （1/8～1/4W）电阻器 |
| $R_9$ | 10Ω | （1/8～1/4W）电阻器 |
| $R_{10}$、$R_{11}$ | 200Ω | （1/8～1/4W）电阻器 |
| $FU_1$ | 1.5A | 熔断器 |

表 2.5.2　扩音机电源元器件清单

| 代　号 | 规　格 | 名　称 |
|---|---|---|
| $IC_3$ | CW7815 | 三端集成稳压器 |
| $IC_4$ | CW7915 | 三端集成稳压器 |
| $V_3$～$V_6$ | 1N4001 | 二极管 |

续表

| 代　号 | 规　格 | 名　称 |
|---|---|---|
| T | ±15V | 带中间抽头的变压器 |
| $C_9$、$C_{10}$ | 1000μF/50V | 电解电容器 |
| $C_{11}$、$C_{13}$ | 0.33μF | 涤纶电容器 |
| $C_{12}$、$C_{14}$ | 1μF/25V | 电解电容器 |
| $FU_2$ | 0.5A | 熔断器 |

### 3. 安装焊接注意事项

为保证扩音机的性能，在安装和焊接时应注意以下几个问题。

（1）元器件的引线在焊接前必须刮亮、镀锡，焊接时少用或尽量不用焊油，以免焊油腐蚀线路板，焊盘要光滑、圆润。

（2）接线要短，电路之间要共地。

（3）电解电容器的极性不要接反。

（4）电源变压器要固定在主电路板的下方，电源变压器初、次级线圈的屏蔽层要有引出线与铁芯连接并接地。

（5）为便于散热，大功率管必须加散热片。

（6）导线的颜色要有所区别，例如，正电源用红线，负电源用蓝线，地线用黑线，信号线用其他颜色的线。变压器的初级连线应注意绝缘。

## 第 3 步　扩音机的调试和测试

做一做

### 1. 调试过程

电路调试过程一般先分级调试，最后进行整机调试和性能指标的测试。调试时，为安全起见，可以用同阻值的电阻器代替扬声器。分级调试又分静态和动态调试。

静态调试时，将输入端对地短路，用万用表测试电路中各点的直流电位，与理论值进行比较，进而判断电路中各元器件是否正常工作。

动态调试时，在电路信号输入端输入适当信号，用示波器观测各级电路的输出波形及工作情况。

单级调试完成后，可进行级联调试。前级的输出信号作为后级的输入信号进行调整，此时应注意级间的相互影响。

### 2. 测试方法

对于扩音机电路，需要测试的主要性能指标有最大不失真输出功率、频率响应和输入灵敏度，各参数的测试方法如下。

1）最大不失真输出功率

用音频信号发生器提供频率为 1kHz 的正弦信号，加到扩音机电路的输入端，用 8Ω/10W 的负载代替扬声器。加大输入信号幅度，用示波器观测输出，使输出达到最大不失真输出，此时输出电压为最大失真输出电压 $U_{om}$，由此可计算出最大不失真输出功率为：

$$P_o = \frac{U_{om}^2}{2R_L}$$

2）频率响应

放大器的电压增益相对于中频（1kHz）的电压增益下降 3dB 时所对应的下限频率 $f_L$ 和上限频率 $f_H$，称为放大器的频率响应。

测试时，先调整音量电位器为适中，话筒输入端先加入 20mV、1kHz 的正弦交流信号，用电压表测出电压值。再保持输入电压幅值不变，改变输入信号的频率，测出对应的 $f_L$、$f_H$ 值。

3）输入灵敏度

使扩音机输出额定功率时所需输入电压的有效值即为输入灵敏度。测量时，将输入信号由 0 开始增大，直到输出电压达到额定功率所需的电压值，此时对应的输入电压值，即为输入灵敏度。

## 习　题

### 一、判断题

1．反馈只能是反馈输出的部分信号。（　　）

2．电压负反馈可以稳定输出电压，流过负载的电流也就必然稳定，因此电压负反馈和电流负反馈都可以稳定输出电流。（　　）

3．理想的集成运放电路输入阻抗为无穷大，输出阻抗为零。（　　）

4．“虚地”的概念表示集成运算放大器的两个输入端与地短接。（　　）

5．当同相输入比例运放器的 $R_f = R_1$ 时，就称为电压跟随器。（　　）

6．电压放大器只能放大电压信号，功率放大器只能放大信号的功率。（　　）

7．功率放大器是大信号放大器，要求在不失真的条件下，能得到足够大的输出功率和效率。（　　）

### 二、选择题

1．温度减小时，晶体三极管参数会发生如下变化（　　）。

A．$U_{BE}$ 增加，$\beta$ 减小，$I_{CBO}$ 减小

B．$U_{BE}$ 减小，$\beta$ 减小，$I_{CBO}$ 减小

C．$U_{BE}$ 增加，$\beta$ 增加，$I_{CBO}$ 增加

D．$U_{BE}$ 减小，$\beta$ 增加，$I_{CBO}$ 增加

2．工作在放大区的某三极管，当 $I_B$ 从 20μA 增大到 40μA 时，$I_C$ 从 1mA 变为 2mA 时，则它的 $\beta$ 值约为（　　）。

A．10　　B．50　　C．100　　D．75

3．NPN 型三极管放大电路中，当集电极电流增大时，则晶体三极管（　　）。

A．基极电流不变

B．集电极对发射极电压 $U_{CE}$ 下降

C．集电极对发射极电压 $U_{CE}$ 上升

D．集电极电阻 $R_C$ 变小

4．某一交流放大器，要求输出电流 $I_o$ 基本稳定，并需减小输入电阻，则引入的反馈类型是（　　）。

A．电流串联负反馈　　B．电流并联负反馈

C．电压并联负反馈　　D．电流串联负反馈

5．图 2.6.1 所示电路的反馈类型是（　　）。

A．电压并联负反馈　　B．电流串联负反馈

C．电压串联负反馈　　D．电压串联正反馈

6．图 2.6.2 所示的分压式偏置电路，电阻 $R_E$ 引入的反馈类型是（　　）。

A．电压串联负反馈　　B．电流并联负反馈

C．电压并联负反馈　　D．电压串联负反馈

7．图 2.6.3 所示电路中，$R_1$=1kΩ，$R_2$=2kΩ，$R_3$=$R_4$=10kΩ，均为理想集成运算放大器，其 $\frac{U_o}{U_i}$ 的值是（　　）。

A．8V　　B．-8V　　C．4V　　D．-4V

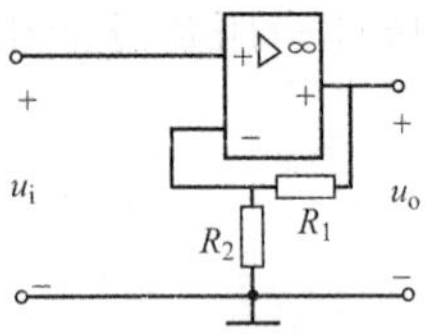


图 2.6.1

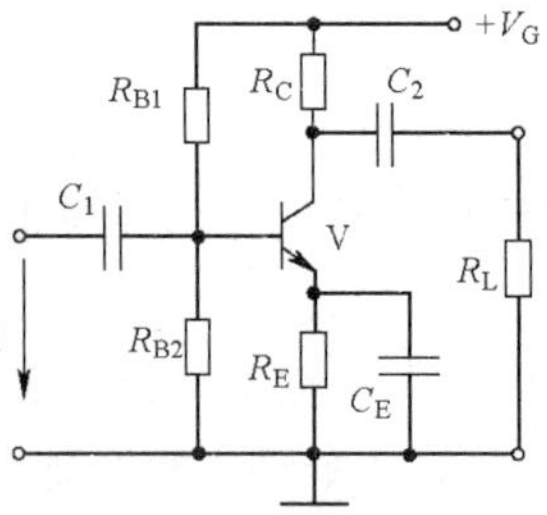


图 2.6.2

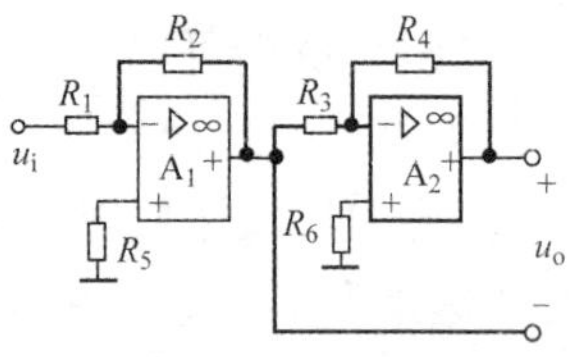


图 2.6.3

## 三、填空题

1．三极管有三个区域分别是__________、__________、__________；有三个电极分别是__________、__________、__________；有两个 PN 结分别是__________、__________。

2．电压负反馈能稳定放大器的__________，并使放大器的输出电阻__________；电流负反馈能稳定放大器的__________，并使放大器的输出电阻__________。

3．运算放大器实质上是一种具有__________的多级直耦放大器。

4．对于一个晶体管放大器来说，一般希望其输入电阻要__________些，以减轻信号源的负担，输出电阻要__________些，以增大带负载的能力。

## 四、综合分析题

1．已知某三极管的 $I_{B1}$=10μA 时，$I_{C1}$=0.88mA，当 $I_{B2}$=40μA 时，$I_{C2}$=2.38mA，求该三极管的 $\beta$ 值为多少？

2．图 2.6.4 所示放大器中已知 $U_G$=15V，$R_c$=3kΩ，$R_b$=500kΩ，$\beta$=60，试估算放大器的静态工作点（忽略 $I_{CBO}$）。

3．图 2.6.4 中，$R_b$=510Ω，$R_c$=5.1kΩ，$\beta$=50，求 $U_{CEQ}$；若要求 $U_{CEQ}$=3V，$I_{CQ}$=0.5mA，求 $R_b$、$R_c$。

4．图 2.6.5 具有分压式稳定工作点偏置电路的放大器中，$R_{b1}$=30kΩ，$R_{b2}$=10kΩ，$R_C$=2kΩ，$R_e$=1kΩ，$V_G$=9V，试估算 $I_{CQ}$ 和 $U_{CEQ}$。

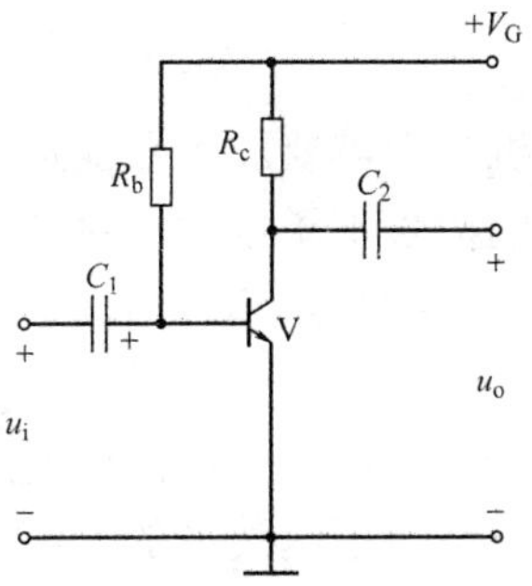

图 2.6.4

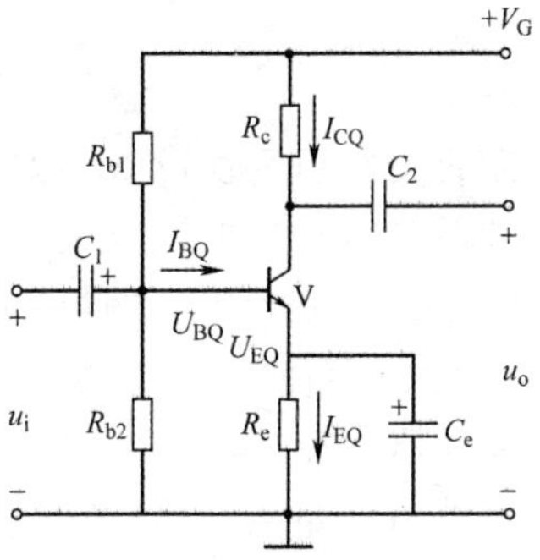

图 2.6.5

5．试求图 2.6.6 所示电路中 $u_o$ 与 $u_{i1}$、$u_{i2}$ 的关系式。

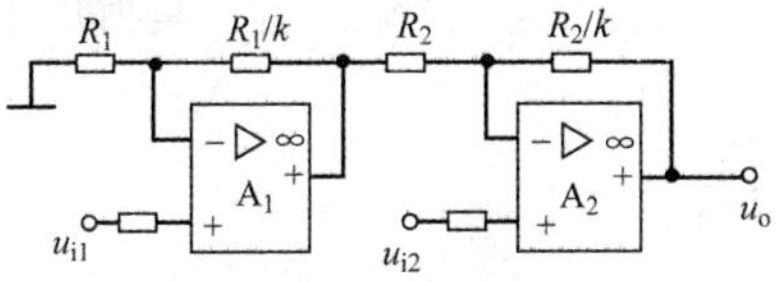

图 2.6.6

# 学习领域三　正弦波振荡电路

## 领域简介

在无线电广播的发射和接收设备（如收音机、电视机）中需要放大器能从含有多种频率的信号中选出某一频率的信号并加以放大，而对其他频率的信号不予放大，这就需要放大器具有选频放大能力。通常把具有选频放大性能的放大器称为选频放大器。由于常利用 LC 谐振回路的谐振特性来选频，故又称为调谐放大器。

在通信、广播、自动控制、仪表测量等方面常需要不用外加信号，而由电路本身自激而产生输出信号的振荡电路，即振荡器，它能自动输出不同频率、不同波形的交流信号，使电源的直流电能转换成交流电能。

本领域重点介绍常见调谐放大器、正弦波振荡器。通过学习，使读者深入了解调谐放大器、正弦波振荡器的电路组成及其工作原理，通过对谐振电路的制作、正弦波振荡器的制作进一步提高读者的安装、调试和排除故障等能力，为后续学习打下良好的专业理论和操作能力的基础。

## 项目 1　谐振电路的制作

### 学习目标

- ✧ 能识读典型谐振放大器的电路图，理解其工作原理。
- ✧ 了解典型谐振放大器主要性能指标及其在工程应用中的意义。
- ✧ 会组装中频放大电路。

### 工作任务

- ✧ 能调试 LC 调谐放大器。
- ✧ 会用示波器测量调谐放大器的增益与频带宽度。

### 第 1 步　体验谐振电路

**做一做**

LC 调谐放大器

1．电子电路

LC 调谐放大器电路如图 3.1.1 所示，利用直流稳压电源向电路提供 6V 直流电压，调整

$R_{b1}$，使三极管 V 的集电极电流 $I_C$=1mA。

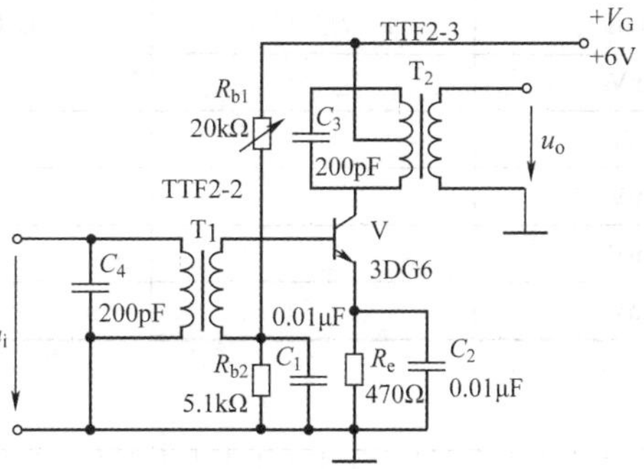


图 3.1.1　LC 调谐放大器

### 2．仪器仪表工具

0～30V 可调直流稳压电源 1 台，低频信号发生器 1 台，示波器 1 台，毫安表 2 只，万用表 1 只，镊子 1 把，烙铁等焊接工具及材料。

### 3．制作步骤

（1）将低频信号发生器接到调谐放大器输入端，输送 465kHz 的正弦信号，再将示波器接至电路输出端，用无感螺丝刀缓缓调整 $T_2$ 磁芯，使输出信号波形幅度最大。再调整 $T_1$ 磁芯，使输出信号波形幅度最大。反复调几次，输出信号幅度最大时调谐放大器的工作频率即为 LC 回路的谐振频率 $f_o$=465kHz。

（2）将低频信号发生器输出信号幅度调整为 1mV/465kHz，并接到图 3.1.1 所示调谐放大器输入端（即使 $U_{im}$=1mV），用示波器或晶体管毫伏表测出电路的输出电压幅度 $U_{om}$=_________。则放大器的电压放大倍数 $A_u$=____________。

（3）保持低频信号发生器输出信号幅度为 1mV 不变，按表 3.1.1 调整输入信号 $u_i$ 的频率 $f$，用示波器或晶体管毫伏表测出电路的输出电压幅度 $U_{om}$，并填写到表 3.1.1 中，同时计算出放大器的电压放大倍数 $A_u$ 及其增益 $G_u$，并填入表 3.1.1 中，则从表 3.1.1 中可以看出放大器电压放大倍数的最大值 $A_{u\max}$=______________。

（4）根据表 3.1.1 数据，在图 3.1.2 中绘制出调谐放大器的谐振曲线。

表 3.1.1　调谐放大器频率特性测试

| 信号频率 $f$ | $u_i$ 幅度 | $u_o$ 幅度（V） | $A_u$（倍） | $G_u$（dB） |
|---|---|---|---|---|
| 435kHz | 1mV | | | |
| 440kHz | 1mV | | | |
| 445kHz | 1mV | | | |
| 450kHz | 1mV | | | |
| 455kHz | 1mV | | | |
| 460kHz | 1mV | | | |
| 465kHz | 1mV | | | |
| 470kHz | 1mV | | | |

续表

| 信号频率 $f$ | $u_i$ 幅度 | $u_o$ 幅度（V） | $A_u$（倍） | $G_u$（dB） |
|---|---|---|---|---|
| 475kHz | 1mV | | | |
| 480kHz | 1mV | | | |
| 485kHz | 1mV | | | |
| 490kHz | 1mV | | | |
| 495kHz | 1mV | | | |

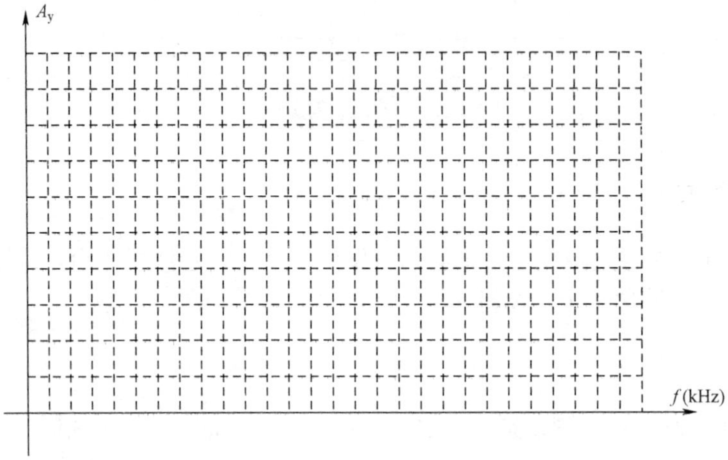


图 3.1.2　绘制调谐放大器的谐振曲线

## 考考你

从谐振曲线的低频段找出电压放大倍数为$\frac{1}{\sqrt{2}}A_{um}$，即 $0.707A_{vm}$ 的下限频率 $f_L$=________；从谐振曲线的高频段找出电压放大倍数为$\frac{1}{\sqrt{2}}A_{um}$即 $0.707A_{umax}$ 的上限频率 $f_H$=________。由此可知该调谐放大器的通频带 $f_{BW}$=______________。

## 读一读

放大器的放大倍数与信号频率之间的关系，叫频率响应，也称放大器的频率特性。用曲线表示时，此曲线称为频率响应曲线。从图 3.1.2 可见，对一定频率范围的信号放大倍数高且稳定，这个频率范围称为中频区。对于过低或过高的频率，放大器的放大倍数会急剧下降。通常把放大倍数下降到中频段放大倍数 $A_{um}$ 的$\frac{1}{\sqrt{2}}$（即 0.707）倍时，对应的低端频率 $f_L$ 称为下限频率，对应的高端频率 $f_H$ 称为上限频率。$f_L$ 与 $f_H$ 之间的频率范围称为通频带或频带宽度 $f_{BW}$，即

$$f_{BW}=f_H-f_L$$

## 第 2 步 了解调谐放大器的工作原理

### 知识链接

通过前面的做一做，介绍了调谐放大器的频率特性，调谐放大器能够从各种频率不同的信号中选择出所需要频率的信号，下面来介绍其工作原理。

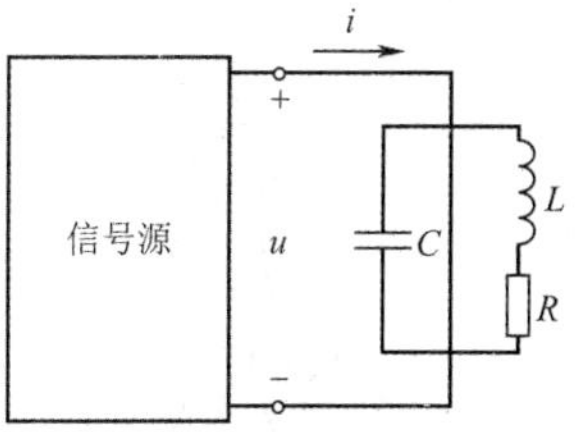


图 3.1.3 LC 并联回路

首先介绍 LC 并联回路（图 3.1.3）的频率特性。

根据电工技术基础中的知识可以知道图 3.1.3 所示的 LC 并联回路的阻抗 $Z$ 会随外来信号频率的变化而变化。若信号频率升高，线圈感抗 $X_L=2\pi fL$ 增大，容抗 $X_C=\dfrac{1}{2\pi fC}$ 减小，两条支路并联，使回路对信号的阻抗减小，电路呈容性；若信号频率下降，线圈感抗 $X_L=2\pi fL$ 减小，容抗 $X_C=\dfrac{1}{2\pi fC}$ 增大，电路呈感性；当频率为 $f$ 的信号与回路的固有频率 $f_0=\dfrac{1}{2\pi\sqrt{LC}}$ 相等时，$X_L=X_C$，电路发生谐振，其谐振频率为

$$f_0=\frac{1}{2\pi\sqrt{LC}}$$

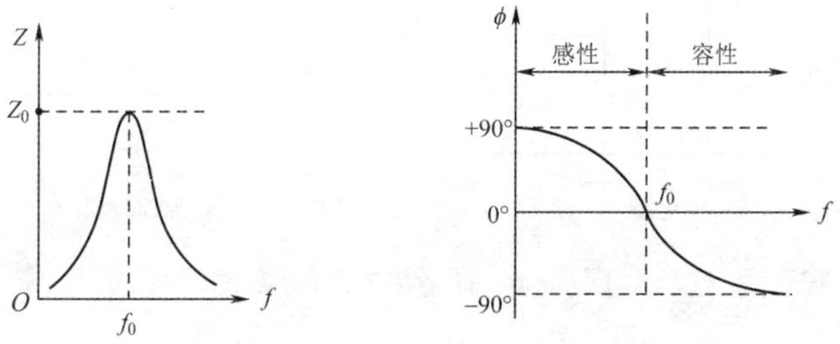


（a）阻抗特性曲线　　（b）相频特性曲线

图 3.1.4 LC 并联电路的频率特性

回路谐振时，容抗和感抗相等，使电路对信号阻抗最大，呈电阻性。图 3.1.4（a）所示为 LC 并联回路的阻抗随频率变化的关系曲线——阻抗特性曲线。

图 3.1.4（b）所示为 LC 并联回路的相位随频率变化的关系曲线——相频特性曲线。它表示 LC 并联回路两端电压 $u$ 和流入并联回路电流 $i$ 之间的相位差 $\varphi$ 随信号频率变化的特性。当 $f=f_0$（即谐振频率）时，$\varphi=0$，并联电路呈纯阻性；当 $f<f_0$ 时，$\varphi>0$，并联电路呈感性。当 $f>f_0$ 时，$\varphi<0$，并联电路呈容性。

阻抗频率特性和相位频率特性称为 LC 并联电路的频率特性。它说明了 LC 并联电路具有区别不同频率信号的能力，即具有选频特性。

从图 3.1.4（a）可以看出，曲线越尖锐，选频能力越强。为了表征一个 LC 并联电路选频特性

的好坏，引入了品质因数 $Q$，其定义为回路谐振时的感抗 $X_L$ 或容抗 $X_C$ 与等效损耗电阻 $R$ 之比。即

$$Q=\frac{X_{\mathrm{L}}}{R}=\frac{2\pi f_0 L}{R}$$

$$或Q=\frac{X_{\mathrm{C}}}{R}=\frac{1}{2\pi f_0 CR}$$

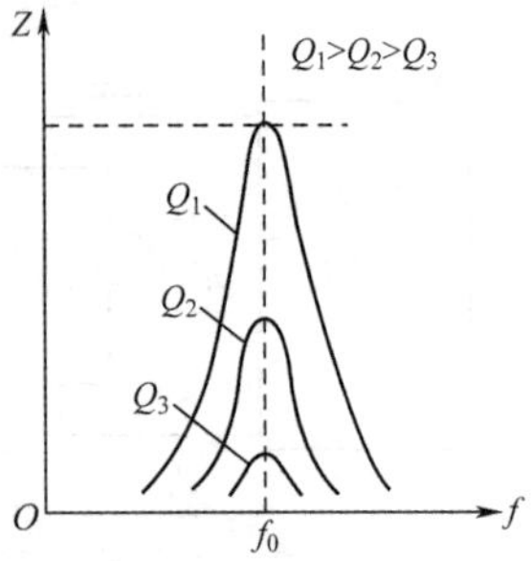


图 3.1.5　阻抗频率特性与 $Q$ 值的关系

等效电阻 $R$ 越小，$Q$ 值越大，阻抗特性曲线越尖锐，选频能力就越强；反之 $Q$ 值越小，阻抗特性曲线越平坦，选频能力就越差。LC 回路的阻抗特性与 $Q$ 值的关系如图 3.1.5 所示。

图 3.1.6（a）所示为调谐放大器，该电路的特点是利用 LC 并联回路作为负载，因此，该放大电路具有选频放大能力。当信号频率 $f$ 等于谐振频率 $f_0$，即 $f=f_0$ 时，电路发生并联谐振，使并联回路阻抗最大，回路两端电压最大，则放大器输出电压最大，放大倍数也 $A_{u0}$ 最大，从而选出了频率为 $f_0$ 的信号。对于偏离 $f_0$ 的信号，LC 并联回路呈现的阻抗小，输出电压小，放大倍数 $A_u$ 也小，从而衰减了该信号。图 3.1.6（b）所示为调谐放大器的放大倍数与信号频率关系曲线，称为调谐放大器的谐振曲线。

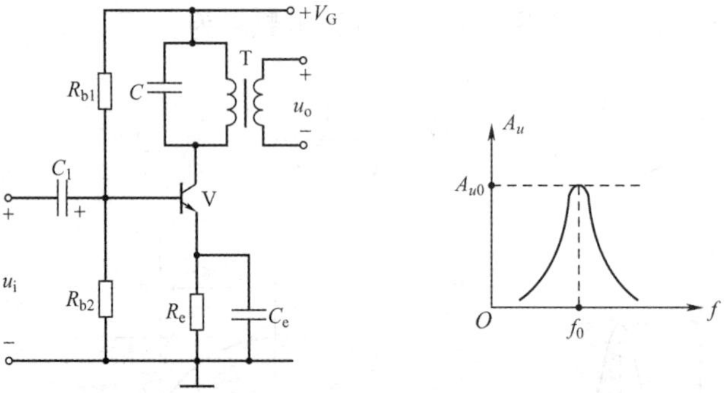


（a）电路　　（b）谐振曲线

图 3.1.6　调谐放大器原理

# 项目 2　正弦波振荡器的制作

## 学习目标

- ✧ 能识读正弦波振荡器的电路图，理解其工作原理。
- ✧ 了解正弦波振荡器的起振条件，能判断电路能否起振。
- ✧ 会组装调试正弦波振荡器。

## 工作任务

- ✧ 组装并调试 LC 正弦波振荡器。

✧　会判断振荡器是否起振并验证相位平衡条件和振幅平衡条件。

## 第 1 步　体验正弦波振荡电路

### 知识链接

前面介绍的谐振放大电路能从不同频率的交流信号中选择出所需频率的正弦信号。在通信、广播、自动控制、仪表测量、高频加热及超声探伤等实际应用中，常常需要能自动输出不同频率、不同波形交流信号，使电源的直流电能转换为交流电能的电子线路，即自激振荡电路或振荡器。通过下面的做一做即可体验振荡电路的特性。

### 做一做

**共基极变压器耦合 LC 正弦波振荡器**

**1．电子电路**

共基极变压器耦合 LC 正弦波振荡器如图 3.2.1 所示，利用直流稳压电源向电路提供 6V 直流电压，调整 $R_P$，使三极管 V 的集电极电流 $I_C$=0.4～0.6mA。

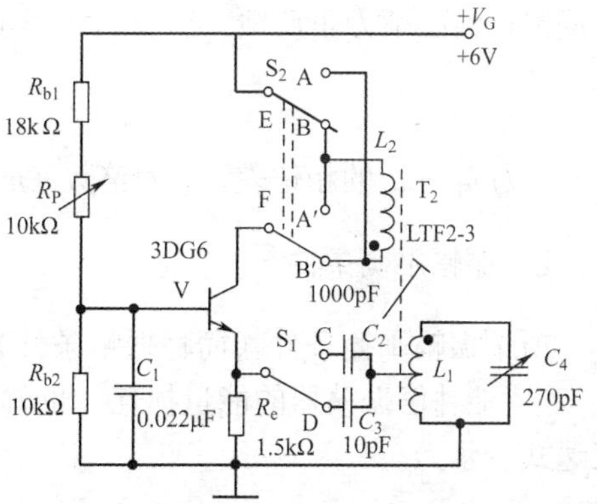

图 3.2.1　共基极变压器耦合 *LC* 正弦波振荡器

**2．仪器仪表工具**

0～30V 可调直流稳压电源 1 台，示波器 1 台，毫安表 2 只，万用表 1 只，镊子 1 把，烙铁等焊接工具及材料。

**3．制作步骤**

（1）将开关 $S_1$ 接于 C 或 D，开关 $S_2$ 接于 AA′，则利用瞬时极性法可判断出电路的反馈类型为__________（正反馈/负反馈）；将万用表置于 2.5V 直流电压挡，测量晶体管 V 基极与发射极之间的电压 $U_{BE}$ 约为____________（0.6～0.7V/小于 0.6V 或为负值），用示波器观察晶体管 V 集电极波形为__________（一条水平线或正弦波），说明电路___________（发生/没有发生）振荡。

（2）将开关 $S_1$ 接 C，$S_2$ 接 BB′，利用瞬时极性法可判断出电路的反馈类型为________（正反馈/负反馈）；将万用表置于 2.5V 直流电压挡，测量晶体管 V 基极与发射极之间的电压 $U_{BE}$ 约为_____（0.6～0.7V/小于 0.6V 或为负值），用示波器观察晶体管 V 集电极波形为_______（一条水平线或正弦波），说明电路____________（发生/没有发生）振荡。

（3）将开关 $S_1$ 接 D，$S_2$ 接 BB′，利用瞬时极性法可判断出电路的反馈类型为________（正反馈/负反馈）；此时与 $S_1$ 接 C，$S_2$ 接 BB′时比较，电路的反馈量________（变大/减小）。将万用表置于 2.5V 直流电压挡，测量晶体管 V 基极与发射极之间的电压 $U_{BE}$ 约为______（0.6～0.7V/小于 0.6V 或为负值），用示波器观察晶体管 V 集电极波形为______（一条水平线或正弦波），说明电路____________（发生/没有发生）振荡。

## 第 2 步　了解自激振荡条件

### 知识链接

从前面的做一做可以看出，当电路为负反馈时，电路不能振荡，当电路为正反馈，且正反馈量较大时电路才能发生振荡。这就是说电路必须满足一定的条件才能产生自激振荡，产生自激振荡的条件可归纳为以下两个。

**1. 相位平衡条件**

所谓相位平衡条件（简称相位条件），是指放大器的反馈信号 $u_f$ 必须与输入信号 $u_i$ 同相位，即反馈极性必须为正反馈。用表达式表示为：

$$\varphi=2n\pi$$

$\varphi$ 为 $u_f$ 与 $u_i$ 的相位差，$n$ 为整数（$n$=1，2，3，…）。

**2. 振幅平衡条件**

所谓振幅平衡条件（简称振幅条件），是指放大器的反馈信号的幅度必须满足一定数值（幅度），才能补偿振荡器的能量损耗。也就是说，反馈信号 $u_f$ 的振幅应等于输入信号 $u_i$ 的振幅。用表达式表示为

$$AF=1$$

一个放大器必须同时满足上述两个条件，才能产生自激振荡。同时为了获得单一频率的正弦波振荡，还必须使放大器具有选频特性，使它只对某一特定频率的信号满足自激振荡条件。

**例 3.2.1**　判断图 3.2.2 所示两电路能否产生自激振荡。

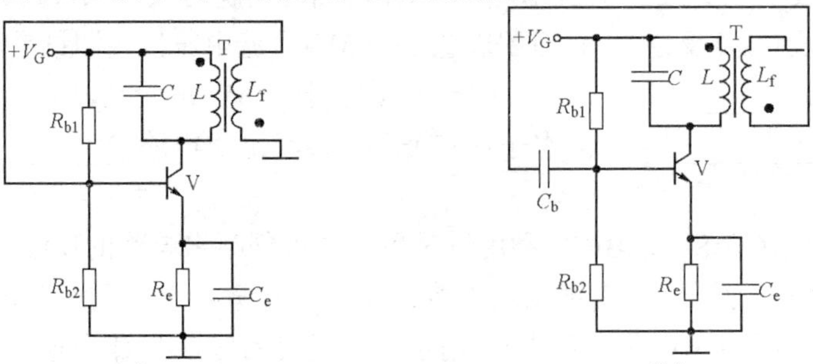


（a）　（b）

图 3.2.2　自激振荡的判别

**解：** 图 3.2.2（a）所示电路，由于三极管 V 基极偏置电阻 $R_{b2}$ 被反馈线圈 $L_f$ 短路接地，使 V 处于截止状态，故不能满足振幅条件，电路不能起振。同时采用瞬时极性法，设 V 基极电位为“+”，根据共射极电路的倒相作用，可知集电极电位为“−”，于是 $L$ 同名端为“+”，根据同名端的定义得知，$L_f$ 同名端也为“+”，则反馈电压极性为“−”，同样不满足相位条件，电路不能起振。

图 3.2.2（b）所示电路，因隔直电容 $C_b$ 避免了 $R_{b2}$ 被反馈线圈 $L_f$ 短路，同时反馈电压极性为“+”，电路同时满足振幅平衡和相位平衡条件，所以电路能产生自激振荡。

## 考考你

图 3.2.3 所示三个电路中，$C_b$、$C_e$、$C_c$ 均为隔直电容或旁路电容，它们在振荡频率上的容抗很小，近似短路，但这三个电路均不能产生正弦波振荡，则：

图 3.2.3（a）所示电路不能振荡的原因是______________________________；

图 3.2.3（b）所示电路不能振荡的原因是______________________________；

图 3.2.3（c）所示电路不能振荡的原因是______________________________；

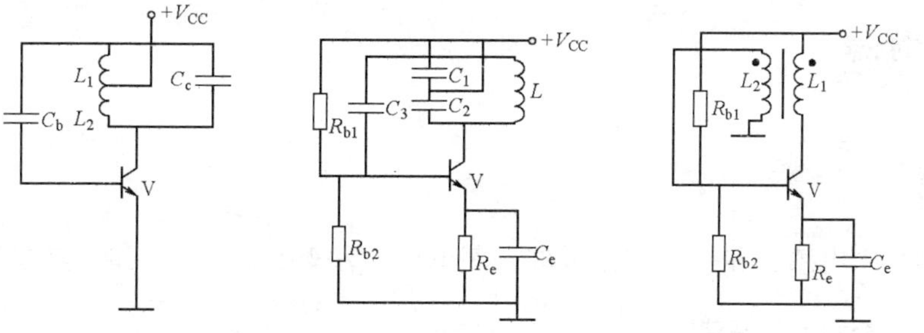


（a）　　（b）　　（c）

图 3.2.3　自激振荡的判别

## 第 3 步　了解自激振荡的建立过程

## 知识链接

如图 3.2.4（a）所示，电路接通电源瞬间，输入端产生瞬间扰动信号 $u_i$，振荡管 V 产生集电极电流 $i_C$，因 $i_C$ 具有跳变性，它包含着丰富的交流谐波。

经 LC 并联电路选出频率为 $f_0$ 的信号，由输出端输出 $u_o$，同时通过反馈电路回送到输入端，经过放大、选频、正反馈、再放大，不断循环，将振荡由弱到强地建立起来。当信号幅度进入管子非线性区域后，放大器的放大倍数降低到 $A_{uf}$=1 时，振幅不再增加，自动维持等幅振荡，如图 3.2.4（b）所示。

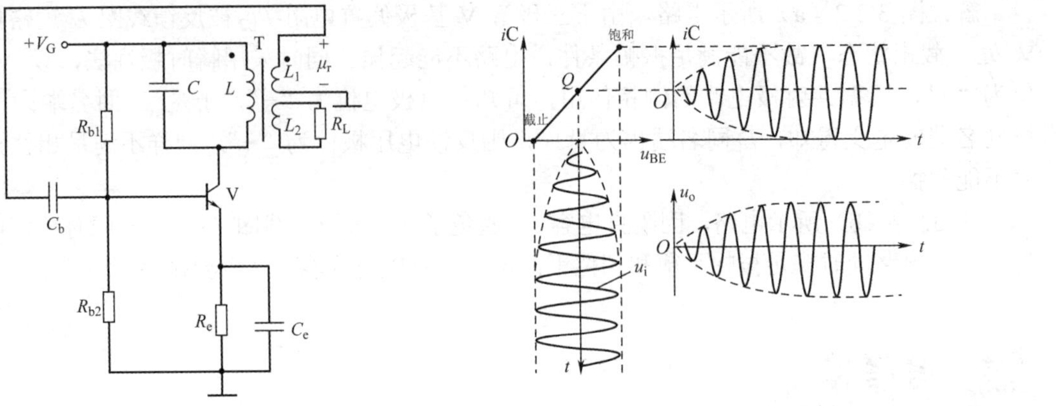


（a）电路　　（b）曲线

图 3.2.4　自激振荡的判别

## 第 4 步　认识常见振荡器

**知识链接**

### LC 振荡器

LC 振荡器是由电感 $L$ 和电容 $C$ 组成的振荡电路，有变压器耦合式和三点式两大类。

### 1. 变压器耦合式 LC 振荡器

图 3.2.5 所示为共发射极变压器耦合式 LC 振荡器。$R_{b1}$、$R_{b2}$ 是偏置电阻，$R_e$ 是稳定工作点发射极反馈电阻，$C_e$ 是射极旁路电容，$L_2$ 为反馈线圈，反馈网络由 $L_1$、$L_2$、$C_b$ 组成。电路的振荡频率由选频回路 $L_1$、$C$ 决定，即

$$f_0 = \frac{1}{2\pi\sqrt{L_1 C}}$$

该电路工作过程如下：振荡器接通电源瞬间，电路各处电流、电压都产生一个冲击，这个“电冲击”可以产生一个包含频率范围很宽的微弱信号。设某一瞬时基极电压极性为“+”，则集电极应为“−”，$L_2$ 上端电压极性为“+”，反馈回基极的电压极性为“+”，满足相位平衡条件。只要变压器 $L_1$ 与 $L_2$ 匝数比恰当，即满足振幅起振条件。

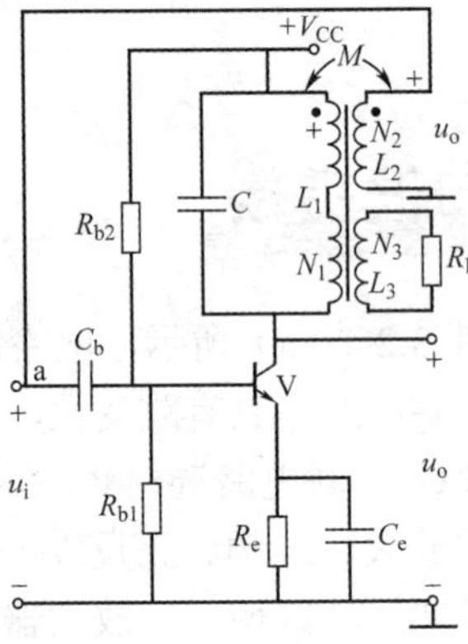


图 3.2.5　共发射极变压器耦合式 LC 振荡器

### 2. 三点式 LC 振荡器

三点式 LC 振荡器有电容三点式和电感三点式，

它们的共同点是都从 LC 振荡回路中引出三个端点和晶体管三个电极相连接。

1）电感三点式振荡器

图 3.2.6 所示为电感三点式振荡器，只要电感抽头位置适当，即适当选择 $L_2$ 和 $L_1$ 的比值，即可使 $A_{uf}>1$，从而满足振幅平衡条件；用瞬时极性法分析，当线圈 1 端电位为“+”时，3 端电位为“−”，此时 2 端电位低于 1 端而高于 3 端，即 $u_f$ 与 $u_o$ 反相，经倒相放大后，形成正反馈，即满足相位平衡条件，电路能够起振。电路的振荡频率为

$$f_0=\frac{1}{2\pi\sqrt{(L_1+L_2+2M)C}}$$

式中，$M$ 是线圈 $L_1$ 与 $L_2$ 之间的互感系数。

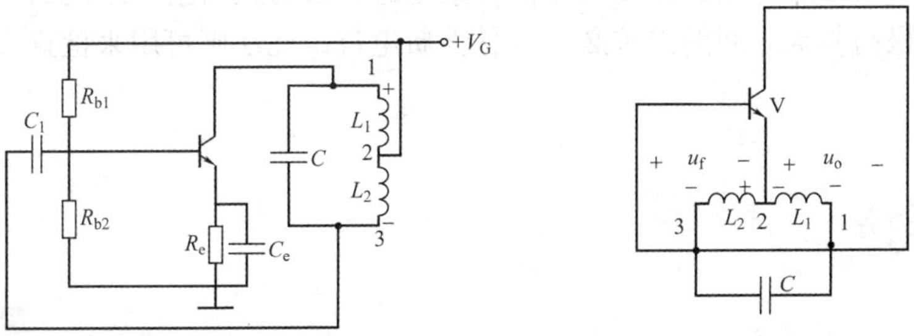


（a）原理图　　（b）交流通路

图 3.2.6　电感三点式振荡器

电感三点式振荡电路的优点是易起振，且振幅大，振荡频率可达几十兆赫兹。缺点是振荡波形失真较大。

2）电容三点式振荡器

图 3.2.7 所示为电容三点式振荡电路，与电感三点式振荡电路的区别：一是 LC 回路中，将电感支路与电容支路对调，且在电容支路中将电容 $C_1$、$C_2$ 接成串联分压形式，通过 $C_2$ 将电压反馈到基极；二是在集电极加接电阻 $R_C$，用以提供集电极直流通路，并作为 $C_1$ 与电源之间的隔离电阻，防止 $C_1$ 上的振荡电压被电源短路。

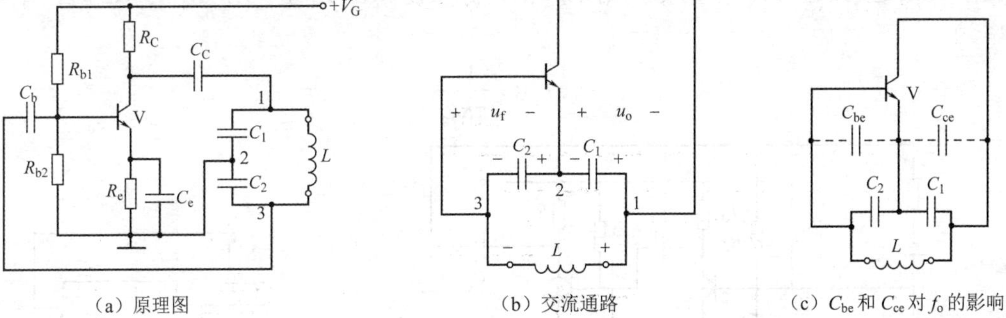


（a）原理图　　（b）交流通路　　（c）$C_{be}$ 和 $C_{ce}$ 对 $f_o$ 的影响

图 3.2.7　电容三点式振荡器

只要适当的选择 $C_1$、$C_2$ 的比值，即可改变反馈量的大小，从而满足振幅平衡条件；用瞬时极性法分析，如果基极电位瞬时极性为“+”，则集电极为“−”，LC 回路“1”端为“−”，$C_1$、$C_2$ 接地，LC 回路的另一端“3”为“+”，$C_2$ 上的电压反馈到基极为“+”，满足相位平衡条件，电路能够起振。电路的振荡频率为。

$$f_0 = \frac{1}{2\pi\sqrt{L\frac{C_1C_2}{C_1+C_2}}}$$

电容三点式振荡电路的优点是输出波形好，振荡频率可高达 100MHz 以上，缺点是容易停振，频率范围较小，调节频率不方便，适用于要求波形高、振荡频率高和频率固定的电路。

## 拓 展

三点式振荡器的组成法则：接在发射极与集电极、发射极与基极之间的电抗必须为同性质电抗，接在集电极与基极之间的电抗必须为异性质电抗。此法则可用来检查实际的三点式振荡电路是否正确。

## 知识链接

### RC 振荡器

LC 振荡器一般用来产生频率为几千赫兹到几千兆赫兹的振荡。如果要产生几百赫兹或更低频率的振荡时，则 $L$ 和 $C$ 的取值就相当大，而大电感、大电容的制作比较困难，技术上、成本上都不合算，此时常使用 RC 振荡器。

图 3.2.8 所示为 RC 桥式振荡器的电路图和方框图。它由两级阻容耦合放大器（构成同相放大器）和一个 RC 串并联选频网络组成。当 $f=f_0$ 时，通过 RC 串并联选频网络输出端反馈到输入端（$V_1$ 的基极）的电压最大，只要适当地选择放大器的增益，便能满足振幅平衡条件。由于反馈网络的相移为零，包括两级共发射极放大器在内，电路的总相移是 360°，所以相位平衡条件也能满足。因此，电路对信号中频率为 $f_0$ 的分量能够产生自激振荡。而其他的频率分量，由于反馈电压低，相移不为零，则不产生自激振荡。在 $R_1=R_2=R$，$C_1=C_2=C$ 时，电路的振荡频率为

$$f_0 = \frac{1}{2\pi RC}$$

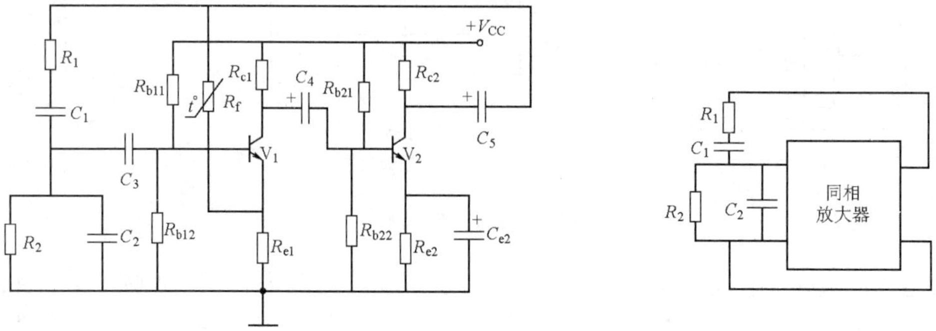


（a）电路图　　（b）方框图

图 3.2.8　RC 桥式振荡器

## 读一读

### 石英晶体的压电效应与等效电路

天然石英是二氧化硅（$S_iO_2$）晶体，将它按一定方位角切成薄片，称为石英晶体。在晶片的两个相对表面喷涂金属层作为极板，焊上引线作为电极，再加上金属壳、玻璃壳或胶壳封装，即制成石英晶体振荡器，如图 3.2.9 所示。

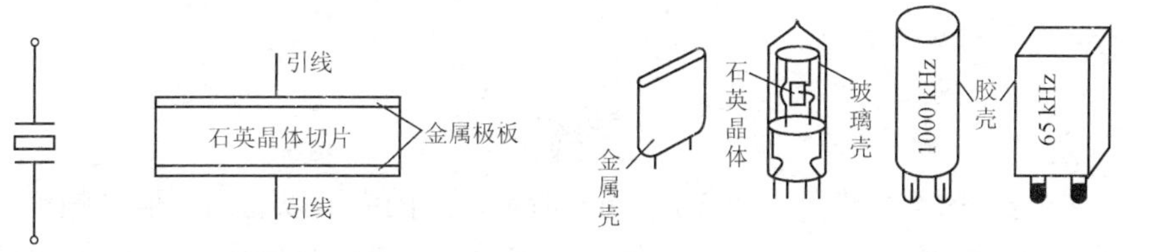


（a）符号　（b）内部结构　（c）外形图

3.2.9　石英晶体振荡器

在石英晶体两电极加上电压，晶片将产生机械形变；反之在晶片上施加机械压力使其发生形变，将在相应方向上产生电压，这种物理现象称为压电效应。如果在晶体两边加上交变电压，则晶片将产生机械振动。这个振动又在原电压方向产生附加电压，又引起新的机械振动，由此产生电压-机械振动的往复循环，最后达到稳定。一般情况下，机械振动的振幅和交变电压的振幅都很小，当外加交变电压的频率与晶体固有频率相等时，两个振幅都将急剧增大，这就是晶体的压电谐振。产生谐振的频率称为石英晶体的谐振频率。

石英晶体谐振器的等效电路和频率特性如图 3.2.10 所示。

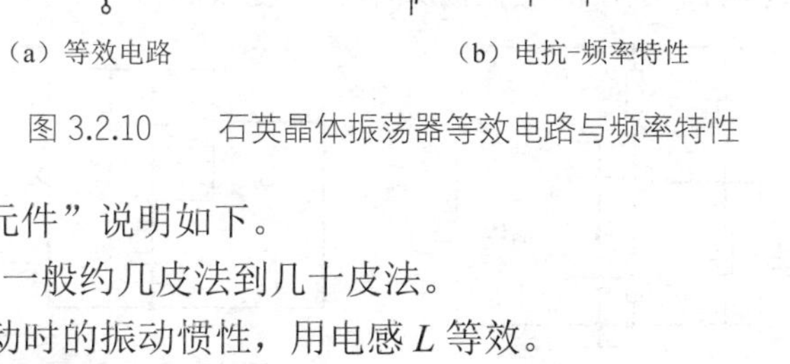


（a）等效电路　（b）电抗-频率特性

图 3.2.10　石英晶体振荡器等效电路与频率特性

等效电路中“等效元件”说明如下。

① $C_0$：静态电容。一般约几皮法到几十皮法。

② $L$：石英晶体振动时的振动惯性，用电感 $L$ 等效。

③ $C$：相当于晶片的弹性，用电容等效。

④ $R$：晶片振动时因摩擦而造成的损耗。

由于晶片等效电感 $L$ 很大，而等效电容很小，根据 $Q=\frac{1}{R}\sqrt{\frac{L}{C}}$ 可知，石英晶体振荡器的 $Q$ 值很高，一般为 $10^4$～$10^6$。

从石英晶体振荡器的等效电路可以看出，它可以产生两个谐振频率。

① 当 $R$、$L$、$C$ 支路发生串联谐振时，等效于纯电阻 $R$，阻抗最小，串联谐振频率为

$$f_s = \frac{1}{2\pi\sqrt{LC}}$$

② 当外加信号频率高于 $f_s$ 时，$R$、$L$、$C$ 支路呈感性，可与 $C_0$ 所在电容支路发生并联谐振，其并联谐振频率为

$$f_p = \frac{1}{2\pi\sqrt{L\dfrac{C \cdot C_0}{C + C_0}}} = \frac{1}{2\pi\sqrt{LC}}\sqrt{1+\frac{C}{C_0}}$$

$$f_p \approx f_s\sqrt{1+\frac{C}{C_0}}$$

石英晶体的电抗-频率特性如图 3.2.11（b）所示，从图中可以看出，信号频率低于串联谐振频率 $f_s$ 或高于并联谐振频率 $f_p$ 时，石英晶体均呈容性。只有信号频率在 $f_s$ 和 $f_p$ 之间才呈感性。在感性区域，它的频率稳定度极高。

## 知识链接

### 石英晶体振荡电路

基本的石英晶体振荡电路有两种类型，一类是并联型晶体振荡电路，工作在 $f_s$ 与 $f_p$ 之间，石英晶体相当于电感；另一类是串联型晶体振荡电路，工作在串联谐振频率 $f_s$ 处，石英晶体相当于 LC 串联电路，利用阻抗最小的特性来组成振荡器。

#### 1．并联型石英晶体振荡电路

并联型石英晶体振荡电路如图 3.2.11 所示，选频回路由 $C_1$、$C_2$ 和石英晶体组成，振荡频率在晶体谐振器的 $f_s$ 与 $f_p$ 之间，石英晶体在回路中起电感 $L$ 的作用，显然相当于一个电容三点式振荡电路。谐振电压经 $C_1$、$C_2$ 分压后，$C_2$ 上的电压正反馈回到三极管 V 的基极，只要反馈强度足够，电路就能起振，并达到平衡。振荡频率基本上由石英晶体的固有频率决定，受 $C_1$ 及 $C_2$ 及三极管极间电容 $C_{be}$、$C_{ce}$ 影响很小，因此振荡频率稳定度很高。

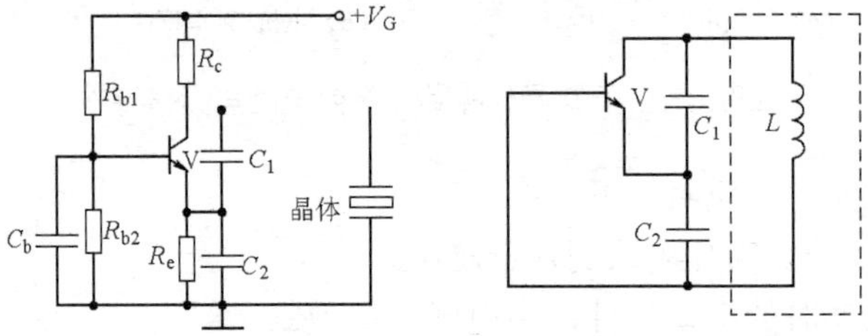


（a）电路　　（b）交流等效电路

图 3.2.11　并联型石英晶体振荡电路

#### 2．串联型石英晶体振荡电路

串联型石英晶体振荡电路如图 3.2.12 所示，石英晶体与电阻 $R$ 串联后接在 $V_1$、$V_2$ 组成的两

级放大器的正反馈网络中，起选频和正反馈的作用。当振荡频率 $f_0$ 等于石英晶体的串联谐振频率 $f_s$ 时，石英晶体阻抗最小，且为纯电阻，因此正反馈最强，且相移为零，电路满足自激振荡条件而振荡。对于频率 $f$ 不等于 $f_0$ 的信号，石英晶体的阻抗较大，相移不为零，电路不满足自激振荡条件。因此，该电路只能在频率 $f_s$ 上产生振荡，即振荡频率 $f_0$=$f_s$。电阻 $R$ 用于调节反馈量的大小，$R$ 过大，反馈量小，电路可能停振；$R$ 过小，反馈量大，会导致波形失真；调节电阻 $R$ 可获得良好的正弦波输出。

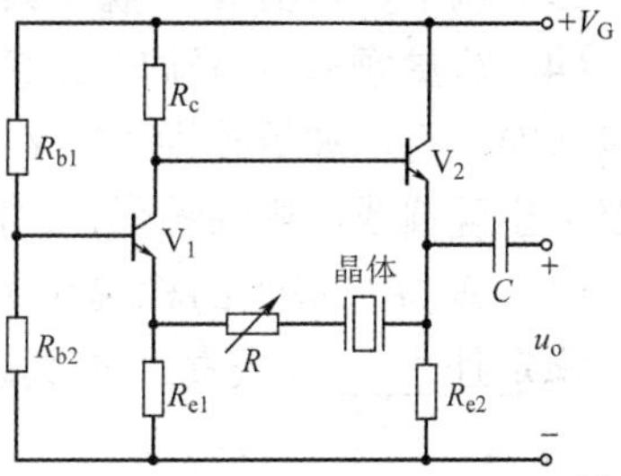


图 3.2.12　串联型石英晶体振荡电路

## 第 5 步　正弦波振荡器的制作

**做一做**

RC 正弦波振荡器的制作与调试

### 1. 电子电路

如图 3.2.13 所示，电阻 $R_1$、$R_2$ 均为 2kΩ，$R_3$、$R_4$ 均为 15kΩ，$R_P$ 为 47kΩ 的可调电位器。电容 $C_1$ 和 $C_2$ 为 0.1μF，$V_1$、$V_2$ 为 1N4001，采用的集成运放为 MC4558。$R_3$、$C_1$、$R_4$、$C_2$ 组成 RC 串并联网络形成正反馈运放、$R_1$、$R_P$、$R_2$、$V_1$、$V_2$ 组成同相比例放大器，$V_1$、$V_2$ 具有稳幅作用。

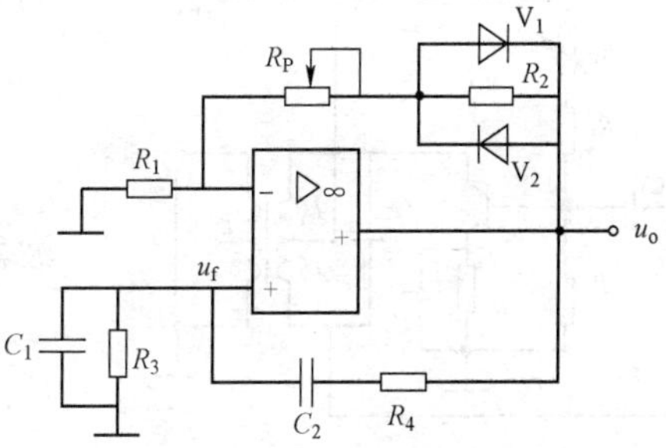


图 3.2.13　RC 正弦波振荡器电路

### 2. 仪器仪表工具

0～30V 双路稳压电源 1 台，交流毫伏表 1 台，双踪示波器 1 台，频率计 1 台，万用表 1 只。

### 3. 制作步骤

（1）识读 RC 正弦波振荡器测试电路图。

（2）根据阻值大小和二极管型号正确选择元器件。

（3）电阻、二极管、电容和集成运放正确成形，注意元器件成形时尺寸须符合电路通用板插孔间距要求。

（4）在电路通用板上按测试电路图正确插装成形好的元器件，串接上电流表，并用导线把它们连接好。

### 4. 测试步骤

（1）按上述制作步骤完整接好电路图并复查，通电检测。

（2）调节电位器 $R_P$，用示波器观察输出波形 $u_o$ 直到出现正弦波，记录波形，并测量输出电

压 $u_o$ 的最大不失真电压幅度 $U_{om}$=_____V，波形的周期 $T$=________s。

（3）调节电位器 $R_P$，观察其对输出波形的影响。

（4）测量频率。将输出 $u_o$ 接示波器 Y 轴输入端，标准信号源（正弦波）输出端接示波器 X 轴输入端，将示波器改为“X-Y”显示方式，用李沙育图形法测量频率。调节信号源频率，使示波器上出现圆或者椭圆图形，这时读出标准信号源的频率即为振荡器的输出频率 $f$=_____Hz。

（5）观察二极管的稳幅作用。断开其中一个二极管，观察输出电压的波形______（能/不能）稳定且_____（失真/不失真）。断开 $R_3$，观察 $R_3$ 对改善失真______（有/无）作用。

## 做一做

### 电感三点式正弦波振荡器的制作与调试

#### 1．电子电路

如图 3.2.14 所示，电阻 $R_1$ 为 10kΩ，$R_2$ 为 5.1kΩ，$R_3$ 为 1kΩ，$R_P$ 为 47kΩ 的可调电位器。电容 $C_1$ 为 0.1μF，$C_2$ 为 270pF，三极管 V 为 9014，变压器 T 为收音机的输入变压器。

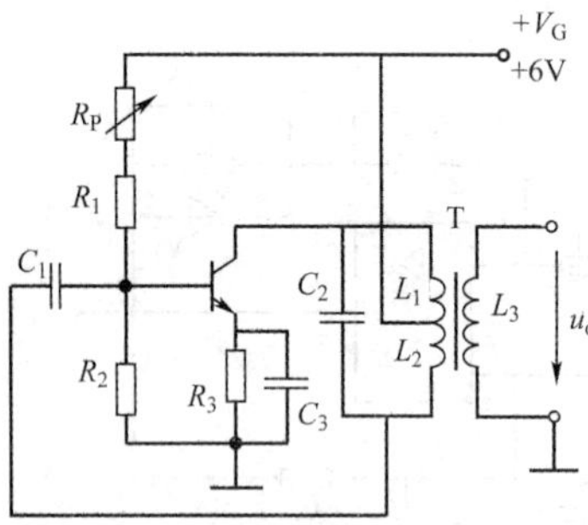


图 3.2.14　电感三点式正弦波振荡器

#### 2．仪器仪表工具

0～30V 双路稳压电源 1 台，交流毫伏表 1 台，双踪示波器 1 台，频率计 1 台，万用表 1 只。

#### 3．制作步骤

（1）识读电感三点式正弦波振荡器测试电路图。

（2）根据阻值大小和二极管型号正确选择元器件。

（3）电阻、三极管、电容正确成形，注意元器件成形时尺寸须符合电路通用板插孔间距要求。

（4）在电路通用板上按测试电路图正确插装成形好的元器件，串接上电流表，并用导线把它们连接好。

#### 4．测试步骤

（1）按上述制作步骤完整接好电路图并复查，检查电路接线无误后，接通 6V 电源，通电检测。

（2）调节电位器 $R_P$，使三极管的集电极电流 $I_C$ 为 1mA。

（3）判断电路是否起振：将万用表置于 2.5V 直流电压挡，测量三极管 V 基极与发射极之间的电压 $U_{BE}$。如果 $U_{BE}$ 出现反偏或浅正偏（即 $U_{BE}$ 为负值或小于 0.6V），则说明电路已经起振。如果 $U_{BE}$=0.6～0.7V（正偏），说明电路没有起振；在已起振的状态下，用镊子短路 $L_2$ 的两端，$U_{BE}$ 由反偏或浅正偏恢复到正偏，则进一步验证电路已经起振。

（4）用示波器观察输出端 $u_o$ 的波形、振幅和频率，并将观测结果记录到表 3.2.1 中。

（5）将电容 $C_2$ 改为 540pF（再并上一只 270pF 的电容），用示波器观察电路输出端 $u_o$ 的波形、振幅和频率，并将观测结果记录到表 3.2.1 中。

表 3.2.1　电感三点式振荡器频率调整与波形观察

| 谐振电容 $C_2$ | | 270pF | 540pF |
|---|---|---|---|
| 振荡波形 | | 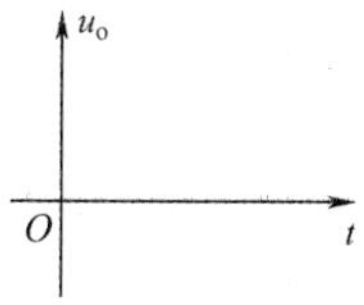 | 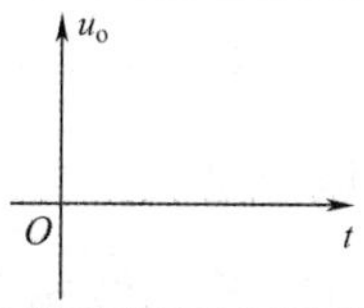 |
| 电压幅度 | $U$/div | | |
| | 格数 | | |
| | 电压峰-峰值 $V_{pp}$ | | |
| 信号频率 | $T$/div | | |
| | 格数 | | |
| | 频率 $f$ | | |

（6）验证相位平衡条件：将电感线圈 $L_1$ 的 1 引脚与 2 引脚对调接入电路后接通电路电源，用万用表测量 $U_{BE}$ 直流电压为________________，此时用示波器观测输出端 $u_o$ 的波形为______________（正弦波/一条水平线），说明电路__________（没有/已经）起振。若电路不起振，则原因是__________________________________。完成该实验后将 $L_1$ 的接法恢复振荡状态。

（7）验证振幅平衡条件：在正反馈回路的耦合电容 $C_1$ 支路中串联一个 100kΩ 电位器，将其阻值反复由零逐渐调大，观察振荡输出波形的变化规律是____________________。电位器调到电路刚停振时，测量此时电位器的阻值为______________kΩ。

## 考考你

电路振荡时，三极管的基极与发射极之间的电压会降低或产生负偏压的原因是______________________________________________。

振荡器的正反馈越强，越容易自激振荡，但如果正反馈过强，则对振荡器产生的影响是______________________________________________。

## 习　题

### 一、判断题

1．把直流电能变换成交流电能的装置称为正弦波振荡器。（　　）

2．电感三点式 LC 正弦波振荡器中的电感 $L_1$ 和 $L_2$ 只要串联就能满足振荡条件。（　　）

3．正弦波振荡器若没有选频电路，是不能产生自激振荡的。（　　）

## 二、选择题

1．电感三点式正弦波振荡器与电容三点式正弦波振荡器比较，其优点是（　　）。

A．电路组成简单　　B．输出波形较好　　C．容易调节振荡频率

2．石英晶体谐振器的最大特点是（　　）。

A．振荡频率高　　B．输出波形失真小　　C．振荡频率稳定度非常高

## 三、填空题

1．LC 正弦波振荡器按反馈方式的不同，可分为__________、__________和__________等。

2．电容三点式 LC 正弦波振荡器的特点是__________、__________和__________。

3．RC 桥式振荡器是由__________放大器和具有选频作用的__________网络所组成，振荡频率 $f_0$=__________。

## 四、综合分析题

1．根据自激振荡条件判断图 3.3.1 所示电路，哪个可能产生自激振荡，哪个不能，为什么？

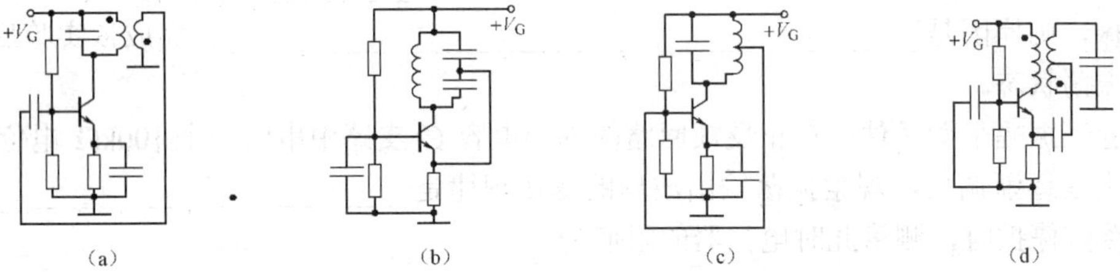


图 3.3.1

2．试画出图 3.3.2 所示各电路的交流通路，并用相位平衡条件判断哪些电路能产生振荡，哪些不能，说明理由。对于不能振荡的电路，应如何改接才能产生振荡。

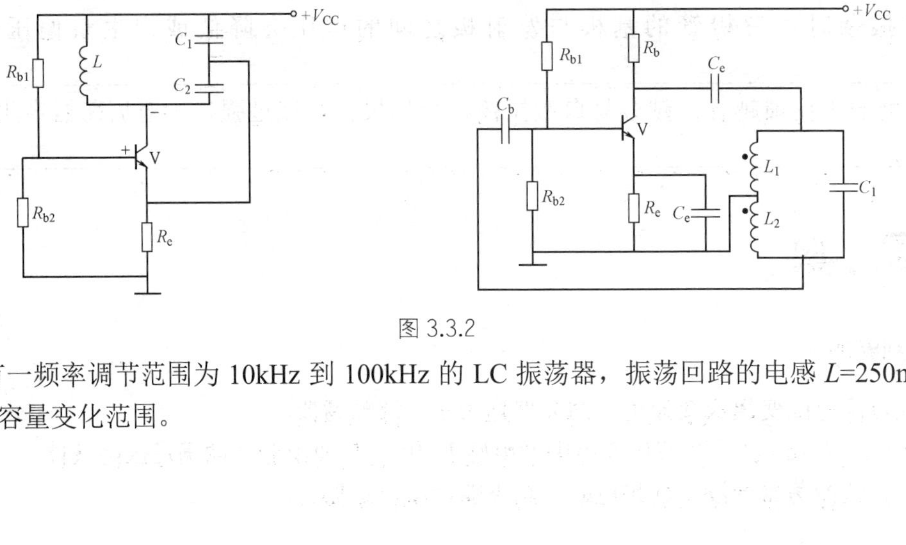


图 3.3.2

3．有一频率调节范围为 10kHz 到 100kHz 的 LC 振荡器，振荡回路的电感 $L$=250mH，求电容 $C$ 的电容量变化范围。

# 学习领域四　直流稳压电源

## 领域简介

任何一个电路都需要电源，电源是电子电路工作的“能源”和“动力”。不同的电路对电源的要求是不同的。绝大多数电子电路需要一种当电网电压波动或负载发生变化时，输出电压能基本保持不变的直流稳压电源。

在学习领域一中学习的整流、滤波电路虽然能将交流电变换为直流电，但其输出电压是不稳定的，当电网电压发生波动或负载发生变化时，其输出电压会发生变化，为了保持输出电压的稳定，通常需要在滤波电路之后加上稳压电路。

本领域重点介绍串联型稳压电源和集成稳压电源。通过学习，使读者深入了解直流稳压电源的功能，掌握串联型稳压电源的组成和稳压原理，了解主要元器件的作用，掌握稳压电源的输出电压及调节范围的计算方法；掌握三端集成稳压器的引脚排列及应用电路。通过对串联型稳压电源的制作、集成稳压电源的制作、多用途直流稳压电源的制作增强读者对常见稳压电路的认识，提高读者对电路的安装、调试和排除故障等能力，为本专业后续学习打下良好的专业理论和操作能力基础。

## 项目1　串联型稳压电源的制作

### 学习目标

✧ 了解直流稳压电源的组成及各部分作用。

✧ 了解串联稳压电源的组成，理解其工作原理。

✧ 能按要求组装、调试串联稳压电源，正确测量其输出电压。

### 工作任务

✧ 识读串联型稳压电源的电路图。

✧ 制作串联型稳压电源。

✧ 记录串联型稳压电源测试结果并分析。

### 第1步　了解直流稳压电源

#### 读一读

1．组成

如图 4.1.1 所示为直流稳压电源的组成框图，其主要组成部分有电源变压器、整流电路、滤波电路、稳压电路等。

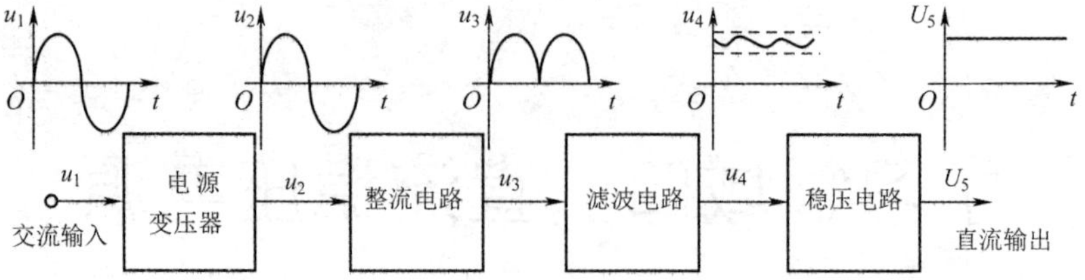


图 4.1.1　直流稳压电源的组成框图

由于大多数电子设备所需的直流电压一般为几至几十伏，而交流电网提供的 220V（有效值）电压相对较大，因此电源变压器一般用于对电网电压进行降压。同时，变压器还可以起到将直流电源与电网隔离的作用。

### 2．作用

整流电路的作用是将降压后的交流电压转换为单向的脉动直流电压，这种脉动直流电压中包含有较大的直流电压成分，这是输出可以得到直流电的基础。不过这种脉动电压中存在着很大的脉动成分（称为纹波），因此一般还不能直接用来给负载供电，需要进一步处理。

滤波电路的作用是对整流电路输出的脉动电压进行滤波，从而得到纹波成分很小的直流电压。

经过整流滤波后的电压接近于直流电压，但是其电压值的稳定性很差，它受温度、负载、电网电压波动等因素的影响很大，因此，稳压电路的作用就是对输出电压进行稳压，从而保证输出直流电压的基本稳定。

### 3．分类

直流稳压电源的类型可分为并联型、串联型。如图 4.1.2 所示，并联型稳压电路是指调整元件与负载 $R_L$ 相并联的稳压电源。串联型稳压电路是指调整元件与负载 $R_L$ 相串联的稳压电源。

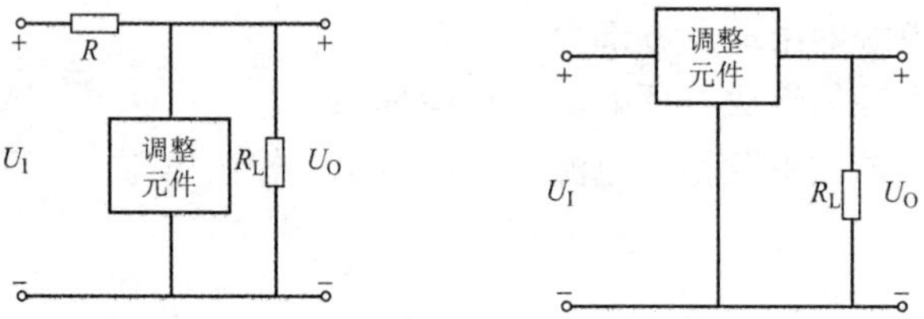


（a）并联型稳压电路　　（b）串联型稳压电路

图 4.1.2　两种类型稳压电路框图

## 第 2 步　了解串联型稳压电源的稳压过程

读一读

### 1．电路

带放大环节的串联型稳压电路如图 4.1.3 所示。

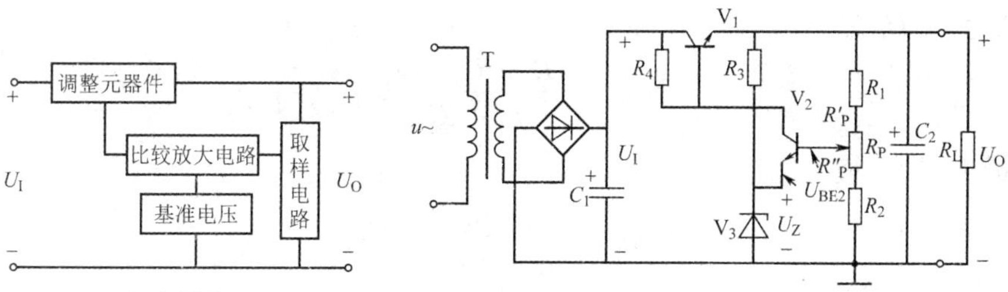


（a）方框图　　　　（b）电路图

图 4.1.3　带放大环节的串联型稳压电路

### 2. 组成

带放大环节的串联型稳压电路一般由调整元器件、比较放大电路、取样电路和基准电压四部分组成，其中取样电路的作用是将输出电压的变化取出，并反馈到比较放大器。比较放大器则将取样回来的电压与基准电压比较放大后，去控制调整元器件，由调整元器件调节输出电压，使其得到一个稳定的电压。

### 3. 稳压过程

如图 4.1.3（b）所示为带放大环节串联型稳压电路图。图中 $V_1$ 为调整管，它与负载串联通过电压 $U_{CE1}$ 来调整输出电压 $U_O$；$V_2$ 为比较放大管，直接控制 $V_1$ 的基极电位；$V_3$、$R_3$ 为基准电路，供给 $V_2$ 的发射极稳定电压 $U_Z$；$R_1$，$R_P$，$R_2$ 组成的分压器构成取样电路，将取出的一部分输出电压 $U_O$ 的变化量加到 $V_2$ 的基极与基准电压 $U_Z$ 相比较，它们的电压差引起 $V_2$ 管发射结电压 $U_{BE2}$ 的变化，再经过 $V_2$ 的放大后，送到调整管 $V_1$ 基极，控制调整管 $V_1$ 工作；$R_4$ 是 $V_2$ 比较放大管的集电极电阻，同时兼做 $V_1$ 的基极偏置电阻。

## 考考你

用符号表示带放大环节的串联型稳压电路的稳压过程：（在空白处填写↓或↑）

$U_I\downarrow \rightarrow U_O\downarrow \rightarrow U_{B2}$________ $\rightarrow U_{BE2}$________ $\rightarrow I_{B2}$________ $\rightarrow I_{C2}$________

$U_O$________ $\leftarrow U_{CE1}$________ $\leftarrow I_{B1}$________ $\leftarrow U_{B1}$________ $\leftarrow U_{C2}$________ $\leftarrow$┘

## 拓　展

**带放大环节的串联型稳压电路的输出电压调节范围**

由 $U_{B2} = U_{BE2} + U_Z = \dfrac{R''_P + R_2}{R_1 + R_P + R_2} U_O$

得

$$U_O = \frac{R_1 + R_P + R_2}{R''_P + R_2} U_{B2}$$

$R_P$ 调到最上端 $U_O$ 最小，

$$U_{Omin}=\frac{R_1+R_P+R_2}{R_P+R_2}U_{B2}$$

$R_P$ 调到最下端 $U_O$ 最大，

$$U_{Omax}=\frac{R_1+R_P+R_2}{R_2}U_{B2}$$

$U_O$ 的调节范围：$U_{Omin}\sim U_{Omax}$。

**考考你**

图 4.1.3 所示带放大环节的串联型稳压电路中，已知稳压管为 2CW14，稳压值 $U_Z$=7V，已知 $R_1$=1kΩ，$R_P$=200Ω，$R_2$=80Ω，则 $U_O$ 的调节范围为__________～__________。

## 第 3 步　串联型稳压电源的制作

**读一读**

### 1．电子电路及工作原理

图 4.1.4 所示为串联型稳压电源电路。电源变压器 T 二次侧的低压交流电，经过整流二极管 $V_1$～$V_4$ 整流，电容器 $C_1$ 滤波，获得直流电，输送到稳压部分，稳压部分由复合调整管 $V_7$、$V_8$，比较放大放管 $V_9$，基准电压电路 $R_3$、$V_6$ 和取样电阻 $R_4$、$R_P$、$R_5$ 等四部分组成。$R_2$ 为 $V_9$ 的集电极负载，$C_3$ 为稳压电路输出滤波电容。$R_1$ 与发光二极管 $V_5$ 构成电源指示电路。

### 2．电路元器件选择

表 4.1.1 为图 4.1.4 所示电路中的各元器件明细清单。

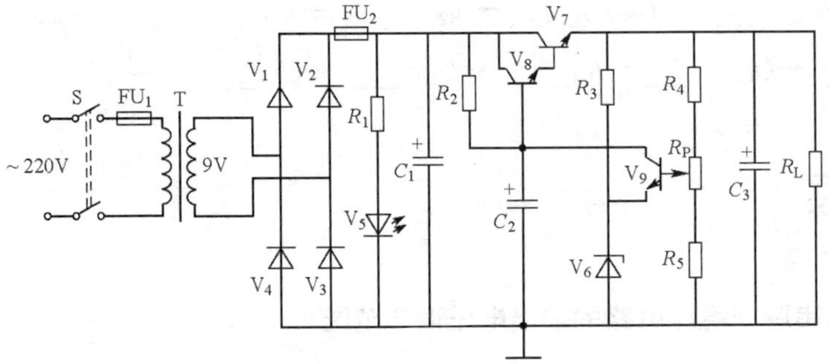


图 4.1.4　串联型稳压电源电路

表 4.1.1 串联型稳压电源电路元器件明细清单

| 序号 | 元件名称 | | 型号 | 数量 |
|---|---|---|---|---|
| 1 | 整流二极管 | $V_1 \sim V_4$ | 1N4001 | 4 |
| 2 | 发光二极管 | $V_5$ | $\phi$3mm 红色 | 1 |
| 3 | 稳压二极管 | $V_6$ | 2CW101 | 1 |
| 4 | 三极管 | $V_7$ | 3DD60A | 1 |
| 5 | 三极管 | $V_8$、$V_9$ | 9013 | 2 |
| 6 | 电阻 | $R_1$ | 1.5kΩ 1/8W | 1 |
| 7 | 电阻 | $R_2$ | 2kΩ 1/8W | 1 |
| 8 | 电阻 | $R_3$ | 1kΩ 1/8W | 1 |
| 9 | 电阻 | $R_4$ | 300Ω 1/8W | 1 |
| 10 | 电阻 | $R_5$ | 510Ω 1/8W | 1 |
| 11 | 电位器 | $R_P$ | 680Ω 2W | 1 |
| 12 | 电解电容器 | $C_1$ | 1000μF/16V | 1 |
| 13 | 电解电容器 | $C_2$ | 47μF/16V | 1 |
| 14 | 电解电容器 | $C_3$ | 470μF/16V | 1 |
| 15 | 熔断器与插座 | $FU_1$ | 0.5A | 1 |
| 16 | 熔断器与插座 | $FU_2$ | 2A | 1 |
| 17 | 电源变压器 | T | 220V/9V | 1 |
| 18 | 电源开关 | | — | 1 |
| 19 | 负载电阻 | $R_L$ | 62Ω 2W | 1 |
| 20 | 电源线 | | — | 若干 |

## 做一做

### 3. 制作步骤

（1）识读具有放大环节的串联型稳压电路图。

（2）根据阻值大小和三极管型号正确选择元器件。

（3）电阻、稳压二极管和三极管正确成形，注意元器件成形时尺寸须符合电路通用板插孔间距要求。

（4）在电路通用板上按测试电路图正确插装成形好的元器件，并用导线把它们连接好。注意稳压二极管的正负极，三极管的 E、B、C 电极。

### 4. 测试步骤

（1）按上述制作步骤完整接好图 4.1.4 所示电路并复查，元器件安装无误后，接通 220V 交流电，用万用表测量 $C_1$ 两端的电压，并记录 $U_{C1}$=________________。

（2）万用表测量 $R_L$ 两端电压 $U_O$ 的调节范围，调节 $R_P$ 为最大或最小，分别测出 $U_{Omax}$ 和 $U_{Omin}$ 的值，并记录，$U_{Omax}$=________________，$U_{Omin}$=________________。

（3）用万用表和晶体管毫伏表分别测量 $R_L$ 两端电压 $U_O$ 和输出纹波电压 $U_\gamma$，调节 $R_P$ 值，使

输出电压 $U_O$=6V±0.2V，分别测出接入负载电阻 $R_L$ 时的输出电压 $U_{OL}$、$U_{OL\gamma}$ 和负载电阻 $R_L$ 开路时的输出电压 $U_O$、$U_{O\gamma}$，记录数据为 $U_{OL}$=______________，$U_{OL\gamma}$=______________，$U_O$=__________________，$U_{O\gamma}$=______________________。

（4）调整好示波器的各挡位，测量电源变压器二次侧、桥式整流、电源滤波、稳压输出各点的实际电压波形，并把观察到的波形记录到坐标纸上。

（5）将 $C_1$ 拿去，使输出电流为 100mA，再用示波器测量电源变压器二次侧、桥式整流、稳压输出各点的实际电压波形，并把观察到的波形记录到坐标纸上。研究 $C_1$ 在稳压电源中的作用。

**考考你**

图 4.1.4 电路中，变压器次级线圈的两个端点若对调使用，电路将__________________（仍正常工作/出现故障使熔断器烧毁）。

图 4.1.4 电路中，整流二极管 $V_1$～$V_4$ 中，若有一只二极管接反（如 $V_1$ 接反），则会出现______________________________________________________故障。

图 4.1.4 电路中，调节 $R_P$ 使其滑动触点向上运动，则会使输出电压______________（增大/减小/不变）。

图 4.1.4 电路中，若将稳压二极管 $V_6$ 接反，则会使输出电压______________（增大/减小/不变）。

# 项目 2　集成稳压电源的制作

## 学习目标

了解三端集成稳压元器件的种类、主要参数。

掌握三端集成稳压元器件典型应用电路，能识别其引脚。

能识读集成稳压电源的电路图。

## 工作任务

识读集成稳压电源的电路图。

制作集成稳压电源。

记录集成稳压电源测试结果并分析。

### 第 1 步　了解三端集成稳压器

**读一读**

前面介绍的串联型稳压电路是用分立元件构成的，分立元件组装的稳压电源虽然有输出功率大、适应性较广的优点，但由于存在体积大、焊接点多、可靠性差等缺点，使其应用范围受到了限制。随着技术的发展，集成稳压电源得到了广泛的应用，其中，小功率的稳压电源以三端式串联稳压电源应用最为普遍。

用集成电路的形式制造的稳压电路称为集成稳压器。优点是性能稳定可靠、使用方便、价格低廉。

集成稳压器根据引脚数分为多端式（引脚超过 3 个）和三端式（引脚只有 3 个），根据输出电压是否可调分为固定式和可调式，根据输出电压的极性正、负分为输出正电压的稳压器和输出负电压的稳压器。

### 1．固定式三端集成稳压器

1）概述

三端固定式集成稳压器具有固定的输出电压，外引线仅有输入、输出和接地 3 个端子。其产品的封装形式有金属壳和塑料壳两种。常用的有 CW7800 和 CW7900 系列；前者为正电压输出，后者为负电压输出；它们除引脚顺序不同外，其输出电压挡位、输出电流挡位等均相同；输出电压有 5V、6V、9V、12V、15V、18V、24V 等挡位，最大输出电流为 1.5A；它们的系列序号的最末两位数表示的是标称输出电压值。如 CW7809 表示输出电压为+9V，CW7915 表示输出电压为−15V。

CW7800 和 CW7900 系列的外形及引脚排列如图 4.2.1 所示。

同类产品有 CW78M00 系列（0.5A）、CW78L00 系列（0.1A）、CW78T00 系列（3A）和 CW78H00 系列（5A）。

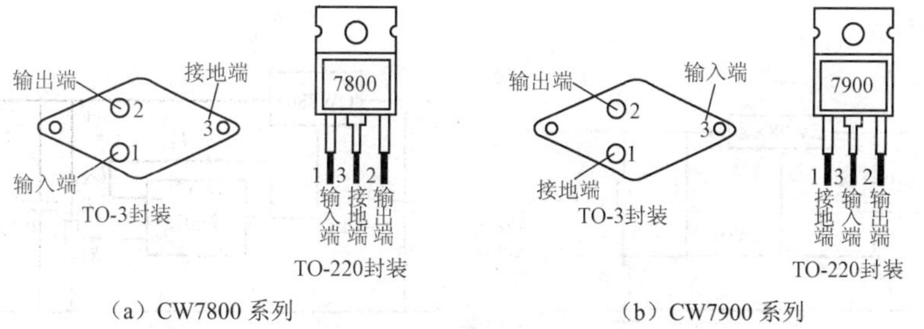


图 4.2.1　三端固定式集成稳压器封装形式

2）应用电路

（1）基本应用电路。

图 4.2.2 所示为三端固定式集成稳压器的基本应用电路。$C_1$ 抑制高频干扰；$C_2$ 用来改善暂态响应，并具有消振作用；$C_3$ 为大容量滤波电容器。

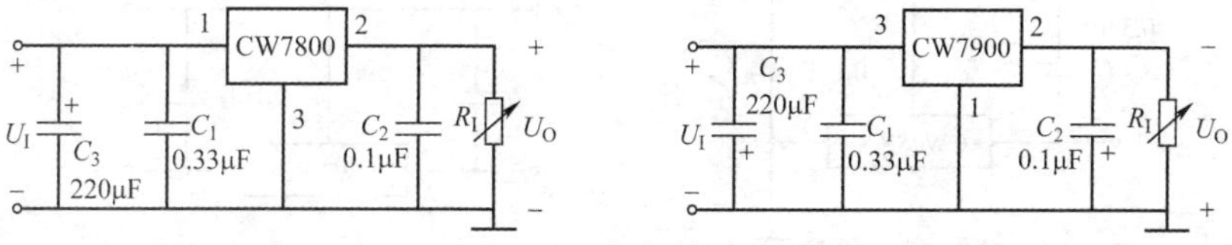


图 4.2.2　三端固定式集成稳压器的基本应用电路

（2）扩流电路。

如图 4.2.3（a）所示，将两个参数完全相同的 CW7800 系列的集成稳压器并联输出，则最大输出电流可扩展为 1.5A×2，即 3A。

如图 4.2.3（b）所示，采用并联电阻 $R$ 的方法扩展，$R$ 的值应满足于如下要求：

$$R \geqslant \frac{U_{\mathrm{Imin}} - U_{\mathrm{O}}}{I_{\mathrm{Lmin}}}$$

如图 4.2.3（c）所示，用 PNP 功率管扩流。

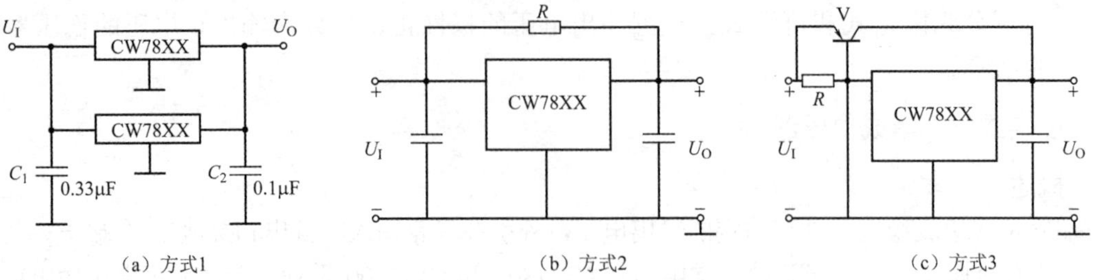


（a）方式1　（b）方式2　（c）方式3

图 4.2.3　扩流电路

（3）输出电压可调电路。

如图 4.2.4（a）所示，设稳压器输出电压 $U_{\mathrm{X}}$，即 $U_{\mathrm{BA}}=U_{\mathrm{X}}$，而 $U_{\mathrm{A}}=U_{\mathrm{O}}-U_{\mathrm{X}}$，得 $U_{\mathrm{O}}-U_{\mathrm{X}}=\frac{R_2}{R_1+R_2}U_{\mathrm{O}}$，解得 $U_{\mathrm{O}} \approx (1+\frac{R_2}{R_1})U_{\mathrm{X}}$，可见，调节 $R_2$ 的值，即可调节 $U_{\mathrm{O}}$ 的值。

如图 4.2.4（b）所示，通过固定式三端集成稳压器与集成运放电路适当连接，组成了输出电压可调的稳压电路。

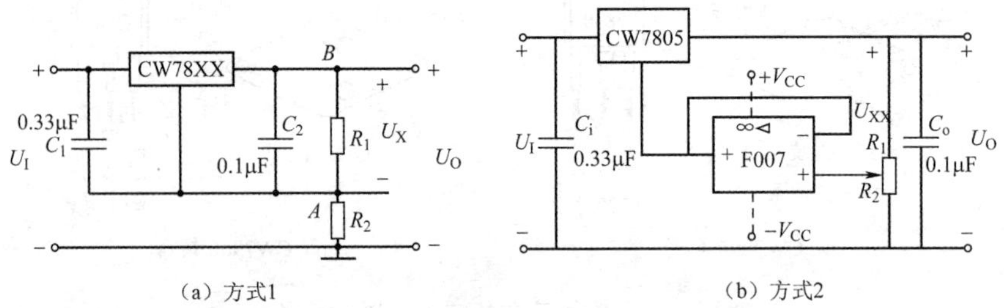


（a）方式1　（b）方式2

图 4.2.4　输出电压可调电路

（4）电压极性变换电路。

将 CW7800 和 CW7900 系列稳压器按图 4.2.5 所示的方法进行连接，即可实现电压极性的变换。

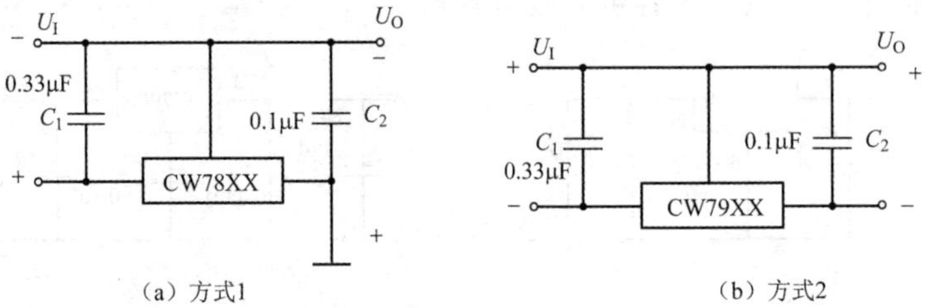


（a）方式1　（b）方式2

图 4.2.5　电压极性变换电路

（5）输入电压扩展电路。

CW7800 系列规定了最大允许的输入电压，超过该值就会损坏稳压器。可用图 4.2.6 所示的

3 种方案之一来扩展输入电压。

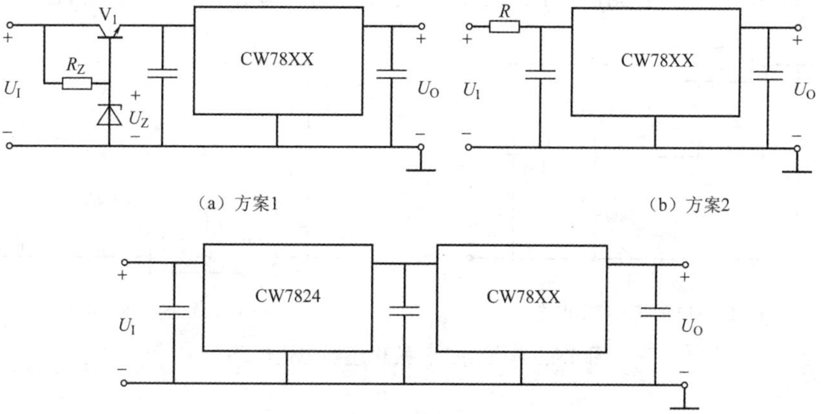


（a）方案1 （b）方案2 （c）方案3

图 4.2.6 输入电压扩展电路

（6）输出电压扩展电路。

如要将输出电压提高到所需值，用图 4.2.7 所示方法进行连接，则 $U_O = U_X + U_Z$。

（7）正负对称稳压电路。

如图 4.2.8 所示，采用两只不同型号的三端集成稳压器，可组合成一种正负对称输出电压的稳压电源。

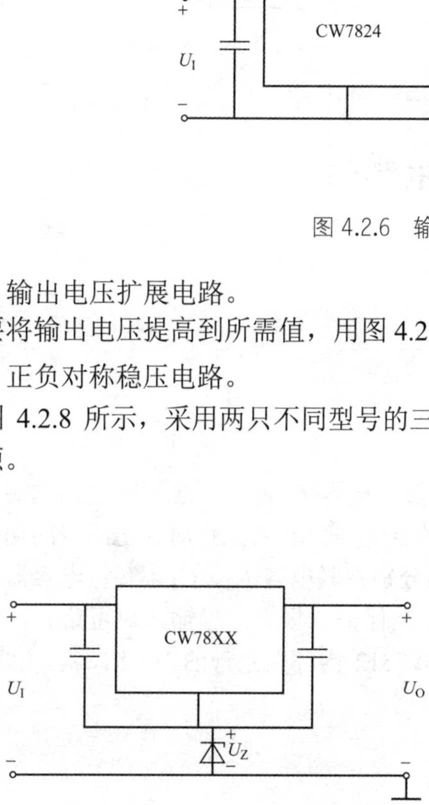


图 4.2.7 输出电压扩展电路

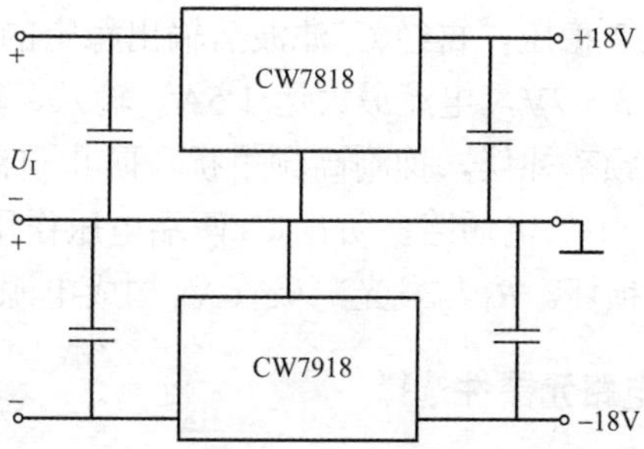


图 4.2.8 正负对称稳压电路

## 2．可调式三端集成稳压器

### 1）概述

可调式三端集成稳压器的外形和引脚编号与三端固定式稳压器相同，但引脚功能不同，CW317 为三端可调式正压输出稳压器，其 1 脚为调整端，2 脚为输入端，3 脚为输出端；而 CW337 为三端可调式负压输出稳压器，其 1 脚为调整端，2 脚为输出端，3 脚为输入端。

三端可调式集成稳压器不仅输出电压可调，而且稳压性能指标均优于固定式集成稳压器。

### 2）应用电路

CW317 和 CW337 的基本应用电路如图 4.2.9 所示。其特点是外接两个电阻（$R_1$ 和 $R_P$），调

节 $R_P$，就可得到所需的输出电压。为使电路正常工作，一般输出电流不小于 5mA，输入电压范围为 3～40V，输出电压可调范围为 1.2～37V，元器件最大输出电流约为 1.5A。

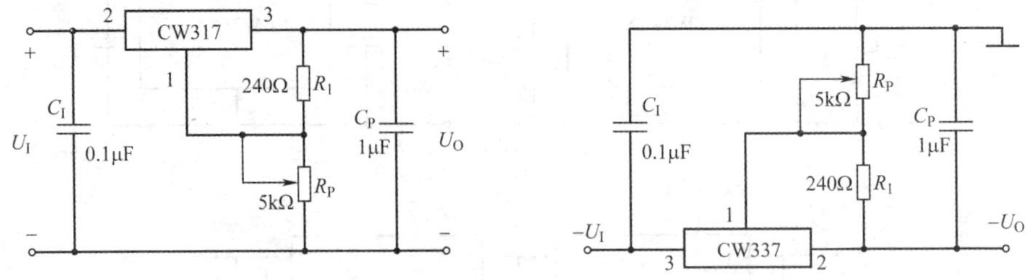


（a）CW317 的基本应用电路　　（b）CW337 的基本应用电路

图 4.2.9　可调式三端稳压器应用电路

## 第 2 步　固定式三端集成稳压电路的制作

### 读一读

#### 1．电子电路及工作原理

220V 交流电经变压器 T 降压、$V_1$～$V_4$ 桥式整流、电容 $C_1$ 滤波后送至固定式三端集成稳压器 CW7812 稳压，再经 $C_3$ 滤波后输出稳定的 12V 直流电压。正常工作时，稳压器的输入、输出电压差为 3～7V，电流最大达 1.5A。输入、输出端分别并联电容 $C_2$、$C_3$ 小容量电容器，目的是用来实现频率补偿，抑制高频干扰，防止自激。$V_5$ 是保护二极管，当输入端短路时，给输出电容器 $C_3$ 一个放电通路，防止 $C_3$ 两端电压作用于 CW7812 内部调整管的 BE 结，造成调整管 BE 结击穿而损坏。$R_1$ 与发光二极管 $V_5$ 构成电源指示电路。

#### 2．电路元器件选择

表 4.2.1 为图 4.2.10 所示电路中的各元器件明细清单，对照清单逐个检测元器件。

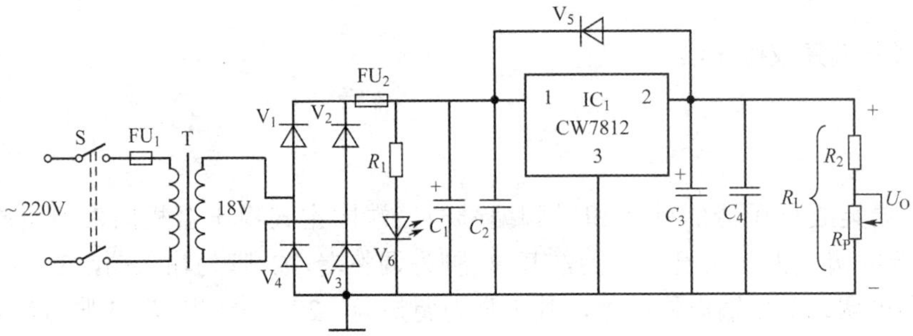


图 4.2.10　固定式三端稳压器电路

表 4.2.1　三端固定式稳压器电路元器件明细清单

| 序号 | 元件名称 | | 型号 | 数量 |
|---|---|---|---|---|
| 1 | 整流二极管 | $V_1 \sim V_5$ | 1N4001 | 5 |
| 2 | 发光二极管 | $V_6$ | $\Phi$3mm 红色 | 1 |
| 3 | 电阻 | $R_1$ | 2kΩ 1/8W | 1 |
| 4 | 电阻 | $R_2$ | 62Ω 2W | 1 |
| 5 | 电位器 | $R_P$ | 1kΩ 2W | 1 |
| 6 | 电容器 | $C_1$ | 2200μF/25V | 1 |
| 7 | 电容器 | $C_2$ | 0.33μF/63V | 1 |
| 8 | 电容器 | $C_3$ | 220μF/16V | 1 |
| 9 | 电容器 | $C_4$ | 0.1μF/63V | 1 |
| 10 | 三端固定式稳压器 | $IC_1$ | CW7812 | 1 |
| 11 | 熔断器与插座 | $FU_1$ | 0.5A | 1 |
| 12 | 熔断器与插座 | $FU_2$ | 2A | 1 |
| 13 | 电源变压器 | T | 220V/18V（20W 以上） | 1 |
| 14 | 电源开关 | | — | 1 |
| 15 | 电源线 | | — | 若干 |

## 做一做

### 3．制作步骤

（1）识读固定式三端集成稳压电路图。

（2）根据阻值大小和电容器型号等正确选择元器件。

（3）电阻、二极管、电容器正确成形，注意元器件成形时尺寸须符合电路通用板插孔间距要求。

（4）在电路通用板上按测试电路图正确插装成形好的元器件，并用导线把它们连接好。注意三端固定式稳压器的引脚顺序。

### 4．测试步骤

（1）按上述制作步骤完整接好图 4.2.10 所示电路并复查，确定元器件安装无误后，接通 220V 交流电。

（2）调节 $R_P$，使负载电流为 100mA，用万用表和晶体管毫伏表测量分别测量 $C_1$ 和 $R_L$ 两端的直流电压 $U_{C1}$、$U_O$ 和纹波电压 $U_{C1r}$、$U_{Or}$，并记录：$U_{C1}$=__________，$U_{C1r}$=____________；$U_O$=______________，$U_{Or}$=____________________。

（3）调节 $R_P$，使负载电流为 120mA，用万用表和晶体管毫伏表测量分别测量 $C_1$ 和 $R_L$ 两端的直流电压 $U_{C1}$、$U_O$ 和纹波电压 $U_{C1r}$、$U_{Or}$，并记录：$U_{C1}$=__________，$U_{C1r}$=____________；$U_O$=______________，$U_{Or}$=____________________。

（4）调整好示波器的各挡位，测量电源变压器二次侧、桥式整流、稳压输出各点的实际电压波形，并把观察到的波形记录到坐标纸上。

（5）将 $C_1$ 拿去，使输出电流为 100mA，再用示波器测量电源变压器二次侧、桥式整流、稳压输出各点的实际电压波形，并把观察到的波形记录到坐标纸上。研究 $C_1$ 在稳压电源中的作用。

## 考考你

图 4.2.10 所示电路中，若将发光二极管 $V_6$ 接反，出现的故障是________________________。

图 4.2.10 所示电路中，调节电位器 $R_P$，电路的输出电压 $U_O$ 将________________________（增大/减小/基本不变）。

# 项目 3　多用途直流稳压电源的制作

## 学习目标

- ✧ 了解多用途直流稳压电源的组成。
- ✧ 理解多用途直流稳压电源的工作原理。
- ✧ 会制作、调试多用途直流稳压电源。
- ✧ 能排除多用途直流稳压电源的常见故障。

## 工作任务

- ✧ 制作多用途直流稳压电源。
- ✧ 调试、测量多用途直流稳压电源的主要指标。
- ✧ 排除多用途直流稳压电源的常见故障。

## 第 1 步　识读电路

### 读一读

1. 电子电路

图 4.3.1 所示多用途直流稳压电源是进行电子制作、电子产品维修时必备的电路，该电路可以输出 24V、18V、12V、9V、6V、5V 和 3V 的直流电压，输出最大电流约为 1.5A。

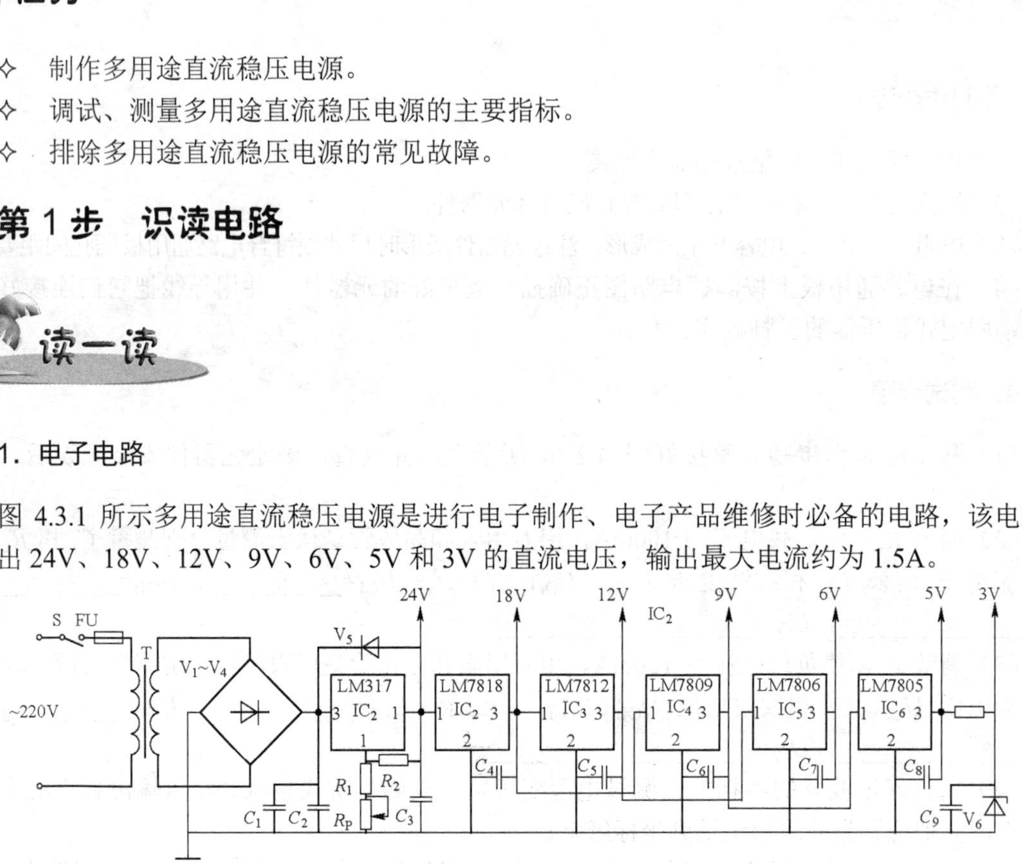


图 4.3.1　多用途直流稳压电源电原理图

2．工作原理

220V 交流电经变压器 T 降压为 30V 交流电，经 $V_1$～$V_4$ 桥式整流、电容 $C_1$ 和 $C_2$ 滤波后送至可调式三端集成稳压器 LM317 稳压，再经 $R_2$ 和输出电压调节电位器 $R_P$ 的控制，就可输出上限为 24V 的直流稳定电压。该电压加到 LM7818 输入端可输出 18V 直流稳定电压。同样的方法级联三端稳压器 LM7812、LM7809、LM7806、LM7805 可分别获得 12V、9V、6V 和 5V 直流稳定电压。最后通过 $R_3$ 和稳压二极管 $V_6$ 构成的并联型稳压电路，获得 3V 直流稳定电压。

$C_3$ 是减小 $R_1$ 两端纹波电压的滤波电容，$C_4$ 的功能是向负载提供瞬间的脉冲响应电流；$V_5$ 是保护二极管，防止输入端短路时，输出电容器 $C_3$ 的放电电流损坏三端稳压器。

## 第 2 步　元器件检测

### 看一看

表 4.3.1 为图 4.3.1 所示电路中的各元器件明细清单，对照清单逐个检测元器件。

表 4.3.1　多用途直流稳压电源电路元器件明细清单

| 序　号 | 元 件 名 称 | | 型　号 | 数　量 |
|---|---|---|---|---|
| 1 | 整流二极管 | $V_1$～$V_5$ | 1N4007 | 5 |
| 2 | 稳压二极管 | $V_6$ | CW101 | 1 |
| 3 | 电阻 | $R_1$ | 20kΩ1/8W | 1 |
| 4 | 电阻 | $R_2$、$R_3$ | 100Ω1/2W | 2 |
| 5 | 电位器 | $R_P$ | 6.8kΩ/2W | 1 |
| 6 | 电容器 | $C_1$ | 2200μF/50V | 1 |
| 7 | 电容器 | $C_3$ | 100μF/35V | 1 |
| 8 | 电容器 | $C_2$、$C_4$～$C_8$ | 0.1μF/63V | 6 |
| 9 | 电容器 | $C_9$ | 50μF/35V | 1 |
| 10 | 三端可调式稳压器 | $IC_1$ | LM317 | 1 |
| 11 | 三端固定式稳压器 | $IC_2$ | LM7818 | 1 |
| 12 | 三端固定式稳压器 | $IC_3$ | LM7812 | 1 |
| 13 | 三端固定式稳压器 | $IC_4$ | LM7809 | 1 |
| 14 | 三端固定式稳压器 | $IC_5$ | LM7806 | 1 |
| 15 | 三端固定式稳压器 | $IC_6$ | LM7805 | 1 |
| 16 | 熔断器与插座 | FU | 2A | 1 |
| 17 | 电源变压器 | T | 220V/30V（30W 以上） | 1 |
| 18 | 散热片 | | 30mm×40mm | 1 |
| 19 | 螺丝、螺母 | | 4mm×20mm | 4 套 |
| 20 | 电源开关 | | — | 1 |
| 21 | 电源线 | | — | 若干 |

## 第 3 步　电路的安装与调试

（1）按图 4.3.1 所示电路在万能电路板上安装、焊接好电路。

（2）核对、检查，确认安装、焊接无误后，即可加电调试。

（3）调节电位器 $R_P$ 使 $IC_1$（LM317）的输出电压为 24V，再分别测量 $IC_2$～$IC_6$ 的输出电压是否与其标注的电压值相一致，若不一致，找出其故障原因，并排除故障。

由于使用元器件数量少，电路可靠性高，故只要元器件无质量问题，通电后即可在各输出端输出正常电压。

（4）测量稳压二极管 $V_6$ 的输出电压值，若在 3V 左右，偏离较小，说明电路基本正常，若偏离 3V 太大，说明电路有故障，应检查出其原因，并及时排除故障。

### 考考你

为什么稳压二极管 $V_6$ 的输出电压值在 3V 左右，即认为电路基本正常？若要实现输出电压正好为 3V，应怎样处理？

### 习　题

**一、判断题**

1．稳压电源中的稳压电路有并联型和串联型两种，这是按电压调整元件与负载连接方式的不同来区分的。（　　）

2．串联型稳压电源的比较放大环节是采用多级阻容耦合放大器与调整管连接实现的。（　　）

3．串联型晶体三极管稳压电路的基本原理是将一个称为调整管的晶体三极管作为可变电阻，当输出电压变化时，调整管的等效电阻将变化。（　　）

4．必须了解集成稳压器内部电路才能正确地使用它。（　　）

5．稳压系数 $S_r$ 反映稳压电路对负载变化时所具有的稳压能力。（　　）

6．直流稳压电源只能在市电变化时起稳压作用，而当负载电流变化时它不能起稳压作用。（　　）

7．在串联型稳压电路中，比较放大器的放大倍数越高，其稳压性能也就越好。（　　）

**二、选择题**

1．图 4.1.3（b）所示串联型稳压电路中，$R_1= R_2=R_P=1k\Omega$，若 $V_3$ 管的稳压值为 6.3V，输入电压为 25V，晶体管的 $U_{BE}$ 均为 0.7V，则输出电压的可调范围是（　　）。

A．10.5～21V　　B．8.4～16.8V

C．0～7V　　D．0～21V

2．串联型稳压电路中的调整管工作在（　　）。

A．截止区　　B．饱和区

C．放大区　　　　　　　　　　D．饱和区和截止区

3．有两个 2CW15 稳压二极管，一个稳压值是 8V，另一个稳压值是 7.5V，若把两管并联组合为一个稳压管接入电路，这时组合管的稳压值是（　　）。

A．8V　　　　B．7.5V　　　　C．15.5V　　　　D．0.7V

4．用一只直流电压表测量一只接在电路中的稳压二极管（2CW13）的电压，读数只有 0.7V，这种情况表明该稳压管（　　）。

A．工作正常　　　　B．接反　　　　C．已经击穿

5．直流稳压电路当额定负载不变时，市电交流电网电压变化 10%，输出电压的相对变化量，即为该稳压电源的（　　）。

A．电压调整率　　　　B．电流调整率　　　　C．稳压系数　　　　D．温度系数

## 三、填空题

1．直流稳压电源是一种当交流电网电压变化时，或________变动时，能保持________电压基本稳定的直流电源。

2．带有放大环节的串联型晶体管稳压电路一般由_________、_________、_________和__________四个部分组成。

3．稳压电源的质量指标有：稳压系数、____________、___________和__________等

4．三端集成稳压器的三端指__________、___________、__________，“CW7812”中“CW”_____________表示，“12”表示______________。

5．晶体管直流稳压电路按调整元器件与负载连接方式的不同分为______型和______型两种。其中__________型稳压电路具有输出电流较大、输出电压可调等优点而被广泛应用。

## 四、综合分析题

1．图 4.1.3（b）所示串联型稳压电路，若稳压管的稳定电压 $U_Z$=6.3V，采样电阻 $R_1$=1kΩ，$R_P$=200Ω，$R_2$=680Ω。试估算该稳压电路输出电压的可调范围。

2．试画出 CW7812 集成稳压器的应用电路图。

3．试画出一个用 CW7800 和 CW7900 系列集成稳压器组成一个输出正电压 18V、负电压 5V 的稳压电路图。

4．某直流稳压电路的稳定输出电压 $U_O$=12V，当负载不变，电网电压波动±10%时，其输出电压变化量 $\Delta U_O$=45mV；若电网电压不变，负载电流由零变到最大时，输出电压变化量 $\Delta U_O'$ =108mV，求此稳压电路的电压调整率 $K_U$ 和电流调整率 $K_I$。

5．某稳压电路当输入电压 $U_I$ 从 12V 增大到 12.12V 时，输出电压 $U_O$ 从 6V 变为 6.003V，求它的稳压系数 $S_r$。

# 学习领域五　晶闸管及其应用电路

## 领域简介

晶闸管又称为可控硅（SCR），是硅晶体闸流管的简称，它是一种功率半导体元器件，具有体积小、重量轻、耐高压、容量大、效率高、控制特性好、寿命长、使用维护简单等一系列优点，自20世纪60年代以来，发展迅猛。晶闸管的出现，促使电子技术进入强电领域，成为强电与弱电的桥梁。在电子设备里，晶闸管主要应用于：可控整流、交流调压、电子开关、逆变等。

本领域重点介绍晶闸管的特性及应用电路。通过学习，使读者深入了解晶闸管的导电特性及其广泛应用。通过光控调光台灯的制作，提高读者电路安装、调试和排除故障等能力，为本专业后续学习打下良好的专业理论和操作能力的基础。

## 项目1　单相可控整流电路的制作

### 学习目标

✧ 掌握晶闸管的电路图形符号与文字符号，了解其参数的含义。
✧ 掌握晶闸管的导电特性。
✧ 熟悉可控整流的电路形式，理解其工作原理。

### 工作任务

✧ 能正确识别并判别晶闸管的三个电极。
✧ 能检测晶闸管的质量。
✧ 完成单相半波和单相桥式整流电路的仿真制作。

### 第1步　晶闸管的导电特性测试

#### 看一看

晶闸管的认识

晶闸管又称可控硅，全称为硅晶体闸流管，是一种“以小控大”的功率（电流）型元器件。图 5.1.1 所示为几种常见晶闸管的实物外形。通过观察可以得出晶闸管的共同特征：具有三个电极，这三个电极分别称为阳极 A、阴极 K 和控制极 G。晶闸管的图形符号如图 5.1.2（c）所示，图中“V”为其文字符号。然而将晶闸管接入实际电路中会出现哪些特性呢？下面通过晶闸管的测试即可体验其导电特性。

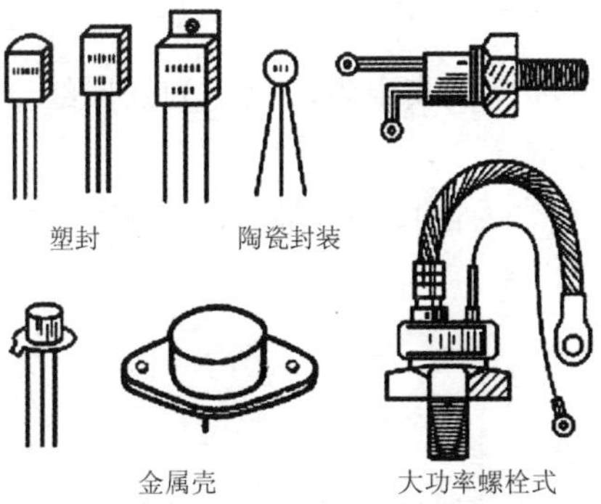


图 5.1.1　几种常见的晶闸管实物外形

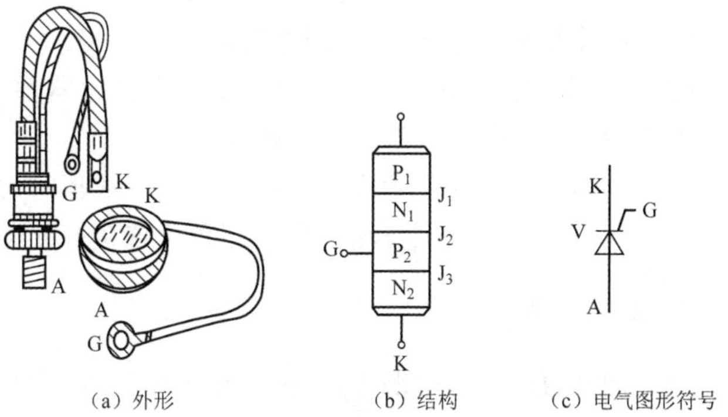


图 5.1.2　晶闸管的结构与符号

## 做一做

**晶闸管工作特性的测试**

**1．电子电路**

如图 5.1.3 所示，V 为晶闸管（2P4M），$R$ 为 2kΩ 的电阻，HL 为 15W 的小灯泡。

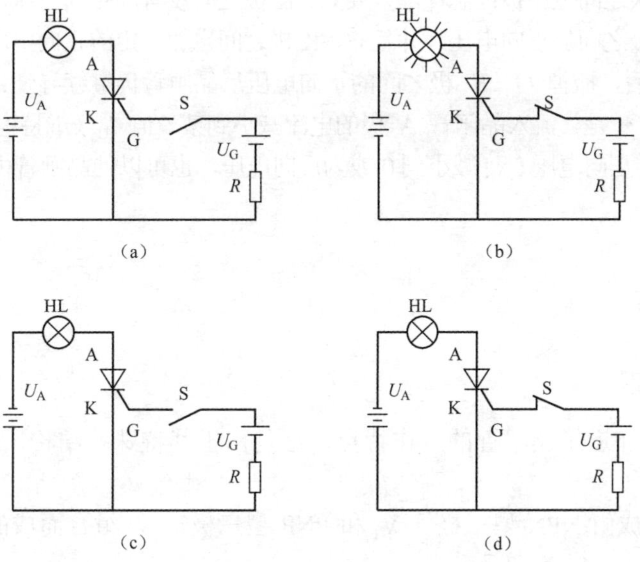


图 5.1.3　晶闸管导电特性的测试

### 2．仪器仪表工具

0～30V 可调直流稳压电源 2 台，普通万用表（当做电流表和电压表使用）1 只，镊子 1 把。

### 3．制作步骤

（1）识读晶闸管导电特性测试电路图。

（2）根据阻值大小和晶闸管型号正确选择元器件。电阻选择碳膜电阻，色环为红黑红金，代表阻值为 2kΩ。晶闸管选择 2P4M。

（3）电阻、晶闸管正确成形，注意元器件成形时尺寸应符合万能电路板插孔间距的要求。

（4）在万能电路板上按测试电路图正确连接好元器件。

### 4．测试步骤

（1）调节直流稳压电源 $U_A$，使其输出电压为 15V。

（2）按上述制作步骤连接好如图 5.1.3（a）所示电路（注意：保持开关 S 处于断开状态），经复查确定连接正确后再通电检测，发现灯泡_______（发光/不发光）。

（3）保持步骤（2），仅将开关 S 闭合，如图 5.1.3（b）所示，通电后灯泡_______（发光/不发光）。若灯泡发光，则在其发光后，再断开开关 S，灯泡将_______（继续发光/立即熄灭）。

（4）保持步骤（2），仅将电源 $U_A$ 反向，如图 5.1.3（c）所示，通电后灯泡_______（发光/不发光）。

（5）保持步骤（4），仅将开关 S 闭合，如图 5.1.3（d）所示，通电后灯泡_______（发光/不发光）。

### 5．综合分析

分析测试结果，可以总结出晶闸管具有以下工作特点。

（1）无论 A、K 极之间电压极性怎样，只要 G、K 极之间没有加正向电压，晶闸管就无法导通。

（2）只有 A、K 极之间加正向电压，并且 G、K 极之间也加一定的正向电压，晶闸管才能导通。

（3）晶闸管导通后，撤掉 G、K 极之间的正向电压后晶闸管仍继续导通；要让导通的晶闸管截止，可采用两种方法：一是让流入晶闸管 A 极的电流减小到某一值 $I_H$（维持电流），晶闸管会截止；二是让 A、K 极之间的正向电压 $U_{AK}$ 减小到 0 或为反向电压，也可以使晶闸管由导通转为截止。

## 知识链接

### 晶闸管的工作原理

通过前面的介绍知道了晶闸管的工作特点，这是由于其特殊的结构所决定的。下面开始介绍这方面的知识。

晶闸管可以等效成由 NPN 型三极管 $V_1$ 和 PNP 型三极管 $V_2$ 组合而成的元器件，中间的 PN 结 $J_2$ 两管共用，如图 5.1.4（b）所示。

当晶闸管加上正向电压 $U_{AK}$，而在控制极未加上正向触发电压 $U_{GK}$ 时，$V_1$ 管因无基极电流而截止，晶闸管处于关断状态。

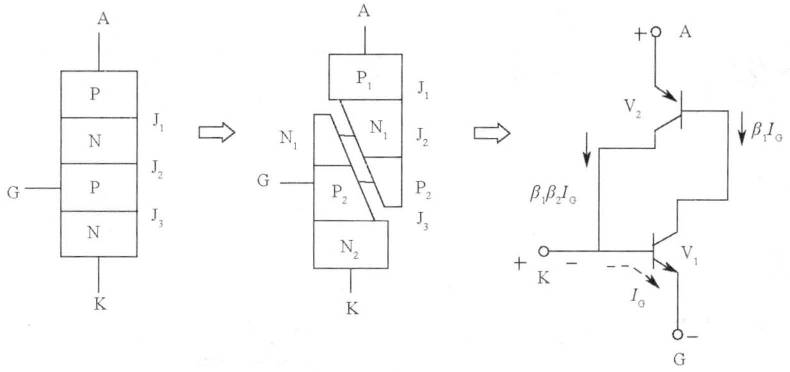


（a）内部结构　（b）分成两个三极管　（c）等效电路

图 5.1.4　单向晶闸管

当晶闸管加上正向电压 $U_{AK}$，而在控制极加上正向触发电压 $U_{GK}$ 时，$V_1$ 管有了基极电流 $I_{B1}$（$=I_G$）而导通，而 $V_1$ 管产生的 $\beta_1 I_G$ 集电极电流 $I_{C1}$ 又作为 $V_2$ 管的基极电流 $I_{B2}$，$V_2$ 管导通后的集电极电流 $I_{C2}$（$=\beta_1\beta_2 I_G$）又流入 $V_1$ 管的基极，使两个管子都饱和导通。在触发导通后，$V_1$ 管由 $I_{C2}$ 提供偏置电流，此时撤去外加触发电压，晶闸管仍能保持导通。若减少正向阳极电压，使阳极电流不足以维持 $V_1$、$V_2$ 导通，晶闸管就转为关断。

若阳极电压反接时，无论控制极加什么电压，$V_1$ 和 $V_2$ 管都不能导通，晶闸管处于关断状态。

## 读一读

### 1．晶闸管的主要参数

额定正向平均电流 $I_F$：在一定条件下，阳、阴极间可以连续通过的工频正弦半波电流的平均值。

控制极触发电流 $I_G$ 和触发电压 $U_G$：在规定的环境温度下，阴、阳极间加有一定值的正向电压时，晶闸管从关断状态转为导通状态所需要的最小控制极电流和电压。

维持电流 $I_H$：在规定温度下，控制极断路，维持晶闸管导通所必需的最小阳极正向电流。

正向阻断峰值电压 $U_{DRM}$：控制极断开，加正向电压晶闸管截止的状态称正向阻断，此时允许加到晶闸管上的正向电压最大值称为正向阻断峰值电压。

反向阻断峰值电压 $U_{RRM}$：控制极断开，加反向电压晶闸管截止的状态称反向阻断，此时允许加到晶闸管上的反向电压最大值称为反向阻断峰值电压。

### 2．晶闸管的型号

## 考考你

“KS5—4”是________（单向晶闸管、双向晶闸管），主要参数：通态电流为_____（5A、50A），重复峰值电压为_________（4V、40V、400V）。

## 做一做

### 晶闸管的检测

### 1．电极判别

（1）将万用表置于 R×1k 挡，将黑表笔与假定为控制极的 2 脚相连，如图 5.1.5 所示。

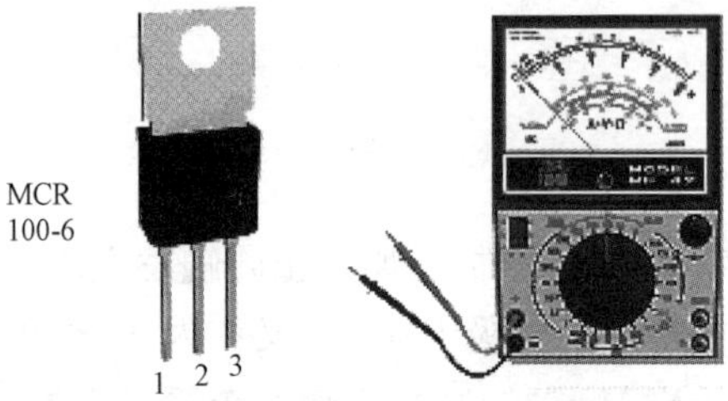


图 5.1.5　晶闸管的检测

（2）将红表笔分别与 1、3 脚相接，若有一次出现正向导通，则假定的控制极是对的，而导通那次红表笔所接的脚是阴极 K，另一极则是阳极 A。如果两次均不导通，则说明假定的不是控制极，可重新设定一端为控制极。

（3）根据测量结果，选择正确答案：_______。

A．1 脚为阴极，2 脚为阳极，3 脚为控制极

B．1 脚为阴极，2 脚为控制极，3 脚为阳极

C．1 脚为阳极，2 脚为阴极，3 脚为控制极

D．1 脚为阳极，2 脚为控制极，3 脚为阴极

### 2．质量检测

（1）万用表置于 R×10 挡，红表笔接阴极 K，黑表笔接阳极 A，指针应接近∞，如图 5.1.6（a）所示。

（2）用黑表笔在不断开阳极的同时接触控制极 G，万用表指针向右偏转到低阻值，表明晶闸管能触发导通，如图 5.1.6（b）所示。

（3）在不断开阳极 A 的情况下，断开黑表笔与控制极 G 的接触，万用表指针应保持在原来的低阻值上，表明晶闸管撤去控制信号后仍将保持导通状态。

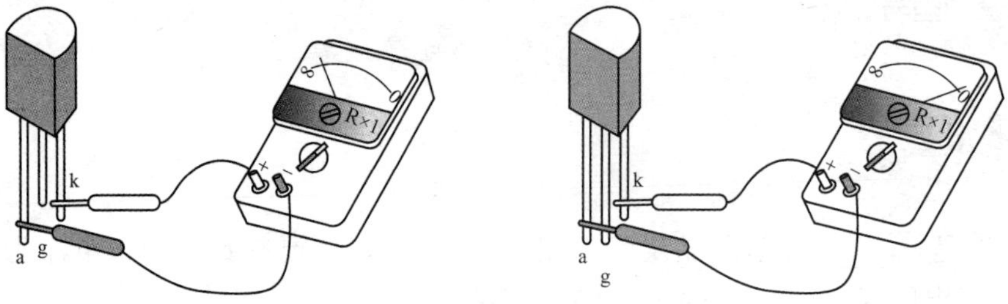


（a）接法 1　　（b）接法 2

图 5.1.6　用万用表检测晶闸管质量

## 拓　展

晶闸管有多种分类方法。

**1．按关断、导通及控制方式分类**

晶闸管按其关断、导通及控制方式可分为普通晶闸管、双向晶闸管、逆导晶闸管、门极关断晶闸管（GTO）、BTG 晶闸管、温控晶闸管、光控晶闸管等。

**2．按引脚和极性分类**

晶闸管按其引脚和极性可分为二极晶闸管、三极晶闸管和四极晶闸管。

**3．按封装形式分类**

晶闸管按其封装形式可分为金属封装晶闸管、塑封晶闸管和陶瓷封装晶闸管三种类型。其中，金属封装晶闸管又分为螺栓形、平板形、圆壳形等多种，塑封晶闸管又分为带散热片型和不带散热片型两种。

**4．按电流容量分类**

晶闸管按电流容量可分为大功率晶闸管、中功率晶闸管和小功率晶闸管三种。通常，大功率晶闸管多采用金属壳封装，而中、小功率晶闸管则多采用塑封或陶瓷封装。

**5．按关断速度分类**

晶闸管按其关断速度可分为普通晶闸管和高频（快速）晶闸管。

# 第 2 步　晶闸管可控整流电路仿真

## 做一做

**单相半波可控整流电路仿真**

**1．电路原理图**

单相半波可控整流电路原理图如图 5.1.7 所示。

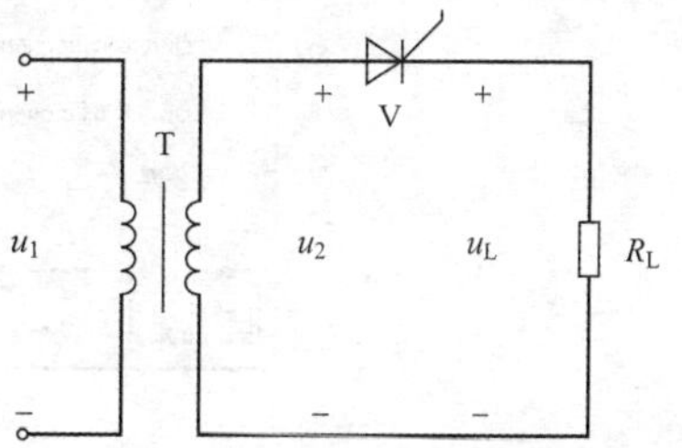


图 5.1.7　单相半波可控整流电路原理图

**2．启动仿真软件 Multisim**

在工作空间打开名为“电路 1”的空白文件。用新文件名“调光台灯”保存文件，建立新仿真文档。

### 3. 根据电路原理图选取仿真元件

（1）如图 5.1.8 所示，选择正弦交流电源代替原图 5.1.7 中的变压器次级线圈电压 $u_2$。放置后双击该元器件修改其属性。如图 5.1.9 所示，设置与电网所供电能参数一致，即 50Hz、220V。

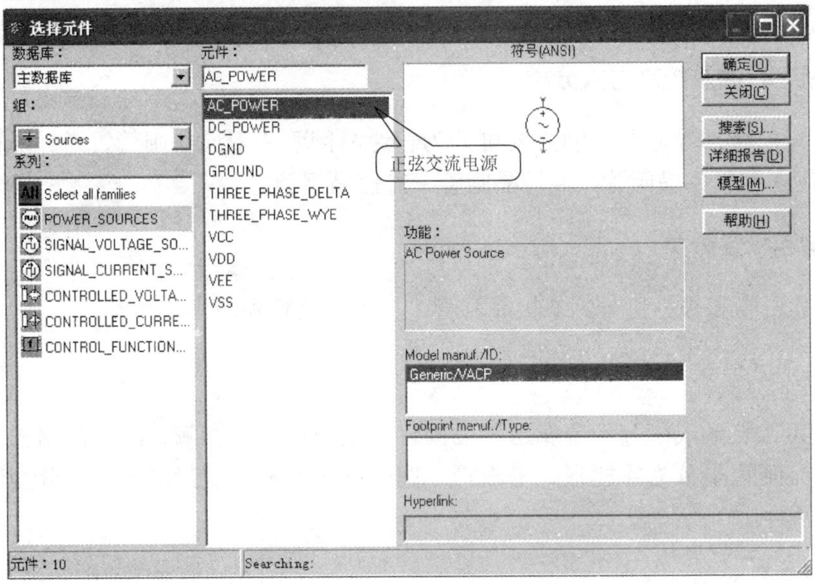


图 5.1.8　选取正弦交流电源

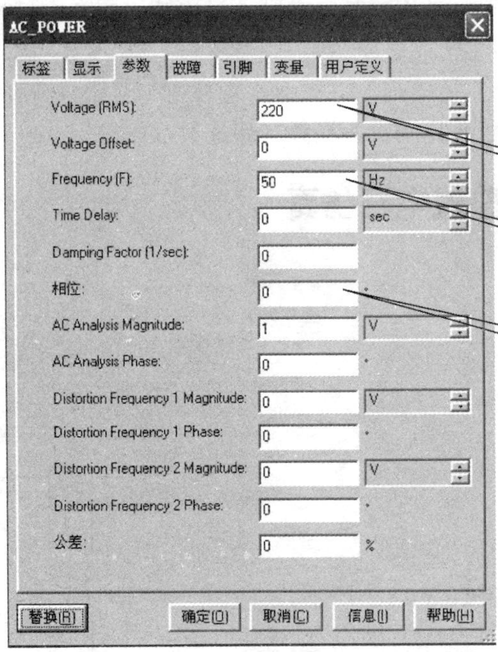


图 5.1.9　正弦交流电源参数设置

（2）电路中晶闸管的控制极需要触发信号，在这里先选用脉冲电压信号源，如图 5.1.10 所示。当 Delay Time 的值为 2.5 时相当于 45°初相位，当 Delay Time 的值为 5 时相当于 90°初相位，如图 5.1.11 所示。

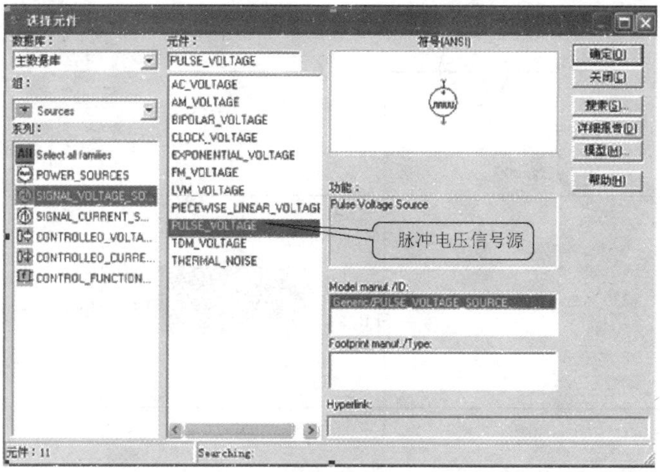


图 5.1.10　选用脉冲电压信号源

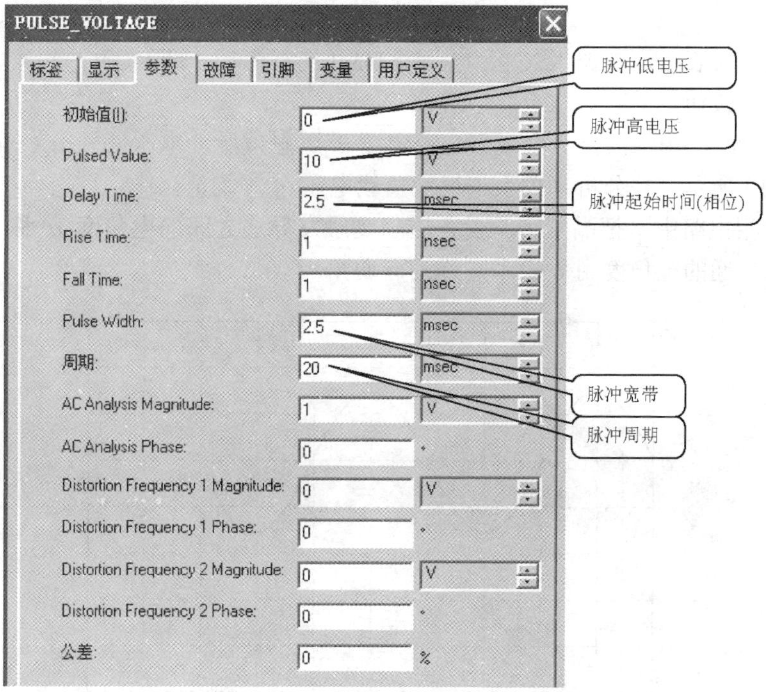


图 5.1.11　脉冲电压信号源参数设置

（3）晶闸管选 2N6509，如图 5.1.12 所示，放置其他元件。

## 4．连线

连线得如图 5.1.12 所示电路。

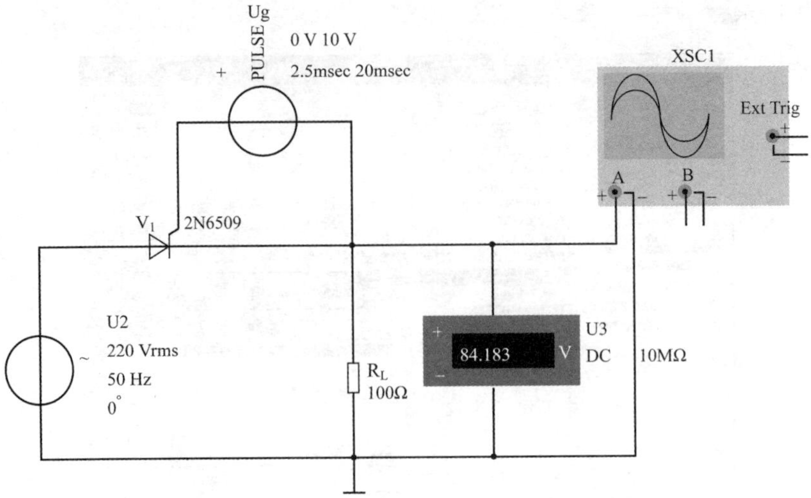


图 5.1.12 单相半波可控整流仿真电路图

**5．仿真**

（1）接入仿真仪表：示波器 XSC1、电压表 U3（选直流挡，即 DC）。

（2）启动仿真按钮。

（3）当 $\alpha$=45°时，用示波器分别观察电源电压 $u_2$、触发脉冲电压信号 $u_g$、负载两端电压 $u_L$ 波形，如图 5.1.13 所示，并分析其关系。记录负载电压 $u_L$ 平均值。

说明：在单相电路中，把晶闸管承受正压起到触发导通之间的电角度 $\alpha$ 称为控制角，晶闸管在一个周期内导通的电角度用 $\theta$ 表示，称为导通角。

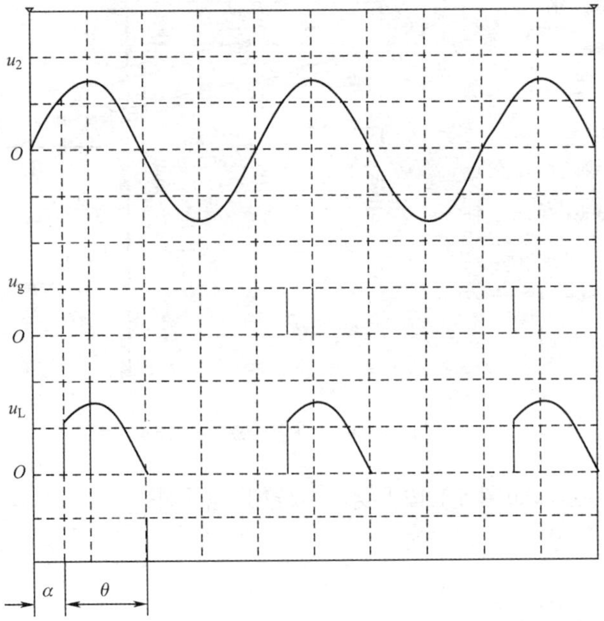


图 5.1.13 $\alpha$=45°时 $u_2$、$u_g$、$u_L$ 的电压波形

（4）当触发控制角 $\alpha$=90°时，用示波器分别观察 $u_2$、$u_g$、$u_L$ 的电压波形，如图 5.1.14 所示，分析其关系。记录负载电压 $u_L$ 的平均值。

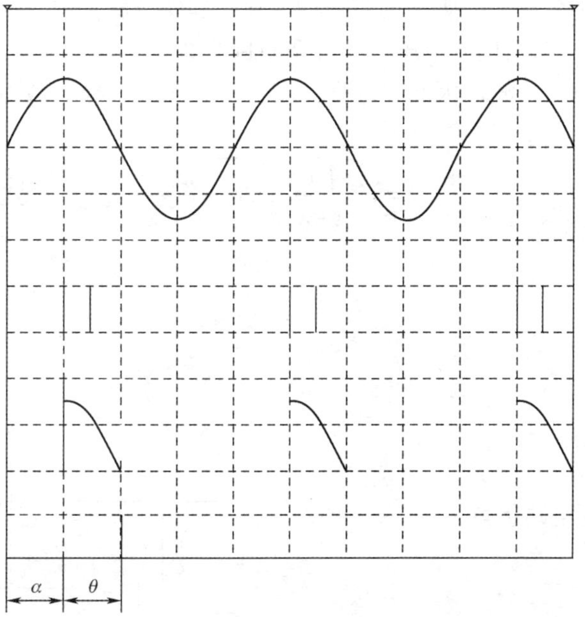


图 5.1.14 $\alpha$=90° 时 $u_2$、$u_g$、$u_L$ 的电压波形

### 6. 仿真分析结论

晶闸管在 $u_2$ 正向电压并有触发信号开始时导通，在 $u_2$ 电压过零处截止，在 $u_2$ 负半周不导通。

对比触发控制角 $\alpha$=45°和 $\alpha$=90°时负载两端的电压波形变化，可以看出，当改变触发电压到来的时刻，即改变控制角 $\alpha$ 的大小时，就改变了导通角 $\theta$，也就改变了负载电压的 $u_L$ 的平均值。控制角 $\alpha$ 增大，导通角 $\theta$ 减小，负载平均电压值也将随之减小。反之，控制角 $\alpha$ 减小，导通角 $\theta$ 增大，负载平均电压值也将随之增大。

## 知识链接

### 单相半波可控整流电路有关计算

电阻性负载和电感性负载工作情况不一样，计算公式也不一样。在本书中只分析电阻性负载，下面的公式仅适用于电阻性负载。

控制角 $\alpha$ 的取值范围为 0～π，对应的导通角 $\theta$ 在 π～0 范围内变化：

$$\alpha + \theta = \pi$$

负载两端直流电压 $U_L$ 是以平均值来衡量的，直流电压表测得的即为此值，经理论推算得

$$U_L = 0.45U_2 \frac{1+\cos\alpha}{2}$$

$$I_L = \frac{U_L}{R_L}$$

由此公式可见，当控制角 $\alpha$ 从 $\pi$ 向零方向变化，即触发脉冲向左移动时，负载直流电压 $U_L$ 在 0～$0.45U_2$ 之间变化，起到直流电压连续可调的目的。

由于电流 $i_L$ 是缺角正弦波，因此在选择晶闸管、熔断器、导线截面积以及计算电阻 $R_L$ 的有功功率时必须按电流有效值 $I$ 计算。经推算得

$$U = U_2\sqrt{\frac{1}{4\pi}\sin 2\alpha + \frac{\pi-\alpha}{2\pi}}$$

$$I = \frac{U}{R_L}$$

## 做一做

### 单相桥式可控整流电路仿真

### 1. 电路原理图

单相桥式可控整流电路原理图如图 5.1.15 所示。

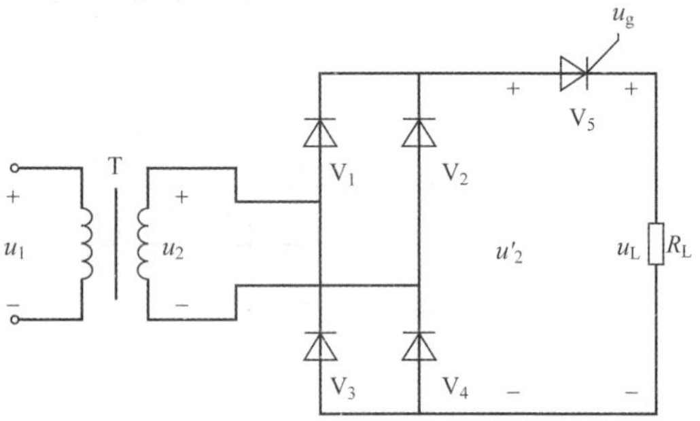

图 5.1.15　单相桥式可控整流电路原理图

### 2. 绘制单相桥式可控整流电路仿真电路

如图 5.1.16 所示，步骤同单相半波可控整流电路仿真，其中脉冲电压信号源的周期值设置改为 10。

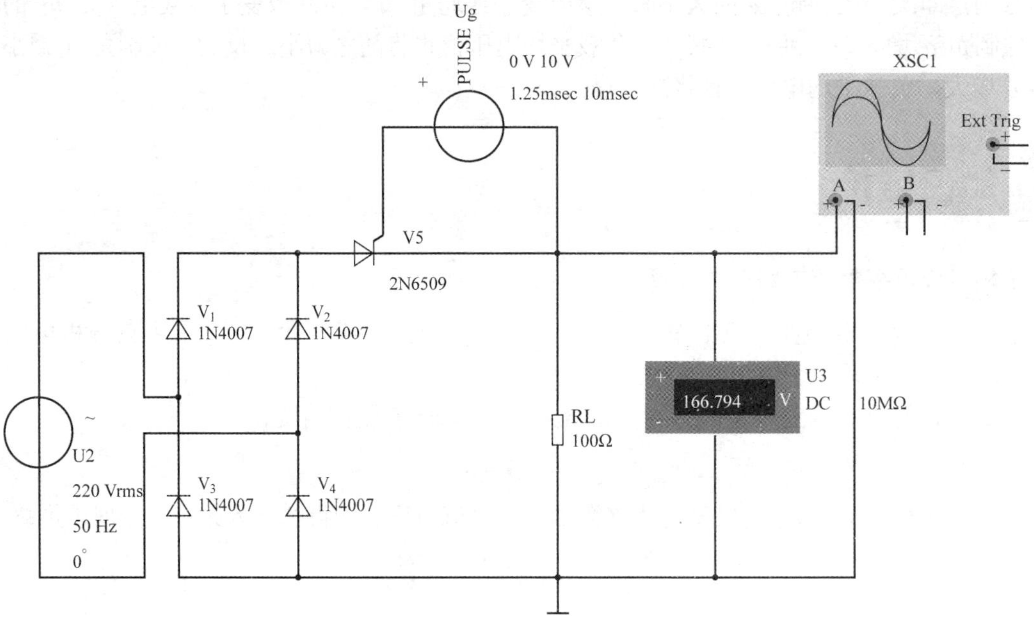

图 5.1.16　单相桥式可控整流仿真电路图

### 3．仿真运行

（1）接入仿真仪表：示波器 XSC1、电压表 U3（选直流挡，即 DC）。

（2）启动仿真按钮。

（3）当触发控制角 $\alpha$=90°时，用示波器分别观察 $u_2$、$u_g$、$u_L$ 的电压波形，如图 5.1.17 所示，分析其关系，记录负载电压 $u_L$ 的平均值。

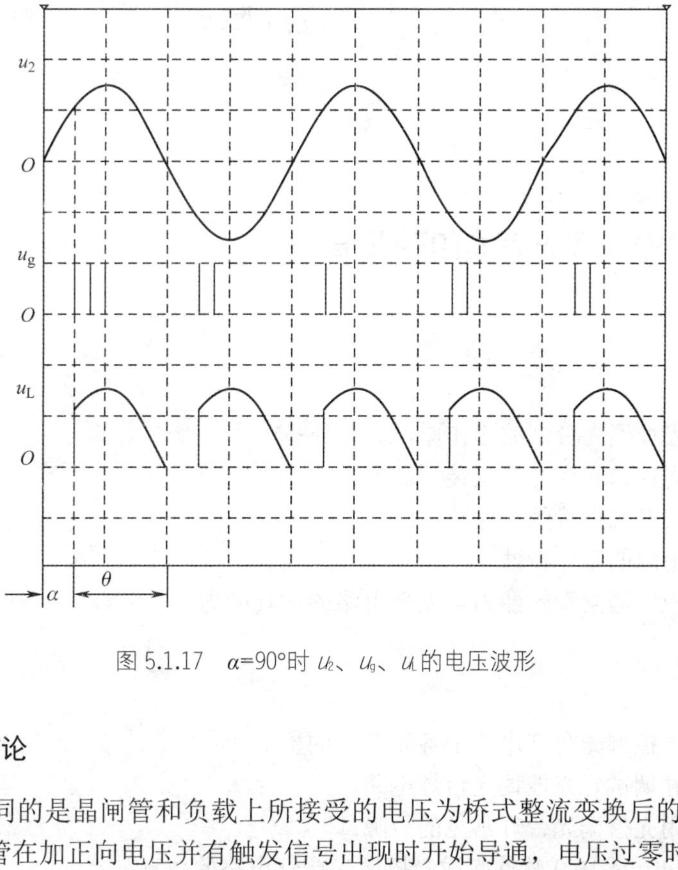


图 5.1.17 $\alpha$=90°时 $u_2$、$u_g$、$u_L$ 的电压波形

### 4．仿真分析结论

与单相半波不同的是晶闸管和负载上所接受的电压为桥式整流变换后的脉动直流电压，均为正向电压。晶闸管在加正向电压并有触发信号出现时开始导通，电压过零时截止。

控制角 $\alpha$、导通角 $\theta$ 的变化也与单相半波一样，但在取相同的控制角 $\alpha$ 下负载的平均电压增大一倍。

## 知识链接

### 单相桥式可控整流电路有关计算

在这里只阐述电阻性负载的计算公式，电感性负载有关计算将在后续课程中讲解。

控制角 $\alpha$ 的取值范围为 0～π，对应的导通角 $\theta$ 在 π～0 范围内变化：

$$\alpha+\theta=\pi$$

平均值的计算：

$$U_L = 0.9U_2 \frac{1+\cos\alpha}{2}$$

$$I_L = \frac{U_L}{R_L}$$

有效值的计算：

$$U = U_2\sqrt{\frac{1}{2\pi}\sin 2\alpha + \frac{\pi-\alpha}{2\pi}}$$

$$I = \frac{U}{R_L}$$

# 项目 2　家用光控调光台灯的制作

## 学习目标

- ✧ 熟悉家用光控调光台灯的工作原理。
- ✧ 掌握家用光控调光台灯的安装调试方法。
- ✧ 掌握双向触发二极管的工作特性。
- ✧ 掌握光敏电阻的工作特性。
- ✧ 提高综合应用晶闸管的能力，提高电路的仿真能力。

## 工作任务

- ✧ 完成家用光控调光台灯电路中各元器件的检测。
- ✧ 完成组装并调试好光控调光台灯电路。
- ✧ 能排除家用光控调光台灯常见的故障。
- ✧ 能利用 Multisim 10.0 软件完成光控调光台灯电路的仿真。
- ✧ *完成单结晶体管触发电路的制作。

## 第 1 步　识读电路

### 知识链接

家用光控调光台灯电路

1．电路原理图

光控调光台灯电路如图 5.2.1 所示。

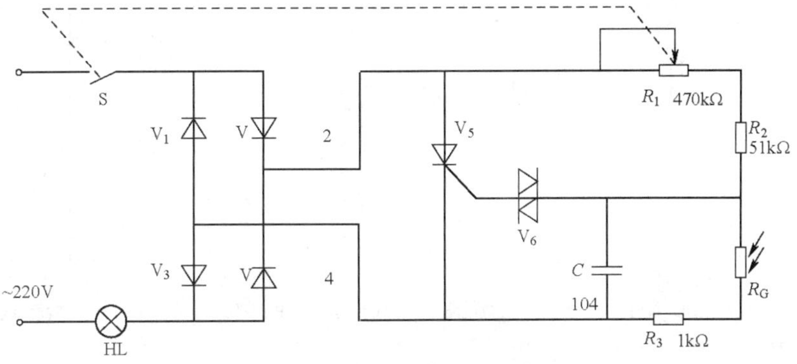


图 5.2.1 光控调光台灯电路

### 2. 工作原理

光控调光台灯电路如图 5.2.1 所示。$V_1$～$V_4$组成桥式整流电路，将交流电转换成脉动直流电加到可控硅 $V_5$ 两端。$R_1$、$R_2$ 和 $C$ 组成的阻容移相电路决定单向可控硅的导通角。当 $C$ 两端电压经 $R_1$、$R_2$ 充电上升到双向触发管的导通电压时，单向可控硅 $V_5$ 被触发导通，当直流脉动电过零时，单向可控硅自行截止，调节 $R_2$ 可改变 $C$ 的充电时间，从而改变单向可控硅的导通角，以便得到需要的亮度。

图 5.2.1 中 $R_3$ 与光敏电阻 $R_G$ 串联后和 $C$ 并联，分流的大小由光敏电阻 $R_G$ 的阻值来决定。当电网电压上升时，灯光亮度增加，光敏电阻 $R_G$ 受到的照度增大，阻值减小，分流增大，$C$ 两端电压上升变慢，可控硅导通角减小，输出电压减小，灯光的亮度也相应减小，这样就保证了环境亮度的稳定；同时当外界光线达到足够强度时，光敏电阻 $R_G$ 阻值偏低，将使其分流作用进一步增大，即可使灯光熄灭，节约电能。

## 拓 展

### 双向触发二极管

双向触发二极管（DIAC）属于三层结构、具有对称性的二端半导体元器件。图 5.2.2（a）是它的构造示意图。图 5.2.2（b）、图 5.2.2（c）分别是它的符号及等效电路，可等效于基极开路、发射极与集电极对称的 NPN 型晶体管。因此完全可用两只 NPN 晶体管［如图 5.2.2（d）所示连接］来替代。

双向触发二极管的伏安特性曲线如图 5.2.2（e）所示，其正向和反向具有相同负阻特性。当双向触发二极管两端所加电压 $U$ 低于正向转折电压 $U_{BO}$ 时，元器件呈高阻状态。当外加电压升高到 $U_{BO}$ 时，元器件击穿导通，由高阻转为低阻进入负阻区。同样，当所加电压大于反向转折电压 $-U_{BR}$ 时，元器件也会击穿导通进入负阻区。有时又把转折电压称为穿通电压或击穿电压。转折电压的对称性用正负转折电压的绝对值之差$\Delta U_B$表示，一般$\Delta U_B$应小于 2V。

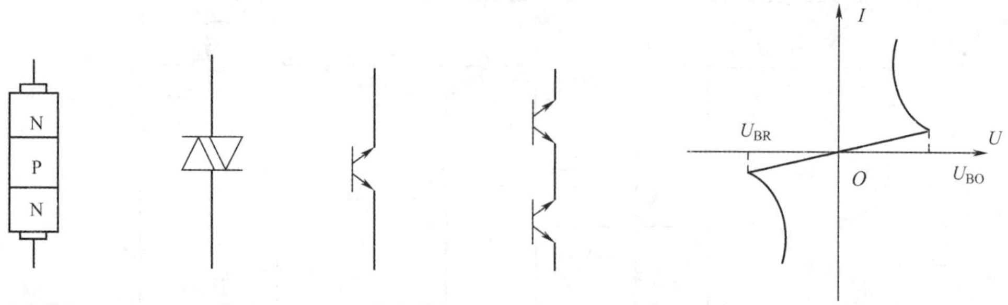


（a）构造　（b）符号　（c）等效电路　（d）用两只NPN替代　（e）伏学特性曲线

图 5.2.2　双向触发二极管

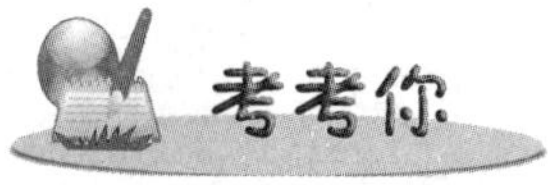

**考考你**

用万用表 R×1k 或 R×10k 挡，测量双向触发二极管正、反向电阻值。正常时其正向电阻值应为________，反向电阻值应为__________。若测得正、反向电阻值均很小或为 0，则说明该双向触发二极管__________。

## 第 2 步　元器件检测

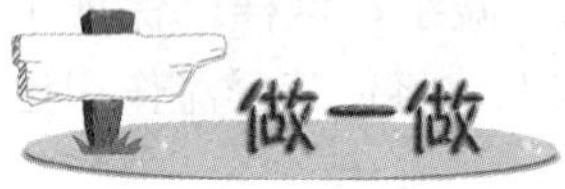

**做一做**

表 5.2.1 为光控调光台灯元器件清单，对照清单逐个检测元器件，并回答下列问题。

（1）没有光照时光敏电阻 $R_G$（遮住电阻透光面）的最大值为________，在强光照射下，光敏电阻 $R_G$ 的最小值为__________。

（2）电容 $C$ 应选用万用表的________挡进行检测，正常情况下，其阻值为______。

（3）双向触发二极管________（能/不能）颠倒使用。

表 5.2.1　光控调光台灯元器件清单

| 序　号 | 元 件 名 称 | | 型　号 | 数　量 |
|---|---|---|---|---|
| 1 | 光敏电阻 | $R_G$ | MG45 | 1 |
| 2 | 开关电位器 | $R_1$ | 470kΩ | 1 |
| 3 | 电阻 | $R_2$ | 51kΩ | 1 |
| 4 | 电阻 | $R_3$ | 1kΩ | 1 |
| 5 | 整流二极管 | $V_1$～$V_4$ | 1N4004 | 4 |
| 6 | 单向可控硅 | $V_5$ | 3A/400V | 1 |
| 7 | 双向触发二极管 | $V_6$ | DB3 | 1 |

续表

| 序　号 | 元 件 名 称 | | 型　号 | 数　量 |
|---|---|---|---|---|
| 8 | 电容 | $C$ | 0.01μF | 1 |
| 9 | 白炽灯泡 | HL | 220V/60W | 1 |
| 10 | 导线 | | — | 若干 |

## 第 3 步　电路组装调试

### 做一做

组装调试步骤

（1）把电子元器件在万能电路板上合理地布局排列。
（2）焊接电路，检查焊接的电路中元器件是否有假焊、漏焊。
（3）检查元器件的极性以及电路的连接是否正确，正确后进入下一步。
（4）闭合开关，通电。
（5）顺时针旋转电位器，灯泡亮度___________（变亮/变暗）。
（6）逆时针旋转电位器，灯泡亮度___________（变亮/变暗）。
（7）用强光照射光敏电阻 $R_G$，灯泡亮度___________（变亮/变暗/熄灭）。

### 安全警告

光控调光台灯采用 220V 工频交流电压供电，因此要切实做好电路的安全检查工作，确保电路连接正确且无短路故障的情况下才能进行通电调试，否则极易造成元器件烧毁现象，甚至出现安全事故。

### 做一做

故障排除

故障 1：灯泡不亮，检查方法如图 5.2.3 所示。
故障 2：灯泡亮度不可调，检查方法如图 5.2.4 所示。

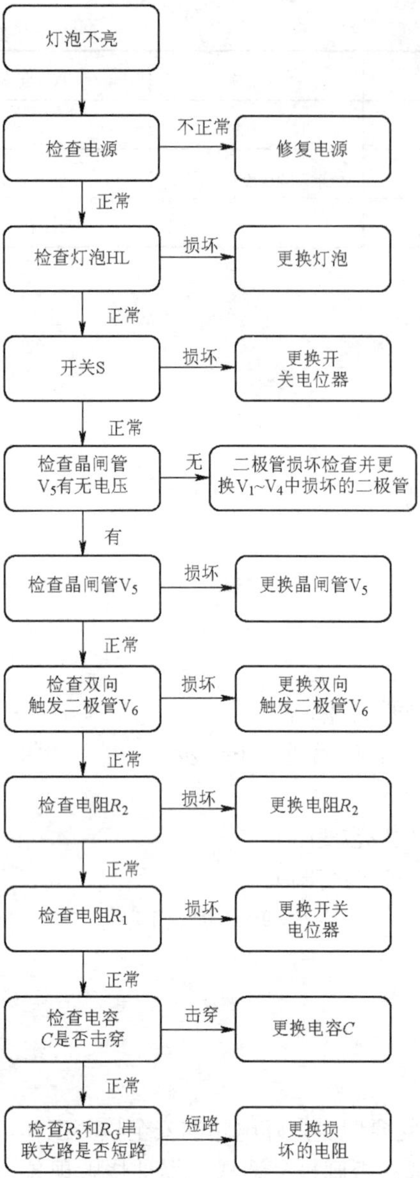


图 5.2.3 灯泡不亮的检查方法

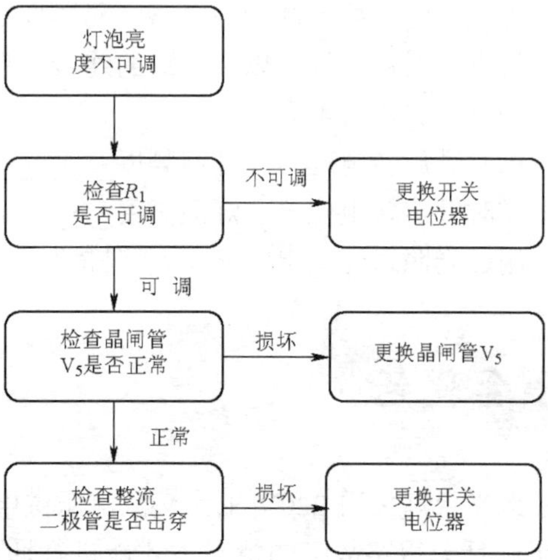


图 5.2.4 灯泡亮度不可调的检查方法

## 第 4 步 仿真验证

**做一做**

**光控调光电路仿真**

**1. 启动 Multisim**

用新文件名“调光台灯”保存文件。

### 2. 放置元器件

（1）晶闸管选择 Place/Component，打开 Select a Component 浏览器，选定 2N6509，双向触发二极管选 1N5758。

（2）电子仿真软件 Multisim 的元器件库中找不到光敏电阻。本电路要求能实现天黑以后工作，白天不工作。这时在实际电路中就需要接上光敏电阻，光敏电阻接收到光照时，阻值降低，如 MG45-13 型光敏电阻亮阻≤5kΩ；相反，光敏电阻在黑暗中时，阻值升高，MG45-13 型光敏电阻暗阻≥5MΩ。既然知道了光敏电阻这一特性，就可以用一个 5MΩ 可调电阻和一个 5.1kΩ 电阻串联来代替它进行电路虚拟仿真。为此 R3 选 6kΩ。

（3）如图 5.2.5 所示，放置其他元器件。

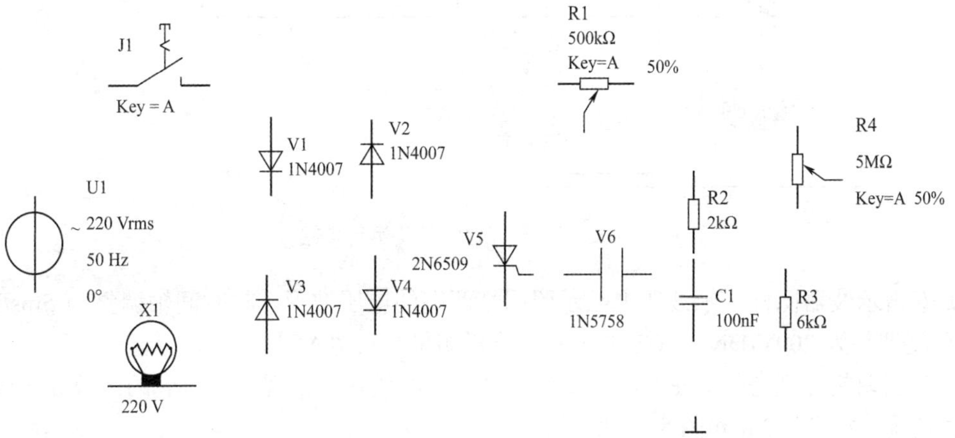


图 5.2.5　元器件布置图

### 3. 连线

电路连线如图 5.2.6 所示。

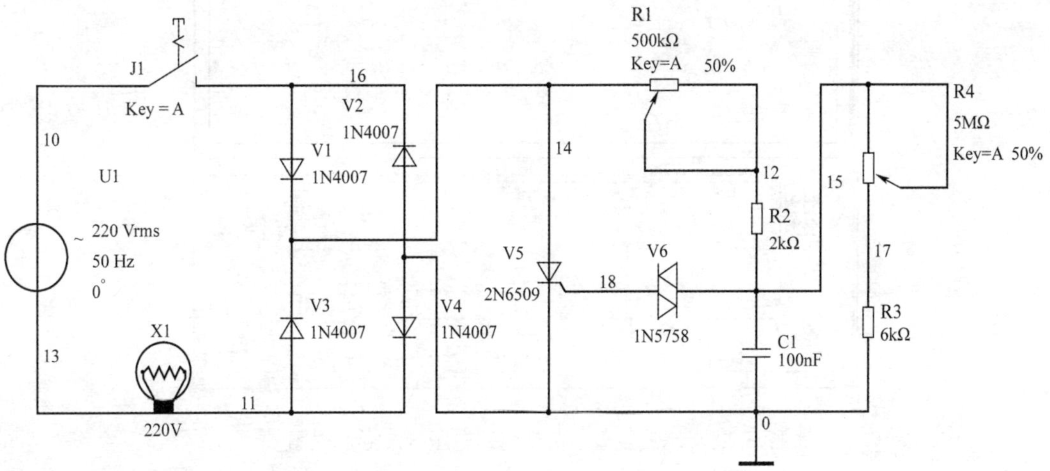


图 5.2.6　光控调光台灯仿真电路图

### 4．电路仿真

（1）如图 5.2.7 所示，在电路中接入电压表和示波器。

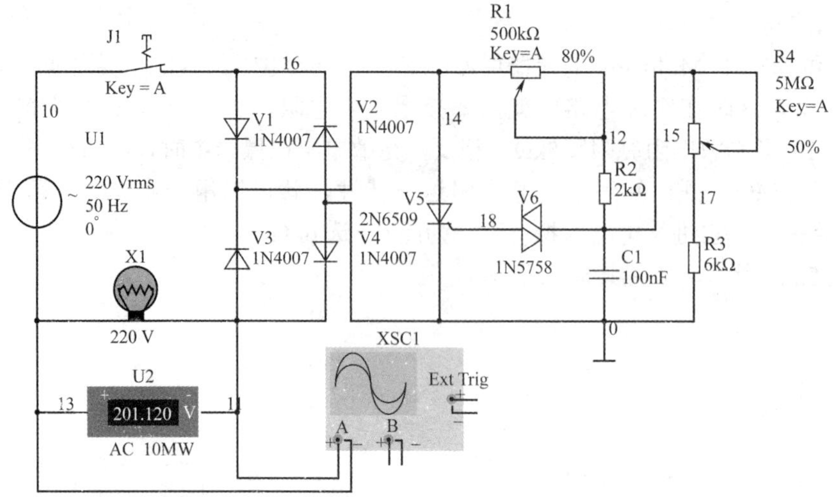


图 5.2.7 光控调光台灯仿真运行电路

（2）双击示波器图标，示波器上显示照明灯两端的电压波形。将时间轴调整为 5ms/Div，通道 A 的尺度调整为 200V/Div；双击电压表，选择测量交流“AC”。

（3）分别调整亮度电位器 R1 和光敏电阻（用 R4 代替），观察电压表的读数和示波器显示波形变化情况，如图 5.2.8 和图 5.2.9 所示。

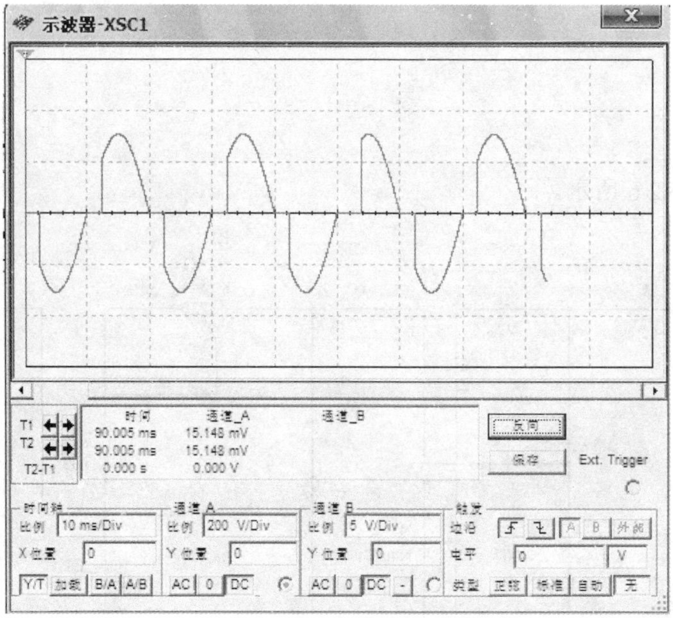


图 5.2.8 示波器显示负载两端电压的波形过程图

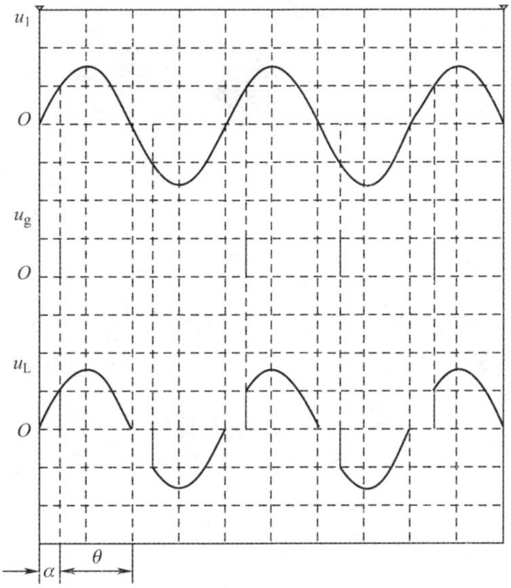


图 5.2.9 电源电压 $u_1$、触发脉冲电压信号 $u_g$、负载两端电压 $u_L$ 波形图

### 5. 结论

可调电阻 R4（等效光敏电阻 $R_G$）对电路的影响：调小 R4 电阻值（即为亮阻）时，可调电阻 R1 失去了作用，灯不亮，晶闸管截止，电压表读数很小接近于零；调大 R4 电阻值（即为暗阻）时，可调电阻 R1 电阻值增大，$u_g$ 触发脉冲相位增大，波形右移，造成 $\alpha$ 值增大，$\theta$ 值减小，负载灯两端电压有效面积减小，同时看到电压表的读数减小。反之可调电阻 R1 电阻值减小，$u_g$ 触发脉冲相位增大，波形左移，造成控制 $\alpha$ 值减小，$\theta$ 值增大，负载灯两端电压有效面积变多，同时看到电压表的读数增大。

## 第 5 步　认识触发电路

### 读一读

#### 认识单结晶体管

通过前面的介绍可以知道，要使晶闸管导通，除了在阳极与阴极之间加正向电压外，还必须在控制极加正向触发电压，晶闸管一旦导通，则去掉触发电压，晶闸管仍会继续导通。提供触发信号的电路称为触发电路。触发电路的种类很多，使用比较广泛的是单结晶体管触发电路。下面开始介绍单结晶体管。如图 5.2.10（a）和图 5.2.10（b）所示分别是塑壳封装和铁壳封装的单结晶体管实物外形，通过观察可以看出单结晶体管的共同特征：具有三个电极，这三个电极分别为第一基极 $b_1$、第二基极 $b_2$ 和发射极 e。其图形符号如图 5.2.10（c）所示，图中“V”为其文字符号，然而单结晶体管具有哪些特性使其能够构成晶闸管的触发电路呢？下面继续介绍这方面的知识。

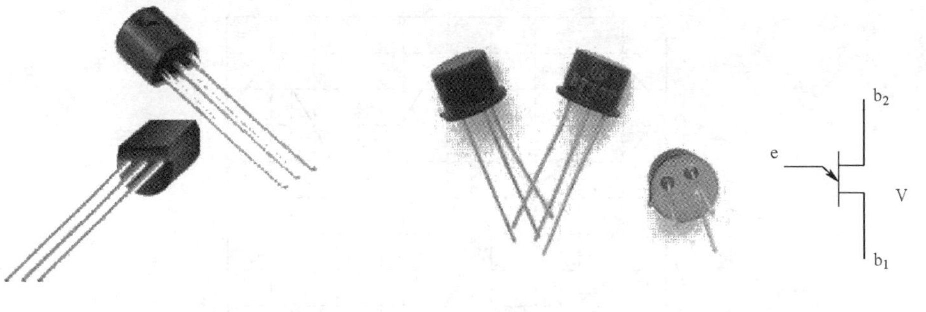


（a）塑壳封装　　（b）铁壳封装　　（c）图形符号

图 5.2.10　单结晶体管

## 知识链接

**单结晶体管的基本特性**

图 5.2.11（a）所示为单结晶体管的结构示意图。从图中可以看出，只有一个 PN 结，所以叫做单结晶体管或双基极二极管，其符号和等效电路分别如图 5.2.11（b）和图 5.2.11（c）所示。图中发射极箭头指向 $b_1$，表示经 PN 结的电流只流向 $b_1$。$r_{b1}$ 表示 e 与 $b_1$ 间的电阻，它随发射极电流而变化，即 $I_E$ 上升，$r_{b1}$ 下降。$r_{b2}$ 表示 e 与 $b_2$ 间的电阻，它的数值与发射极电流 $I_E$ 无关。两基极间的电阻为 $r_{bb}$，即 $r_{bb}=r_{b1}+r_{b2}$。$r_{b1}$ 与 $r_{bb}$ 的比值称为分压比 $\eta$，即 $\eta=\dfrac{r_{b1}}{r_{bb}}$，一般 $\eta$ 在 0.3～0.8 之间。设加在 e 与 $b_1$ 之间的电压为 $V_{EE}$，加在 $b_2$ 与 $b_1$ 之间的电压为 $V_{BB}$，图 5.2.11（c）中 V 表示 e 与 $b_1$ 之间的 PN 结。如果 $V_{EE}$ 很低，V 反偏而截止；当 $V_{EE}$ 上升至某数值时，V 导通，$r_{b1}$ 突然下降，e 与 $b_1$ 之间趋于导通，即单结晶体管导通。单结晶体管导通的条件是：

$$V_{EE}>\eta V_{BB}+U_D$$

式中，$U_D$ 为 PN 的正向压降。

因此，只要改变 $V_{EE}$ 的大小，即可控制单结晶体管的导通与截止，从而获得从 $b_1$ 输出的脉冲电压。

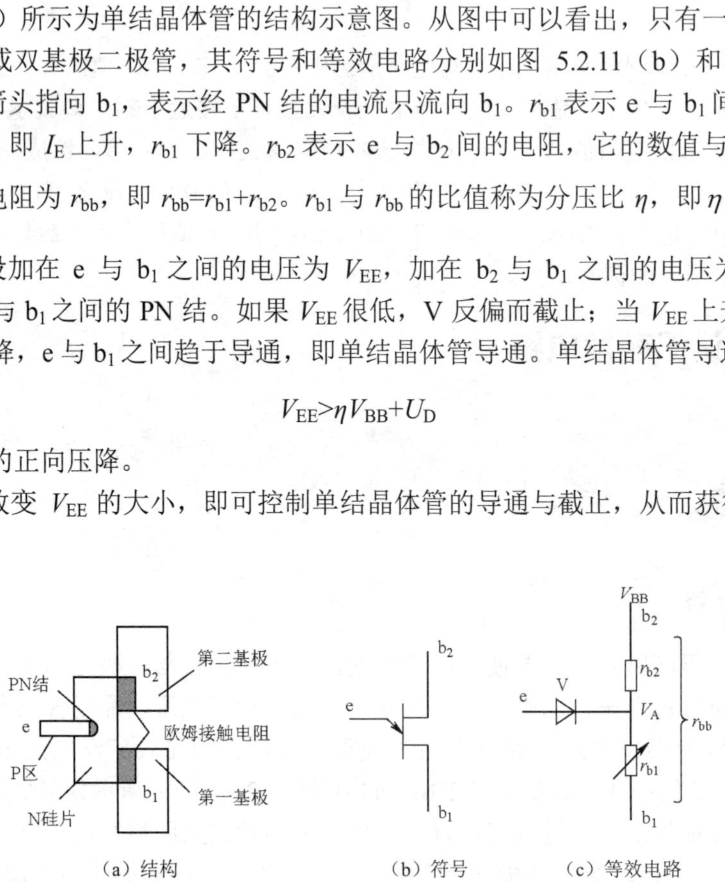


（a）结构　　（b）符号　　（c）等效电路

图 5.2.11　单结晶体管结构、符号和等效电路

## 做一做

### 单结晶体管振荡电路的制作

单结晶体管组成频率可调的振荡电路，可用来产生晶闸管所需的触发脉冲。下面来制作单结晶体管振荡电路。

图 5.2.12 所示为频率可调的单结晶体管触发电路，按图 5.2.12 所示电路在万能电路板上搭建电路，并用示波器观察电阻 $R_1$ 和电容 $C$ 两端的电压波形 $u_{R1}$ 和 $u_C$ 并记录到坐标纸上。调节电位器 $R_P$ 的值，再次观察并记录 $u_{R1}$ 和 $u_C$ 的波形，同时与前面记录的波形进行比较。

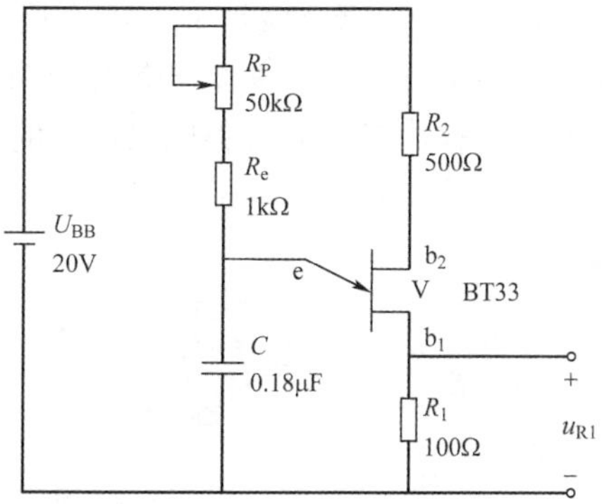


图 5.2.12　单结晶体管触发电路

## 考考你

通过比较可以看出，$R_P$ 的值增大，输出脉冲的宽度变__________（宽/窄），则使输出脉冲的频率__________（增大/减小）。

## 知识链接

### 单结晶体管振荡电路的工作原理

通过前面观察了解到单结晶体管触发电路能自动输出频率可调的触发脉冲，为什么电路能自动产生触发脉冲呢？下面介绍该电路的工作原理。

电路接通电源 $V_{BB}$ 后，电源通过 $R_P$、$R_e$ 向 $C$ 充电。当 $u_C$ 上升到大于 $\eta V_{BB}+U_D$ 时，单结晶体管导通，电容电压 $u_C$ 迅速通过 $R_1$ 放电，在 $R_1$ 上形成脉冲电压。

随着 $C$ 放电，电容上的电压下降，引起 $u_E$ 下降。当电容 $C$ 两端电压 $u_E$ 下降到一定值（几乎降到零）时，单结晶体管截止，电容 $C$ 放电结束。

此后电容又充电，重复上述过程，于是在电容 $C$ 上形成锯齿波电压，在 $R_1$ 上形成尖脉冲。

## 拓　展

### 单结晶体管各引脚的判别方法

判断单结晶体管发射极 e 的方法是：把万用表置于 R×100 挡或 R×1k 挡，黑表笔接假设的发射极，红表笔接另外两极，当出现两次低电阻时，黑表笔接的就是单结晶体管的发射极。

单结晶体管 $b_1$ 和 $b_2$ 的判断方法是：把万用表置于 R×100 挡或 R×1k 挡，用黑表笔接发射极，红表笔分别接另外两极，两次测量中，电阻大的一次，红表笔接的就是 $b_1$ 极。

应当说明的是，上述判别 $b_1$、$b_2$ 的方法，不一定对所有的单结晶体管都适用，有个别管子 e−$b_1$ 间的正向电阻值较小。不过准确地判断哪个极是 $b_1$，哪个极是 $b_2$ 在实际使用中并不特别重要。即使 $b_1$、$b_2$ 用颠倒了，也不会使管子损坏，只影响输出脉冲的幅度（单结晶体管多做脉冲发生器使用），当发现输出的脉冲幅度偏小时，只要将原来假定的 $b_1$、$b_2$ 对调过来就可以了。

## 习　题

### 一、判断题

1．可控硅和晶体管都能用小电流控制大电流，所以，它们都具有放大作用。（　　）
2．晶闸管门极不加正向触发电压晶闸管就永远不导通。（　　）
3．单结晶体管具有单向导电性。（　　）
4．双向触发二极管能颠倒使用。（　　）

### 二、选择题

1．可控硅导通后通过可控硅的电流取决于（　　）。
　A．电路负载　　B．可控硅的电流容量
　C．阳极与阴极的电压　　D．触发电压
2．单结晶体管用于可控整流电路，其作用是组成（　　）。
　A．整流电路　　B．放大电路　　C．反相电路　　D．控制电路
3．单向晶闸管有三个电极分别是（　　）。
　A．阳极、阴极和基极　　B．漏极、源极和控制极
　C．阳极、源极和控制极　　D．阳极、阴极和控制极

### 三、填空题

1．可控硅具有三个电极：________、________和________，分别用字母________、________和________表示。
2．单向可控硅导通的两个条件是（1）____________________；（2）________________________。

## 四、综合分析题

如图 5.3.1 所示为可控硅防盗报警电路原理图，试说明当 AB 导线（做警戒用）被弄断时，报警器为什么会发声报警？

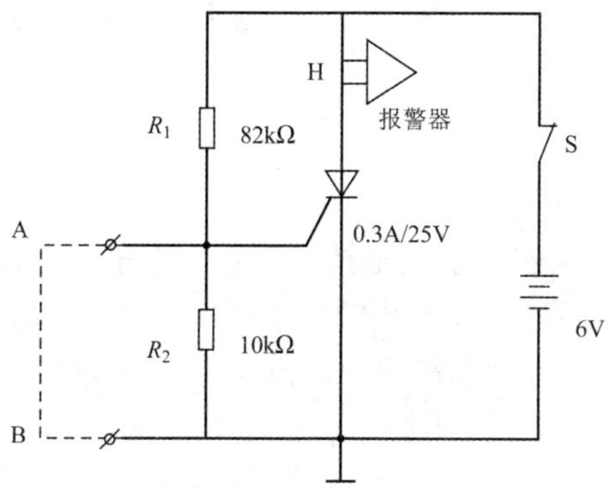


图 5.3.1

# 学习领域六　数字电路及门电路基础

## 领域简介

电子技术分为模拟电子技术和数字电子技术，数字电子技术是当前发展最快的学科之一。就逻辑元器件而言，已经从 20 世纪 40 年代的电子管、20 世纪 50 年代的晶体管、20 世纪 60 年代的小规模集成电路（SSI），发展到现在的中规模集成电路（MSI）、大规模集成电路（LSI）和超大规模集成电路（VLSI）。近几年又出现了可编程逻辑元器件，为数字电路设计提供了更加完善、方便的元器件。相应地，数字电路的设计过程和方法也在不断地演变和发展。由于半导体技术的迅速发展，微型计算机的广泛应用，数字电子技术在现代科学技术领域中占有了很重要的地位，在各个领域得到了广泛的应用。

## 项目 1　数字信号认识

### 学习目标

- ✧ 理解模拟信号与数字信号的区别；了解脉冲波形主要参数的含义及常见脉冲波形；掌握数字信号的表示方法，了解数字信号在日常生活中的应用。
- ✧ 掌握二进制、十六进制数的表示方法，能进行二进制数、十进制数之间的相互转换，了解 8421BCD 码的表示形式。

### 工作任务

- ✧ 观察数字信号。
- ✧ 了解数制和编码。

### 第 1 步　观察数字信号

#### 看一看

**电子技术知识**

电子信号是指随时间变化的电压和电流。根据其特点可以分为两类：模拟信号和数字信号。在前面章节所学电路都是处理模拟信号的电路，称为模拟电路。凡用于生产、加工和处理数字信号的电子电路统称为数字电路。

电子技术分为模拟电路技术和数字电路技术两大部分。接下来介绍数字电路技术。

## 做一做

观察模拟信号与数字信号

### 1．测试电路

如图 6.1.1 所示，示波器一个信号来自本身的标准方波信号，另一个信号取自函数信号发生器。

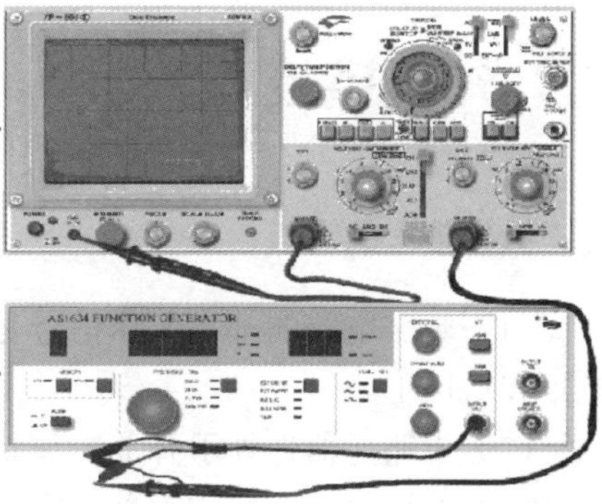


图 6.1.1　测试接线图

### 2．仪器仪表工具

函数信号发生器、示波器。

### 3．观察正弦波、方波

测试波形如图 6.1.2 所示。

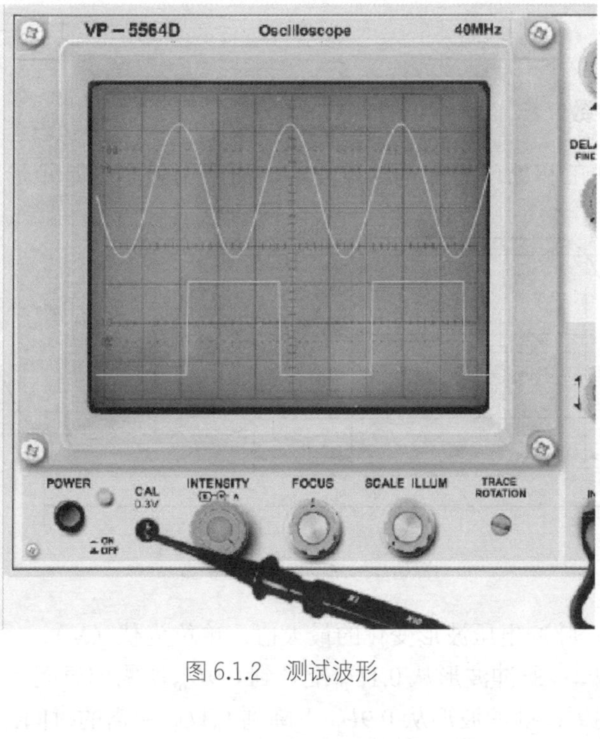


图 6.1.2　测试波形

### 4．综合分析

如图 6.1.2 所示可以看出模拟信号是幅度的取值随时间连续变化的信号（幅值可由无限个数值表示）。常见的有声音信号、图像信号、温度信号等。模拟信号的优点是直观且容易实现，主要缺点是抗干扰能力弱。电信号在沿线路的传输过程中会受到外界和通信系统内部的各种噪声干扰，噪声和信号混合后难以分开。

数字信号是矩形波，它们有陡峭的突变沿，因此也称为脉冲信号。数字信号是在时间上、幅值上都是离散的、不连续的信号，常见的如 MP3 音乐、数字电视、数字照相机等。

数字信号的幅值只有两种情况，电压的高和低或电流的有和无，也就是开关的通和断，用高电平和低电平表示，或用“1”和“0”表示。

## 知识链接

### 数字信号的特点

（1）数字电路的基本工作信号是用 1 和 0 表示的二进制的数字信号，反映在电路上就是高电平和低电平。

（2）电路元器件处于开关工作状态，抗干扰能力强、精度高。

（3）通用性强。结构简单、容易制造，便于集成及系列化生产。

（4）具有“逻辑思维”能力。数字电路能对输入的数字信号进行各种算术运算和逻辑运算、逻辑判断，故又称为数字逻辑电路。

## 拓　展

### 脉冲波形的主要参数

在数字电路中，加工和处理的都是脉冲波形，而应用最多的是矩形脉冲，脉冲波形的参数如图 6.1.3 所示。

图 6.1.3　脉冲波形的参数

（1）脉冲幅度 $U_m$：脉冲电压波形变化的最大值，单位为伏（V）。

（2）脉冲上升时间 $t_r$：脉冲波形从 $0.1U_m$ 上升到 $0.9U_m$ 所需的时间。

（3）脉冲下降时间 $t_f$：脉冲波形从 $0.9U_m$ 下降到 $0.1U_m$ 所需的时间。脉冲上升时间 $t_r$ 和下降时间 $t_f$ 越短，越接近于理想的矩形脉冲，单位为秒（s）、毫秒（ms）、微秒（μs）、纳秒（ns）。

（4）脉冲宽度 $t_W$：脉冲上升沿 $0.5U_m$ 到下降沿 $0.5U_m$ 所需的时间，单位和 $t_r$、$t_f$ 相同。

（5）脉冲周期 $T$：在周期性脉冲中，相邻两个脉冲波形重复出现所需的时间，单位和 $t_r$、$t_f$ 相同。

（6）脉冲频率 $f$：每秒时间内，脉冲出现的次数，单位为赫兹（Hz）、千赫兹（kHz）、兆赫兹（MHz），$f$=1/$T$。

（7）占空比 $q$：脉冲宽度 $t_W$ 与脉冲重复周期 $T$ 的比值 $q=t_W/T$，它是描述脉冲波形疏密的参数。

## 第 2 步　数制和编码

### 读一读

#### 数制与数码的概念

数制就是计数的进位体制。日常生活中，人们习惯用“逢十进一”的十进制数。而在数字电路中只有两种状态“0”和“1”，为了易于实现采用二进制数及二进制数码。

数码不仅可以表示数量的大小，还可以表示某种信息、操作命令及不同的事物等，这时的数码叫做代码，编制代码所遵循的规则及编码方案叫码制。

### 知识链接

#### 1．常用计数制及相互转换

1）十进制计数制

十进制数是日常生活中使用最广的计数制。组成十进制数的符号有 0、1、2、3、4、5、6、7、8、9 共 10 个符号，称这些符号为数码。

在十进制中，每一位有 0～9 共 10 个数码，所以计数的基数为 10。超过 9 就必须用多位数来表示。十进制数的运算遵循：加法时 “逢十进一”，减法时“借一当十”。

十进制数中，数码的位置不同，所表示的值就不相同。如：

6 8 3 4
- 6 → $6\times10^5$
- 8 → $8\times10^2$
- 3 → $3\times10^2$
- 4 → $4\times10^0$

其中，每个对应的数码有一个系数 $10^3$、$10^2$、$10^1$、$10^0$ 与之相对应，这个系数就叫做权或位权。

对于任意一个十进制数可表示为：

$$(N)_{10}=a_{n-1}\times10^{n-1}+a_{n-2}\times10^{n-2}+\ldots+a_1\times10^1+a_0\times10^0+a_{-1}\times10^{-1}+a_{-2}\times10^{-2}+\ldots+a_{-m}\times10^{-m}=\sum_{m}^{n-1}a_i\times10^i$$

式中，$a_i$ 为 0～9 中的一位数码；10 为进制的基数；10 的 $i$ 次为第 $i$ 位的权；$m$、$n$ 为正整数，$n$ 为整数部分的位数，$m$ 为小数部分的位数。

2）二进制计数制

与十进制数相似，二进制数也遵循两个规则：

① 仅有两个不同的数码，即 0、1；

②　进/借位规则为逢二进一，借一当二。

对于任意一个二进制数可表示为：

$$(N)_2=\sum_{m}^{n-1}b_i\times2^i$$

由于二进制数仅有 0、1 两个数码，所以其运算规则比较简单，表 6.1.1 列出了二进制数进行加法和乘法的规则。

表 6.1.1　二进制数进行加法和乘法的规则

| 加　法 | 乘　法 |
|---|---|
| 0+0=0 | 0×0=0 |
| 0+1=1 | 0×1=0 |
| 0+1=1 | 1×0=0 |
| 1+1=10 | 1×1=1 |

表 6.1.1 式 1+1=10 中的 1 为进位位。

3）各进制之间的相互转换

（1）其他进制转换为十进制。

方法是：将其他进制按位权展开，然后各项相加，就得到相应的十进制数。

例如，$N=(10110.101)_B=(?)_D$

按权展开 $N=1\times2^4+0\times2^3+1\times2^2+1\times2^1+0\times2^0+1\times2^{-1}+0\times2^{-2}+1\times2^{-3}$

$=16+4+2+0.5+0.125=(22.625)_D$

（2）将十进制转换成其他进制。

方法是：分两部分进行，即整数部分和小数部分。

整数部分：基数除法。

把要转换的数除以新的进制的基数，把余数作为新进制的最低位；把上一次得的商再除以新的进制基数，把余数作为新进制的次低位；继续上一步，直到最后的商为零，这时的余数就是新进制的最高位。

小数部分：基数乘法。

把要转换数的小数部分乘以新进制的基数，把得到的整数部分作为新进制小数部分的最高位，把上一步得的小数部分再乘以新进制的基数，把整数部分作为新进制小数部分的次高位；继续上一步，直到小数部分变成零为止，或者达到预定的要求也可以。

例如，$N=(68.125)_D=(?)_8$

整数部分

8 | 68 ----4

8 | 8 ----0

1

小数部分

0.125

× 8

1.0 ---- 1

$(68.125)_D=(104.1)_8$

**知识链接**

**2．二-十进制编码(BCD 码)**

在数字系统中，各种数据要转换为二进制代码才能进行处理，而人们习惯于使用十进制数，所以在数字系统的输入/输出中仍采用十进制数，这样就产生了用四位二进制数表示一位十进制数的方法，这种用于表示十进制数的二进制代码称为二-十进制代码（Binary Coded

Decimal)，简称为 BCD 码。它具有二进制数的形式以满足数字系统的要求，又具有十进制数的特点（只有 10 种有效状态）。常见的 BCD 码表示有以下几种。

1）8421BCD 编码

这是使用最广的 BCD 码，是一种有权码，其各位的权分别是（从最有效高位开始到最低有效位）8、4、2、1。

例如，写出十进数 563.97D 对应的 8421BCD 码。

$$563.97D=0101\ 0110\ 0011.1001\ 0111_{8421BCD}$$

例如，写出 8421BCD 码 $1101001.01011_{8421BCD}$ 对应的十进制数。

$$1101001.01011_{8421BCD}=0110\ 1001.0101\ 1000_{8421BCD}=69.58_{D}$$

在使用 8421BCD 码时一定要注意其有效的编码仅有 10 个，即 0000～1001。四位二进制数的其余 6 个编码 1010、1011、1100、1101、1110、1111 不是有效编码。

2）2421BCD 编码

2421BCD 码也是一种有权码，其从高位到低位的权分别为 2、4、2、1，其也可以用 4 位二进制数来表示一位十进制数，其编码规则见表 6.1.2。

3）余 3 码

余 3 码也是一种 BCD 码，它是无权码，但由于每一个码对应的 8421BCD 码之间相差 3，故称为余 3 码，其一般使用较少，故只需要做一般性了解，具体的编码见表 6.1.2。

表 6.1.2　常见 BCD 编码

| 十进制数 | 8421BCD 码 | 2421BCD 码 | 余 3 码 |
|---|---|---|---|
| 0 | 0000 | 0000 | 0011 |
| 1 | 0001 | 0001 | 0100 |
| 2 | 0010 | 0010 | 0101 |
| 3 | 0011 | 0011 | 0110 |
| 4 | 0100 | 0100 | 0111 |
| 5 | 0101 | 1011 | 1000 |
| 6 | 0110 | 1100 | 1001 |
| 7 | 0111 | 1101 | 1010 |
| 8 | 1000 | 1110 | 1011 |
| 9 | 1001 | 1111 | 1100 |
| 10 | 0001，0000 | 0001，0000 | 0100，0011 |

# 项目 2　TTL 逻辑门电路测试

## 学习目标

- ✧ 掌握与门、或门、非门等基本逻辑门的逻辑功能；会画电路符号，会使用真值表。
- ✧ 了解 TTL 门电路的型号、引脚功能等使用常识，并会测试其逻辑功能。

## 工作任务

✧ 74LS02、74LS04、74LS08 集成电路逻辑功能测试。

### 第 1 步　常用逻辑门电路的种类及封装

逻辑门电路是用以实现各种基本逻辑关系的电子电路，它是组成其他功能数字电路的基础。常用的逻辑门电路有与门、或门、非门、与非门、或非门、异或门等。集成逻辑门主要有 TTL 门电路和 CMOS 门电路。

双列直插式（DIP）集成电路引脚排列与封装如图 6.2.1 所示。

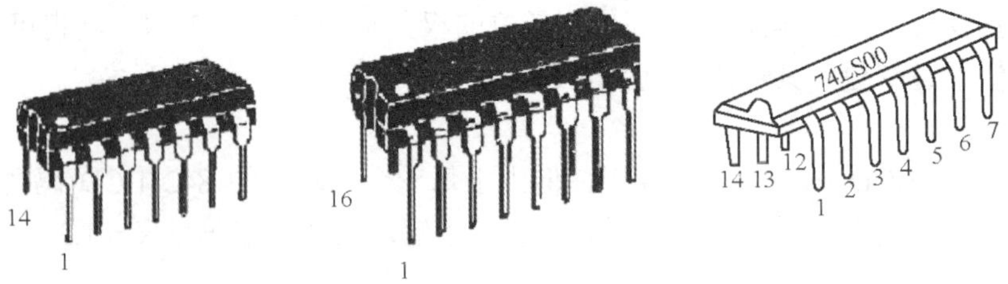


（a）14脚　　（b）16脚　　（c）封装形式

图 6.2.1　双列直插式集成电路引脚排列与封装形式

其中，图 6.2.1（a）DIP 引脚为 14 脚，图 6.2.1（b）DIP 引脚为 16 脚，图 6.2.1（c）表示集成电路引脚排列是从豁口或标志处逆时针递增（小点对着 1 脚）的。DIP 引脚按电路需要有 8、14、16、20、22、24、28、40 脚等。

### 第 2 步　常用 TTL 门电路功能测试

#### 做一做

**1. 任务要求**

按测试步骤完成所有测试内容，并填写测试报告（格式要求见附录 A）。

**2. 测试设备**

数字电路综合测试台 1 台，数字万用表 1 只，74LS02、74LS04、74LS08 各一只，导线若干。

**3. 测试电路**

74LS08 与门逻辑功能测试电路、74LS04 非门逻辑功能测试电路、74LS02 或非门逻辑功能测试电路分别如图 6.2.2～图 6.2.4 所示，其中逻辑开关在操作中，$S_1$、$S_2$ 向上拨输出为高电平，向下拨输出为低电平。LED 电平指示灯亮表示为高电平，LED 电平指示灯灭表示为低电平。

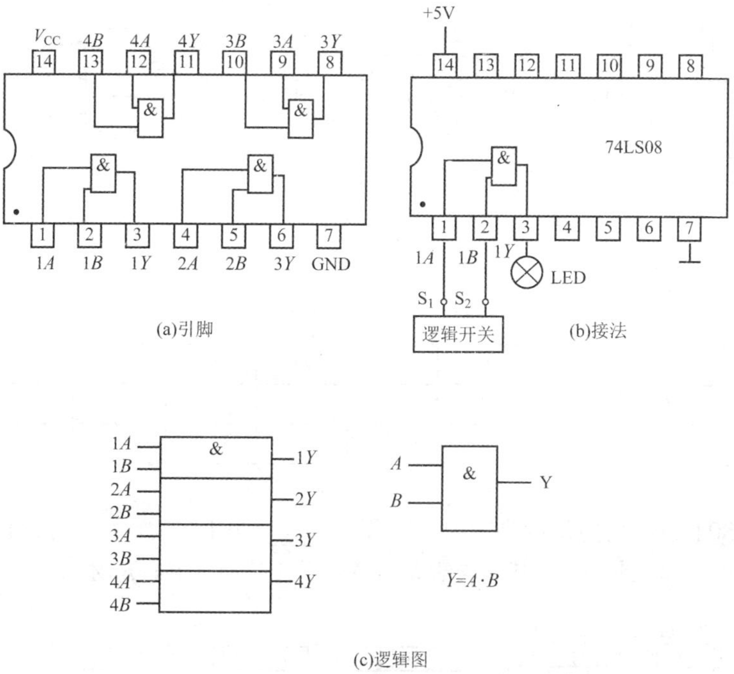


图 6.2.2 74LS08 与门逻辑功能测试电路

## 4．测试步骤

（1）按图 6.2.2（b）接好电路。在 74LS08 正确接入测试台的 14P 集成电路插座时，注意识别 1 脚位置。设高电平为“1”，低电平为“0”，填写表 6.2.1。

表 6.2.1 74LS08 逻辑功能测试表

| 1*A* | 1*B* | 1*Y* | 2*A* | 2*B* | 2*Y* | 3*A* | 3*B* | 3*Y* | 4*A* | 4*B* | 4*Y* |
|---|---|---|---|---|---|---|---|---|---|---|---|
| 0 | 0 | | 0 | 0 | | 0 | 0 | | 0 | 0 | |
| 0 | 1 | | 0 | 1 | | 0 | 1 | | 0 | 1 | |
| 1 | 0 | | 1 | 0 | | 1 | 0 | | 1 | 0 | |
| 1 | 1 | | 1 | 1 | | 1 | 1 | | 1 | 1 | |

**结论**：74LS08 逻辑功能是，当 *A*、*B* 中只要有 0，则 *Y*=________（0/1）；当 *A*=*B*=1 时，*Y*=_______（0/1）。可见实现了_______逻辑（与/或），其逻辑表达式 *Y*=_______（*AB*/*A*+*B*）。

（2）按图 6.2.3（b）接好电路，调试并填表 6.2.2。

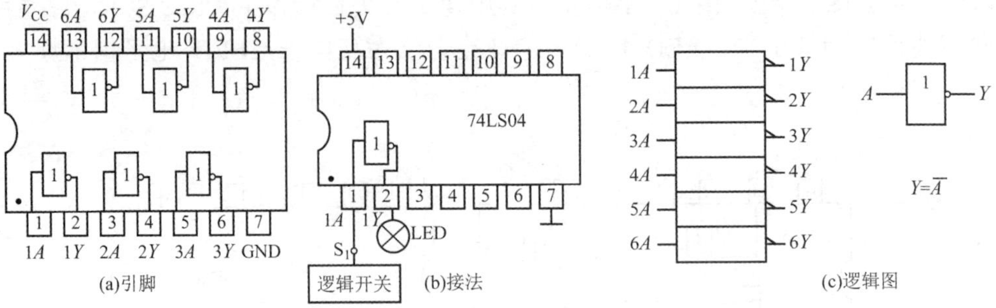


图 6.2.3　74LS04 非门逻辑功能测试电路

表 6.2.2　74LS04 逻辑功能测试表

| 1A | 1Y | 2A | 2Y | 3A | 3Y | 4A | 4Y | 5A | 5Y | 6A | 6Y |
|---|---|---|---|---|---|---|---|---|---|---|---|
| 0 | | 0 | | 0 | | 0 | | 0 | | 0 | |
| 1 | | 1 | | 1 | | 1 | | 1 | | 1 | |

**结论**：74LS04 逻辑功能是：当 $A$=1 时，则 $Y$=___（0/1）；当 $A$=0 时，$Y$=____（0/1）。可见实现了______逻辑（与/或/非），其逻辑表达式 $Y$=_______（$AB$/$A+B$/$\overline{A}$）。

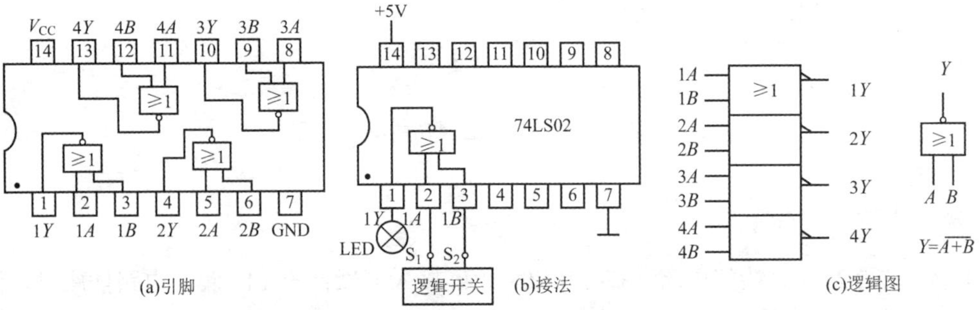


图 6.2.4　74LS02 或非门逻辑功能测试电路

（3）按图 6.2.4（b）接好电路，调试并填表 6.2.3。

表 6.2.3　74LS02 逻辑功能测试表

| 1A | 1B | 1Y | 2A | 2B | 2Y | 3A | 3B | 3Y | 4A | 4B | 4Y |
|---|---|---|---|---|---|---|---|---|---|---|---|
| 0 | 0 | | 0 | 0 | | 0 | 0 | | 0 | 0 | |
| 0 | 1 | | 0 | 1 | | 0 | 1 | | 0 | 1 | |
| 1 | 0 | | 1 | 0 | | 1 | 0 | | 1 | 0 | |
| 1 | 1 | | 1 | 1 | | 1 | 1 | | 1 | 1 | |

**结论**：74LS02 逻辑功能是：当 $A$、$B$ 中只要有 1，则 $Y$=______（0/1）；当 $A$=$B$=0 时，$Y$=____（0/1）。可见实现了____逻辑（与非/或非），其逻辑表达式 $Y$=_____（$\overline{AB}$/$\overline{A+B}$）。

## 知识链接

74LS08 为四 2 输入与门，图 6.2.2（a）为其引脚排列图，图 6.2.2（c）为其逻辑图，74LS08 逻辑功能表又称真值表。

74LS04 为六反相器，图 6.2.3（a）为其引脚排列图，图 6.2.3（c）为其逻辑图，74LS04 逻辑功能表又称真值表。

74LS02 为四 2 输入或非门，图 6.2.4（a）为其引脚排列图，图 6.2.4（c）为其逻辑图，74LS02 逻辑功能表又称真值表。

## 做一做

### 5. 仿真测试

计算机 1 台，Multisim 10.0 或其他同类软件 1 套。常用 TTL 门电路功能仿真测试电路如图 6.2.5 所示。

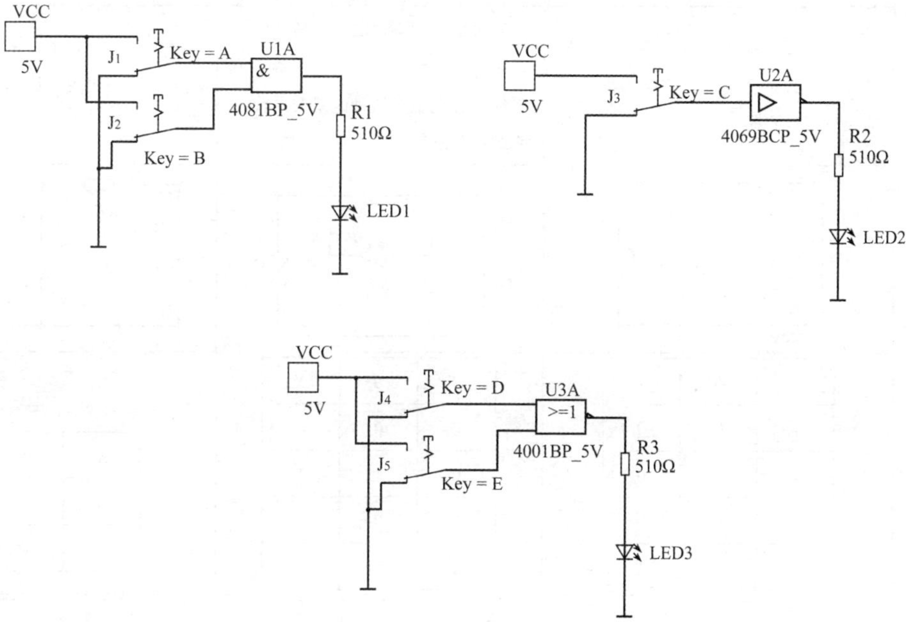


图 6.2.5　常用 TTL 门电路功能仿真测试电路

## 拓　展

逻辑代数是分析和研究数字逻辑电路的基本工具。它是由英国数学家乔治·布尔于 19 世纪首先提出并用于描述客观事物逻辑关系的数学方法。逻辑代数与普通代数相似之处在于它们都是用字母表示变量，用代数式描述客观事物间的关系。但不同的是，逻辑代数描述客观事物间的逻辑关系，逻辑函数表达式中的逻辑变量的取值和逻辑函数值都只有两个取值，即 0 和 1。这两个值不具有数量大小的意义，仅表示客观事物的两种相反的状态，如开关的闭合与断开、电位的高与低、真与假、好与坏、对与错等。

一个变量有两种取值组合，即 0 和 1；两个变量有 4 种组合，即 00、01、10、11；三个变量有 8 种取值组合；$n$ 个变量有 $2^n$ 个取值组合。所以可以用一种表格来描述逻辑函数的真假关系，称这种表格为真值表。

## 知识链接

### 1. 三种基本的逻辑运算——“与”、“或”、“非”

三种基本逻辑运算的描述见表 6.2.4。

表 6.2.4　三种基本逻辑运算的描述

| 项　目 | 与　逻　辑 | 或　逻　辑 | 非　逻　辑 |
|---|---|---|---|
| 描述 | 当决定某一事件的所有条件都具备时，该事件才会发生，这种因果关系称为与逻辑关系 | 当决定某一事件的几个条件中，只要有一个或者几个条件具备，该事件就会发生，这种因果关系称为或逻辑关系 | 非就是反，就是否定。这种互相否定的因果关系称为非逻辑关系 |
| 指示灯控制电路 | 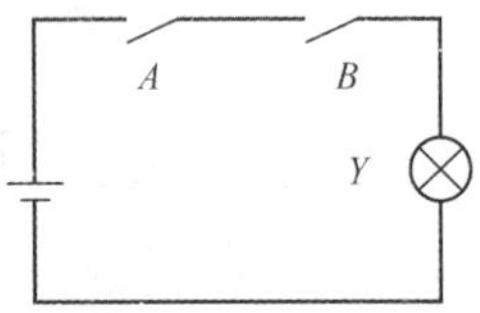 | 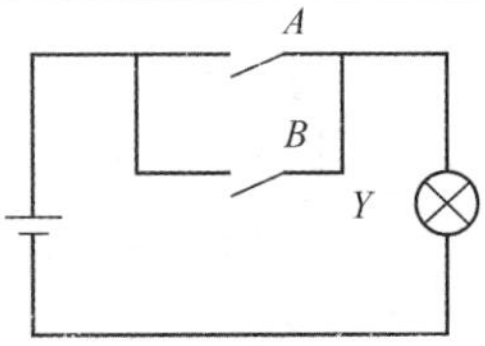 | 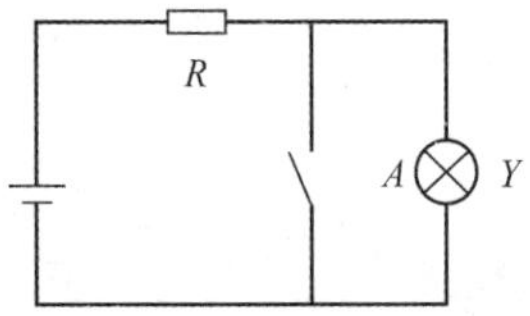 |
| 真值表 | A B Y<br>0 0 0<br>0 1 0<br>1 0 0<br>1 1 1 | A B Y<br>0 0 0<br>0 1 1<br>1 0 1<br>1 1 1 | A Y<br>0 1<br>1 0 |
| 逻辑图形符号 | 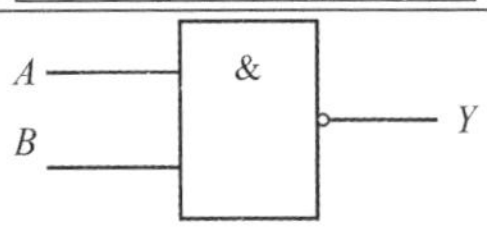 | 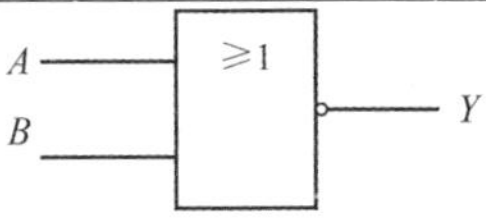 | 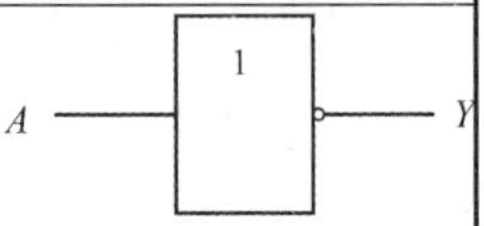 |
| 逻辑函数表达式 | $Y=A\cdot B$ | $Y=A+B$ | $Y=\overline{A}$ |

### 2. 复合逻辑——“与非”、“或非”、“与或非”

与非、或非、与或非 3 种复合逻辑运算的描述见表 6.2.5。

表 6.2.5　与非、或非、与或非 3 种复合逻辑运算的描述

| 项　目 | 与　非 | 或　非 | 与 或 非 |
|---|---|---|---|
| 逻辑图形符号 | 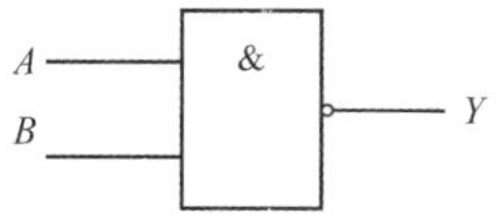 | 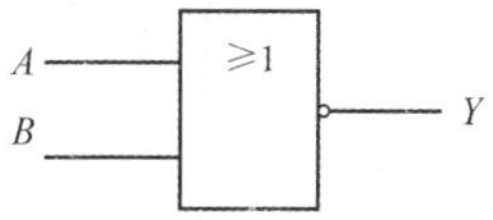 | 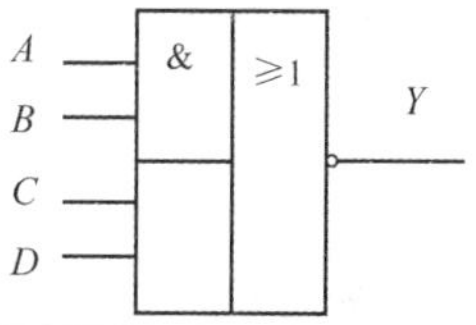 |
| 真值表 | A B Y: 0 0 1; 0 1 1; 1 0 1; 1 1 0 | A B Y: 0 0 1; 0 1 0; 1 0 0; 1 1 0 | （由读者自行填写） |
| 逻辑函数表达式 | $Y=\overline{AB}$ | $Y=\overline{A+B}$ | $Y=\overline{AB+CD}$ |
| 逻辑门特性 | 有 0 出 1，全 1 出 0 | 有 1 出 0，全 0 出 1 | 任一组输入全为 1 时输出为 0，每一组输入至少有一个为 0 时输出为 1 |

### 3. 复合逻辑——“异或”逻辑和“同或”逻辑

异或、同或两种复合逻辑运算的描述见表 6.2.6。

表 6.2.6　异或、同或两种复合逻辑运算的描述

| 项　目 | 异　或 | 同　或 |
|---|---|---|
| 功能描述 | 输入二变量相异时输出为“1”，相同时输出为“0” | 输入二变量相同时输出为“1”，相异时输出为“0” |
| 逻辑图形符号 | 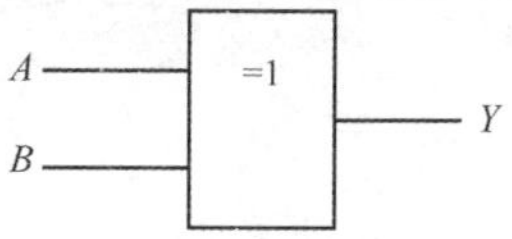 | 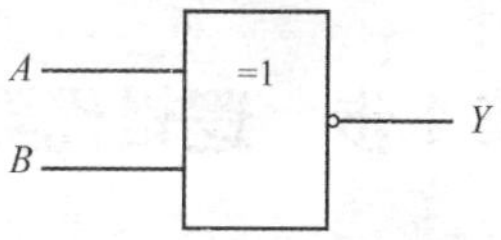 |
| 真值表 | A B Y: 0 0 0; 0 1 1; 1 0 1; 1 1 0 | A B Y: 0 0 1; 0 1 0; 1 0 0; 1 1 1 |
| 逻辑函数表达式 | $Y=A\overline{B}+\overline{A}B=A\oplus B$ | $Y=AB+\overline{A}\overline{B}=A\odot B$ |

### 考考你

用示波器测得某逻辑电路 3 个输入端 *A*、*B*、*C* 和一个输出端 *Y* 的波形如图 6.2.6 所示，试

写出其逻辑表达式，并画出其逻辑电路图。

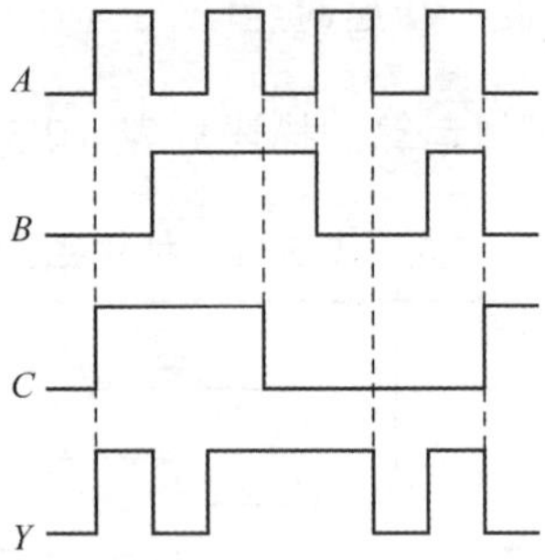


图 6.2.6　用示波器测得的波形图

# 项目 3　用门电路制作简单逻辑电路

## 学习目标

- ✧ 了解逻辑代数的表示方法和运算法则；会用逻辑代数基本公式化简逻辑函数，了解其在工程应用中的实际意义。
- ✧ 了解与非门、或非门、与或非门等复合逻辑门的逻辑功能。
- ✧ 能根据要求，合理选用集成门电路。

## 工作任务

- ✧ 用集成与非门 74LS00 实现逻辑函数式：$Y=AB+CD$。
- ✧ 用集成与非门 74LS20 实现四输入与逻辑函数式：$Y=ABCD$。
- ✧ 用门电路实现“三地控制一灯”逻辑功能。

### 第 1 步　逻辑代数基础

逻辑代数的基本公式是一些不用证明的、直观可以看出的恒等式。它们是逻辑代数的基础，利用这些基本公式可以化简逻辑函数，还可以用来推证一些逻辑代数的基本定律。

#### 1. 逻辑代数的基本公式

逻辑常量只有 0 和 1。常量间的与、或、非三种基本运算公式见表 6.3.1。

表 6.3.1　与、或、非三种基本逻辑运算

| 与运算 | 或运算 | 非运算 |
|---|---|---|
| $0\times0=0$ | $0+0=0$ | $\overline{1}=0$<br>$\overline{0}=1$ |
| $0\times1=0$ | $0+1=1$ | |
| $1\times0=0$ | $1+0=1$ | |
| $1\times1=1$ | $1+1=1$ | |

设 $A$ 为逻辑变量，则逻辑变量与常量间的运算公式见表 6.3.2。

表 6.3.2　逻辑变量与常量间的逻辑运算

| 与运算 | 或运算 | 非运算 |
|---|---|---|
| $A\times0=0$ | $A+0=A$ | $\overline{\overline{A}}=A$ |
| $A\times1=A$ | $A+1=1$ | |
| $A\times A=A$ | $A+A=A$ | |
| $A\times\overline{A}=0$ | $A+\overline{A}=1$ | |

**2．逻辑代数的基本定律**

逻辑代数的基本定律见表 6.3.3。

表 6.3.3　逻辑代数的基本定律

| 定律名称 | 基本定律 | |
|---|---|---|
| 交换律 | $AB=BA$ | $A+B=B+A$ |
| 结合律 | $ABC=(AB)C=A(BC)$ | $A+B+C=A+(B+C)=(A+B)+C$ |
| 分配律 | $A(B+C)=AB+AC$ | $A+BC=(A+B)(A+C)$ |
| 吸收律 | $A+AB=A$ | $A(A+B)=A$ |
| | $A(\overline{A}+B)=AB$ | $A+\overline{A}B=A+B$ |
| | $AB+\overline{A}C+BC=AB+\overline{A}C$ | |
| 反演律 | $\overline{AB}=\overline{A}+\overline{B}$ | $\overline{A+B}=\overline{A}\,\overline{B}$ |

## 考考你

**1．用真值表证明下列逻辑等式**

（1）$A(\overline{A}+B)=AB$

（2）$\overline{A+BC+D}=\overline{A}\cdot(\overline{B}+\overline{C})\cdot\overline{D}$

**2．用公式证明下列逻辑等式**

（1）$A(A+B)=A$

（2）$AB+A\overline{B}+\overline{A}B=A+B$

## 读一读

逻辑函数化简的意义：进行逻辑设计时，根据逻辑问题归纳出来的逻辑函数式往往不是最简逻辑表达式，并且可以有不同的形式。因此，实现这些逻辑函数就会有不同的逻辑电路。对逻辑函数进行化简和变换，可以得到最简的函数式和所需要的形式，从而设计出最简洁的逻辑电路。这对于节省元器件，优化生产工艺，降低成本和提高系统的可靠性，提高产品在市场上的竞争力是非常重要的。

运用逻辑代数的基本定律和公式对逻辑函数式化简的方法，称为代数化简法。基本的化简方法有以下几种。

**1．并项法**

利用 $A+\overline{A}=1$ 的关系，将两项合并为一项，并消去一个变量。

例如，$\overline{A}\overline{B}C+\overline{A}\overline{B}\overline{C}=\overline{A}\overline{B}(C+\overline{C})=\overline{A}\overline{B}$

**2．吸收法**

利用 $A+AB=A$ 的关系，消去多余的因子。

例如，

$$\begin{aligned} ABC+\overline{A}D+\overline{C}D+BD &= ABC+(\overline{A}+\overline{C})D+BD \\ &= ABC+\overline{AC}\,D+BD \\ &= ABC+\overline{AC}\,D \\ &= ABC+\overline{A}\,D+\overline{C}D \end{aligned}$$

**3．消去法**

运用 $A+\overline{A}B=A+B$ 消去多余因子。

例如，$AB+\overline{A}C+\overline{B}C=AB+(\overline{A}+\overline{B})C=AB+\overline{AB}\,C=AB+C$

**4．配项法**

在不能直接运用公式、定律化简时，可通过乘 1 项（$A+\overline{A}=1$）或加入零项（$A\cdot\overline{A}=0$）进行配项、化简。

例如，

$$\begin{aligned} AB+\overline{B}\overline{C}+A\overline{C}D &= AB+\overline{B}\overline{C}+A\overline{C}D(B+\overline{B}) \\ &= AB+\overline{B}\overline{C}+AB\overline{C}D+A\overline{B}\overline{C}D \\ &= AB(1+\overline{C}D)+\overline{B}\overline{C}(1+AD) \\ &= AB+\overline{B}\overline{C} \end{aligned}$$

## 考考你

**1．证明下列各逻辑函数等式**

（1）$A(\overline{A}+B)+B(B+C)+B=B$

（2）$AB + A\overline{B} + \overline{A}B + \overline{A}\ \overline{B} = 1$

（3）$(A+B)(\overline{A}+C) = \overline{A}B + AC$

2．化简下列各逻辑函数式

（1）$Y = AB(BC+A)$

（2）$Y = (A+B)(A\overline{B})$

（3）$Y = \overline{ABC}(B+\overline{C})$

### 读一读

逻辑函数可以有多种不同的表达形式，它们有：与-或表达式、或-与表达式、与非-与非表达式、或非-或非表达式、与-或-非表达式等。可以运用逻辑函数的基本定律进行恒等变换使之具有不同的表达形式。在实际应用中，由于生产和使用与非门集成电路较多，所以把一般函数式变换成只用与非门就能实现的函数式具有重要意义。

例　$Y = (A+\overline{C})(C+D)$　　或与表达式

$= AC + \overline{C}D$　　与或表达式

$= \overline{\overline{AC + \overline{C}D}} = \overline{\overline{AC} \times \overline{\overline{C}D}}$　　与非-与非表达式

$= \overline{\overline{A+\overline{C}} + \overline{C+D}}$　　或非-或非表达式

$= \overline{\overline{AC + \overline{C}D}}$　　与-或-非表达式

### 考考你

（1）将 $A\overline{B} + B\overline{C} + C\overline{A}$ 变换为与非-与非表达式。

（2）将 $\overline{A}B + A\overline{B}$ 变换为与非-与非表达式。

## 第2步　用四2输入与非门实现“与或”的逻辑功能

### 做一做

1．任务要求

用 74LS00 实现“$Y=AB+CD$”逻辑函数式，按制作程序要求完成该项目内容，并填写制作报告（格式要求见附录B）。

2．制作设备

数字电路综合测试台1台，数字万用表1只，74LS00 1只，导线若干。

### 3. 制作步骤

（1）根据逻辑代数的基本定律进行恒等变换，将 $Y$ 的表达式变换为与非-与非表达式：

$$Y=\overline{\overline{AB}\cdot\overline{CD}}$$

（2）由逻辑表达式画出逻辑图，如图 6.3.1 所示。

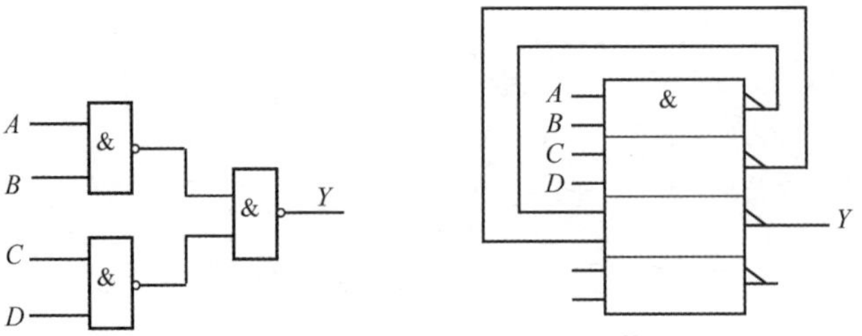


图 6.3.1　用 74LS00 实现“Y=AB+CD”逻辑函数式逻辑图

（3）制作电路：用 74LS00 实现“Y=AB+CD”逻辑图，具体接线如图 6.3.2 所示。

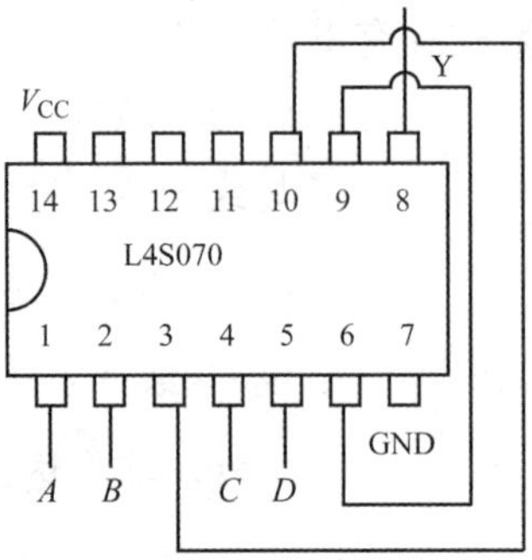


图 6.3.2　用 74LS00 实现“Y=AB+CD”逻辑函数式接线图

（4）将 $A$、$B$、$C$、$D$ 接逻辑开关，$Y$ 接 LED 电平指示灯，将 74LS00 实现“Y=AB+CD”逻辑函数式真值填入表 6.3.4 中，并验证其正确性。

表 6.3.4　74LS00 实现“Y=AB+CD”逻辑函数式真值表

| 输　入 | | | | 输　出 | 输　入 | | | | 输　出 |
|---|---|---|---|---|---|---|---|---|---|
| A | B | C | D | Y | A | B | C | D | Y |
| 0 | 0 | 0 | 0 | | 1 | 0 | 0 | 0 | |
| 0 | 0 | 0 | 1 | | 1 | 0 | 0 | 1 | |
| 0 | 0 | 1 | 0 | | 1 | 0 | 1 | 0 | |
| 0 | 0 | 1 | 1 | | 1 | 0 | 1 | 1 | |
| 0 | 1 | 0 | 0 | | 1 | 1 | 0 | 0 | |
| 0 | 1 | 0 | 1 | | 1 | 1 | 0 | 1 | |
| 0 | 1 | 1 | 0 | | 1 | 1 | 1 | 0 | |
| 0 | 1 | 1 | 1 | | 1 | 1 | 1 | 1 | |

## 考考你

结论：74LS00 实现“$Y=AB+CD$”逻辑函数式真值表______（是/否）符合 $Y=AB+CD$ 的计算结果。

## 第 3 步 用门电路实现“三地控制一灯”逻辑功能

## 做一做

### 1. 任务要求

有一 T 形走廊，在相会处有一路灯，在进入走廊的 A、B、C 三地各有控制开关，都能独立进行控制。任意闭合一个开关，灯亮；任意闭合两个开关，灯灭；三个开关同时闭合，灯亮。

按制作步骤完成该项目内容，并填写制作报告（格式要求见附录 B）。

### 2. 制作设备

数字电路综合测试台 1 台，数字万用表 1 只，CC4069、CC4072 各 1 只，CC4073 两只，导线若干。

### 3. 制作步骤

（1）设 $A$、$B$、$C$ 代表三个开关的闭合和断开（即输入变量），开关闭合其状态为“1”，断开为“0”；$Y$ 代表灯的亮和灭（即输出变量），灯亮为“1”，灯灭为“0”。

（2）根据任务要求列写真值表，见表 6.3.5。

表 6.3.5 “三地控制一灯”的真值表

| $A$ | $B$ | $C$ | $Y$ | $A$ | $B$ | $C$ | $Y$ |
|---|---|---|---|---|---|---|---|
| 0 | 0 | 0 | 0 | 1 | 0 | 0 | 1 |
| 0 | 0 | 1 | 1 | 1 | 0 | 1 | 0 |
| 0 | 1 | 0 | 1 | 1 | 1 | 0 | 0 |
| 0 | 1 | 1 | 0 | 1 | 1 | 1 | 1 |

（3）根据真值表写出逻辑表达式。

由真值表写出逻辑表达式的方法如下。

① 取输出 $Y$=1 的输入组合列逻辑表达式。

② 对每一种输入组合，输入变量之间是“与”的逻辑关系。如果输入变量为“1”，则取其原变量（如 $A$）；如果输入变量为“0”，则取其反变量（如 $\overline{A}$），而后将各变量相乘得乘积项。

③ 各种组合之间是“或”的逻辑关系，故取以上各乘积项之和。

由此，从表 6.3.6 的真值表写出相应的“三地控制一灯”的逻辑表达式：

$$Y = \overline{AB}C + \overline{A}B\overline{C} + A\overline{BC} + ABC$$

（4）根据逻辑表达式画逻辑图。逻辑乘用“与”门实现，逻辑加用“或”门实现，逻辑非用“非”门实现。$Y = \overline{A}\,\overline{B}C + \overline{A}B\overline{C} + A\overline{B}\,\overline{C} + ABC$ 就可用三个“非”门、四个“与”门和一个“或”门来实现，如图 6.3.3 所示。

（5）查手册或测试已知元器件的逻辑功能，设计三地控制一灯的接线图，如图 6.3.4 所示。

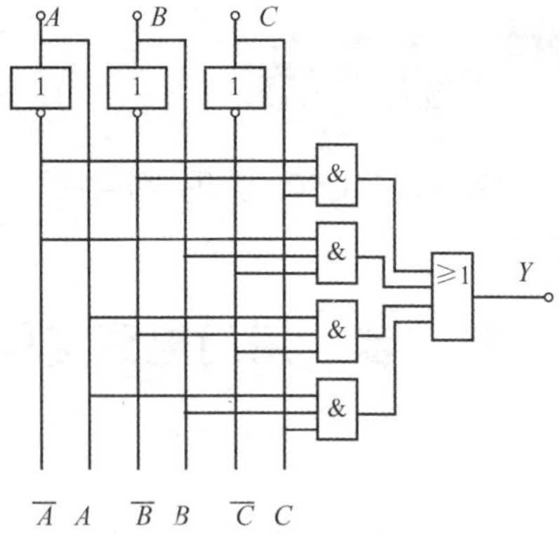


图 6.3.4　“三地控制一灯”的逻辑图

## 读一读

相同网络名表示连在一起，如电源和接地的表示，所有标有 $V_{DD}$ 处连接在一起，并接到电源端，所有的 $V_{SS}$ 连接在一起，并接在电源地。

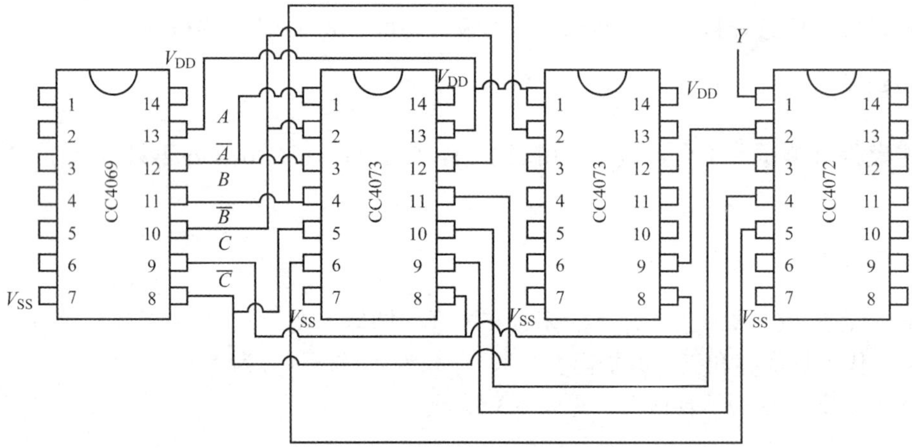


图 6.3.4　用门电路实现“三地控制一灯”逻辑功能接线图

## 考考你

制作组合逻辑电路的一般步骤如下。

（1）设定输入状态，求对应的输出状态，列出输入和输出的逻辑________（表达式/真值表）。

（2）根据真值表，写出输出函数的逻辑表达式。

（3）对逻辑表达式进行________________，求出最简表达式。

（4）根据表达式画出逻辑图、接线图，并制作。

## 做一做

### 4．用门电路实现“三地控制一灯”逻辑功能的仿真

按制作步骤完成该项目内容。准备计算机 1 台，Multisim 或其他同类软件 1 套。仿真电路如图 6.3.5 所示。

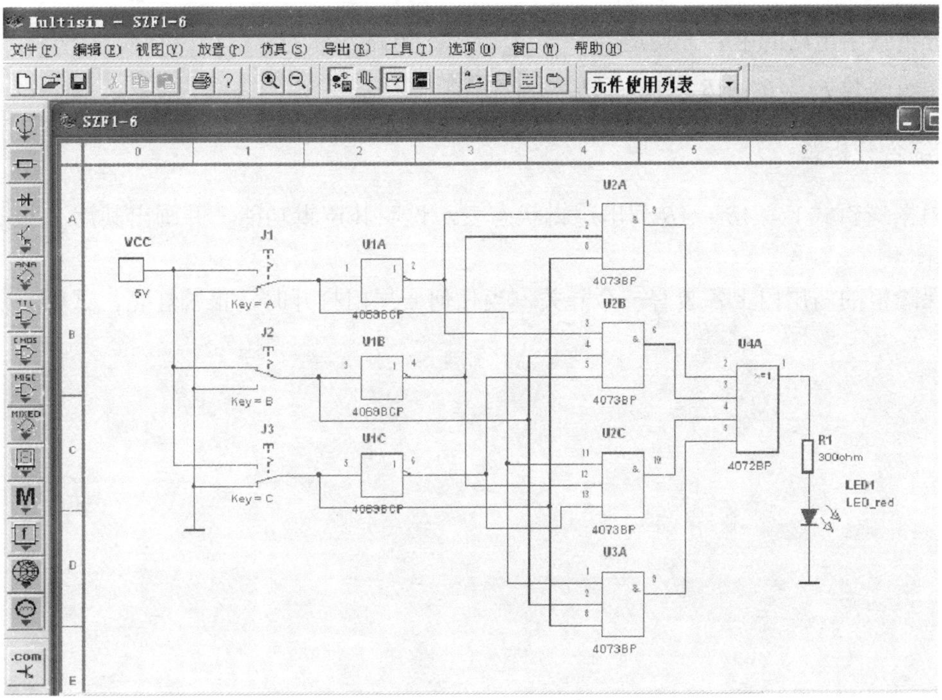

图 6.3.5　用门电路实现“三地控制一灯”逻辑功能的仿真电路

## 习　题

### 一、判断题

1．逻辑变量的取值，1 比 0 大。（　　）

2．若两个函数具有不同的真值表，则两个逻辑函数必然不相等。（　　）

3．若两个函数具有不同的逻辑函数式，则两个逻辑函数必然不相等。（　　）

### 二、选择题

1．与模拟电路相比，数字电路主要的优点有（　　）。

A．容易设计　　B．通用性强　　C．保密性好　　D．抗干扰能力强

2．逻辑函数的表示方法中具有唯一性的是（　　）。

A．真值表　　　　B．表达式　　　　C．逻辑图

3．$F=A\bar{B}+BD+CDE+\bar{A}D=$（　　）。

A．$A\bar{B}+D$　　　B．$(A+\bar{B})D$　　　C．$(A+D)(\bar{B}+D)$　　　D．$(A+D)(B+\bar{D})$

4．逻辑函数 $F=A\oplus(A\oplus B)$ ＝（　　）。

A．$B$　　　B．$A$　　　C．$A\oplus B$　　　D．$\overline{\bar{A}\oplus B}$

## 三、填空题

1．分析数字电路的主要工具是__________，数字电路又称为__________。

2．逻辑函数 $F=\overline{A\bar{B}+\bar{A}B+\bar{A}\bar{B}+AB}=$ ________________________。

## 四、综合分析题

1．根据逻辑式 $Y=AB+\bar{A}\bar{B}$ 列出逻辑状态表，说明其逻辑功能，并画出其用“与非门”组成的逻辑图。

2．保险柜的两层门上各装有一个开关，当任何一层门打开时，报警灯亮，试用一逻辑门电路实现。

# 学习领域七　组合逻辑电路及其应用

## 领域简介

组合逻辑电路简称组合电路。电路的特点：电路在任意时刻的输出状态只取决于该时刻的输入状态，而与该时刻前的电路状态无关。组合逻辑电路可以有一个或多个输入端，也可以有一个或多个输出端，数字信号是单向传递的，没有存储记忆功能。常用的组合逻辑电路有编码器、译码器、数据选择器、运算器、比较器、奇偶校验器等。

本领域重点介绍组合逻辑电路及其应用。通过小规模组合逻辑电路的制作与调试，了解数字电路中的基本逻辑运算及其相应的应用电路。

## 项目 1　交通灯故障报警电路的制作

### 学习目标

- ✧ 能识别常见数字集成电路的类型。
- ✧ 会测试常见 CMOS 集成电路。
- ✧ 会分析组合逻辑电路。
- ✧ 能制作与调试交通灯故障报警电路。

### 工作任务

- ✧ 测试 CMOS 电路 CC4001、CC4012、CC4069、CC4081 的逻辑功能。
- ✧ 用门电路实现交通灯故障报警电路。

### 第 1 步　CMOS 逻辑电路功能测试

#### 读一读

CMOS 门电路具有功耗低、抗干扰能力强、电源电压范围宽、逻辑摆幅大等优点，因而在大规模集成电路中有更广泛的应用，已成为了数字集成电路的发展方向。

CMOS 门电路也是双列直插式集成电路，DIP 引脚有 14 脚、16 脚，集成电路引脚排列也是从豁口或标志处逆时针递增的。

CMOS 门电路由于输入电阻很高，因此极易接受静电电荷，为了防止静电击穿，存放 CMOS 集成电路时要屏蔽。另外，注意：CMOS 电路的电源电压范围是 3～18V，使用时电源电压的上限电压不得超过电路极限值 $U_{max}$，电源的下限电压不得低于系统速度所必须的电源电压最低值 $U_{min}$，更不能低于 $V_{ss}$。CMOS 门电路是电压控制元件，但易受外界干扰，输入端不能悬空。

## 做一做

CMOS 逻辑电路功能测试

### 1. 任务要求

按测试步骤完成所有测试内容，并填写测试报告（格式要求见附录 A）。

### 2. 测试设备

数字电路综合测试台 1 台，数字万用表 1 只， CC4001、CC4069、CC4081 各一只，导线若干。

### 3. 测试电路

逻辑功能测试电路如图 7.1.1～图 7.1.3 所示。

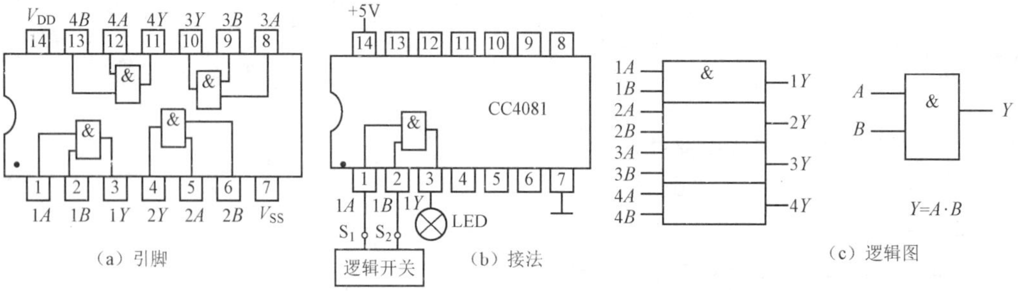


图 7.1.1　CC4081 与门逻辑功能测试电路

### 4. 测试步骤

（1）按图 7.1.1（b）所示接好电路，调试并将 CC4081 与门逻辑功能真值填入表 7.1.1 中。

表 7.1.1　与门 CC4081 逻辑功能真值表

| 1A | 1B | 1Y | 2A | 2B | 2Y | 3A | 3B | 3Y | 4A | 4B | 4Y |
|---|---|---|---|---|---|---|---|---|---|---|---|
| 0 | 0 | | 0 | 0 | | 0 | 0 | | 0 | 0 | |
| 0 | 1 | | 0 | 1 | | 0 | 1 | | 0 | 1 | |
| 1 | 0 | | 1 | 0 | | 1 | 0 | | 1 | 0 | |
| 1 | 1 | | 1 | 1 | | 1 | 1 | | 1 | 1 | |

**结论：**CC4081 逻辑功能是：当 A、B 中只要有 0，则 Y=________（0/1）；当 A=B=1 时，Y=______（0/1）。可见实现了________逻辑（与/或），其逻辑表达式 Y=（AB/A+B）。

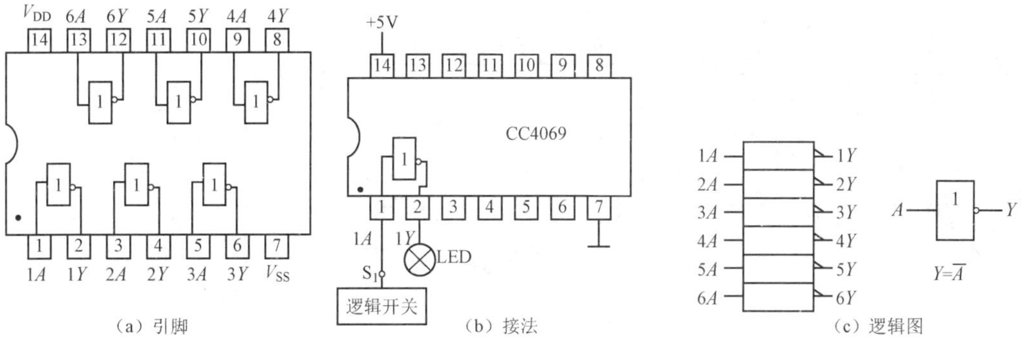


图 7.1.2 CC4069 非门逻辑功能测试电路

（2）按图 7.1.2（b）接好电路，调试并将 CC4069 非门逻辑功能真值填入表 7.1.2 中。

表 7.1.2 CC4069 非门逻辑功能真值表

| 1A | 1Y | 2A | 2Y | 3A | 3Y | 4A | 4Y | 5A | 5Y | 6A | 6Y |
|---|---|---|---|---|---|---|---|---|---|---|---|
| 0 | | 0 | | 0 | | 0 | | 0 | | 0 | |
| 1 | | 1 | | 1 | | 1 | | 1 | | 1 | |

**结论**：CC4069 逻辑功能是：当 $A$=1 时，则 $Y$=______（0/1）；当 $A$=0 时，$Y$=_____（0/1）。可见实现了_______逻辑（与/或/非），其逻辑表达式 $Y$=________（$AB/A+B/\overline{A}$）。

（3）按图 7.1.3（b）接好电路，调试并将 CC4001 或非门逻辑功能真值填入表 7.1.3。

表 7.1.3 CC4001 或非门逻辑功能真值表

| 1A | 1B | 1Y | 2A | 2B | 2Y | 3A | 3B | 3Y | 4A | 4B | 4Y |
|---|---|---|---|---|---|---|---|---|---|---|---|
| 0 | 0 | | 0 | 0 | | 0 | 0 | | 0 | 0 | |
| 0 | 1 | | 0 | 1 | | 0 | 1 | | 0 | 1 | |
| 1 | 0 | | 1 | 0 | | 1 | 0 | | 1 | 0 | |
| 1 | 1 | | 1 | 1 | | 1 | 1 | | 1 | 1 | |

**结论**：CC4001 逻辑功能是：当 $A$、$B$ 中只要有 1，则 $Y$=_______（0/1）；当 $A$=$B$=0 时，$Y$=____（0/1）。可见实现了____逻辑（与非/或非），其逻辑表达式 $Y$=________（$\overline{AB}$ / $\overline{A+B}$）。

## 读一读

CC4081 为四 2 输入与门，图 7.1.1（a）所示为其引脚排列图，图 7.1.1（c）所示为其逻辑图（与 TTL 与门相同）。

CC4069 为六反相器，图 7.1.2（a）所示为其引脚排列图，图 7.1.2（c）所示为其逻辑图（与 TTL 反相器相同）。

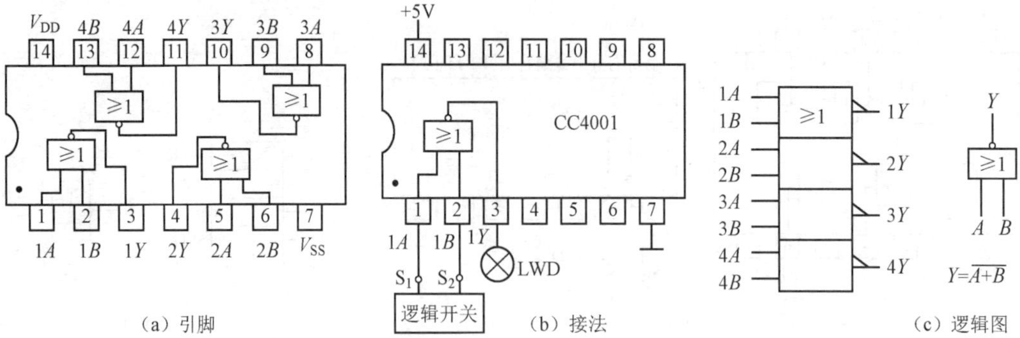


（a）引脚　（b）接法　（c）逻辑图

图 7.1.3　CC4001 或非门逻辑功能测试电路

CC4001 为四 2 输入或非门，图 7.1.3（a）所示为其引脚排列图（可查手册），图 7.1.3（c）所示为其逻辑图（与 TTL 或非门相同）。

## 考考你

试通过查阅有关资料或上网查询，说明 CC4002、CC4011、CC4070 等芯片的逻辑功能。

# 第 2 步　逻辑函数的简化

## 拓　展

### 1．逻辑代数的两个重要规则

1）代入规则

对于任一个含有变量 $A$ 的逻辑等式，可以将等式两边的所有变量 $A$ 用同一个逻辑函数替代，替代后等式仍然成立。这个规则称为代入规则。

**例**　已知 $\overline{A\cdot B}=\overline{A}+\overline{B}$，试证明用 $BC$ 替代 $B$ 后，等式仍然成立。

**证明**：左式=$\overline{A\cdot(BC)}=\overline{A}+\overline{BC}=\overline{A}+\overline{B}+\overline{C}$

右式=$\overline{A}+\overline{BC}=\overline{A}+\overline{B}+\overline{C}$

左式=右式

2）反演规则

对任何一个逻辑函数式 $Y$，如果将式中所有的“·”换成“+”，“+”换成“·”，“0”换成“1”，“1”换而“0”，原变量换成反变量，反变量换成原变量，则得到原来逻辑函数 $Y$ 的反函数 $\overline{Y}$。

**例**　已知逻辑函数 $Y=A\overline{B}+\overline{A}B$ 试用反演规则求反函数 $\overline{Y}$。

**解**：根据反演规则，可写出

$$\overline{Y}=(\overline{A}+B)\cdot(A+\overline{B})=\overline{A}\ \overline{B}+AB$$

## 2．卡诺图化简法

公式化简法的特点。

优点：变量个数不受限制。

缺点：目前尚无一套完整的方法，结果是否最简有时不易判断。

利用卡诺图可以直观而方便地化简逻辑函数。它克服了公式化简法对最终化简结果难以确定等缺点。

卡诺图是按一定规则画出来的方框图，是逻辑函数的图解化简法，同时它也是表示逻辑函数的一种方法。

卡诺图的基本组成单元是最小项，所以先讨论一下最小项及最小项表达式。

1）逻辑函数的卡诺图表示法

（1）最小项：逻辑最小项，它可以描述为给定变量数目的逻辑函数中，所有变量参加相与的项，在某一个最小项中每个变量都以原变量或者反变量的形式出现且仅出现一次。

例如，$A$、$B$、$C$ 3 个变量的最小项见表 7.1.4。

表 7.1.4　三变量最小项真值表

| $A$ | $B$ | $C$ | $\overline{A}\,\overline{B}\,\overline{C}$ | $\overline{A}\,\overline{B}C$ | $\overline{A}B\overline{C}$ | $\overline{A}BC$ | $A\overline{B}\,\overline{C}$ | $A\overline{B}C$ | $AB\overline{C}$ | $ABC$ |
|---|---|---|---|---|---|---|---|---|---|---|
| 0 | 0 | 0 | 1 | 0 | 0 | 0 | 0 | 0 | 0 | 0 |
| 0 | 0 | 1 | 0 | 1 | 0 | 0 | 0 | 0 | 0 | 0 |
| 0 | 1 | 0 | 0 | 0 | 1 | 0 | 0 | 0 | 0 | 0 |
| 0 | 1 | 1 | 0 | 0 | 0 | 1 | 0 | 0 | 0 | 0 |
| 1 | 0 | 0 | 0 | 0 | 0 | 0 | 1 | 0 | 0 | 0 |
| 1 | 0 | 1 | 0 | 0 | 0 | 0 | 0 | 1 | 0 | 0 |
| 1 | 1 | 0 | 0 | 0 | 0 | 0 | 0 | 0 | 1 | 0 |
| 1 | 1 | 1 | 0 | 0 | 0 | 0 | 0 | 0 | 0 | 1 |

以下介绍最小项的性质。

① 对于任意一个最小项，只有一组变量取值使它的值为 1，而变量取其余各组值时，该最小项均为 0。

② 任意两个不同的最小项之积恒为 0。

③ 变量全部最小项之和恒为 1。

最小项也可用“$m_i$” 表示，下标“$i$”是最小项的编号。编号方法：把最小项取值为 1 所对应的那一组变量取值组合当成二进制数，与其相应的十进制数，就是该最小项的编号，见表 7.1.5 所示。

表 7.1.5　三变量最小项的编号表

| $A$ | $B$ | $C$ | 对应十进制数 | 最小项名称 | 编　号 |
|---|---|---|---|---|---|
| 0 | 0 | 0 | 0 | $\overline{A}\,\overline{B}\,\overline{C}$ | $m_0$ |
| 0 | 0 | 1 | 1 | $\overline{A}\,\overline{B}C$ | $m_1$ |
| 0 | 1 | 0 | 2 | $\overline{A}B\overline{C}$ | $m_2$ |
| 0 | 1 | 1 | 3 | $\overline{A}BC$ | $m_3$ |
| 1 | 0 | 0 | 4 | $A\overline{B}\,\overline{C}$ | $m_4$ |
| 1 | 0 | 1 | 5 | $A\overline{B}C$ | $m_5$ |
| 1 | 1 | 0 | 6 | $AB\overline{C}$ | $m_6$ |
| 1 | 1 | 1 | 7 | $ABC$ | $m_7$ |

以下介绍最小项表达式。

**例**　将 $Y=AB+BC$ 展开成最小项表达式。

**解：** $Y = AB + BC = AB(C+\overline{C}) + (A+\overline{A})BC = AB\overline{C} + ABC + \overline{A}BC$

或 $Y(A, B, C) = m_3 + m_6 + m_7 = \sum m(3,6,7)$

（2）表示最小项的卡诺图。卡诺图是把最小项按照一定规则排列而构成的方框图。构成卡诺图的原则如下。

① $N$ 变量的卡诺图有 $2^N$ 个小方块（最小项）。

② 最小项排列规则：几何相邻的必须逻辑相邻。

逻辑相邻：两个最小项，只有一个变量的形式不同，其余的都相同。逻辑相邻的最小项可以合并。

几何相邻的含义：一是相邻——紧挨的，二是相对——任一行或一列的两头，三是相重——对折起来后位置相重。

卡诺图的画法如下。

① 三变量的卡诺图有 $2^3$ 个小方块。

② 几何相邻的必须逻辑相邻：变量的取值按 00、01、11、10 的顺序（循环码）排列 。

如图 7.1.4 所示为三变量卡诺图的画法。

正确认识卡诺图的“逻辑相邻”：上下相邻，左右相邻，并呈现“循环相邻”的特性，它类似于一个封闭的球面，如同展开了的世界地图一样。对角线上不相邻。如图 7.1.5 所示为四变量卡诺图的画法。

| $A$ \ $BC$ | 00 | 01 | 11 | 10 |
|---|---|---|---|---|
| 0 | $m_0$ | $m_1$ | $m_3$ | $m_2$ |
| 1 | $m_4$ | $m_5$ | $m_7$ | $m_6$ |

图 7.1.4　三变量卡诺图的画法

| $AB$ \ $CD$ | 00 | 01 | 11 | 10 |
|---|---|---|---|---|
| 00 | $m_0$ | $m_1$ | $m_3$ | $m_2$ |
| 01 | $m_4$ | $m_5$ | $m_7$ | $m_6$ |
| 11 | $m_{12}$ | $m_{13}$ | $m_{15}$ | $m_{14}$ |
| 10 | $m_8$ | $m_9$ | $m_{11}$ | $m_{10}$ |

图 7.1.5　四变量卡诺图的画法

（3）用卡诺图表示逻辑函数。

① 从真值表画卡诺图。根据变量个数画出卡诺图，再按真值表填写每一个小方块的值（0或1）即可。须注意二者顺序不同。

**例**　已知表7.1.6中的逻辑函数 $Y$ 的真值表，要求画 $Y$ 的卡诺图（图7.1.6）。

表7.1.6　逻辑函数 $Y$ 的真值表

| $A$ | $B$ | $C$ | $Y$ |
|---|---|---|---|
| 0 | 0 | 0 | 0 |
| 0 | 0 | 1 | 1 |
| 0 | 1 | 0 | 1 |
| 0 | 1 | 1 | 0 |
| 1 | 0 | 0 | 1 |
| 1 | 0 | 1 | 0 |
| 1 | 1 | 0 | 0 |
| 1 | 1 | 1 | 1 |

| $A$ \ $BC$ | 00 | 01 | 11 | 10 |
|---|---|---|---|---|
| 0 | | | | |
| 1 | | | | |

| $A$ \ $BC$ | 00 | 01 | 11 | 10 |
|---|---|---|---|---|
| 0 | 0 | 1 | 0 | 1 |
| 1 | 1 | 0 | 1 | 0 |

图7.1.6　$Y$ 的卡诺图

② 从最小项表达式画卡诺图。把表达式中所有的最小项在对应的小方块中填入1，其余的小方块中填入0。

**例**　画出函数 $Y(A,B,C,D)=\sum m(0,3,5,7,9,12,15)$ 的卡诺图（图7.1.7）。

| $AB$ \ $CD$ | 00 | 01 | 11 | 10 |
|---|---|---|---|---|
| 00 | $m_0$ | | $m_3$ | |
| 01 | | $m_5$ | $m_7$ | |
| 11 | $m_{12}$ | | $m_{15}$ | |
| 10 | | $m_9$ | | |

| $AB$ \ $CD$ | 00 | 01 | 11 | 10 |
|---|---|---|---|---|
| 00 | 1 | 0 | 1 | 0 |
| 01 | 0 | 0 | 1 | 0 |
| 11 | 1 | 0 | 1 | 0 |
| 10 | 0 | 1 | 0 | 0 |

图7.1.7　从最小项表达式画出的卡诺图

③ 从与或表达式画卡诺图。把每一个乘积项所包含的那些最小项（该乘积项就是这些最小项的公因子）所对应的小方块都填上1，剩下的填0，就可以得到逻辑函数的卡诺图。

**例**　已知 $Y=AB+ACD+ABCD$，画出卡诺图（图7.1.8）。

④ 从一般形式表达式画卡诺图。先将表达式变换为与或表达式，则可画出卡诺图。

2）利用卡诺图化简逻辑函数

由于卡诺图两个相邻最小项中，只有一个变量取值不同，而其余的取值都相同。所以，合并相邻最小项，利用公式$A+\overline{A}=1$，$AB+A\overline{B}=A$，可以消去一个或多个变量，从而使逻辑函数得到简化。

（1）卡诺图中最小项合并的规律如下。

合并相邻最小项，可消去变量；合并两个最小项，可消去一个变量，如图 7.1.9 所示。

| AB \ CD | 00 | 01 | 11 | 10 |
|---|---|---|---|---|
| 00 | 0 | 0 | 0 | 0 |
| 01 | 0 | 0 | 0 | 0 |
| 11 | 1 | 1 | 1 | 1 |
| 10 | 0 | 0 | 1 | 0 |

图 7.1.8　从与或表达式画出的卡诺图

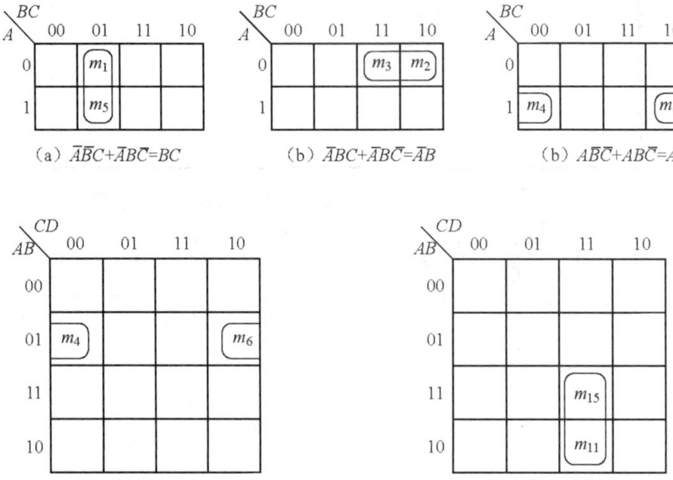


（a）$\overline{A}\overline{B}C+\overline{A}BC\overline{C}=BC$　（b）$\overline{A}BC+\overline{A}B\overline{C}=\overline{A}B$　（b）$A\overline{B}\overline{C}+AB\overline{C}=A\overline{C}$

（d）$\overline{A}B\overline{C}\overline{D}+\overline{A}BC\overline{D}=\overline{A}B\overline{D}$　（e）$ABCD+A\overline{B}CD=ACD$

图 7.1.9　合并两个最小项的卡诺图

合并 4 个最小项，可消去两个变量，如图 7.1.10 所示。

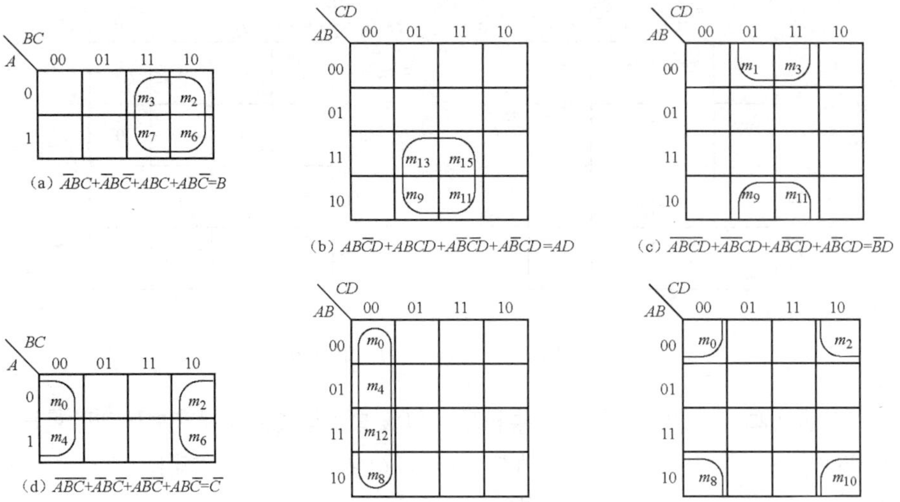


（a）$\overline{A}BC+\overline{A}B\overline{C}+ABC+AB\overline{C}=B$　（b）$AB\overline{C}D+ABCD+A\overline{B}\overline{C}D+A\overline{B}CD=AD$　（c）$\overline{ABC}D+\overline{AB}CD+A\overline{BC}D+A\overline{B}CD=\overline{B}D$

（d）$\overline{ABC}+\overline{A}B\overline{C}+A\overline{BC}+AB\overline{C}=\overline{C}$　（e）$\overline{ABCD}+\overline{A}B\overline{CD}+AB\overline{CD}+A\overline{BCD}=\overline{CD}$　（f）$\overline{ABCD}+\overline{AB}C\overline{D}+A\overline{BCD}+A\overline{B}C\overline{D}=\overline{BD}$

图 7.1.10　合并 4 个最小项的卡诺图

合并 8 个最小项，可消去 3 个变量，如图 7.1.11 所示。

合并 $2^N$ 个最小项，可消去 $N$ 个变量。

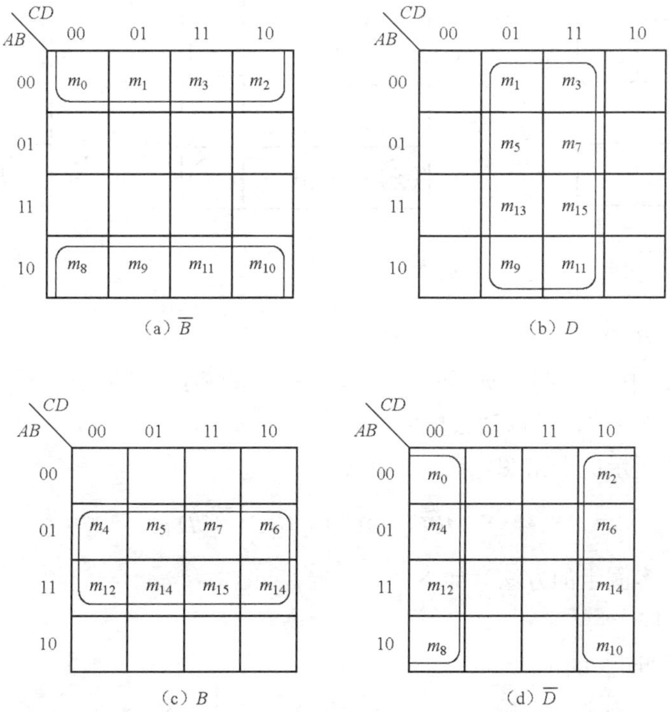


图 7.1.11　合并 8 个最小项的卡诺图

（2）利用卡诺图化简逻辑函数。

① 基本步骤如下。

- 画出逻辑函数的卡诺图。
- 合并相邻最小项（圈组）。
- 从圈组写出最简与或表达式。
- 关键是能否正确圈组。

② 正确圈组的原则。

- 必须按 2、4、8、…、$2^N$ 的规律来圈取值为 1 的相邻最小项。
- 每个取值为 1 的相邻最小项至少必须圈一次，但可以圈多次。
- 圈的个数要最少（与项就少），并要尽可能大（消去的变量就越多）。

③ 从圈组写最简与或表达式的方法如下。

- 将每个圈用一个与项表示圈内各最小项中互补的因子消去，相同的因子保留，相同取值为 1 用原变量，相同取值为 0 用反变量。
- 将各与项相或，便得到最简与或表达式。

**例**　用如图 7.1.12 所示的卡诺图化简逻辑函数

$$Y(A,B,C,D)=\sum m(0,1,2,3,4,5,6,7,8,10,11)$$

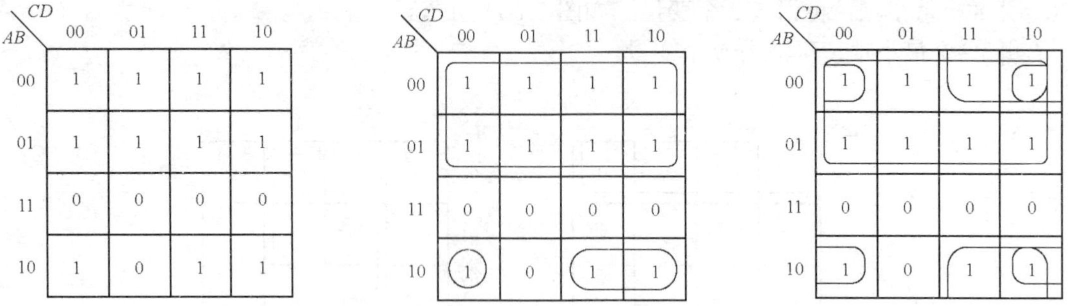


图 7.1.12　卡诺图化简

**解：** $Y=\overline{A}+\overline{B}C+\overline{B}\,\overline{D}$

说明：图 7.1.12 中间的图中 $m_8$ 和 $m_{10}$、$m_{11}$ 所画圈较小，不符合正确画圈的原则，采用图 7.1.12 右图所示画圈的方法，可以消去更多变量。

**例**　用图 7.1.13 所示的卡诺图化简逻辑函数

$$Y=\overline{A}B\overline{C}+A\overline{C}D+ABC+\overline{A}CD$$

圈组技巧（防止多圈组的方法）如下：

① 先圈孤立的 1；

② 再圈只有一种圈法的 1。

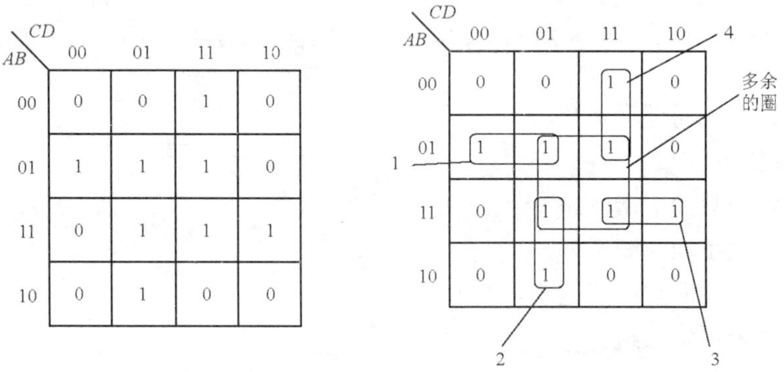


图 7.1.13　卡诺图

③ 最后圈大圈。

④ 检查：每个圈中至少有一个 1 未被其他圈圈过。

### 3. 具有无关项的逻辑函数化简

1）无关项的概念

对应于输入变量的某些取值下，输出函数的值可以是任意的（随意项、任意项），或者这些输入变量的取值根本不会（也不允许）出现（约束项），通常把这些输入变量取值所对应的最小项称为无关项或任意项，在卡诺图中用符号“×”表示，在标准与或表达式中用$\sum d$（　）表示。

例如，有 $A$、$B$、$C$ 三个逻辑变量，$A$=1 表示电机正转，$B$=1 表示电机反转，$C$=1 表示停止。因为这三个命令只能执行其中一个，所以 $ABC$ 只能取值 001、010、100，而其余最小项则为无关项。其约束条件为：

$$\overline{A}\,\overline{B}\,\overline{C}+\overline{A}BC+AB\overline{C}+A\overline{B}C+ABC=0$$

2）具有无关项的逻辑函数及其化简

因为无关项的值可以根据需要取 0 或取 1，所以在用卡诺图化简逻辑函数时，充分利用无关项，可以使逻辑函数进一步得到简化。

**例**　设 $ABCD$ 是十进制数 $X$ 的二进制编码，当 $X\geqslant 5$ 时输出 $Y$ 为 1，求 $Y$ 的最简与或表达式。

**解**：列真值表，见表 7.1.7，卡诺图如图 7.1.14 所示。

表 7.1.7　真值表

| *X* | *A* | *B* | *C* | *D* | *Y* | *X* | *A* | *B* | *C* | *D* | *Y* |
|---|---|---|---|---|---|---|---|---|---|---|---|
| 0 | 0 | 0 | 0 | 0 | 0 | 8 | 1 | 0 | 0 | 0 | 1 |
| 1 | 0 | 0 | 0 | 1 | 0 | 9 | 1 | 0 | 0 | 1 | 1 |
| 2 | 0 | 0 | 1 | 0 | 0 | / | 1 | 0 | 1 | 0 | × |
| 3 | 0 | 0 | 1 | 1 | 0 | / | 1 | 0 | 1 | 1 | × |
| 4 | 0 | 1 | 0 | 0 | 0 | / | 1 | 1 | 0 | 0 | × |
| 5 | 0 | 1 | 0 | 1 | 1 | / | 1 | 1 | 0 | 1 | × |
| 6 | 0 | 1 | 1 | 0 | 1 | / | 1 | 1 | 1 | 0 | × |
| 7 | 0 | 1 | 1 | 1 | 1 | / | 1 | 1 | 1 | 1 | × |

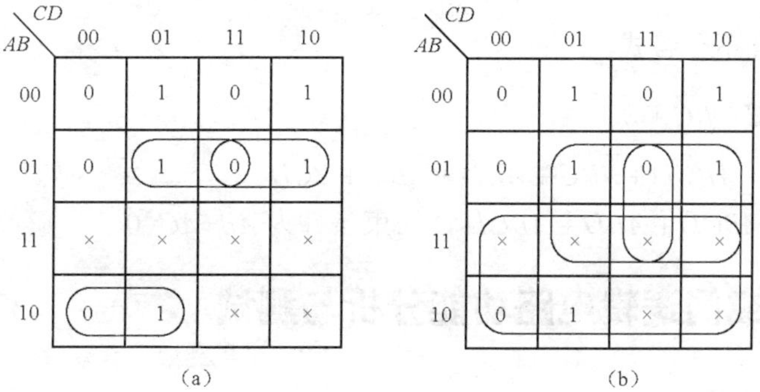


图 7.1.14　卡诺图

利用无关项化简结果为：

$$Y=A+BD+BC$$

充分利用无关项化简后得到的结果要简单得多。注意：当圈组后，圈内的无关项已自动取值为 1，而圈外无关项自动取值为 0。

**例**　化简逻辑函数：

$$Y(A,B,C,D)=\sum m(1,2,5,6,9)+\sum d(10,11,12,13,14,15)$$

式中，$d$ 表示无关项。

**解**：画如图 7.1.15 所示函数的卡诺图并化简。

| AB \ CD | 00 | 01 | 11 | 10 |
|---|---|---|---|---|
| 00 | 0 | 1 | 0 | 1 |
| 01 | 0 | 1 | 0 | 1 |
| 11 | × | × | × | × |
| 10 | 0 | 1 | × | × |

| AB \ CD | 00 | 01 | 11 | 10 |
|---|---|---|---|---|
| 00 | 0 | 1 | 0 | 1 |
| 01 | 0 | 1 | 0 | 1 |
| 11 | × | × | × | × |
| 10 | 0 | 1 | × | × |

图 7.1.15　卡诺图

结果为：$Y=\overline{C}D+C\overline{D}$

## 考考你

1. 用代数法化简下列各式

（1）$Y=A+ABC+A\overline{BC}+BC+\overline{B}C$

（2）$Y=A\overline{B}+BD+DCE+\overline{A}D$

（3）$Y=(A+B+C)(\overline{A}+\overline{B}+\overline{C})$

2. 用卡诺图化简下列各式

（1）$Y=A\overline{B}+\overline{A}C+B\overline{C}+\overline{B}C$

（2）$Y=\overline{ABCD}+A\overline{BC}D+\overline{A}B\overline{C}+AB\overline{D}+\overline{A}BC+BCD$

（3）$Y=\overline{AC}D+\overline{A}BCD+\overline{AB}D+A\overline{BC}D$，约束条件为 $AB+AC=0$。

# 第 3 步　异或门逻辑电路功能分析与测试

## 读一读

数字电路分为组合逻辑电路和时序逻辑电路两大类。如果一个逻辑电路在任何时刻的输出状态只取决于这一时刻的输入状态，而与电路的原来状态无关，则该电路称为组合逻辑电路，简称组合电路。

## 考考你

组合逻辑电路的特点：________________________________________________。

## 读一读

分析组合逻辑电路的步骤大致如下：已知逻辑图→写逻辑表达式→运用逻辑代数化简或变换→列真值表→分析逻辑功能。

## 做一做

### 异或门逻辑电路功能分析与测试

#### 1．任务要求

按测试步骤完成所有测试内容，并填写测试报告（格式要求见附录 A）。

#### 2．测试设备

数字电路综合测试台 1 台，数字万用表 1 只，74LS08、74LS10 各 1 只，导线若干。

#### 3．测试电路

异或门逻辑电路功能分析测试电路如图 7.1.16 所示。

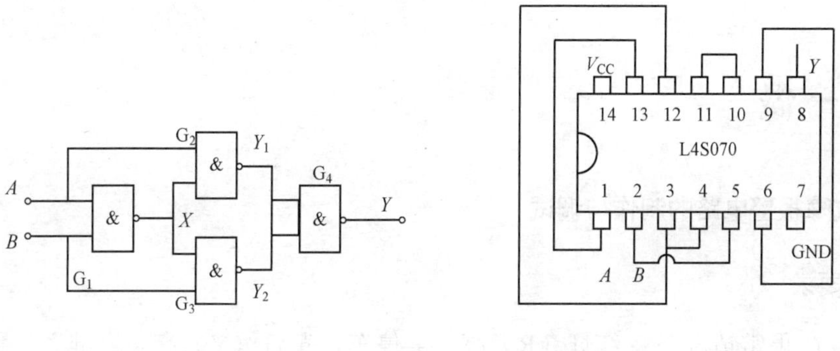


图 7.1.16　异或门逻辑电路功能分析测试电路

#### 4．测试步骤

（1）由逻辑图写出逻辑式。从输入端到输出端，依次写出各个门的逻辑式，最后写出输出变量 $Y$ 的逻辑式。

G1 门：$X=\overline{AB}$

G2 门：$Y_1=\overline{AX}=\overline{A\overline{AB}}$

G3 门：$Y_2=\overline{BX}=\overline{B\overline{AB}}$

G4 门：$Y=\overline{Y_1Y_2}=\overline{\overline{A\overline{AB}}\bullet\overline{B\overline{AB}}}=A\overline{B}+\overline{A}B$

（2）由逻辑式列出真值表（表 7.1.8）。

（3）由测试电路验证真值表。

（4）分析逻辑功能。当输入 $A$ 和 $B$ 不相同时，输出为“1”；当输入 $A$ 和 $B$ 相同时，输出为“0”。

**结论**：该逻辑电路的逻辑功能为__________（与非/同或/异或），查手册，欲实现该电路的逻辑功能，可直接选用________（74LS00/74LS86/CC4012/CC4070）芯片。

**考考你**

（1）什么叫组合逻辑电路？它在电路结构上有哪些特点？

（2）简述组合逻辑电路的一般分析方法。

## 第 4 步　交通灯故障报警电路的制作与调试

**读一读**

交通灯装置常有故障出现，为了检测电路是否正常工作，特设计故障报警电路。交通灯有红、黄、绿三色。正常情况是：红灯（R）亮——停车、黄灯（Y）亮——准备、绿灯（G）亮——通行，只有当其中一只亮时为正常，其余状态均为故障。

**做一做**

### 交通灯故障报警电路的制作与调试

#### 1．任务要求

交通信号在正常情况下：红灯（R）亮——停车，黄灯（Y）亮——准备，绿灯（G）亮——通行，正常时只有一个灯亮。如果灯全不亮或全亮、两个灯同时亮，都是故障。设输入变量为“1”表示灯亮，输入变量为“0”表示不亮。有故障时出现报警，输出为“1”，无故障时输出为“0”。

按制作步骤完成该项目内容，并填写制作报告（格式要求见附录 B）。

#### 2．制作设备

数字电路综合测试台 1 台，数字万用表 1 只，74LS04、74LS55 各 1 只，74LS21 2 只，蜂鸣器 1 只，导线若干。

#### 3．制作步骤

（1）交通信号灯的逻辑状态分析。设输入变量为 $R$、$Y$、$G$，输出变量为 $L$。

由题意列写交通灯故障报警电路真值表（表 7.1.8）。

表 7.1.8　交通灯故障报警电路真值表

| R | Y | G | L | R | Y | G | L |
|---|---|---|---|---|---|---|---|
| 0 | 0 | 0 | 1 | 1 | 0 | 0 | 0 |
| 0 | 0 | 1 | 0 | 1 | 0 | 1 | 1 |
| 0 | 1 | 0 | 0 | 1 | 1 | 0 | 1 |
| 0 | 1 | 1 | 1 | 1 | 1 | 1 | 1 |

（2）由真值表写出逻辑式：

$$L=\overline{R}\,\overline{Y}\,\overline{G}+\overline{R}YG+R\overline{Y}G+RY\overline{G}+RYG$$

（3）用公式法或卡诺图法（图 7.1.17）化简，并变换成与或表达式：

$$\begin{aligned}L&=\overline{R}\,\overline{Y}\,\overline{G}+\overline{R}YG+R\overline{Y}G+RY\overline{G}+RYG\\&=\overline{R}\,\overline{Y}\,\overline{G}+YG+RG+RY\\&=\overline{\overline{\overline{R}\,\overline{Y}\,\overline{G}}\cdot\overline{RG}\cdot\overline{YG}\cdot\overline{RY}}\end{aligned}$$

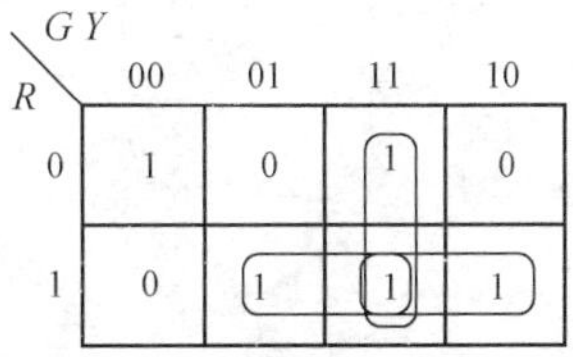


图 7.1.17　交通灯故障报警电路卡诺图

（4）由逻辑式画出交通灯故障报警电路逻辑图，如图 7.1.18 所示。

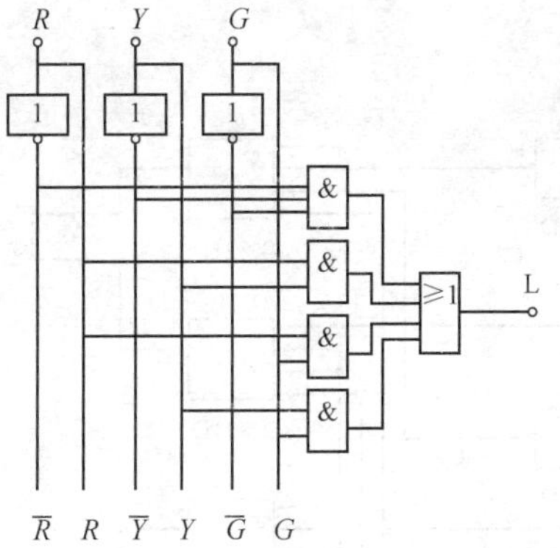


图 7.1.18　交通灯故障报警电路逻辑图

（5）查手册或测试已知元器件的逻辑功能，设计交通灯故障报警电路的接线图，如图 7.1.19 所示。实际接线时，注意正确接电源和接地。

（6）安装、调试交通灯故障报警电路。

按图 7.1.19 所示正确安装各元器件与连线。经检查确认装配无误后，接入+5V 电源。

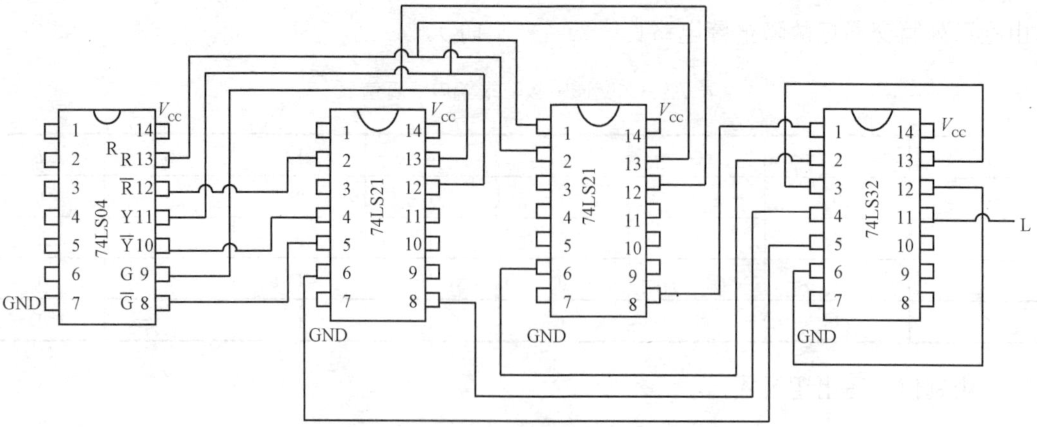


图 7.1.19　交通灯故障报警电路的接线图

改变 3 个开关的状态，可以听到蜂鸣器的声音情况。

（7）检测交通灯故障报警电路。

本电路结构不太复杂，所用元器件较少，但是集成电路的安装要细心，引脚的位置要准确，焊接时要杜绝搭锡现象，焊接完成后用万用表的电阻挡逐个测量。

将制作、调试结果对照真值表，验证电路的正确性。

## 做一做

### 交通灯故障报警电路仿真制作

按制作步骤完成该项目内容。准备计算机 1 台，Multisim 10.0 或其他同类软件 1 套。交通灯故障报警电路仿真制作电路如图 7.1.20 所示。

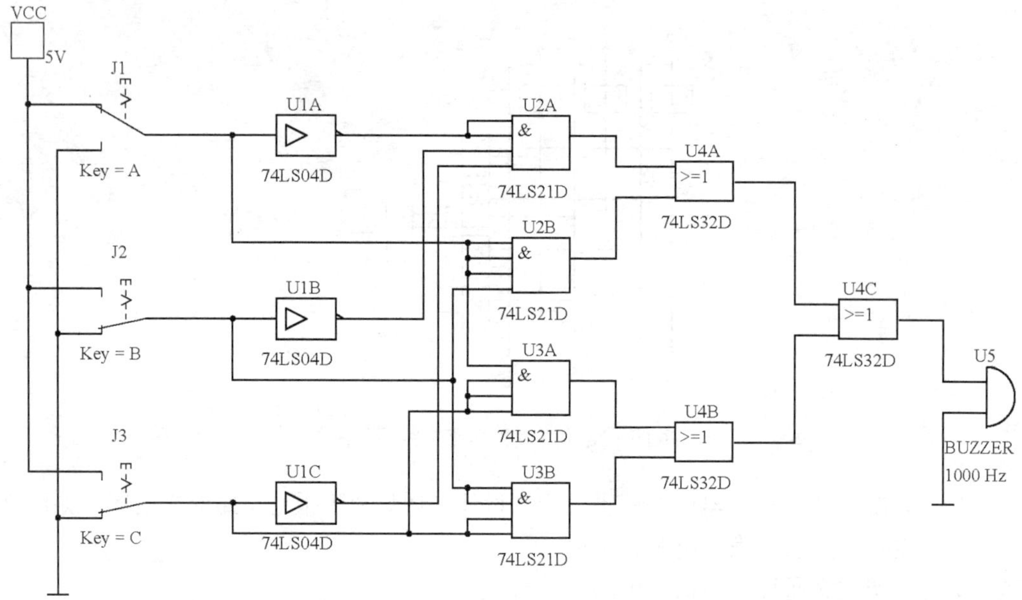


图 7.1.20　交通灯故障报警电路仿真制作电路

## 考考你

（1）化简如图 7.1.33 所示电路逻辑图。写出逻辑函数式的简化过程并画出简化后的逻辑图。

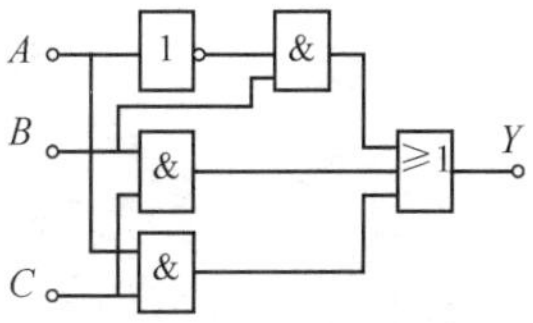


图 7.1.33　逻辑图

（2）某汽车驾驶员培训班进行结业考试，有三名评判员，其中 $A$ 为主评判员，$B$ 和 $C$ 为副评判员。在评判时，按照少数服从多数的原则通过，但主评判员认为合格，也可通过。试用“与非门”构成逻辑电路实现此评判规定。

## 读一读

交通灯故障报警电路的元器件清单见表 7.1.9 所示。

表 7.1.9　元器件清单

| 序　号 | 品　名 | 型号 / 规格 | 数　量 | 备　注 |
|---|---|---|---|---|
| 1 | 四 2 输入与门 | 74LS08 | 1 | |
| 2 | 六反相器 | 74LS04 | 1 | |
| 3 | 四 2 输入或非门 | 74LS02 | 1 | |
| 4 | 四 2 输入与非门 | 74LS00 | 1 | |
| 5 | 二 4 输入与非门 | 74LS20 | 1 | |
| 6 | 三 3 输入与非门 | 74LS10 | 1 | |
| 7 | 二 4 输入与门 | 74LS21 | 2 | |
| 8 | 四 2 输入或门 | 74LS32 | 1 | |
| 9 | 四 2 输入与门 | CC4081 | 1 | |
| 10 | 六反相器 | CC4069 | 1 | |
| 11 | 四 2 输入或非门 | CC4001 | 1 | |
| 12 | 三 3 输入与门 | CC4073 | 2 | |
| 13 | 双 4 输入或门 | CC4072 | 1 | |
| 14 | 蜂鸣器 | TMB-12A /5V | 1 | |
| 15 | 印制板 | $57.15\times42.93mm^2$ | 1 | 双面 |

# 项目2 译码显示电路功能测试

## 学习目标

✧ 能看懂显示译码器的逻辑功能真值表，能正确使用七段 BCD 码锁存、译码、驱动等电路。
✧ 会使用 LED 七段数码显示器。
✧ 会用 CC4511 型译码器和 BS201 半导体数码管连接成译码显示电路。

## 工作任务

✧ 绘制 CC4511 和 BS201 所组成的译码显示电路的电路原理图。
✧ 测试 CC4511 的逻辑功能。
✧ 将 CC4511 的各输出端和 BS201 的各输入端相连。

### 第 1 步 显示译码器的逻辑功能

**做一做**

用 7 根火柴棒摆放出类似于计算器中显示的 0 到 9 十个数字，如图 7.2.1 所示。




图 7.2.1 用火柴棒摆放数字图形

**读一读**

与火柴棒摆放的数字图形相似，七段数码显示器（又称七段数码管或七段字符显示器）就是由七段能够独立发光的直线段排列成“日”字形来显示数字的。常见的七段半导体数码管（又称 LED 数码管）是由七段发光二极管按图 7.2.1 所示的结构拼合而成的。

如图 7.2.2 是七段半导体数码管的外形图和等效电路。七段半导体数码管有共阳极和共阴极两种类型。在图 7.2.2（b）中，共阳极型中各发光二极管阳极连接在一起，接高电平，a～g 和 DP 各引脚中任一脚为低电平时相应的发光段发光；共阴极型中各发光二极管的阴极连接在一起，接低电平，a～g 和 DP 各引脚中任一脚为高电平时相应的发光段发光（DP 为小数点）。

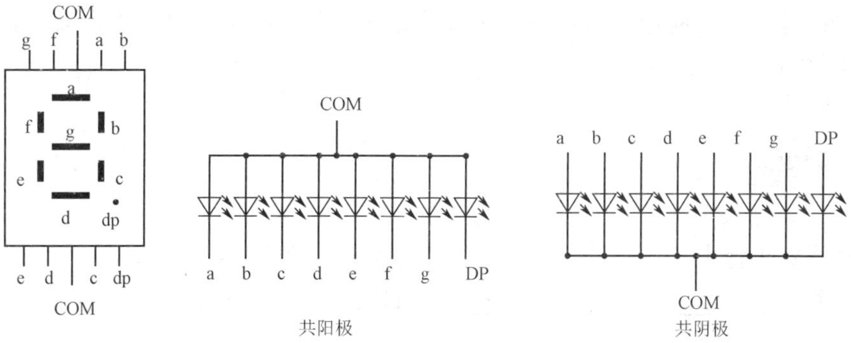


（a）外形图　　（b）等效电路

图 7.2.2　七段半导体数码管的外形图和等效电路

一个 LED 数码管可用来显示一位 0～9 十进制数和一个小数点，如图 7.2.3 所示。小型数码管（0.5 英寸和 0.36 英寸）每段发光二极管的正向压降，随显示光（通常为红、绿、黄、橙色）的颜色不同略有差别，通常约为 2～2.5V，每个发光二极管的点亮电流为 5～10mA。

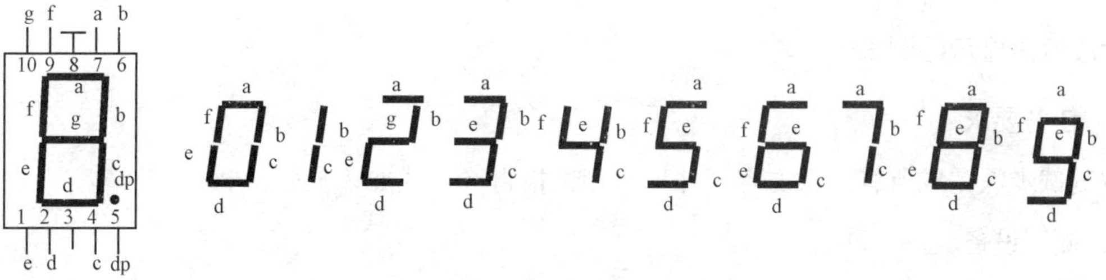


图 7.2.3　七段半导体数码管及显示的数字

表 7.2.1 列出了 a～g 发光段的 10 种发光组合情况，它们分别和十进制的 10 个数字相对应。表中 H 表示发光的线段，L 表示不发光的线段。

表 7.2.1　七段显示组合与数字对照表

| 发光段 / 数字 | a | b | c | d | e | f | g |
|---|---|---|---|---|---|---|---|
| 0 | H | H | H | H | H | H | L |
| 1 | L | H | H | L | L | L | L |
| 2 | H | H | L | H | H | L | H |
| 3 | H | H | H | H | L | L | H |
| 4 | L | H | H | L | L | H | H |
| 5 | H | L | H | H | L | H | H |
| 6 | H | L | H | H | H | H | H |
| 7 | H | H | H | L | L | L | L |
| 8 | H | H | H | H | H | H | H |
| 9 | H | H | H | H | L | H | H |

半导体数码管的优点是工作电压较低（1.5～3V）、体积小、寿命长、工作可靠性高、响应速度快、亮度高、字形清晰。半导体数码管适合于与集成电路直接配用，在微型计算机、数字

化仪表和数字钟等电路中应用十分广泛。半导体数码管的主要缺点是工作电流大，每个字段的工作电流约为 10mA 左右。

### 考考你

七段半导体数码管由____________个发光直线段组成。当七段数码管显示数字 4 时所对应的发光段是______________，当七段数码管显示数字 6 时所对应的发光段是________________。

## 第 2 步　七段数码显示器测试

### 做一做

七段数码显示器测试

**1. 任务要求**

按测试步骤完成所有测试内容，并填写测试报告（格式要求见附录 A）。

**2. 测试设备**

数字电路综合测试台 1 台，数字万用表 1 只，BS201（或 BS202）型 LED 数码管、BS211（或 BS212）型 LED 数码管各一只，导线若干。

**3. 测试电路**

BS201 型、 BS211 型 LED 数码管如图 7.2.4 所示。

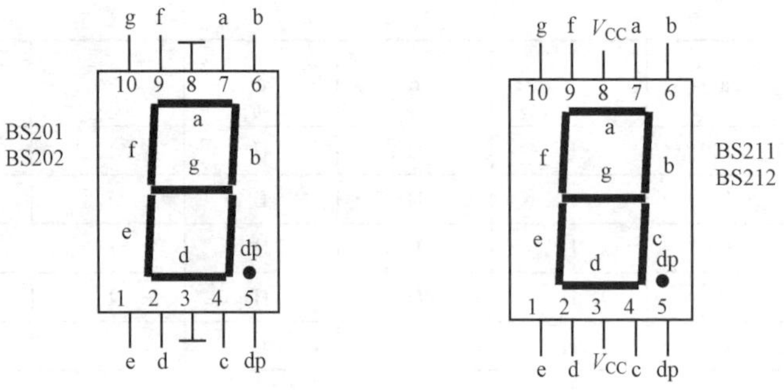


图 7.2.4　BS201 型、 BS211 型 LED 数码管

**4. 测试步骤**

（1）观察形状，记录型号。

（2）画出 LED 数码管外形图，分析并记录各发光段与各引脚之间的对应关系。

（3）找出 LED 数码管公共引脚端的位置（3 脚和 8 脚）。

（4）分析显示 0～9 十个数字的方法（图 7.2.3）。

（5）用万用表测试，判断数码管的共阴极、共阳极。

将万用表拨到电阻挡的 R×10k，此时万用表的红表笔接的是表内电池的负极，黑表笔接的是表内电池的正极。具体的测量方法：将万用表的红表笔接至数码管的公共引脚，将万用表的黑表笔接至数码管的公共引脚之外的任意一个引脚，观察万用表的电阻值，电阻值较小的为共阴极型 LED 数码管，电阻值较大的为共阳极型 LED 数码管。

**结论：**_________（BS201 型 LED 数码管/BS211）是共阳极型 LED 数码管，___________（BS201 型 LED 数码管/BS211）是共阴极型 LED 数码管。

### 读一读

常用半导体数码管见表 7.2.2。

表 7.2.2　常用半导体数码管

| 类　型 | 型　　号 | | | | | |
|---|---|---|---|---|---|---|
| 共阴极 | BS201 | BS202 | BS207 | LDD580 | LC5011-11 | LC5012-11 |
| 共阳极 | BS204 | BS206 | BS211 | BS212 | LA5011-11 | LA5012-11 |

七段数码显示器是用 a～g 这 7 个发光线段组合来构成 10 个十进制数的。为此，就需要使用显示译码器将 BCD 代码（二-十进制编码）译成数码管所需要的七段代码（abcdefg），以便使数码管用十进制数字显示出 BCD 代码所表示的数值。

显示译码器是将 BCD 码译成驱动七段数码管所需代码的译码器。

显示译码器型号有 74LS47（共阳）、74LS48（共阴）、CC4511（共阴）等多种类型。下面主要介绍 CC4511，CC4511 是输出高电平有效的 CMOS 显示译码器。

## 第 3 步　CC4511 锁存译码器功能测试

### 做一做

CC4511 锁存译码器功能测试

**1．任务要求**

按测试程序要求完成所有测试内容，并填写测试报告（格式要求见附录 A）。

**2．测试设备**

数字电路综合测试台 1 台，数字万用表 1 只，CC4511、BS201 各 1 只，导线若干。

### 3. 测试电路

CC4511 外引脚排列如图 7.2.5 所示，测试电路如图 7.2.6 所示。

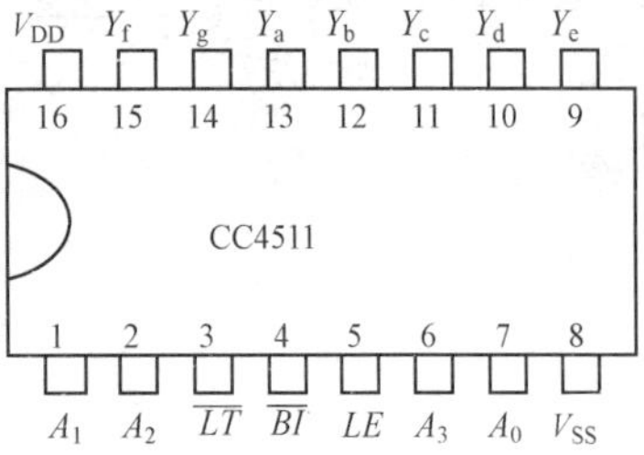


图 7.2.5　CC4511 外引脚排列图

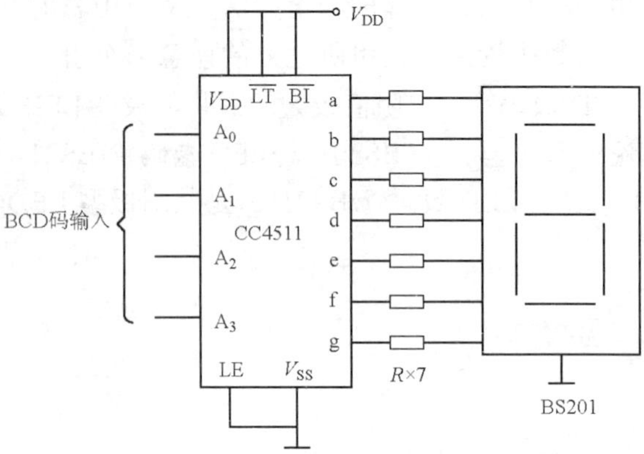


图 7.2.6　由 CC4511 组成的基本数字显示电路

### 4. 测试步骤

（1）取出 CC4511 芯片，熟悉其引脚。

CC4511 引脚功能说明：$A_0$、$A_1$、$A_2$、$A_3$——BCD 码输入端；$Y_a$、$Y_b$、$Y_c$、$Y_d$、$Y_e$、$Y_f$、$Y_g$——译码输出端，输出“1”有效，用来驱动共阴极 LED 数码管；$\overline{LT}$——测试输入端，$\overline{LT}$ = “0”时，译码输出全为“1”；$\overline{BI}$——消隐输入端，$\overline{BI}$ = “0”时，译码输出全为“0”；$LE$——锁定端，$LE$=“1”时译码器处于锁定（保持）状态，译码输出保持在 $LE$=0 时的数值，当 $LE$=0 时为正常译码。

（2）由 CC4511 组成基本数字显示电路。CC4511 常用于驱动共阴极 LED 数码管，工作时一定要加限流电阻。由 CC4511 组成的基本数字显示电路如图 7.2.7 所示。图中 BS201 为共阴极 LED 数码管，电阻 $R$ 用于限制 CC4511 的输出电流大小，它决定 LED 的工作电流大小，从而调节 LED 的发光亮度，$R$ 值由下式决定：

$$R = \frac{U_{OH} - U_D}{I_D}$$

式中，$U_{OH}$ 为 CC4511 输出高电平（≈$V_{DD}$），$U_D$ 为 LED 的正向工作电压（1.5～2.5V），$I_D$ 为 LED 的笔画电流（约 5～10mA）。

（3）$A_0$、$A_1$、$A_2$、$A_3$ 输入 8421BCD 码，验证 CC4511 的逻辑功能表，见表 7.2.3。CC4511 锁存译码器的功能测试接线图如图 7.2.7 所示。

CC4511 内接有上拉电阻，故只要在输出端与数码管笔段之间串入限流电阻即可工作。译码器还有拒伪码功能，当输入码超过 1001 时，输出全为“0”，数码管熄灭。

表 7.2.3　CC4511 逻辑功能表

| 输入 | | | | | | | 输出 | | | | | | | |
|---|---|---|---|---|---|---|---|---|---|---|---|---|---|---|
| $LE$ | $\overline{BI}$ | $\overline{LT}$ | $A_3$ | $A_2$ | $A_1$ | $A_0$ | $Y_a$ | $Y_b$ | $Y_c$ | $Y_d$ | $Y_e$ | $Y_f$ | $Y_g$ | 显示字形数码 |
| × | × | 0 | × | × | × | × | 1 | 1 | 1 | 1 | 1 | 1 | 1 | 8 |
| × | 0 | 1 | × | × | × | × | 0 | 0 | 0 | 0 | 0 | 0 | 0 | 消隐 |
| 0 | 1 | 1 | 0 | 0 | 0 | 0 | 1 | 1 | 1 | 1 | 1 | 1 | 0 | 0 |
| 0 | 1 | 1 | 0 | 0 | 0 | 1 | 0 | 1 | 1 | 0 | 0 | 0 | 0 | 1 |
| 0 | 1 | 1 | 0 | 0 | 1 | 0 | 1 | 1 | 0 | 1 | 1 | 0 | 1 | 2 |
| 0 | 1 | 1 | 0 | 0 | 1 | 1 | 1 | 1 | 1 | 1 | 0 | 0 | 1 | 3 |
| 0 | 1 | 1 | 0 | 1 | 0 | 0 | 0 | 1 | 1 | 0 | 0 | 1 | 1 | 4 |
| 0 | 1 | 1 | 0 | 1 | 0 | 1 | 1 | 0 | 1 | 1 | 0 | 1 | 1 | 5 |
| 0 | 1 | 1 | 0 | 1 | 1 | 0 | 0 | 0 | 1 | 1 | 1 | 1 | 1 | 6 |
| 0 | 1 | 1 | 0 | 1 | 1 | 1 | 1 | 1 | 1 | 0 | 0 | 0 | 0 | 7 |
| 0 | 1 | 1 | 1 | 0 | 0 | 0 | 1 | 1 | 1 | 1 | 1 | 1 | 1 | 8 |
| 0 | 1 | 1 | 1 | 0 | 0 | 1 | 1 | 1 | 1 | 0 | 0 | 1 | 1 | 9 |
| 0 | 1 | 1 | 1 | 0 | 1 | 0 | 0 | 0 | 0 | 0 | 0 | 0 | 0 | 消隐 |
| 0 | 1 | 1 | 1 | 0 | 1 | 1 | 0 | 0 | 0 | 0 | 0 | 0 | 0 | 消隐 |
| 0 | 1 | 1 | 1 | 1 | 0 | 0 | 0 | 0 | 0 | 0 | 0 | 0 | 0 | 消隐 |
| 0 | 1 | 1 | 1 | 1 | 0 | 1 | 0 | 0 | 0 | 0 | 0 | 0 | 0 | 消隐 |
| 0 | 1 | 1 | 1 | 1 | 1 | 0 | 0 | 0 | 0 | 0 | 0 | 0 | 0 | 消隐 |
| 0 | 1 | 1 | 1 | 1 | 1 | 1 | 0 | 0 | 0 | 0 | 0 | 0 | 0 | 消隐 |
| 1 | 1 | 1 | × | × | × | × | 锁存 | | | | | | | 锁存 |

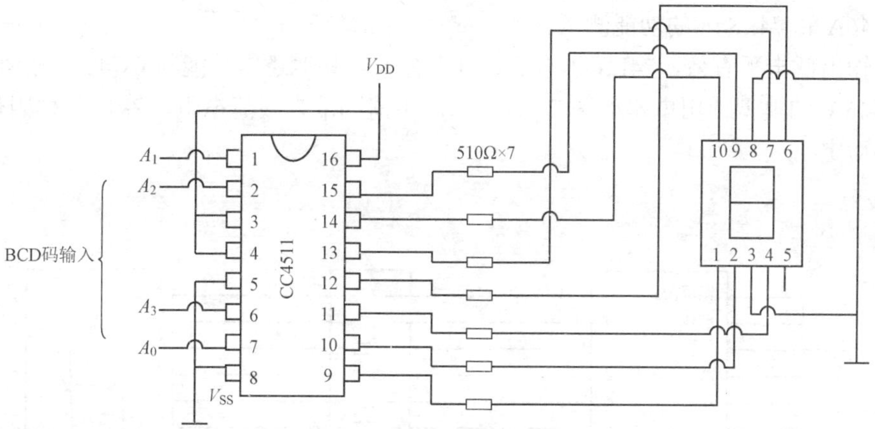


图 7.2.7　CC4511 锁存译码器的功能测试接线图

## 读一读

### 1. CC4511 功能说明

CC4511 是 BCD－7 段锁存译码驱动器，在同一单片结构上由 CMOS 逻辑元器件和 NPN 双极型晶体管构成。这些元器件的组合，使 CC4511 具有低静态耗散和高抗干扰及源电流高达 25mA 的性能。由此可直接驱动 LED 及其他器件。$\overline{LT}$、$\overline{BI}$、$LE$ 输入端分别检测显示亮度调节、存储或选通 BCD 码等功能。当使用外部多路转换电路时，可多路转换和显示几种不同的信号。

**2. 显示译码器与数码管的选用**

输出低电平有效的显示译码器应与共阳极数字显示器配合使用，输出高电平有效的显示译码器应与共阴极数字显示器配合使用。

## 第 4 步　显示译码器与数码管的连接

显示译码器与数码管的连接

**1. 任务要求**

按要求完成显示译码器与数码管的连接，并画出连接电路图（图纸格式见附录 C）。

**2. 主要设备**

数字电路综合测试台 1 台，数字万用表 1 只，7446A、74LS48、BS201、BS211 各一只，导线若干。

**3. 测试步骤**

（1）7446A 和 74LS48 的功能测试。

7446A 输出低电平有效，74LS48 输出高电平有效。其他逻辑功能与 CC4511 相似。

（2）7446A 的典型使用电路如图 7.2.8 所示，电阻 $R_P$ 为限流电阻，$R_P$ 的具体阻值视数码管的电流大小而定。

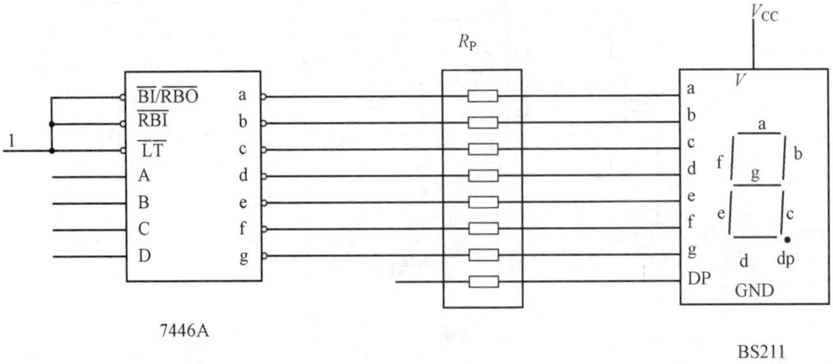


图 7.2.8　7446A 的典型使用电路

（3）74LS48 译码器的典型使用电路如图 7.2.9 所示。

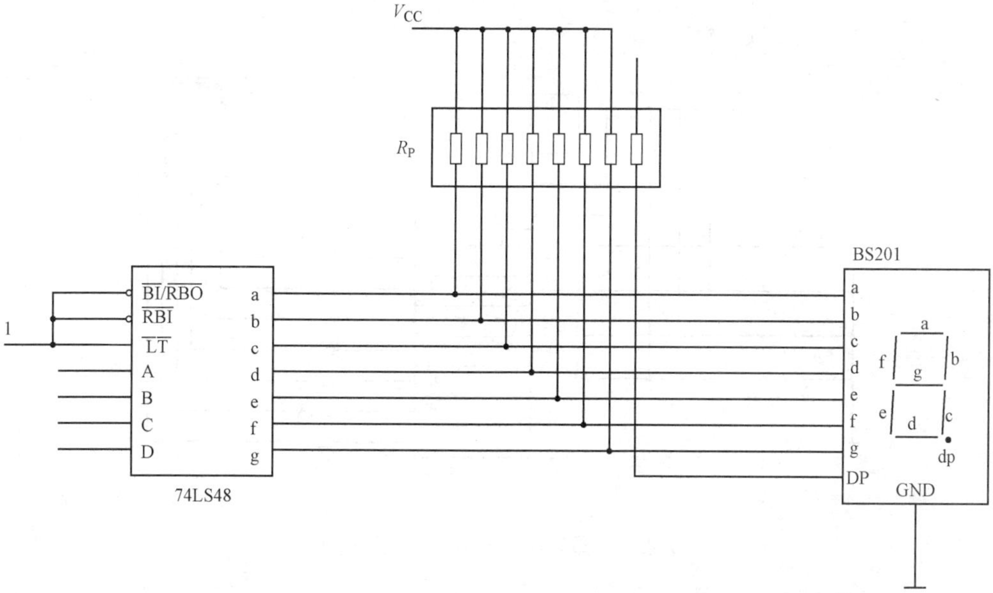


图 7.2.9 74LS48 译码器的典型使用电路

## 读一读

共阴数码管的译码电路 74LS48 内部有限流电阻，故后接数码管时不用外接限流电阻。由于 74LS48 拉电流能力小（2mA），而数码管的点亮电流为 5～10mA，所以一般都要外接电阻推动数码管。

## 第 5 步 译码显示电路的测试

## 做一做

译码显示电路的测试

### 1．任务要求

按测试步骤完成所有测试内容，并填写测试报告（格式要求见附录 A）。

### 2．测试设备

数字电路综合测试台 1 台，数字万用表 1 只，CC4511、BS2011 各 1 只，导线若干。

### 3．测试电路

译码显示电路的测试原理图如图 7.2.10 所示。

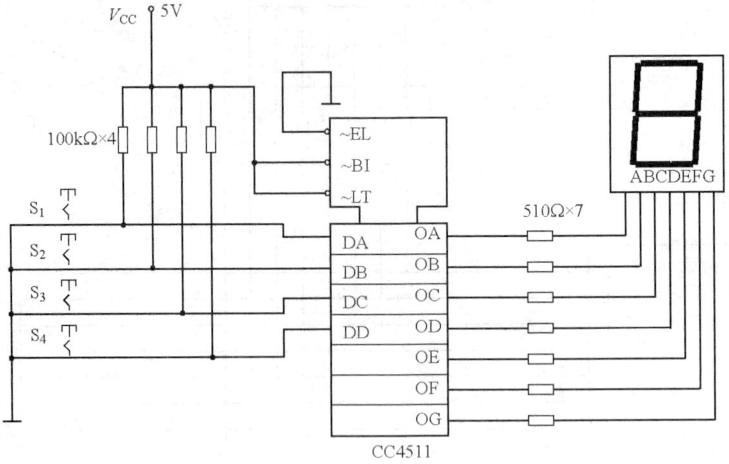


图 7.2.10　译码显示电路的测试原理图

4．测试步骤

（1）根据图 7.2.10 画出图 7.2.11 所示的译码显示电路的测试接线图，并搭建实验电路。拨动接线控制端和数据输入端所接的电平开关，在 $LE$=0，$\overline{LT}$=1，$\overline{BI}$=1 时，输入数据 $A_3A_2A_1A_0$ 为 0000～1001 时，观察数码管所显示的字，并记录。当输入数据超出范围，如 $DCBA$ 为 1101 或 1111 等时，观察数码管现象。

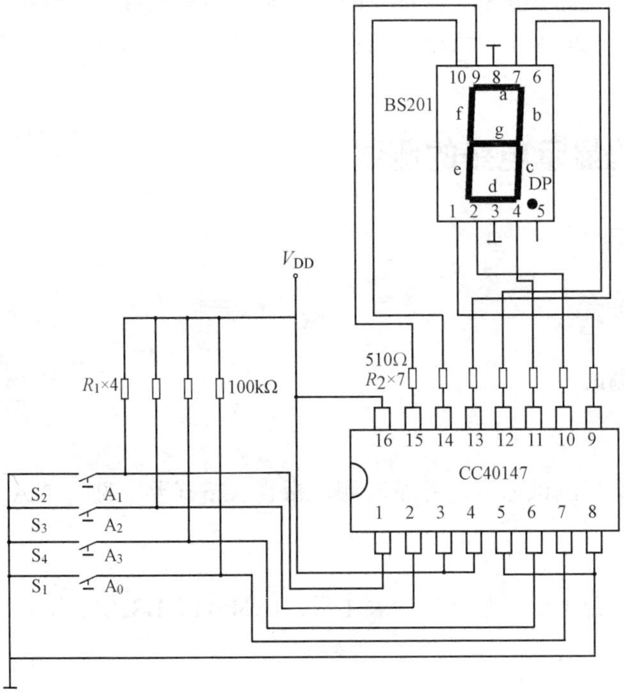


图 7.2.11　译码显示电路的测试接线图

（2）在 3 个控制端（$LE$、$\overline{LT}$、$\overline{BI}$）中，一次只让一个控制端的输入有效，分别测试三个控制端（$LE$、$\overline{LT}$、$\overline{BI}$）的作用。

**结论**：参照表 7.2.3，根据实验结果，3 个控制端（$LE$、$\overline{LT}$、$\overline{BI}$）电平分别为________时才能正确体现译码器的锁定功能。

## 做一做

### 译码显示电路仿真测试

按测试步骤完成所有测试内容。准备计算机 1 台，Multisim 10.0 或其他同类软件 1 套。译码显示电路仿真测试电路如图 7.2.12 所示。

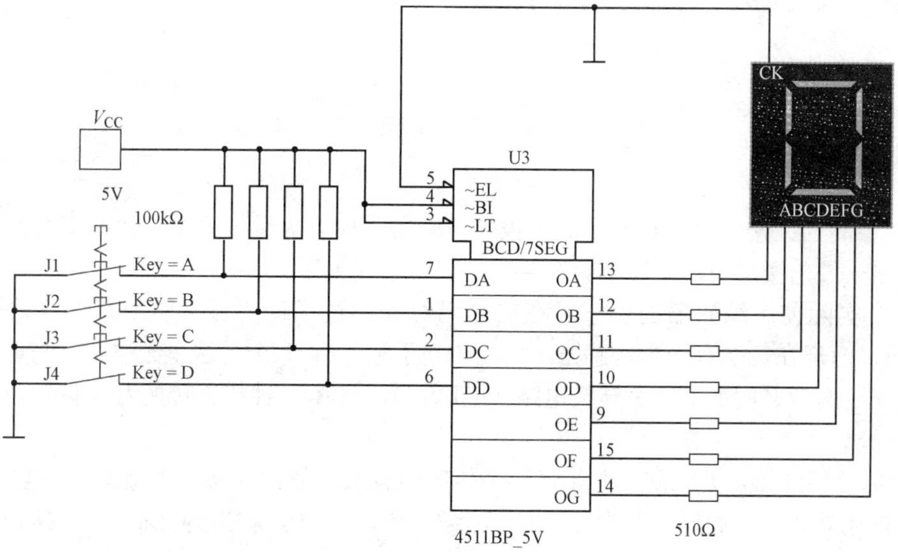


图 7.2.12　译码显示电路仿真测试电路

## 考考你

**1．把下列十进制数用 8421BCD 码表示**

（1）$(2006)_{10}$

（2）$(8421)_{10}$

**2．把下列 8421BCD 码转换成十进制数**

（1）$(1000\quad 1001\quad 0011\quad 0001)_{8421BCD}$

（2）$(0111\quad 1000\quad 0101\quad 0010)_{8421BCD}$

# 项目 3　编码显示电路功能测试

## 学习目标

- ✧ 能描述优先编码器的编码特点。
- ✧ 会使用 10 线-4 线编码器。

## 工作任务

- ✧ CC40147 型 10 线-4 线优先编码器的逻辑功能测试。

### 第 1 步　优先编码器的编码特点

**读一读**

一个 7 层高的大楼，每层有一个火警报警传感器，如有火警，希望在控制中心的数码显示屏上能显示出火警的楼层数，假设不会在两层上同时出现火警。

这是一个实际使用编码器的例子，在前面已经介绍过了译码显示驱动器电路，其输入是 8421BCD 码，而现在每层有一个传感器，也就相当于输入有 7 个，这里无法直接与译码显示电路相连，须在这两者之间加上一个转换电路（编码器），将其 7 种状态转换为 4 位（或更少位）的二进制数输出。

由于有 7 个传感器，并且同一时刻仅一个传感器有效，故输入共 7 种状态，可以用 3 位二进制数据来描述其状态，假设输入为 $I_1$、$I_2$、$I_3$、$I_4$、$I_5$、$I_6$、$I_7$，输出为 $O_0$、$O_1$、$O_2$，可以将其状态用真值表（表 7.3.1）表示。

表 7.3.1　真值表

| $I_7$ | $I_6$ | $I_5$ | $I_4$ | $I_3$ | $I_2$ | $I_1$ | $O_2$ | $O_1$ | $O_0$ |
|---|---|---|---|---|---|---|---|---|---|
| 0 | 0 | 0 | 0 | 0 | 0 | 1 | 0 | 0 | 1 |
| 0 | 0 | 0 | 0 | 0 | 1 | 0 | 0 | 1 | 0 |
| 0 | 0 | 0 | 0 | 1 | 0 | 0 | 0 | 1 | 1 |
| 0 | 0 | 0 | 1 | 0 | 0 | 0 | 1 | 0 | 0 |
| 0 | 0 | 1 | 0 | 0 | 0 | 0 | 1 | 0 | 1 |
| 0 | 1 | 0 | 0 | 0 | 0 | 0 | 1 | 1 | 0 |
| 1 | 0 | 0 | 0 | 0 | 0 | 0 | 1 | 1 | 1 |

根据上面的分析可以画出图 7.3.1 所示的 7 层大楼火警显示工作框图。

图 7.3.1 所示框图中的电路实现的就是编码器的逻辑功能。前提条件是每一时刻仅一个输入有效，如果同时有两个或两个以上输入有效，仅对优先级高的输入进行编码，例如，当 $I_6$、$I_5$ 同

时有效时，编码器输入仅对 $I_6$ 进行编码，而 $I_5$ 被忽略掉。

优先编码器是有广泛用途的一种组合电路，用于计算机的优先中断系统、键盘编码系统中。

编码器的逻辑功能是将加在电路若干个输入端中的某一个输入端的信号变换成相应的一组二进制代码输出。常用的编码器集成电路有 8 线-3 线优先编码器和 10 线-4 线优先编码器等。

编码器的输入信号是互相排斥的。在优先编码器中允许几个信号同时输入，但是电路只对其中优先级别最高的进行编码（优先权的顺序完全是根据实际需要来确定的），不理睬级别低的信号，或者说级别低的信号不起作用，这样的电路叫做优先编码器。如图 7.3.2 所示是 3 位二进制优先编码器的示意图。$I_0$～$I_7$ 是要进行优先编码的 8 个信号，$Y_0$～$Y_2$ 是用来进行优先编码的 3 位二进制代码。表 7.3.2 为 3 位二进制优先编码器的功能真值表。

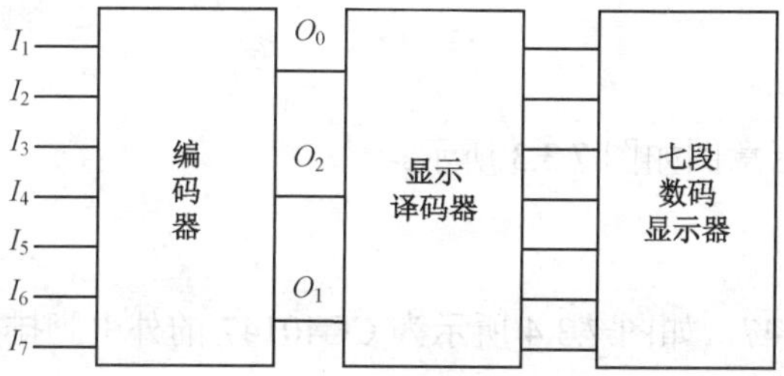


图 7.3.1　7 层大楼火警显示工作框图

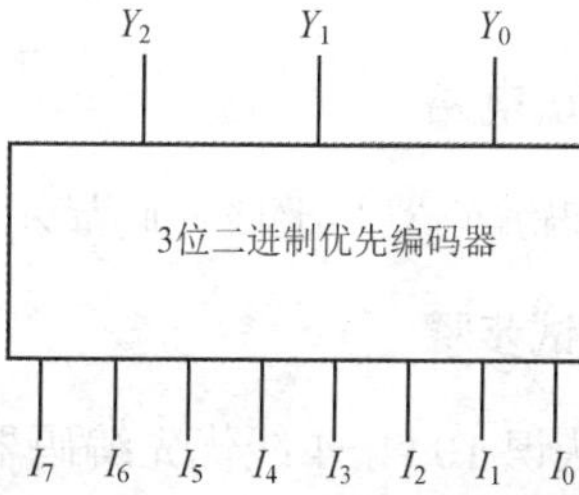


图 7.3.2　3 位二进制优先编码器示意图

表 7.3.2　3 位二进制优先编码器功能真值表

| $I_7$ | $I_6$ | $I_5$ | $I_4$ | $I_3$ | $I_2$ | $I_1$ | $I_0$ | $Y_2$ | $Y_1$ | $Y_0$ |
|---|---|---|---|---|---|---|---|---|---|---|
| 0 | 0 | 0 | 0 | 0 | 0 | 0 | 1 | 0 | 0 | 0 |
| 0 | 0 | 0 | 0 | 0 | 0 | 1 | 0 | 0 | 0 | 1 |
| 0 | 0 | 0 | 0 | 0 | 1 | 0 | 0 | 0 | 1 | 0 |
| 0 | 0 | 0 | 0 | 1 | 0 | 0 | 0 | 0 | 1 | 1 |
| 0 | 0 | 0 | 1 | 0 | 0 | 0 | 0 | 1 | 0 | 0 |
| 0 | 0 | 1 | 0 | 0 | 0 | 0 | 0 | 1 | 0 | 1 |
| 0 | 1 | 0 | 0 | 0 | 0 | 0 | 0 | 1 | 1 | 0 |
| 1 | 0 | 0 | 0 | 0 | 0 | 0 | 0 | 1 | 1 | 1 |

## 第 2 步　10 线-4 线优先编码器逻辑功能测试

### 读一读

10 线-4 线编码器也叫做 BCD 编码器。中规模集成 8421 BCD 码优先编码器主要有 CC40147、LS147 等。

## 做一做

### 10 线-4 线优先编码器逻辑功能测试

#### 1．任务要求

按测试程序要求完成所有测试内容，并填写测试报告（格式要求见附录 A）。

#### 2．测试设备

数字电路综合测试台 1 台，数字万用表 1 只，CC40147、CC4511、BS201 各一只，导线若干。

#### 3．测试电路

BCD 码编码器和七段译码显示电路的示意图如图 7.3.3 所示。

#### 4．测试步骤

（1）认识 10 线-4 线优先编码器 CC40147，如图 7.3.4 所示为 CC40147 的外引脚排列图。表 7.3.3 为其功能表。

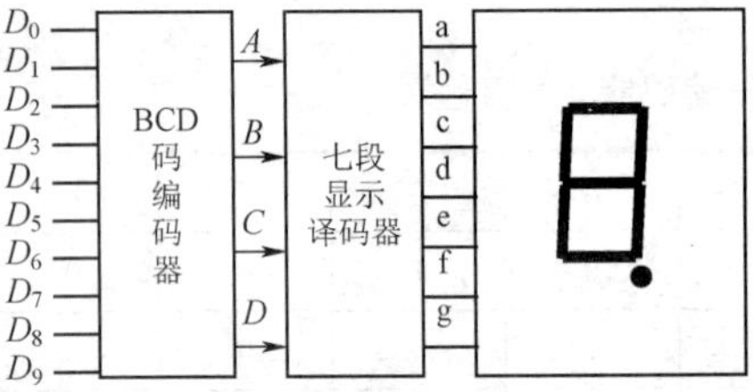


图 7.3.3　BCD 码编码器和七段译码图测试电路的示意图

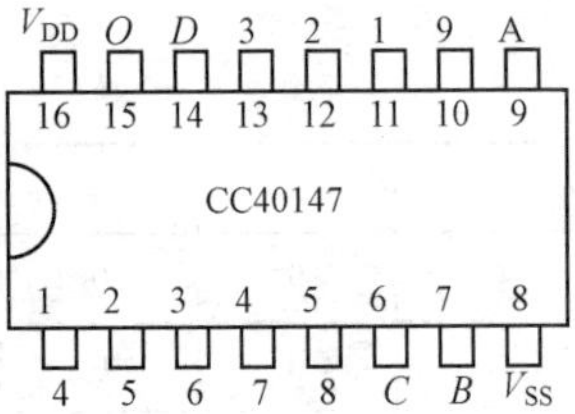


图 7.3.4　8421BCD 码优先编码器 CC40147 的外引脚排列图

表 7.3.3　优先编码器 CC40147 的功能表

| 输　入 | | | | | | | | | | 输　出 | | | |
|---|---|---|---|---|---|---|---|---|---|---|---|---|---|
| $D_0$ | $D_1$ | $D_2$ | $D_3$ | $D_4$ | $D_5$ | $D_6$ | $D_7$ | $D_8$ | $D_9$ | $D$ | $C$ | $B$ | $A$ |
| H | L | L | L | L | L | L | L | L | L | L | L | L | L |
| × | H | L | L | L | L | L | L | L | L | L | L | L | H |
| × | × | H | L | L | L | L | L | L | L | L | L | H | L |
| × | × | × | H | L | L | L | L | L | L | L | L | H | H |
| × | × | × | × | H | L | L | L | L | L | L | H | L | L |
| × | × | × | × | × | H | L | L | L | L | L | H | L | H |
| × | × | × | × | × | × | H | L | L | L | L | H | H | L |
| × | × | × | × | × | × | × | H | L | L | L | H | H | H |
| × | × | × | × | × | × | × | × | H | L | H | L | L | L |
| × | × | × | × | × | × | × | × | × | H | H | L | L | H |
| L | L | L | L | L | L | L | L | L | L | H | H | H | H |

表 7.3.3 与表 7.3.2 很相似，只是编码输入变为 10 个，编码输出变为 4 位，没有功能扩展输出。

（2）用 8421BCD 编码器（CC40147）、七段译码器（CC4511）及 LED 数码管（BS201）组成一个 1 位十进制 0～9 数码显示电路。根据图 7.3.4 画出图 7.3.5 所示 BCD 码编码器和七段译码显示电路的接线图。

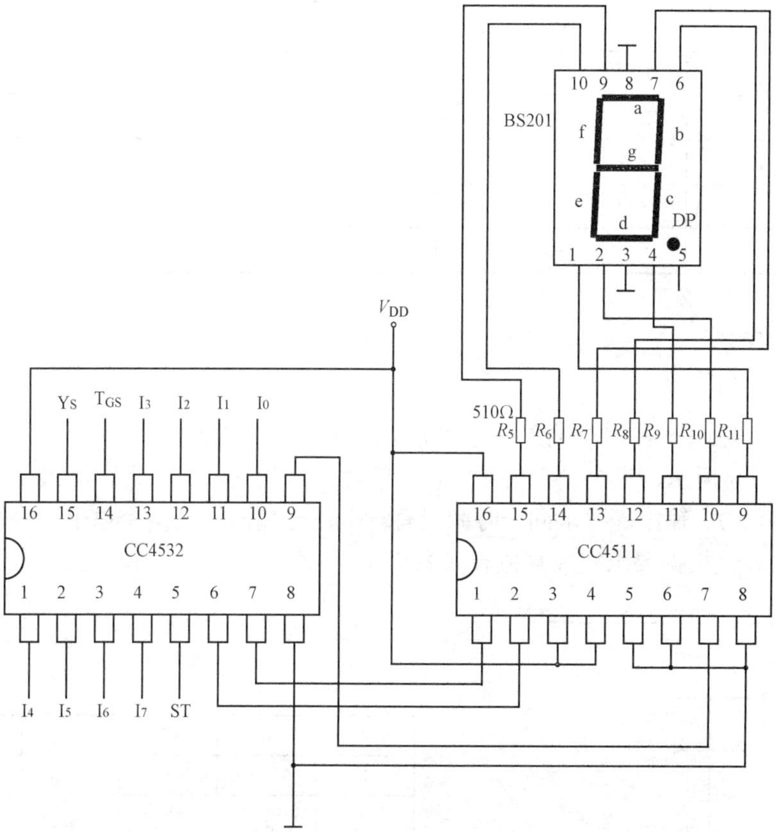


图 7.3.5 BCD 码编码器和七段译码显示电路的接线图

（3）验证优先编码器 CC40147 的功能的正确性。

（4）在 $D_0$～$D_9$ 端逐个输入高电平（+5V）信号，观察数码管数字显示的变化情况，记录测试结果，并填入表 7.3.6 中。

（5）在 $D_0$～$D_9$ 中任选几个输入端，同时加 5V 电压，观察数码管的显示情况，并做好记录，了解 $D_0$～$D_9$ 的优先权级别高低的顺序。

表 7.3.4 10 线-4 线优先编码器数码管显示字符记录

| 输　入 | | | | | | | | | | 数码管显示字符 |
|---|---|---|---|---|---|---|---|---|---|---|
| $D_9$ | $D_8$ | $D_7$ | $D_6$ | $D_5$ | $D_4$ | $D_3$ | $D_2$ | $D_1$ | $D_0$ | |
| L | L | L | L | L | L | L | L | L | H | |
| L | L | L | L | L | L | L | L | H | × | |
| L | L | L | L | L | L | L | H | × | × | |

续表

| 输入 | | | | | | | | | | 数码管显示字符 |
|---|---|---|---|---|---|---|---|---|---|---|
| $D_9$ | $D_8$ | $D_7$ | $D_6$ | $D_5$ | $D_4$ | $D_3$ | $D_2$ | $D_1$ | $D_0$ | |
| L | L | L | L | L | L | H | × | × | × | |
| L | L | L | L | L | H | × | × | × | × | |
| L | L | L | L | H | × | × | × | × | × | |
| L | L | L | H | × | × | × | × | × | × | |
| L | L | H | × | × | × | × | × | × | × | |
| L | H | × | × | × | × | × | × | × | × | |
| H | × | × | × | × | × | × | × | × | × | |

## 考考你

（1）假设优先编码器有 $N$ 个输入信号和 $n$ 个输出信号，则 $N=$ ____________________。

（2）如图 7.3.6 所示，三个输入信号中，$A$ 的优先级最高，$B$ 次之，$C$ 最低，它们通过编码器分别由 $F_A$、$F_B$、$F_C$ 输出。要求同一时间只有一个信号输出，若两个以上信号同时输入时，优先级高的被输出。试根据要求完成真值表（表 7.3.5）。

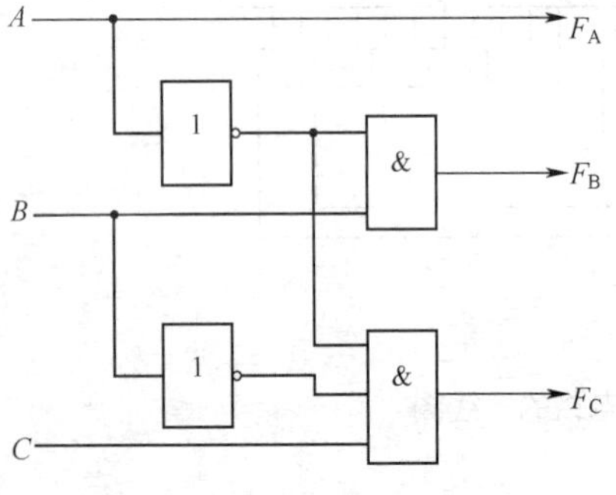


图 7.3.6　逻辑图

表 7.3.8　真值表

| $A$ | $B$ | $C$ | $F_A$ | $F_B$ | $F_C$ |
|---|---|---|---|---|---|
| 1 | × | × | | | |
| 0 | 1 | × | | | |
| 0 | 0 | 1 | | | |

## 习　题

### 一、判断题

1．编码与译码是互逆的过程。（　　）

2．半导体数码显示器的工作电流大，约为 10mA，因此，需要考虑电流驱动能力问题。（　　）

3．组合电路不含有记忆功能的元器件。（　　）

## 二、选择题

1. 在下列逻辑电路中，不是组合逻辑电路的有（　　）。
A. 译码器　　B. 编码器　　C. 全加器　　D. 寄存器

2. 优先编码器同时有两个输入信号时，按（　　）的输入信号编码。
A. 高电平　　B. 低电平　　C. 高频率　　D. 高优先级

3. 半导体数码管由（　　）排列成显示数字。
A. 小灯泡　　B. 液态晶体　　C. 辉光元器件　　D. 发光二极管

## 三、填空题

1. 对于共阳极接法的发光二极管数码显示器，应采用____电平驱动的七段显示译码器。

2. 七段数码显示器有__________和__________两种类型。在配合显示译码器使用时，应________________对应选用。

## 四、综合分析题

1. 在举重比赛中有 $A$、$B$、$C$ 三名裁判，$A$ 为主裁判，当两名以上裁判（必须包括 $A$ 在内）认为运动员上举杠铃合格，按动电钮可发出裁决合格信号，请设计该逻辑电路。

2. 分析图 7.4.1 所示逻辑电路，写出其逻辑表达式，再转换为与非表达式，并画出用与非门构成该电路的逻辑图。

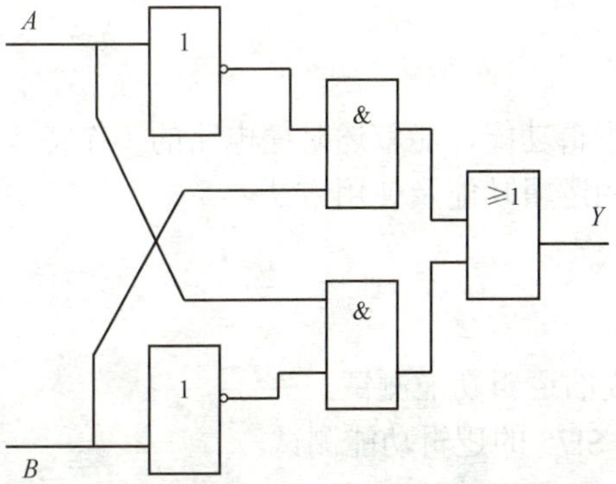


图 7.4.1　题 7.10 图

# 学习领域八　触发器及其应用

## 领域简介

在数字电路系统中，除了广泛采用集成逻辑门电路及由它们构成的组合逻辑电路之外，还经常采用触发器以及由它们与各种门电路一起构成的时序逻辑电路。

时序逻辑电路的特点是：输出状态不仅取决于当时的输入信号状态，而且还与原输出状态有关；另外，在电路结构上存在反馈，使时序电路具有记忆功能。

本领域重点介绍触发器及应用电路。通过学习，使读者深入了解时序逻辑电路及其广泛应用。通过抢答器电路的制作，提高读者电路安装、调试和排除故障等能力，为本专业后续学习打下良好的专业理论和操作能力的基础。

## 项目 1　触发器逻辑功能测试及应用

### 学习目标

✧ 会描述 D 触发器的逻辑功能，能叙述时序电路的工作特点。
✧ 掌握集成 D 触发器的逻辑功能及使用方法。

### 工作任务

✧ 双 D 触发器 CC4013 的逻辑功能测试。
✧ 四位集成寄存器 74LS175 的逻辑功能测试。
✧ 四 D 锁存器 CC4042 的逻辑功能测试。

### 第 1 步　双 D 触发器 CC4013 的逻辑功能测试

#### 读一读

**1. 触发器的基本概念**

触发器是由门电路构成的时序逻辑单元，它有一个或多个输入端，两个互补输出端，分别用 $Q$ 和 $\overline{Q}$ 表示。其中 $Q$ 的状态代表了触发器的状态，当 $Q$=0 时，表示触发器处于 0 状态；当 $Q$=1 时，表示触发器处于 1 状态。在一定的外界信号作用下，可以从一个稳定状态翻转到另一个稳定状态，它是一个具有记忆功能的二进制信息存储元器件，是构成各种时序电路的最基本逻辑单元。

### 2. 触发器的特点

与门电路相比，它具有两个稳定的状态 0 和 1，在触发信号作用下，两个状态之间可以相互转换，若没有触发信号作用，触发器将保持原有的状态不变，所以说触发器具有“记忆”功能，这是门电路所没有的。

### 3. 触发器的分类

触发器按功能分有基本 RS 触发器、D 触发器、JK 触发器、T 触发器。

触发器按触发方式分有基本触发器、电平触发器、主从触发器、边沿触发器。

电平触发器是指触发器的状态变化不仅由触发信号控制，同时受时钟信号控制。在时钟信号高电平或低电平期间，触发器的状态才由触发信号控制。

主从触发器是指触发器在时钟信号高电平期间接收控制信号，下降沿时刻状态发生变化。

边沿触发器是指触发器只在时钟信号上升沿或下降沿时刻接收控制信号并同时状态发生变化。边沿触发器的抗干扰性能最好。

## 看一看

### 认识 D 触发器

CC4013 由两个相同的、相互独立的数据型触发器构成，如图 8.1.1 所示。每个触发器有独立的数据、置位、复位、时钟输入和 $Q$ 及 $\overline{Q}$ 输出。引出端符号：$D_1$、$D_2$ 为数据输入端，$CP_1$、$CP_2$ 为时钟输入端（上升沿有效），$SD_1$、$SD_2$ 为直接置 1 端；$RD_1$、$RD_2$ 为直接复位端，$Q_1$、$Q_2$ 为原码输出端，$\overline{Q}_1$、$\overline{Q}_2$ 为反码输出端，$V_{DD}$ 为正电源；$V_{SS}$ 为地。

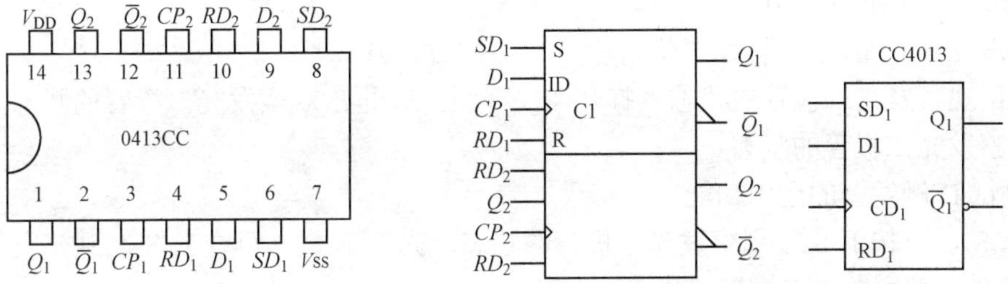


（a）引脚　　（b）逻辑图

图 8.1.1　双 D 触发器 CC4013 外引脚排列图和逻辑图

## 做一做

### 双 D 触发器 CC4013 的逻辑功能测试

### 1. 任务要求

按测试步骤完成所有测试内容，并填写测试报告（格式要求见附录 A）。

## 2. 测试设备

数字电路综合测试台 1 台，数字万用表 1 只，CC4013 1 只，导线若干。

## 3. 测试电路

CC4013 逻辑功能测试原理图如图 8.1.2 所示。

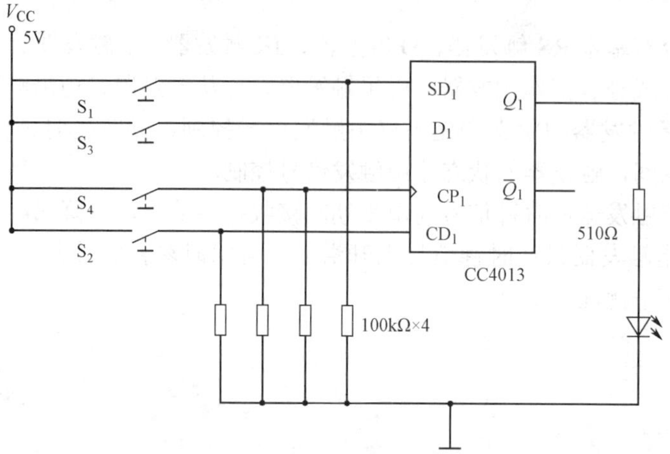


图 8.1.2 CC4013 逻辑功能测试原理图

## 4. 测试步骤

（1）画出如图 8.1.3 所示的接线图。*CP* 为时钟输入信号，图 8.1.3 中，使用按钮 $S_4$ 连接 *CP* 端，按下 $S_4$ 瞬间模拟上升沿信号（0→1，即↑），松开 $S_4$ 瞬间模拟下降沿信号（1→0，即↓）。发光二极管“亮”表示 D 触发器输出为“高电平”（即 $Q^{n+1}=1$），发光二极管“灭”表示 D 触发器输出为“低电平”（即 $Q^{n+1}=0$）。

（2）测试 $\overline{RD}$ 和 $\overline{SD}$ 的复位、置位功能。

合上 $S_1$ 观察发光二极管的状态。打开 $S_1$，合上 $S_2$ 再次观察发光二极管的状态。同时合上 $S_1$、$S_2$，观察发光二极管的状态。

（3）测试 D 触发器的逻辑功能。

先合上 $S_3$，再按下 $S_4$，观察发光二极管的状态。先按下 $S_4$，再合上 $S_3$，观察发光二极管的状态。松开 $S_4$，观察发光二极管的状态。

要求按表 8.1.1 要求进行测试，填写测试记录到表 8.1.1 中。

表 8.1.1 CC4013 逻辑功能测试记录

| *D* | *CP* | $Q^{n+1}$ | |
|---|---|---|---|
| | | $Q^n=0$ 时 | $Q^n=1$ 时 |
| 0 | 0→1（↑） | | |
| | 1→0（↓） | | |
| 1 | 0→1（↑） | | |
| | 1→0（↓） | | |

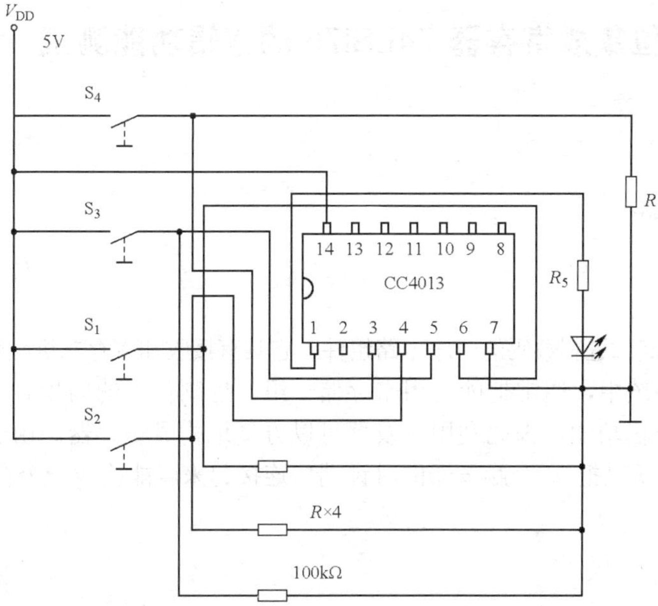


图 8.1.3　CC4013 逻辑功能测试接线图

**结论**：双 D 触发器 CC4013 的特性方程为________（$Q^{n+1}$=$D$/$Q^{n+1}$=$Q^n$/$Q^{n+1}$=1/$Q^{n+1}$=0）。当 $\overline{RD}=0$，$\overline{SD}=1$ 时，$Q^{n+1}$=_____（1/0）；当 $\overline{RD}=1$，$\overline{SD}=0$ 时，$Q^{n+1}$=_____（1/0）。$CP$ 是_______（上升沿/下降沿）有效。

## 考考你

逻辑电路如图 8.1.4 所示。这是一个上升沿触发的 D 触发器，其 $\overline{Q}$ 端与 $D$ 端连接在一起。已知 $CP$ 波形，试画出输出 $Q$ 端的信号波形，设 $Q$ 的初状态为 0。

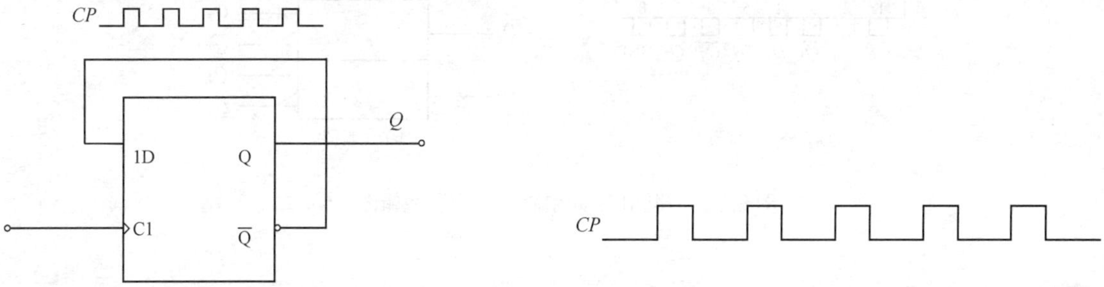


（a）逻辑图　　（b）波形

图 8.1.4　D 触发器及其波形

## 第 2 步　四位集成寄存器 74LSl75 的逻辑功能测试

### 读一读

**数码寄存器**

数码寄存器是存储二进制数码的时序电路组件，它具有接收和寄存二进制数码的逻辑功能。

在实际的数字系统中，通常把能够用来存储一组二进制代码的同步时序逻辑电路称为寄存器。由于触发器有记忆功能，因此利用触发器可以方便地构成寄存器。由于一个触发器能够存储一位二进制数码，所以把 $n$ 个触发器的时钟端口连接起来就能构成一个存储 $n$ 位二进制码的寄存器。

### 看一看

**四位集成寄存器 74LSl 75**

如图 8.1.5 所示为 74LSl 75 外引脚排列图和逻辑图，图 8.1.6 所示是由 D 触发器组成的四位集成寄存器 74LSl75 的逻辑电路图。其中，$\overline{CR}$ 是异步清零控制端。$D_1$～$D_4$ 是并行数据输入端，$CP$ 为时钟脉冲端，$Q_1$～$Q_4$ 是并行数据输出端，$\overline{Q}_1$～$\overline{Q}_4$ 是 $Q_1$～$Q_4$ 的反码数据输出端。

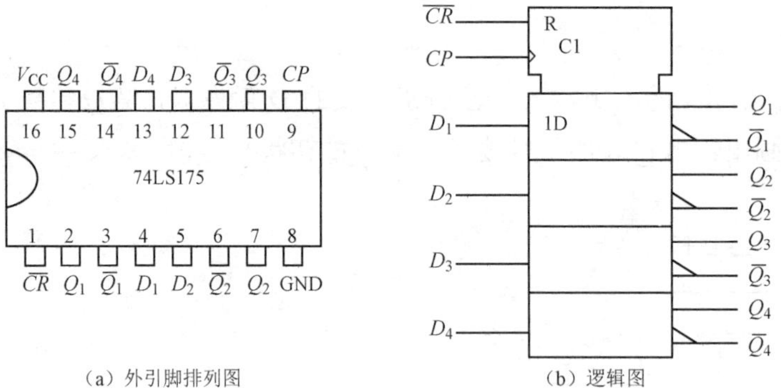


（a）外引脚排列图　　（b）逻辑图

图 8.1.5　74LS175 外引脚排列图和逻辑图

### 读一读

**电路的数码接收过程**

电路的数码接收过程为：将需要存储的四位二进制数码送到数据输入端 $D_1$～$D_4$，将 CP 端连接到数字电路测试台的脉冲信号源，选择频率为 1Hz 的时钟脉冲，脉冲上升沿作用后，4 位数码并行地出现在 4 个触发器 $Q$ 端，如图 8.1.6 所示。

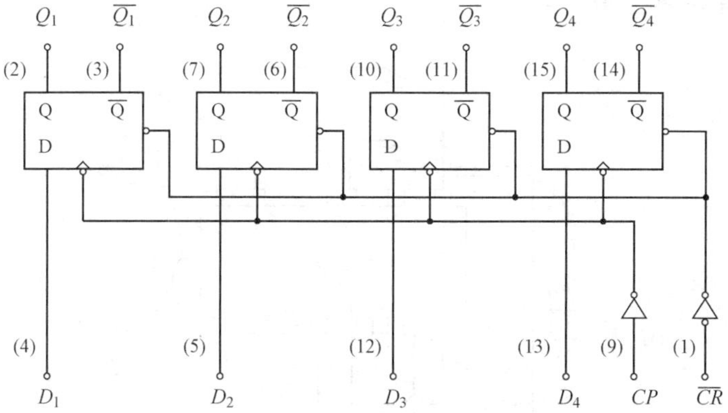


图 8.1.6　四位集成寄存器 74LS175 逻辑电路图

## 做一做

### 四位集成寄存器 74LSl75 的逻辑功能测试

#### 1．任务要求

按测试步骤完成所有测试内容，并填写测试报告（格式要求见附录 A）。

#### 2．测试设备

数字电路综合测试台 1 台，数字万用表 1 只，74LS175 1 只，导线若干。

#### 3．测试电路

74LSl75 逻辑功能测试原理图如图 8.1.7 所示。

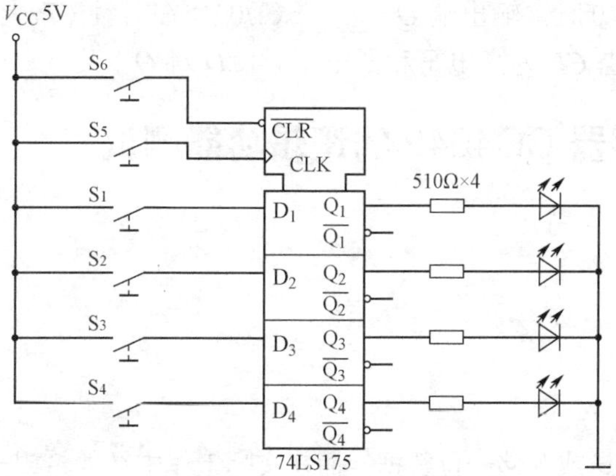


图 8.1.7　74LS175 逻辑功能测试原理图

4. 测试步骤

（1）将 74LS175 芯片接入，并将相应引脚接电源和接地。接线图如图 8.1.8 所示。

（2）验证 74LS175 功能表（表 8.1.2）。

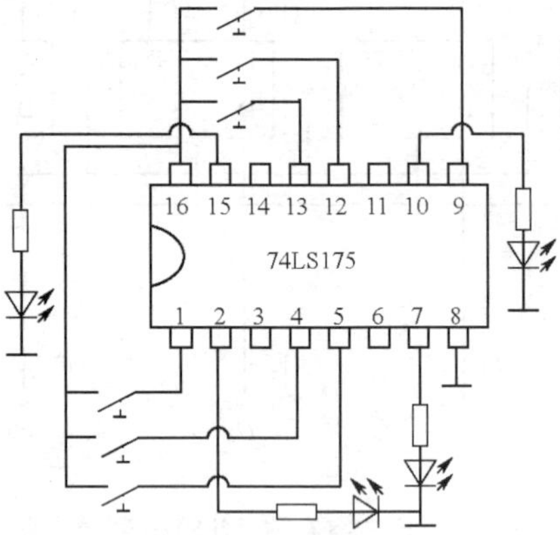


图 8.1.8 74LS175 逻辑功能测试接线图

表 8.1.2 74LS175 的功能表

| 清零 | 时钟 | 输入 | | | | 输出 | | | | 工作模式 |
|---|---|---|---|---|---|---|---|---|---|---|
| $\overline{CR}$ | $CP$ | $D_1$ | $D_2$ | $D_3$ | $D_4$ | $Q_1$ | $Q_2$ | $Q_3$ | $Q_4$ | |
| 0 | × | × | × | × | × | 0 | 0 | 0 | 0 | 异步清零 |
| 1 | ↑ | $D_1$ | $D_2$ | $D_3$ | $D_4$ | $D_1$ | $D_2$ | $D_3$ | $D_4$ | 数码寄存 |
| 1 | 1 | × | × | × | × | 保持 | | | | 数据保持 |
| 1 | 0 | × | × | × | × | 保持 | | | | 数据保持 |

**结论**：当清零端 $\overline{CR}=0$ 时，输出端 $Q$=_____（1/0）。在时钟 $CP$ 上升沿作用下，$Q$ 与数据 $D$ 相________（一致/反）；当 $CP$ 为高电平和低电平时，$D$ 对 $Q$_______（有/没有）影响。

## 第 3 步 D 锁存器 CC4042 的逻辑功能测试

### 读一读

**锁存器**

一位 D 触发器只能传送或存储一位数据，而在实际工作中往往希望一次传送或存储多位数据。为此可把多个 D 触发器的时钟输入端口 $CP$ 连接起来，用一个公共的控制信号来控制，而各个数据端口仍然独立地接收数据。这样构成的能一次传送或存储多位数据的电路就称为“锁存器”。

## 看一看

### 四 D 锁存器 CC4042

图 8.1.9（a）所示为四 D 锁存器 CC4042 的外引脚排列图，图 8.1.10 所示是 CC4042 的逻辑电路图。其中，$M$ 是时钟方式控制端，$D_1$～$D_4$ 是数据输入端，$CP$ 为时钟脉冲端，$Q_1$～$Q_4$ 是原码数据输出端，$\overline{Q}_1$～$\overline{Q}_4$ 是 $Q_1$～$Q_4$ 的反码数据输出端，$V_{DD}$ 为正电源，$V_{SS}$ 为地。

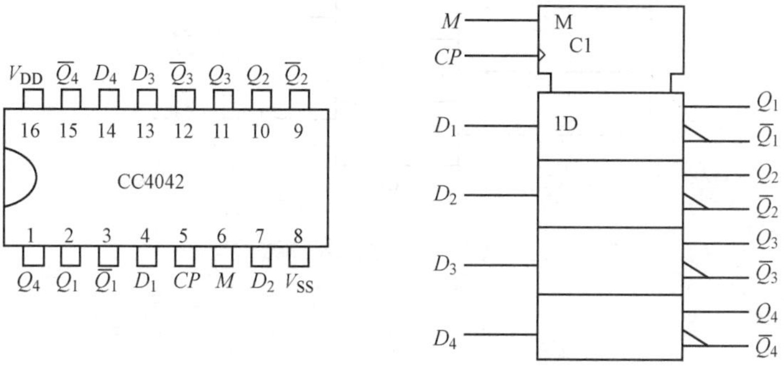


（a）引脚　　（b）逻辑图

图 8.1.9　四 D 锁存器 CC4042 外引脚排列图和逻辑图

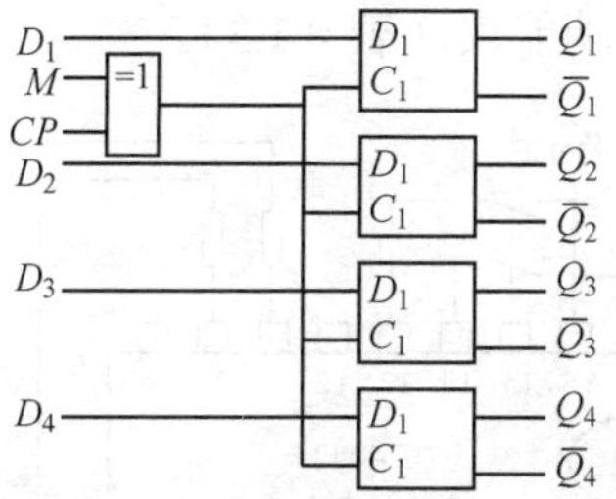


图 8.1.10　四 D 寄存器 CC4042 逻辑电路图

## 做一做

### 四 D 锁存器 CC4042 的逻辑功能测试

**1．任务要求**

按测试步骤完成所有测试内容，并填写测试报告（格式要求见附录 A）。

**2．测试设备**

数字电路综合测试台 1 台，数字万用表 1 只，CC4042 1 只，导线若干。

### 3．测试电路

CC4042 逻辑功能测试原理图如图 8.1.11 所示。

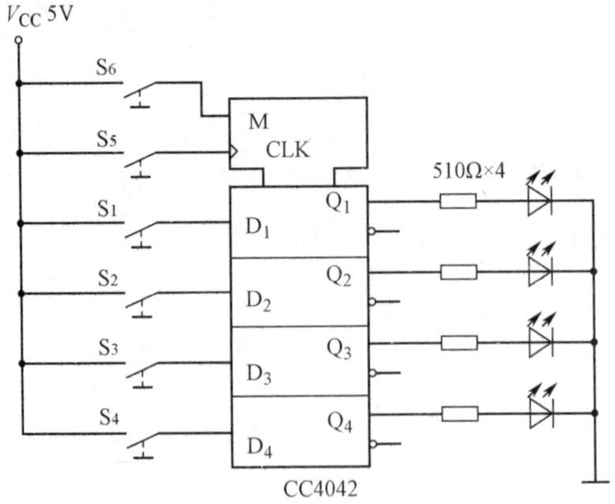


图 8.1.11　CC4042 逻辑功能测试原理图

### 4．测试步骤

（1）将 CC4042 芯片接入数字电路测试台，并将相应引脚接电源和接地。接线图如图 8.1.12 所示。

（2）将 $M$ 接为高电平、$CP$ 端接高电平，在数据输入端（$D_1$～$D_4$）输入高低电平，测试 $Q_1$～$Q_4$ 的输出电平。验证 CC4042 功能表（表 8.1.3）。

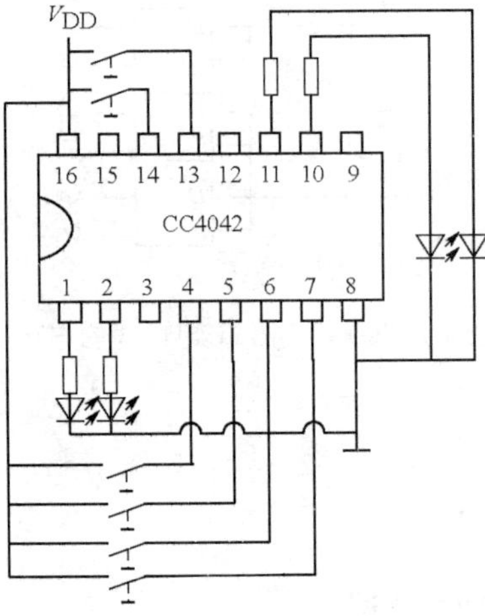


图 8.1.12　CC4042 逻辑功能测试接线图

（3）将 $M$ 接为高电平、$CP$ 端由高电平向低电平转换（即 $CP$ 为下降沿），在数据输入端（$D_1$～$D_4$）输入另一组高低电平，测试 $Q_1$～$Q_4$ 的输出电平，验证 CC4042 功能表（表 8.1.3）。

（4）将 $M$ 接为低电平时，测试步骤同上述（2）、（3）步。

表 8.1.3　CC4042 功能表

| *CP* | *M* | *D* | *Q* | $\overline{Q}$ |
|---|---|---|---|---|
| *L* | *L* | *D* | *D* | $\overline{D}$ |
| ↑ | L | × | 锁存 | |
| *H* | *H* | *D* | *D* | $\overline{D}$ |
| ↓ | *H* | × | 锁存 | |

**结论：**CC4042 包含 4 个锁存器电路，有公共时钟选通，每个电路有互补缓冲输出。输入端的数据在有 $M$ 选择的 $CP$ 电平期间传送至 $Q$ 和 $\overline{Q}$ 输出端，当 $M$=_____（1/0）时，在 $CP$=______（1/0）期间传送，当 $M$=_____（1/0）时，在 $CP$= _____（1/0）期间锁存。即 $M$ 和 $CP$ 电平同时存在时，输出跟随数据输入，当 $CP$ 电平转换时，输入端数据在 $CP$ 转换期间保持在输出端，直至 $CP$ 电平发生相反转换。

## 读一读

### 寄存器与锁存器的区别

从寄存数据的角度来看，寄存器和锁存器的功能是相同的；它们的区别在于寄存器是同步时钟控制，而锁存器是电位信号控制。可见，寄存器和锁存器具有不同的应用场合，主要取决于控制方式以及控制信号和数据之间的时间关系。若数据有效一定滞后于控制信号有效，则只能使用锁存器；数据提前于控制信号到达并且要求同步操作，则可用寄存器来存放数据。

## 考考你

图 8.1.13 中各触发器的初始状态 $Q$=0，试画出在 4 个 $CP$ 脉冲作用下各触发器 $Q$ 端的电压波形。

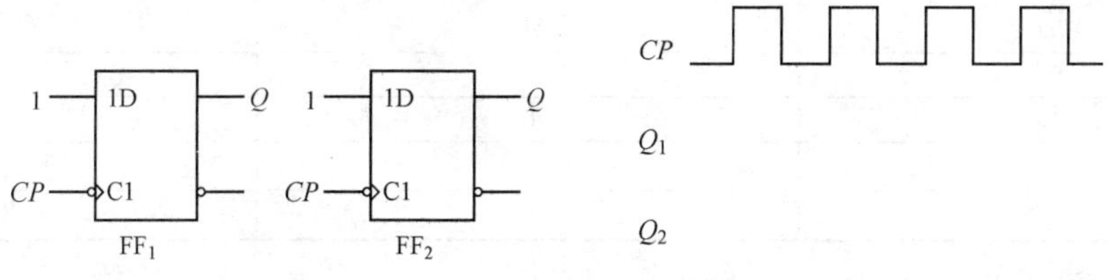


图 8.1.13　触发器电路及输出波形

## 第 4 步　其他触发器的逻辑功能

### 拓　展

#### 1. 基本 RS 触发器

1）电路组成

基本触发器是指触发器的状态直接由触发信号控制。将两个集成与非门的输出端和输入端交叉反馈相接，就组成了基本 RS 触发器，如图 8.1.14（a）所示。

两个与非门 $G_1$、$G_2$；两个输入端 $\overline{RD}$、$\overline{SD}$；两个输出端 $Q$、$\overline{Q}$，逻辑状态是互补的。

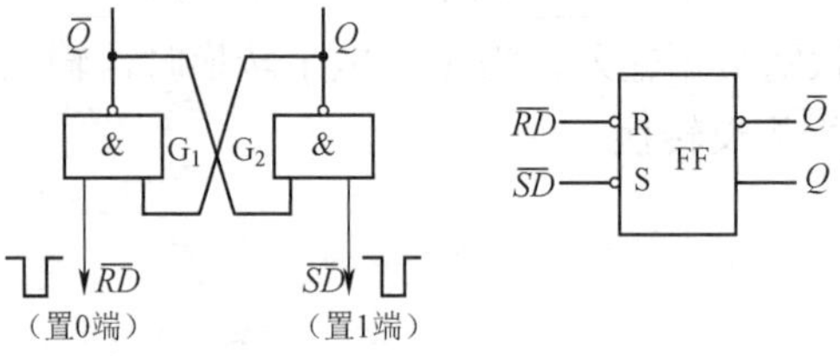


（a）逻辑图　　（b）逻辑符号

图 8.1.14　基本 RS 触发器

2）工作原理

$Q$ 端的状态为触发器的状态。

工作状态：$Q$=0，$\overline{Q}=1$ 时触发器处于“0”态（稳定状态）；$Q$=1，$\overline{Q}=0$ 时触发器处于“1”态（稳定状态）。

3）逻辑符号

基本 RS 触发器的逻辑符号如图 8.1.14（b）所示。

4）真值表

表 8.1.4 为基本 RS 触发器真值表。

表 8.1.4　基本 RS 触发器真值表

| $\overline{RD}$ | $\overline{SD}$ | $Q$ |
|---|---|---|
| 0 | 1 | 0 |
| 1 | 0 | 1 |
| 1 | 1 | 不变 |
| 0 | 0 | 不定 |

$\overline{RD}$ 为置 0 端、$\overline{SD}$ 为置 1 端，均由负脉冲触发，符号 $RD$、$SD$ 上加了非号，表示低电平有效。

触发器的翻转：触发器状态在外加信号作用下状态转换的过程。

触发脉冲：能使触发器发生翻转的外加信号。

5）逻辑功能

基本 RS 触发器的逻辑功能如下：

当 $\overline{RD}=0$，$\overline{SD}=1$ 时，则 $Q=0(\bar{Q}=1)$；

当 $\overline{RD}=1$，$\overline{SD}=0$ 时，则 $Q=1(\bar{Q}=0)$；

当 $\overline{RD}=1$，$\overline{SD}=1$ 时，则 $Q$ 不变（$\bar{Q}$ 不变）；

当 $\overline{RD}=0$，$\overline{SD}=0$ 时，则 $Q$ 不定（$\bar{Q}$ 不定），这是不允许的。

## 2．主从 RS 触发器

1）电路组成

主从 RS 触发器由主触发器和从触发器组成，如图 8.1.15（a）所示。

2）逻辑符号

主从 RS 触发器的逻辑符号如图 8.1.15（b）所示。

3）真值表

根据图 8.1.15 经分析可得主从 RS 触发器的真值表（表 8.1.5）。

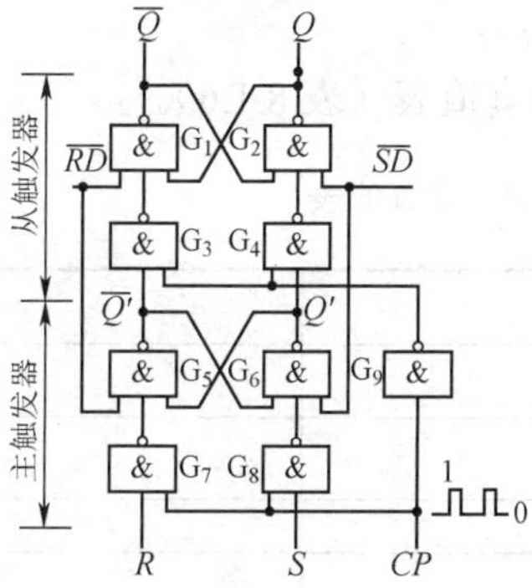

（a）逻辑图

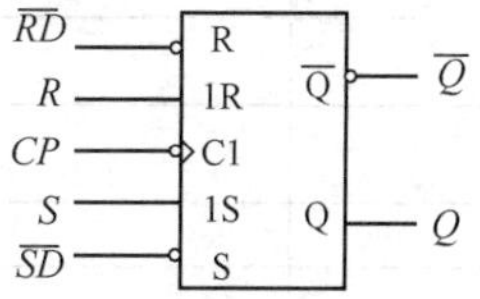

（b）逻辑符号

图 8.1.15　主从 RS 触发器

表 8.1.5　主从 RS 触发器的真值表

| $S$ | $R$ | $Q^{n+1}$ |
|---|---|---|
| 0 | 0 | $Q^n$ |
| 0 | 1 | 0 |
| 1 | 0 | 1 |
| 1 | 1 | 不定（禁止） |

4）主从 RS 触发器的逻辑功能

主从 RS 触发器具有置 0、置 1、保持 3 个逻辑功能。

## 3．主从 JK 触发器

1）电路结构

主从 JK 触发器的逻辑图如图 8.1.16（a）所示。

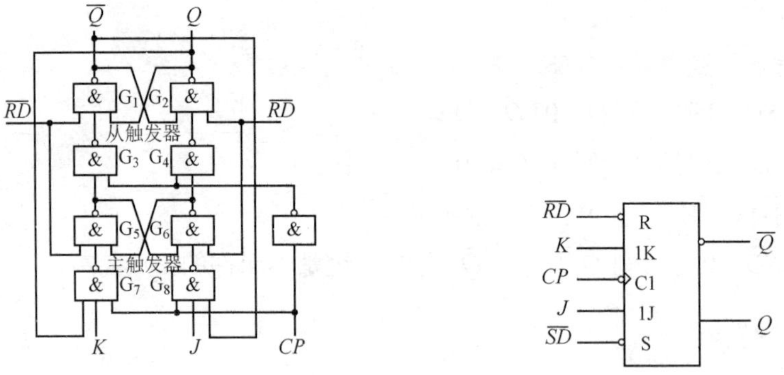


（a）逻辑图　　（b）逻辑符号

图 8.1.16　主从 JK 触发器

2）逻辑符号

主从 JK 触发器的逻辑符号如图 8.1.16（b）所示。说明：该触发器是 *CP* 下降沿（负脉冲）触发有效（有小圆圈）。

3）真值表

根据图 8.1.16 经分析可得主从 JK 触发器的真值表（表 8.1.6）。

表 8.1.6　JK 触发器真值表

| $J$ | $K$ | $Q_{n+1}$ |
| --- | --- | --- |
| 0 | 0 | $Q_n$ |
| 1 | 1 | $\overline{Q_n}$ |
| 0 | 1 | 0 |
| 1 | 0 | 1 |

4）逻辑功能

JK 触发器具有置 0、置 1、保持和翻转 4 个逻辑功能。

### 4．D 触发器

1）电路结构

D 触发器可由 JK 触发器转换而成，如图 8.1.17（a）所示，只要在 JK 触发器的 K 端接一个非门，再接到 J 端，引出一个控制端 D，即可组成 D 触发器。图 8.1.17（b）所示为 D 触发器的逻辑符号。

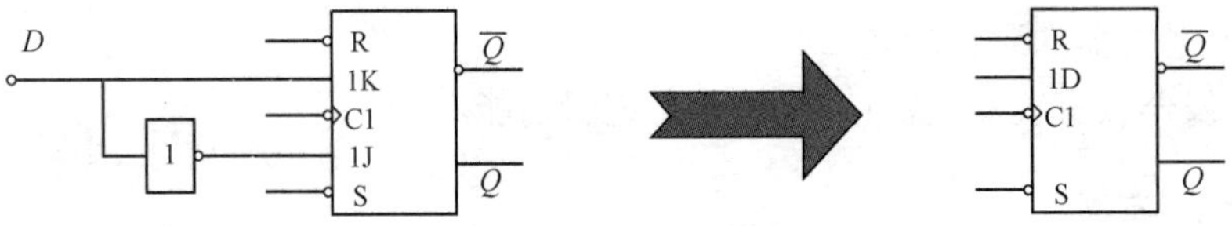


（a）逻辑连接图　　（b）逻辑符号

图 8.1.17　用 JK 触发器转换成 D 触发器

2）真值表

D 触发器实际上是 JK 触发器中 $J\neq K$ 条件下的特殊电路。当 $D$=0 时，$Q^{n+1}$=0（相当于 $J$=0，$K$=1 时的情况），当 $D$=1 时 $Q^{n+1}$=1（相当于 $J$=1，$K$=0 时的情况）。由此得到 D 触发器的真值表（表 8.1.7）。

表 8.1.7 D 触发器真值表

| $D$ | $Q^{n+1}$ |
|---|---|
| 0 | 0 |
| 1 | 1 |

3）逻辑功能

根据表 8.1.7 可知，D 触发器具有置 0 和置 1 的逻辑功能。

### 5. T 时钟触发器

1）电路结构

与 D 触发器相似，T 触发器也可由 JK 触发器转换而成，如图 8.1.18（a）所示，只要将 JK 触发器的 $J$ 端和 $K$ 端直接连接在一起，引出一个控制端 $T$，即可组成 T 触发器。图 8.1.18（b）所示为 T 触发器的逻辑符号。

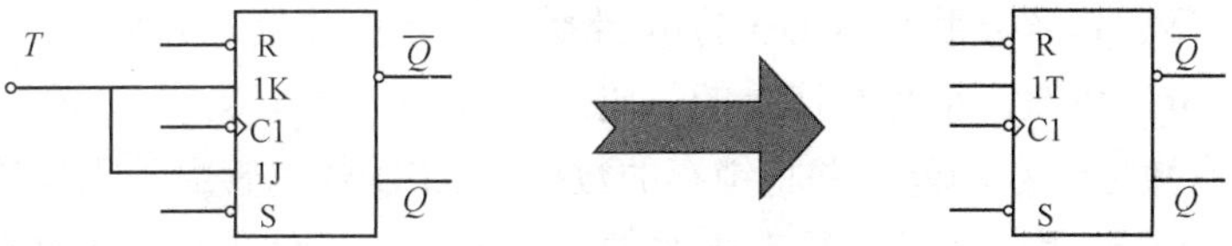


（a）逻辑连接图 （b）逻辑符号

图 8.1.18 用 JK 触发器转换成 T 触发器

2）真值表

T 触发器实际上是 JK 触发器中 $J=K$ 条件下的特殊电路。当 $T$=0 时 $Q^{n+1}=Q^n$（相当于 $J=K$=0 时的情况），当 $T$=1 时 $Q^{n+1}=\overline{Q^n}$（相当于 $J=K$=1 时的情况）。由此得到 T 触发器的真值表（表 8.1.8）。

表 8.1.8 T 触发器真值表

| $D$ | $Q^{n+1}$ |
|---|---|
| 0 | $Q^n$ |
| 1 | $\overline{Q^n}$ |

3）逻辑功能

根据表 8.1.8 可知，T 触发器具有保持和翻转的逻辑功能。因此 T 触发器又称为可控计数型触发器。

# 项目 2 四人抢答器电路的制作

## 学习目标

- ✧ 会测试中规模集成电路的逻辑功能。
- ✧ 能查阅资料，了解常用中规模集成电路的逻辑功能。
- ✧ 会用中规模集成电路制作具有一定功能的组合逻辑电路。
- ✧ 能用中规模集成电路及其基本门电路制作四人抢答器。

## 工作任务

- ✧ 用按钮开关和电阻制作抢答控制电路。
- ✧ 用 4D 锁存器和与非门制作触发锁存电路。

✧ 制作四人抢答器。

## 第 1 步 抢答控制电路的制作与调试

### 读一读

#### 1．抢答器的技术要求

抢答器是一名公正的裁判员，它的任务是从若干名参赛者中确定出最先的抢答者。从原理上讲，它是一种典型的数字电路，其中包括了组合逻辑电路和时序电路。

本项目将完成一款采用 D 触发器数字集成电路制成的数字显示四路抢答器，它利用数字集成电路的锁存特性，实现优先抢答和数字显示功能，要求如下：

（1）制作一个可供 4 名选手参加比赛的 4 路数字显示抢答器。它们的编号分别为“1”“2”“3”“4”，各用一个抢答按钮，编号与选手的号码一一对应。

（2）抢答器具有数据锁存功能，并将锁存的数据用 LED 数码管显示出抢答成功者的号码。

（3）抢答器对抢答选手动作的先后有很强的分辨能力，即使他们的动作仅相差几毫秒，也能分辨出抢答者的先后。即不显示后动作的选手编号。

（4）主持人具有手动控制开关，可以手动清零复位，为下一轮抢答做准备。

#### 2．抢答器的基本组成

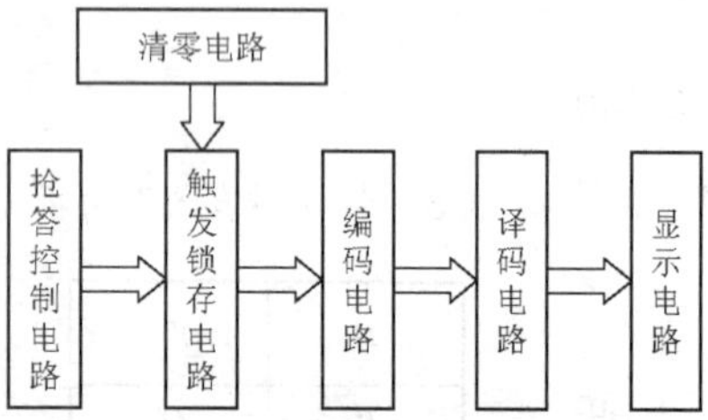

图 8.2.1 抢答器的组成框图

抢答器的组成框图如图 8.2.1 所示。它主要由抢答控制电路、清零电路、触发锁存电路、编码电路、译码电路和显示电路组成。

（1）抢答控制电路。该电路由多路开关组成，每一位竞赛者与一组开关相对应。开关应为常开型，当按下开关时，开关闭合；当松开开关时，开关自动弹出断开。

（2）触发锁存电路。当某一开关首先按下时，触发锁存电路被触发，在输出端产生相应的开关电平信息，同时为防止其他开关随后触发而产生紊乱，最先产生的输出电平变化又反过来将触发电路锁定。

（3）编码电路。编码电路是将某一开关信息转化为相应的 8421BCD 码，以提供数字显示电路所需要的编码输入。

（4）译码电路。译码电路将编码器输出的 8421BCD 码转换为数码管需要的逻辑状态，并且为保证数码管正常工作提供足够的工作电流。

（5）显示电路。显示电路是数码管，数码管常用发光二极管（LED）数码管或液晶（LCD）数码管。

（6）清零电路。当触发锁存电路被触发锁存后，若要进行一下轮的重新抢答，则要将数据清零。可将使能端强迫置 1 或置 0（根据具体情况而定），使锁存器处于等待接收状态即可。

## 做一做

抢答控制电路的制作与调试

1．任务要求

按制作步骤完成该项目内容，并填写制作报告（格式要求见附录 B）。

2．制作设备

数字电路综合测试台 1 台，数字万用表 1 只，电阻 4 只，轻触开关 4 只，导线若干。

3．制作步骤

（1）设系统由开关 A、B、C、D 组成，分别由 4 名参赛者控制。

（2）如图 8.2.2 所示为 4 路开关阵列电路，其结构非常简单。电路中 $R$ 为上拉和限流电阻，阻值为 100kΩ～1MΩ。

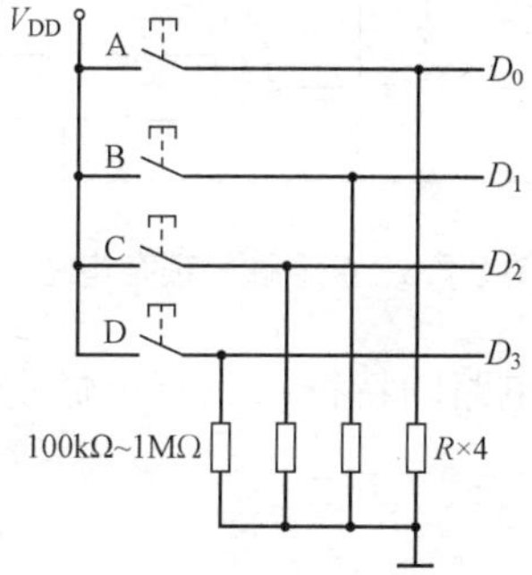


图 8.2.2　4 路开头阵列电路

# 第 2 步　用 4D 锁存器和与非门制作触发锁存电路

## 做一做

触发锁存电路的制作与调试

1．任务要求

按制作步骤完成该项目内容，并填写制作报告（格式要求见附录 B）。

2．制作设备

数字电路综合测试台 1 台，数字万用表 1 只， CC4011、CC4012、CC4042 各一只，抢答控制电路，导线若干。

3．制作步骤

（1）如图 8.2.3 所示为 4 路触发锁存电路。图中，CC4042 为 4D 锁存器。

（2）一开始，所有开关均未按下，锁存器输出全为高电平，经 4 输入与非门 4012 和与非门 4011 后的反馈信号仍为高电平，该信号作为锁存器使能端控制信号，使锁存器处于等待接收触发输入状态。

（3）任一开关按下，输出信号中必有一路为低电平，则反馈信号变为低电平，锁存器刚刚接收到的开关被锁存，这时其他开关信息的输入将被封锁。

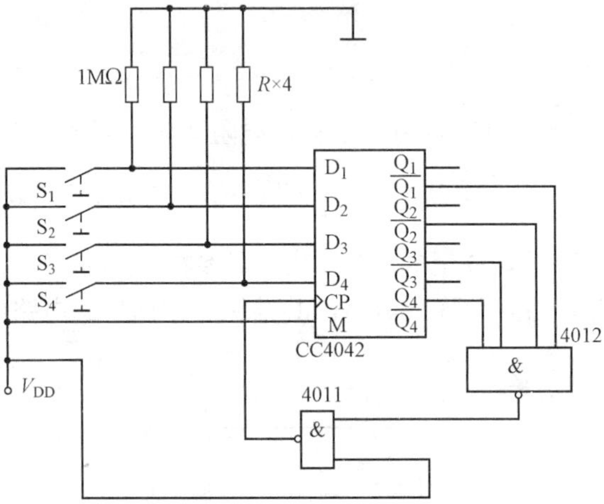


图 8.2.3　4 路触发锁存电路

**结论**：触发锁存电路具有时序电路的特征：具有记忆功能________（是/否），这是实现抢答器功能的关键。

## 考考你

（1）抢答器电路由哪几部分构成？画出它的结构框图。

（2）试说明抢答器可能用到的元器件。

（3）如何实现清零功能？

# 第 3 步　制作四人抢答器

## 做一做

抢答器电路的制作与调试

1．任务要求

按制作步骤完成该项目内容，并填写制作报告（格式要求见附录 B）。

### 2. 制作设备

数字电路综合测试台 1 台，数字万用表 1 只， 4532、4511、4011、4012、4042、BS201 各一只，发光二极管 4 只，轻触开关 4 只，1kΩ电阻 4 只，100kΩ电阻 4 只，导线若干。

### 3. 制作步骤

① 抢答控制电路：由于本电路均采用 CMOS 集成电路组成，故上拉电阻 $R_1$～$R_4$ 可取 100kΩ～1MΩ。

② 触发锁存电路：选择 CC4042 四 D 锁存器。4 输入与非门为 CC4012。

③ 编码器：选 CC4532　8 线-3 线优先（高位优先）编码器。

④ 译码驱动及显示单元电路：选择 CC4511 作为显示译码电路。选择 LED 数码管作为显示单元电路。

⑤ 清零电路：选择 CC4011 与门构成清零电路。将清零开关信号与锁存器反馈信号相与后再加到锁存器的使能输入端，当解锁开关信号为 0 时，可将使能端强迫置 1，使锁存器重新处于等待接收状态。

如图 8.2.4 所示为四人抢答器原理图。

⑥ 按如图 8.2.5 所示的四人抢答器接线图在印制板上组装并调试四人抢答器电路。

## 做一做

### 抢答器电路仿真制作

按制作步骤完成该项目内容。准备计算机 1 台，Multisim 10.0 或其他同类软件 1 套。抢答器电路仿真制作电路如图 8.2.6 所示。

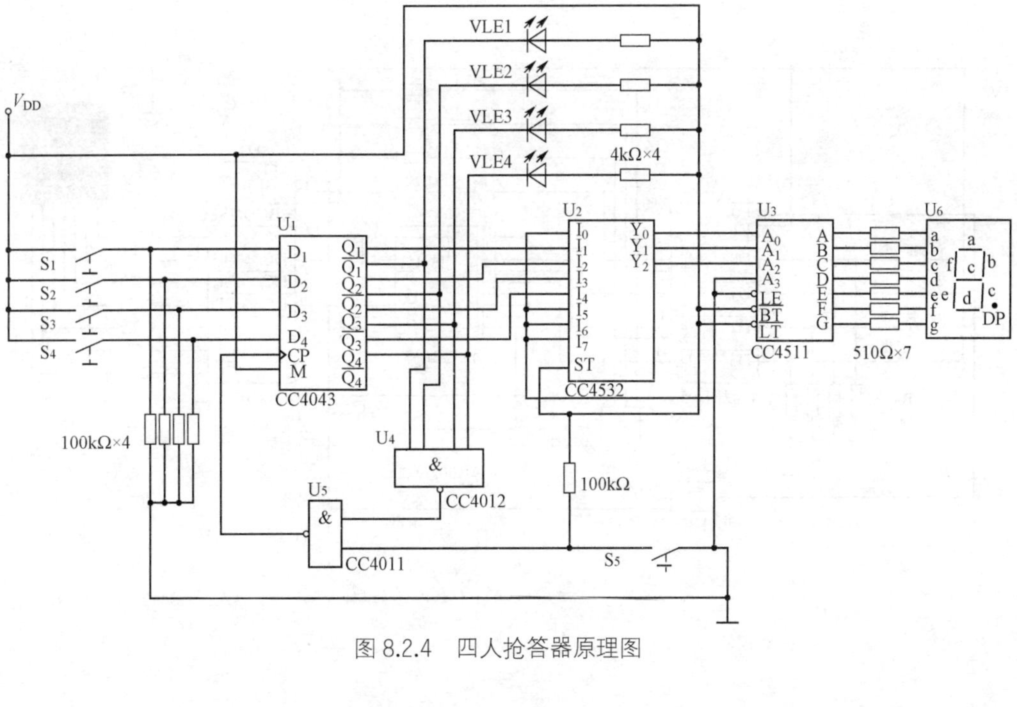


图 8.2.4　四人抢答器原理图

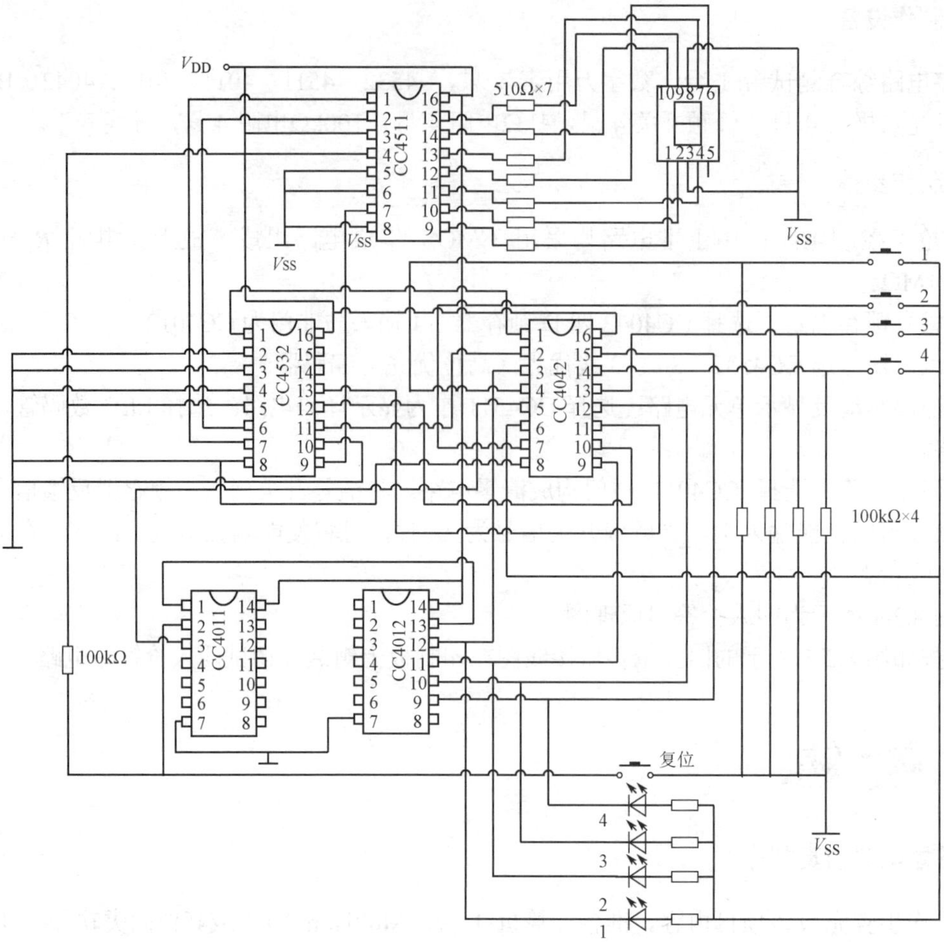


图 8.2.5　四人抢答器接线图

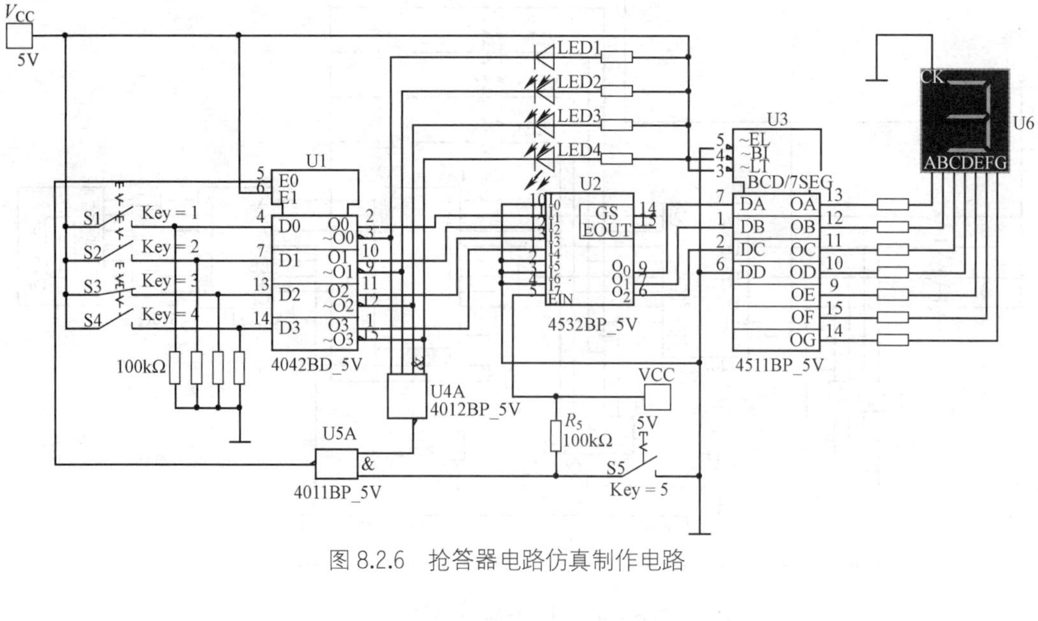


图 8.2.6　抢答器电路仿真制作电路

## 读一读

抢答器元器件清单见表 8.2.1。

表 8.2.1　抢答器元器件清单

| 序　号 | 品　名 | 型号 / 规格 | 数　量 | 备　注 |
|---|---|---|---|---|
| 1 | BCD 七段译码器驱动器 | 7446A | 1 | — |
| 2 | BCD 七段译码器驱动器 | 74LS48 | 1 | — |
| 3 | 4 位集成寄存器 | 74LS175 | 1 | — |
| 4 | 4 线七段锁存译码器 | CC4511 | 1 | — |
| 5 | 8 线-3 线优先编码器 | CC4532 | 1 | — |
| 6 | 10 线-4 线优先编码器 | CC40147 | 1 | — |
| 7 | 双 D 触发器 | CC4013 | 1 | — |
| 8 | 四 D 锁存器 | CC4042 | 1 | — |
| 9 | 四 2 输入与非门 | CC4011 | 1 | — |
| 10 | 双 4 输入与非门 | CC4012 | 1 | — |
| 11 | 数码显示器 | BS201 | 1 | — |
| 12 | 数码显示器 | BS211 | 1 | — |
| 13 | 碳膜电阻 | 510Ω | 7 | — |
| 14 | 碳膜电阻 | 1kΩ | 4 | — |
| 15 | 碳膜电阻 | 100kΩ | 5 | — |
| 16 | 排阻 | 330Ω | 1 | — |
| 17 | 发光二极管 | 普亮$\phi$5(圆) | 4 | — |
| 18 | 轻触开关 | 2A090 | 5 | — |
| 19 | 印制版 | 74.94×63.75mm$^2$ | 1 | 双面 |

## 拓　展

### 数字电路制作与调试规范和常见故障检查方法

#### 1. 布线原则

布线应便于检查、排除故障和更换元器件。

在数字电路制作过程中，有错误布线引起的故障，常占很大比例。布线错误不仅会引起电路故障，严重时甚至会损坏元器件，因此，注意布线的合理性和科学性是十分必要的，正确的布线原则见表 8.2.2。

表 8.2.2 数字电路制作中的布线原则

| 序　号 | 布 线 原 则 |
|---|---|
| 1 | 接插集成电路芯片时，先校准两排引脚，使之与实验底板上的插孔对应，轻轻用力将芯片插上，然后在确定引脚与插孔完全吻合后，再稍用力将其插紧，以免集成电路的引脚弯曲、折断或者接触不良 |
| 2 | 不允许将集成电路芯片方向插反，一般 IC 的方向是缺口（或标记）朝左，引脚序号从左下方的第一个引脚开始，按逆时钟方向依次递增至左上方的第一个引脚 |
| 3 | 导线应粗细适当，一般选取直径为 0.6～0.8mm 的单股导线，最好采用各种色线以区别不同用途，如电源线用红色，地线用黑色 |
| 4 | 布线应有秩序地进行，随意乱接容易造成漏接、错接，较好的方法是接好固定电平点，如电源线、地线、门电路闲置输入端、触发器异步置位复位端等，其次，在按信号源的顺序从输入到输出依次布线 |
| 5 | 连线应避免过长，避免从集成元器件上方跨接，避免过多的重叠交错，以利于布线、更换元器件以及故障检查和排除 |
| 6 | 当电路的规模较大时，应注意集成元器件的合理布局，以便得到最佳布线，布线时，顺便对单个集成元器件进行功能测试。这是一种良好的习惯，实际上这样做不会增加布线工作量 |
| 7 | 布线和调试工作是不能截然分开的，往往需要交替进行，对于元器件很多的大型电路，可将总电路按其功能划分为若干相对独立的部分，逐个布线、调试（分调），然后将各部分连接起来（联调） |

## 2．故障检查

电路不能完成预定的逻辑功能时，就称电路有故障，产生故障的原因有：

① 操作不当（如布线错误等）；

② 设计不当（如电路出现险情等）；

③ 元器件使用不当或功能不正常；

④ 仪器（主要指数字电路实验箱）和集成元器件本身出现故障。

因此，上述 4 点应作为检查故障的主要线索，常见的故障检查方法见表 8.2.3。

表 8.2.3　常见的故障检查方法

| 序　号 | 名　称 | 故障检查方法 |
|---|---|---|
| 1 | 查线法 | 由于大部分故障都是由于布线错误引起的，因此，在故障发生时，复查电路连线为排除故障的有效方法。应着重注意：有无漏线、错线，导线与插孔接触是否可靠，集成电路是否插牢，集成电路是否插反等 |
| 2 | 观察法 | 用万用表直接测量各集成块的 $V_{CC}$ 端是否加上电源电压；输入信号、时钟脉冲等是否加到实验电路上，观察输出端有无反应。重复测试观察故障现象，然后对某一故障状态，用万用表测试各输入／输出端的直流电平，从而判断出是否是插座板、集成块引脚连接线等原因造成的故障 |
| 3 | 信号注入法 | 在电路的每一级输入端加上特定信号，观察该级输出响应，从而确定该级是否有故障，必要时可以切断周围连线，避免相互影响 |
| 4 | 信号寻迹法 | 在电路的输入端加上特定信号，按照信号流向逐级检查是否有响应和是否正确，必要时可多次输入不同信号 |
| 5 | 替换法 | 对于多输入端元器件，如有多余端则可调换另一输入端试用。必要时可更换元器件，以检查元器件功能不正常所引起的故障 |
| 6 | 动态逐线跟踪检查法 | 对于时序电路，可输入时钟信号按信号流向依次检查各级波形，直到找出故障点为止 |
| 7 | 断开反馈线检查法 | 对于含有反馈线的闭合电路，应该设法断开反馈线进行检查，或进行状态预置后再进行检查 |

以上检查故障的方法，是指在仪器工作正常的前提下进行的，如果电路功能测不出来，则应首先检查供电情况，若电源电压已加上，便可把有关输出端直接接到 0-1 显示器上检查，若逻辑开关无输出，或单次 *CP* 无输出，则是开关接触不好或内部电路坏了，一般是集成元器件坏了。

需要强调指出，经验对于故障检查是大有帮助的，只要充分预习，掌握基本理论和实验原理，就不难用逻辑思维的方法较好地判断和排除故障。

## 习 题

### 一、判断题

1．组合电路不含有记忆功能的元器件。 （ ）

2．时序电路不含有记忆功能的元器件。 （ ）

3．D 触发器的特征方程 $Q^{n+1}=D$，而与 $Q^n$ 无关，所以，D 触发器不是时序电路。 （ ）

### 二、选择题

1．下列逻辑电路中为时序逻辑电路的是（ ）。

A．变量译码器 B．加法器 C．数码寄存器 D．数据选择器

2．按逻辑功能分，触发器主要有（ ）四种类型。

A．基本 RS 触发器、D 触发器、JK 触发器、T 触发器

B．编码器、译码器、寄存器、锁存器

C．基本触发器、电平触发器、主从触发器、边沿触发器

D．基本 RS 触发器、D 触发器、寄存器、锁存器

### 三、填空题

1．寄存器按照功能不同可分为两类：_______寄存器和______寄存器。

2．数字电路按照是否有记忆功能通常可分为两类：_______、_______。

3．抢答器主要由______、______、______、______、______、______组成。

4．寄存器与锁存器的相同之处是______，寄存器与锁存器的不同之处是_____。

### 四、综合分析题

1．选择用 TTL 集成电路完成同功能的抢答器电路的元器件。

2．照四人抢答器的电路说明 8 人（或更多人）的抢答器电路有什么变化？试搭建 8 人抢答器的电路。

# 学习领域九　时序逻辑电路的应用

## 领域简介

时序电路的特点：在时序电路中，任意时刻的输出信号不仅取决于当时的输入信号，而且还取决于电路原来的状态，也就是与以前的输入有关。

时序电路的结构特点：时序电路包含组合电路和存储电路两部分，而且存储电路是必不可少的；存储电路的输出的状态必须反馈到输入端，与输入信号一起共同决定组合逻辑电路的输出。

本领域重点介绍时序逻辑电路及其应用。通过学习，使读者深入了解时序逻辑电路的应用。通过流水灯的制作、计数电路的制作、秒计数电路的制作，提高读者电路安装、调试和排除故障等能力，为本专业后续学习打下良好的专业理论和操作能力的基础。

## 项目 1　流水灯的制作

### 学习目标

- ✧ 掌握时序逻辑电路特点及其分析方法。
- ✧ 了解寄存器的功能、基本构成和常见类型。
- ✧ 学会典型集成移位寄存器的应用。

### 工作任务

- ✧ 制作流水灯。

### 第 1 步　分析时序逻辑电路

**看一看**

**时序逻辑电路的特点**

逻辑电路分为两大类，一类是在前面领域中所讨论的组合逻辑电路，其特点是：任一时刻的输出信号仅仅取决于该时刻的输入信号，而与电路原来的输出状态无关。本领域讨论另一类时序逻辑电路，其功能特点是：任一时刻的输出信号不仅取决于当时的输入信号，而且还取决于电路原来的状态，即与以前的输入有关。因此，时序逻辑电路是一种有“记忆”功能的电路。

时序逻辑电路简称时序电路，由存储电路和组合逻辑电路两部分组成，也可以说由触发器和门电路组成，如图 9.1.1 所示。时序电路的状态是由存储电路来记忆的，因而在时序逻辑电路中，触发器是必不可少的。

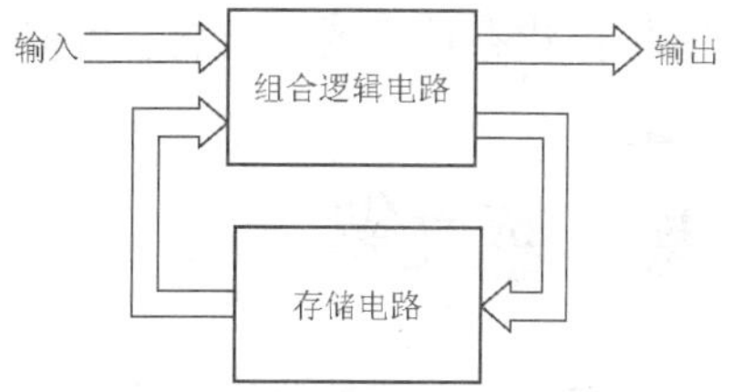

图 9.1.1 时序逻辑电路的结构框图

根据电路状态转换情况的不同，时序电路又分为同步时序逻辑电路和异步时序逻辑电路两大类。在同步时序电路中，所有触发器的时钟输入端 *CP* 都连在一起，在外加的时钟脉冲 *CP* 作用下，凡是具备翻转条件的触发器在同一时刻改变状态。也就是说，触发器的状态更新与外加时钟脉冲 *CP* 的有效触发沿是同步的。而在异步时序逻辑电路中，外加时钟脉冲 *CP* 只触发部分触发器，其余触发器则是由电路内部信号触发的，因此，凡具备翻转条件的触发器状态的翻转有先有后，并不都和时钟脉冲 *CP* 的有效触发沿相同步。

## 读一读

**时序逻辑电路的分析方法**

分析一个时序电路，就是要找出给定时序电路的逻辑功能。具体地说，就是要求找出电路的状态和输出状态（一般指进位输出、借位输出等）在输入变量和时钟信号作用下的变化规律。

在同步时序逻辑电路中，由于所有触发器都由同一个时钟信号 *CP* 来触发，它只控制触发器的翻转时刻，而对触发器翻转到何种状态并无影响。所以在分析同步时序逻辑电路时，可以不考虑时钟条件。

基本分析步骤如下。

（1）写出方程式。

输出方程：时序逻辑电路的输出表达式。

驱动方程（又称激励方程）：根据给定的电路，分别写出各触发器输入端的逻辑表达式，如 JK 触发器 $J$ 和 $K$ 输入端的逻辑表达式，D 触发器 $D$ 输入端的逻辑表达式，它通常为各触发器现态及输入变量的函数。

（2）求出状态方程式。

将驱动方程代入相应触发器的特性方程，便可求出该触发器的次态方程，时序逻辑电路的状态方程由各触发器的次态方程组成。

（3）列出状态转换真值表。

将电路现态的各种取值代入状态方程和输出方程中进行计算，按列求出各触发器的次态和输出，从而列出状态转换真值表。在没有给出现态的起始值时，一般按二进制自然序从小到大列出所有可能的现态，时序逻辑电路的输出状态由电路的现态来决定。

（4）画出状态转换图和时序图。

状态转换图是指电路由各现态转换到相应次态的示意图。它反映了时序逻辑电路状态转换的规律。电路的时序图是在时钟脉冲 *CP* 作用下，各触发器状态变化的波形图，它形象地表达了输入信号、输出信号、电路状态等的取值在时间上的对应关系。

（5）逻辑功能说明。

根据状态转换图（当然也可根据状态转换表）来说明电路的逻辑功能。

## 做一做

**时序逻辑电路的分析实例**

**【例 1】** 试分析图 9.1.2 所示电路的逻辑功能。

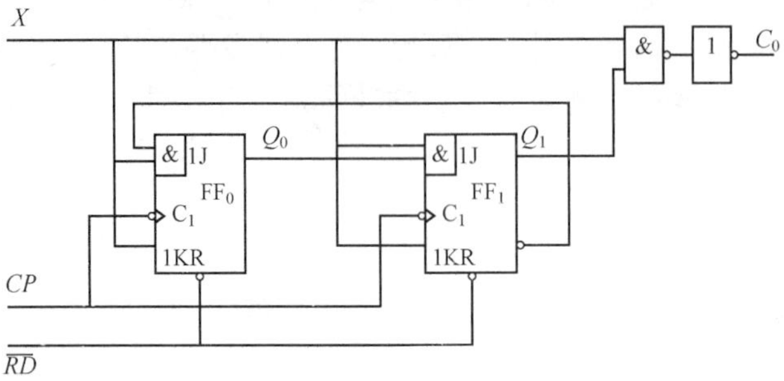


图 9.1.2 例 1 电路

**解：**（1）写出方程式。

输出方程：$C_0 = XQ_1^n$

驱动方程：$J_0 = X\overline{Q_1^n}$， $K_0 = X$

$J_1 = XQ_0^n$， $K_1 = X$

（2）求出状态方程式。

$$Q_0^{n+1} = J_0\overline{Q_0^n} + \overline{K_0}Q_0^n = X\overline{Q_1^n}\,\overline{Q_0^n} + \overline{X}Q_0^n$$

$$Q_1^{n+1} = J_1\overline{Q_1^n} + \overline{K_1}Q_1^n = X\overline{Q_1^n}Q_0^n + \overline{X}Q_1^n$$

请注意在写状态方程时，变量前后次序一般按输入变量、各触发器现态从高位到低位排列，以便于下一步列写状态转换表。

（3）进行状态计算，列出状态转换表。

请注意按列分别进行计算，由 $Q_0^{n+1}$ 第一项 $XQ_1^nQ_0^n$ 可知现态为 100 时，次态 $Q_0^{n+1}$ 值为 1，由第二乘积项 $\overline{X}Q_0^n$ 可知现态为 0x1 时，次态 $Q_0^{n+1}$ 值为 1，其余 $Q_0^{n+1}$ 的值均为 0，即与组合电路中由函数表达式作为真值表的方法类似，同理，由 $Q_1^{n+1}$ 的逻辑表达式第一、第二乘积项 $X\overline{Q_1^n}Q_0^n$ 、$\overline{X}Q_1^n$ 可知，现态为 101 或 01x 时，FF1 的次态 $Q_1^{n+1}$ 为 1，其余 $Q_1^{n+1}$ 的值均为 0，列出状态转换表，见表 9.1.1。

表 9.1.1 状态转换表

| $X$ | $Q_1^n$ | $Q_0^n$ | $Q_1^{n+1}$ | $Q_0^{n+1}$ | $C_0$ |
|---|---|---|---|---|---|
| 0 | 0 | 0 | 0 | 0 | 0 |
| 0 | 0 | 1 | 0 | 1 | 0 |

续表

| $X$ | $Q_1^n$ | $Q_0^n$ | $Q_1^{n+1}$ | $Q_0^{n+1}$ | $C_0$ |
|---|---|---|---|---|---|
| 0 | 1 | 0 | 1 | 0 | 0 |
| 0 | 1 | 1 | 1 | 1 | 0 |
| 1 | 0 | 0 | 0 | 1 | 0 |
| 1 | 0 | 1 | 1 | 0 | 0 |
| 1 | 1 | 0 | 0 | 0 | 1 |
| 1 | 1 | 1 | 0 | 0 | 1 |

（4）画出状态转换图。

如图 9.1.3 所示，其中 $X$、$C_0$ 用 $X/C_0$ 表示。斜线上方表示输入 $X$ 的值，下方表示输出 $C_0$ 的值。

图 9.1.3 表明，图 9.1.2 所示电路是一个可控的同步三进制计数器，其中 $X$ 是控制输入端。当 $X$=0 时，计数器停止计数，保持现状态不变；当 $X$=1 时，计数器成为三进制递增计数器，计数顺序如图 9.1.4 所示。而“11”状态是无效状态，电路若处于“11”状态，则在 $CP$ 脉冲作用下可以进入有效状态“00”。因此，如图 9.1.2 所示的计数器可以自启动。

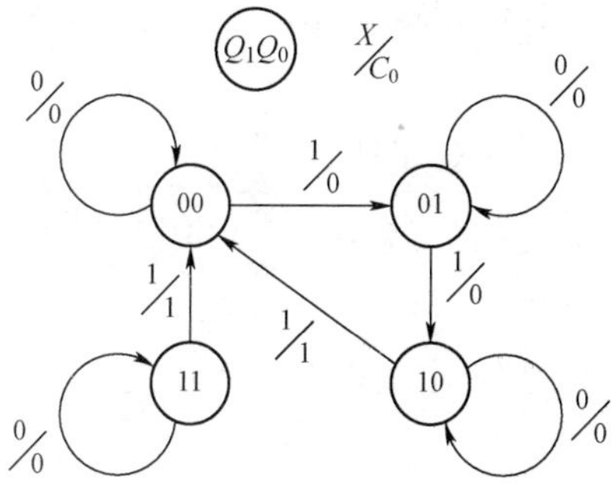


图 9.1.3　例 1 电路的状态转换图

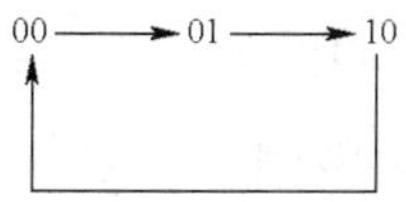


图 9.1.4　例 1 电路的计数顺序

**【例 2】**　试分析图 9.1.5 所示电路的逻辑功能，并画出时序图。

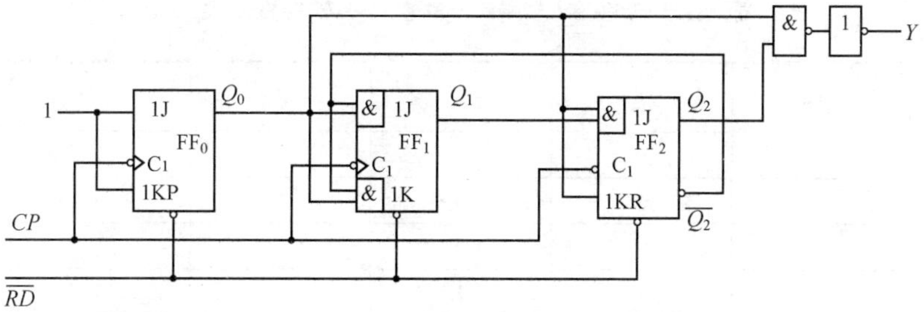


图 9.1.5　例 2 电路

**解：**分析步骤如下。

（1）写出方程式。

输出方程：$Y=Q_2^nQ_0^n$

驱动方程：$J_0 = K_0 = 1$

$J_1 = K_1 = \overline{Q_2^n} Q_0^n$

$J_2 = Q_1^n Q_0^n$，$K_2 = Q_0^n$

（2）求出状态方程式。

将驱动方程式分别代入 JK 触发器的特性方程式：

$$Q^{n+1} = J\overline{Q^n} + \overline{K}Q^n$$

便可求得电路的状态方程：

$$Q_0^{n+1} = J_0\overline{Q_0^n} + \overline{K_0}Q_0^n = \overline{Q_0^n}$$

$$Q_1^{n+1} = J_1\overline{Q_1^n} + \overline{K_1}Q_1^n = \overline{Q_2^n}\,\overline{Q_1^n}Q_0^n + \overline{\overline{Q_2^n}Q_0^n}Q_1^n = \overline{Q_2^n}\,\overline{Q_1^n}Q_0^n + Q_2^nQ_1^n + Q_1^n\overline{Q_0^n}$$

$$Q_2^{n+1} = J_2\overline{Q_2^n} + \overline{K_2}Q_2^n = \overline{Q_2^n}Q_1^nQ_0^n + Q_2^n\overline{Q_0^n}$$

**注意：**在求得状态方程表达式时，各触发器的现态 $Q_2^n$、$Q_1^n$、$Q_0^n$ 最好从高位到低位排列，以便于下一步列写状态转换真值表。

（3）列出状态转换真值表（简称转换表）。

按列分别进行计算，因事先不知道该时序电路的具体逻辑功能，哪些是有效状态，哪些属于无效状态，故应将所有的现态按二进制的顺序列出。

① 对于 $Q_0^{n+1} = \overline{Q_0^n}$，即 $FF_0$ 的所有次态 $Q_0^{n+1}$ 是相应现态 $Q_0^n$ 的反。

② 对于 $Q_1^{n+1} = \overline{Q_2^n}\,\overline{Q_1^n}Q_0^n + Q_2^nQ_1^n + Q_1^n\overline{Q_0^n}$，表明现态 $Q_2^n$ $Q_1^n$ $Q_0^n$ 分别为 001、11×及×10 时，$FF_1$ 的 $Q_1^{n+1}$ 的次态值为 1，否则 $Q_1^{n+1}$ 的值均为 0。

③ 对于 $Q_2^{n+1} = \overline{Q_2^n}Q_1^nQ_0^n + Q_2^n\overline{Q_0^n}$，表明现态 $Q_2^n$ $Q_1^n$ $Q_0^n$ 分别为 011、1×0 时，$FF_2$ 的 $Q_2^{n+1}$ 的次态值为 1，否则 $Q_2^{n+1}$ 的值均为 0。

由此可列出状态转换真值表（表 9.1.2）。

这里再次强调每一触发器所有的次态 $Q_i^{n+1}$ ($i$=0，1，2，…)按列进行计算，只要每一触发器的所有次态 $Q_i^{n+1}$ 计算无误，则列完状态表后，电路每一现态所对应的次态一目了然。

表 9.1.2　图 9.1.5 所示电路的状态转换真值表

| $Q_2^n$ | $Q_1^n$ | $Q_0^n$ | $Q_2^{n+1}$ | $Q_1^{n+1}$ | $Q_0^{n+1}$ | $Y$ |
|---|---|---|---|---|---|---|
| 0 | 0 | 0 | 0 | 0 | 1 | 0 |
| 0 | 0 | 1 | 0 | 1 | 0 | 0 |
| 0 | 1 | 0 | 0 | 1 | 1 | 0 |
| 0 | 1 | 1 | 1 | 0 | 0 | 0 |
| 1 | 0 | 0 | 1 | 0 | 1 | 0 |
| 1 | 0 | 1 | 0 | 0 | 0 | 1 |
| 1 | 1 | 0 | 1 | 1 | 1 | 0 |
| 1 | 1 | 1 | 0 | 1 | 0 | 1 |

（4）画出状态转换图，并说明逻辑功能。

由表 9.1.2 可以画出完整的状态转换图，如图 9.1.6 所示。

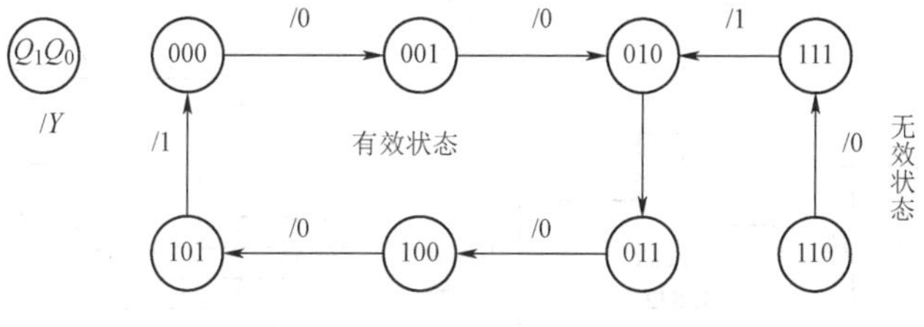


图 9.1.6　例 2 电路的状态转换图

可见，其中 000、001、010、011、100、101 六个状态是有效状态，如图 9.1.5 所示电路在输入第 6 个计数脉冲 *CP* 后，返回到起始的 000 状态。同时输出端 *Y* 输出一个进位脉冲。而 110 和 111 是两个无效状态，若由于干扰或某种原因使电路处于无效状态，最多经过两个 *CP* 后能进入有效状态 010。因此，如图 9.1.5 所示电路为同步六进制递增计数器，具有自启动能力。

（5）画出时序图，如图 9.1.7 所示（根据 6 个有效状态依次画出）。

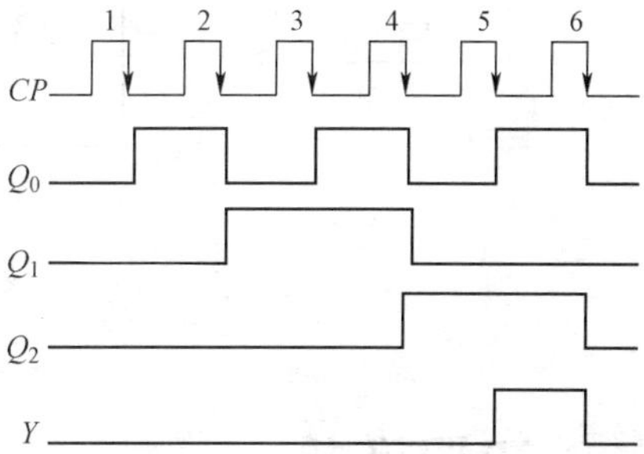


图 9.1.7　例 2 电路的时序图

## 考考你

（1）时序逻辑电路的特点是________和___________，它和组合逻辑电路的区别是___________。

（2）________是同步时序逻辑电路，__________是异步时序逻辑电路。

（3）分析时序逻辑电路主要有______、_____、______、______、_______5 个步骤。

## 第 2 步　流水灯的制作

## 做一做

### 1．任务要求

制作控制 8 个 LED 灯的电路。要将发光二极管 LED1～LED8 依次点亮、熄灭，8 只 LED 灯便会依次一亮一暗。由于人眼的视觉暂留效应，感觉像“流水”效果。

### 2．测试设备

数字电路综合测试台 1 台、数字万用表 1 只、函数信号发生器一台。

元器件：74LS164、74LS32 各一只，8 只 LED 发光二极管、8 只 390Ω电阻、3 只 10kΩ电阻、3 只开关、导线若干。

### 3. 测试电路

流水灯电路原理图如图 9.1.8 所示。

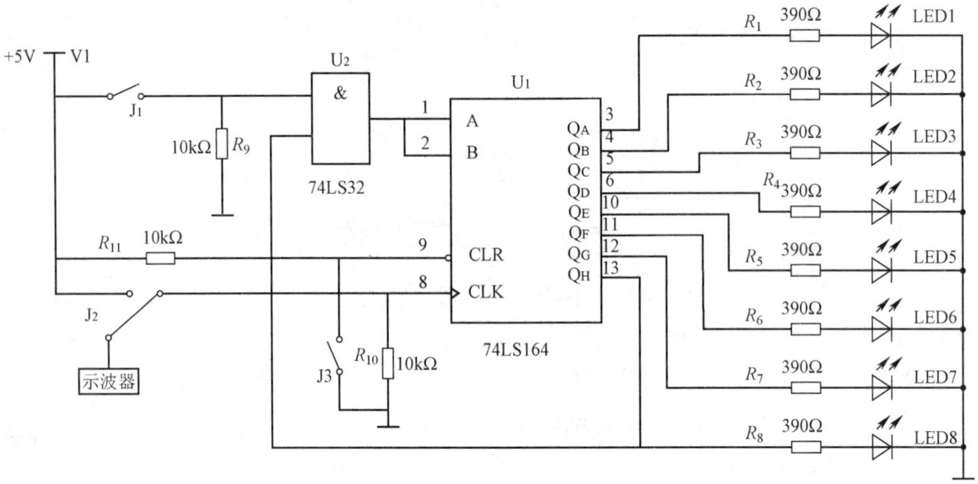


图 9.1.8　流水灯电路原理图

## 知识链接

### 74LS164 集成电路知识

74LS164 是一个 8 位串行输入并行输出单向移位寄存器，它常用于单片机系统中。

74LS164 逻辑符号如图 9.1.9 所示。

如图 9.1.9 所示，*A*、*B* 为串行码输入端，*CLR* 为清零输入端，*CLK* 为时钟脉冲输入端，$Q_A$～$Q_H$ 为并行数据输出端。

74LS164 采用双列 14 脚贴片封装，其封装如图 9.1.10 所示。

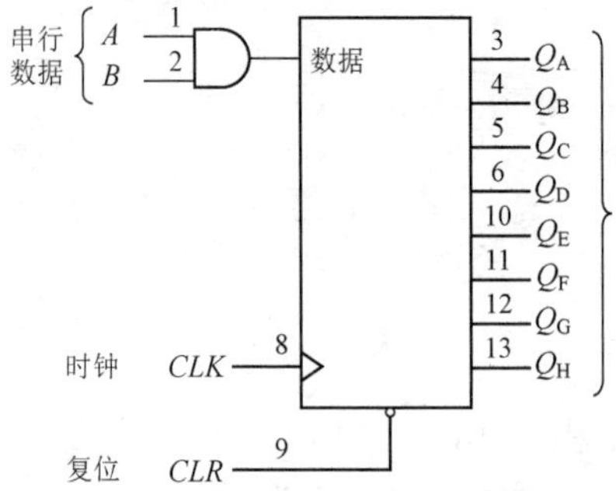


图 9.1.9　74LS164 逻辑符号图

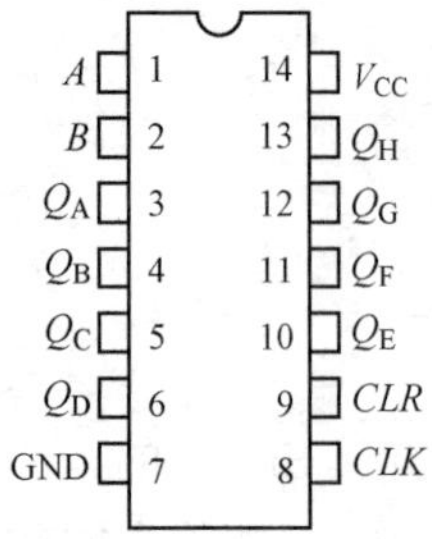


图 9.1.10　74LS164 封装图

当清除端（*CLR*）为低电平时，输出端（$Q_A$～$Q_H$）均为低电平。串行数据输入端（*A*、*B*）可控制数据。当 *A*、*B* 任意一个为低电平时，则禁止新数据输入，在时钟端（*CLK*）脉冲上升沿作用下 $Q_A$ 为低电平。当 *A*、*B* 有一个为高电平，则另一个就允许输入数据，并在 *CLK* 上升沿作用

下决定 $Q_A$ 的状态。该芯片随着时钟脉冲上升沿的到来，$A$、$B$ 相与后的状态依次由 $Q_A$ 移向 $Q_H$。

## 做一做

### 1．测试步骤

（1）按图 9.1.8 所示电路接线。注意发光二极管不能接反，74LS164、74LS32 集成电路要正确接电源和接地。

（2）测试运行。

① 调整函数信号发生器，输出 1Hz、5V 的方波信号。

② 使 $J_1$、$J_3$ 开关处于断开状态。

③ 控制 $J_2$ 开关接通函数信号发生器，获取移位脉冲信号。

④ 快速接通 $J_3$ 开关约一秒时间左右，发现 LED1 灯点亮后就断开 $J_3$ 开关，即输入一高电平。

⑤ 观察 8 个 LED 灯的“流水”效果。

⑥ 闭合 $J_3$ 开关，观察 8 个 LED 灯的工作现象。

### 2．电路仿真

按测试步骤完成所有测试内容。准备计算机 1 台，Multisim 10.0 或其他同类软件 1 套。仿真电路如图 9.1.11 所示。

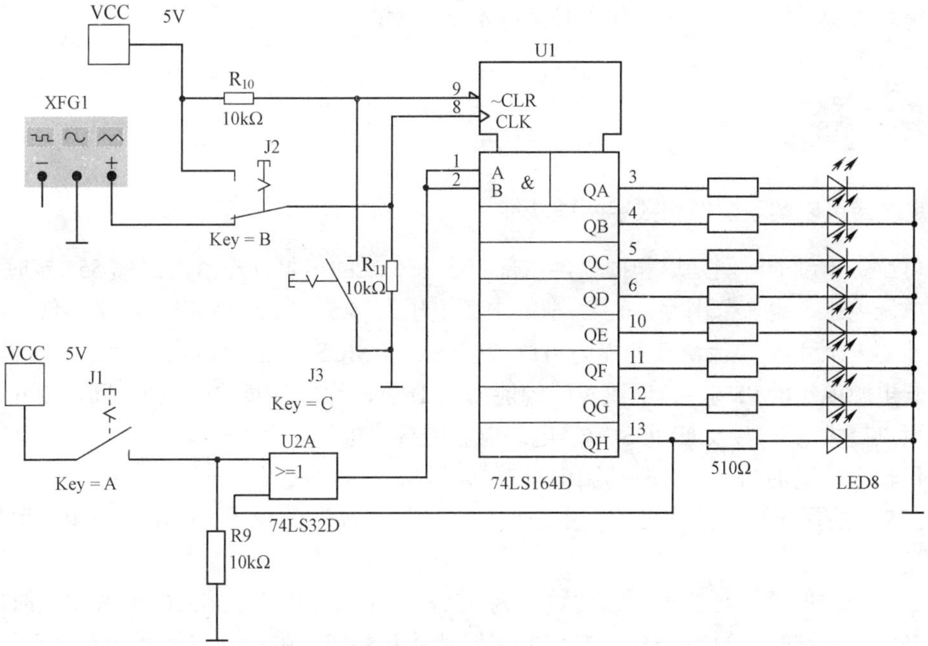


图 9.1.11　流水灯电路仿真图及开关控制功能示意

图 9.1.11 所示电路说明：

去掉函数信号发生器，可以由 $J_2$ 开关手动控制移位脉冲信号。

图 9.1.11 中 74LS164D $Q_E$ 输出到 74LS32D 输入端的连线的作用是：当第 8 个 LED 灯点亮后再次向输入口 $A$、$B$ 输入一高电平，使电路能循环“流水”。

三个开关的控制功能：$J_1$ 为输入高电平控制开关，$J_2$ 为移位脉冲输入控制开关，$J_3$ 为复位清零控制开关。

# 项目 2　用 555 定时器构成振荡器

## 学习目标

- ✧ 能叙述 555 定时器的逻辑功能、引脚功能，并能正确使用 555 定时器。
- ✧ 会用 555 定时器构成振荡器。

## 工作任务

- ✧ 学习 555 定时器的逻辑功能、引脚功能和使用方法。
- ✧ 用 555 定时器制作 1kHz 方波信号的振荡电路。

### 第 1 步　555 定时器功能测试

晶体振荡器的作用是产生时间标准信号。数字钟的精度，主要取决于时间标准信号的频率及其稳定度。因此，一般采用石英晶体振荡器经过分频后获得时间标准信号，也可采用由门电路或 555 定时器构成的多谐振荡器作为时间标准信号源。

**读一读**

**555 定时器可以实现模拟和数字两项功能。**

（1）可产生精确的时间延迟和振荡，内部有 3 个 5kΩ的电阻分压器，故称 555 定时器。

（2）电源电压、电流范围宽，TTL 型的电源电压为 4.5～16V，输出高电平不低于电源电压的 90%，带拉电流和灌电流负载的能力可达 200mA。CMOS 型的电源电压为 3～18V，输出高电平不低于电源电压的 95%，拉电流负载的能力为 1mA，灌电流负载的能力可达 3.2mA。

（3）可以提供与 TTL 及 CMOS 数字电路兼容的接口电平。

（4）可输出一定的功率，可驱动微电机、指示灯、扬声器等。

（5）555 可应用于：脉冲波形的产生与变换、仪器与仪表、测量与控制、家用电器与电子玩具等领域。

（6）TTL 单定时器型号的最后 3 位数字为 555，双定时器的为 556；CMOS 单定时器的最后 4 位数为 7555，双定时器的为 7556。它们的逻辑功能和外部引脚排列完全相同。

**看一看**

CC7555 定时器的集成电路引脚、内部结构如图 9.2.1 所示。

引脚说明：$V_{SS}$ 为接地端，$\overline{TR}$ 为低触发端，$U_O$ 为输出端，$\overline{R}$ 为复位端，$C$ 为控制电压端，$TH$ 为高触发端，$D$ 为放电端，$V_{DD}$ 为电源端。

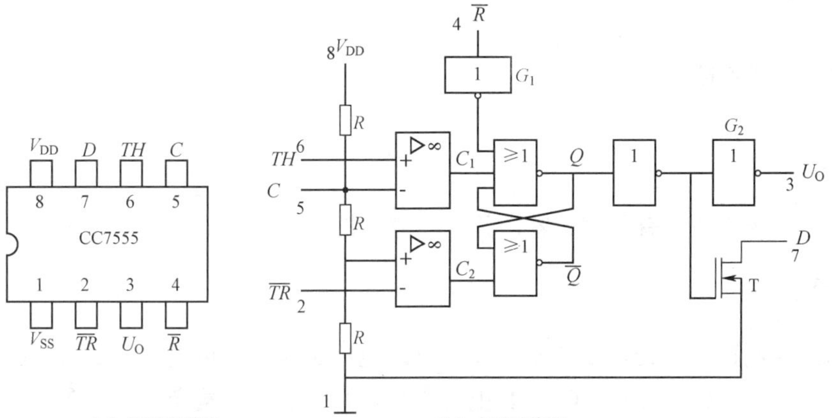


（a）引脚排列图　　（b）内部结构图

图 9.2.1　555 定时器引脚排列及内部结构图

## 读一读

从结构上看，CC7555 定时电路由两个比较器、1 个基本 RS 触发器、1 个反相缓冲器、1 个漏极开路的 NMOS 管和分压器组成。

3 个 5kΩ电阻组成分压器，给两个电压比较器提供基准电压，$C_1$ 触发电平为 $2V_{DD}/3$，6 脚为高电平触发端，$C_2$ 触发电平为 $V_{DD}/3$，2 脚为低电平触发端。在 5 脚控制端 $C$ 处外接一个参考电源 $V_{CO}$，可改变 $C_1$、$C_2$ 触发电平值。比较器 $C_1$ 与比较器 $C_2$ 的输出端分别接 RS 触发器，RS 触发器由两个或非门组成，必须用正极性信号才能触发，因此加到比较器 $C_1$ 同相端 6 脚的触发信号，只有当电平高于反相端 5 脚的电位时，RS 触发器才翻转；而加到比较器 $C_2$ 反相端 2 脚的触发信号，只有当电位低于 $C_2$ 同相端的电位时，RS 触发器才翻转。4 脚 $\overline{R}$ 为外部复位端，当 $\overline{R}=0$ 时 RS 触发器输出为“0”状态，可强制复位。反相器 $G_2$ 构成驱动器，用来提高定时器的带负载能力，并隔离负载对定时器的影响。NMOS 管 T 起放电开关作用。CC7555 各端的功能见表 9.2.1。

表 9.2.1　CC7555 功能表

| $TH(6)$ | $\overline{TR}(2)$ | $R(4)$ | $U_O(3)$ | T 管 | $D(7)$ |
|---|---|---|---|---|---|
| × | × | L | L | 导通 | L |
| $>2V_{DD}/3$ | × | H | L | 导通 | L |
| $<2V_{DD}/3$ | $>V_{DD}/3$ | H | 不变 | 不变 | 不变 |
| $<2V_{DD}/3$ | $<V_{DD}/3$ | H | H | 截止 | H |

## 做一做

### 555 定时器功能测试

#### 1. 任务要求

按测试程序要求完成所有测试内容，并填写测试报告（格式要求见附录 A）。

#### 2. 测试设备

数字电路综合测试台 1 台，数字万用表 1 只，电压表 3 只，可调电源 2 只，CC7555 一只，1kΩ电阻 2 只，10kΩ电位器 2 只，0.01μF 电容 1 只，开关 2 只，发光二极管 2 只，导线若干。

#### 3. 测试电路

555 定时器的输入、输出关系测试电路如图 9.2.2 所示。

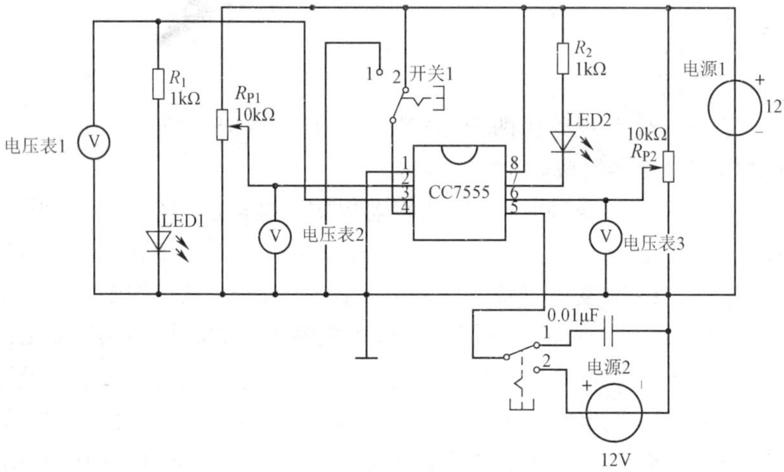


图 9.2.2　555 定时器的输入、输出关系测试电路图

#### 4. 测试步骤

① 按图 9.2.2 连接实验电路，测试 555 定时器的输入、输出关系。

② 开关 1 打到 2 端时，4 脚复位端 $\overline{R}$ 接电源，也就是接高电平，在记录表中用 1 表示；开关 1 打到 1 端时，4 脚复位端 $\overline{R}$ 接地，也就是接低电平，在记录表中用 0 表示。

③ 开关 2 打到 2 端时，5 脚控制电压端 $C$ 接电源 2，也就是接高电平，在记录表中用 1 表示；开关 2 打到 1 端时，5 脚控制电压端 $C$ 悬空，在记录表中用 0 表示。

④ 调整可调电阻 $R_{P1}$，控制 2 脚低触发端的电压，其值可由电压表 1 读取；调整可调电阻 $R_{P2}$，控制 5 脚高触发端的电压，其值可由电压表 2 读取。

⑤ 发光二极管 LED1 亮说明输出端 3 脚 $U_O$ 输出高电平，用 $U_{OH}$ 表示；发光二极管 LED1 灭说明输出端 3 脚 $U_O$ 输出低电平，用 $U_{OL}$ 表示。

⑥ 发光二极管 LED2 亮说明 555 定时器内部三极管 T 饱和，放电端 7 脚对地视为短路，用导通表示；发光二极管 LED2 灭说明 555 定时器内部三极管 T 截止，放电端 7 脚对地视为断路，用截止表示。

⑦ 当电源 1、电源 2 均为 12V 时，将测试结果记录到表 9.2.2 中。

表 9.2.2　555 定时器性能测试记录一

<table>
<tr><th>$\bar{R}$</th><th>$C$</th><th>$U_{TH}$</th><th>$U_{TR}$</th><th>$U_O$</th><th>T 的状态</th></tr>
<tr><td>0</td><td></td><td></td><td></td><td></td><td></td></tr>
<tr><td rowspan="6">1</td><td rowspan="3">0</td><td></td><td></td><td></td><td></td></tr>
<tr><td></td><td></td><td></td><td></td></tr>
<tr><td></td><td></td><td></td><td></td></tr>
<tr><td rowspan="3">1</td><td></td><td></td><td></td><td></td></tr>
<tr><td></td><td></td><td></td><td></td></tr>
<tr><td></td><td></td><td></td><td></td></tr>
</table>

⑧ 当电源 1 为 9V、电源 2 为 6V 时，将测试结果记录到表 9.2.3 中。

表 9.2.3　555 定时器性能测试记录二

<table>
<tr><th>$\bar{R}$</th><th>$C$</th><th>$U_{TH}$</th><th>$U_{TR}$</th><th>$U_O$</th><th>T 的状态</th></tr>
<tr><td>0</td><td></td><td></td><td></td><td></td><td></td></tr>
<tr><td rowspan="6">1</td><td rowspan="3">0</td><td></td><td></td><td></td><td></td></tr>
<tr><td></td><td></td><td></td><td></td></tr>
<tr><td></td><td></td><td></td><td></td></tr>
<tr><td rowspan="3">1</td><td></td><td></td><td></td><td></td></tr>
<tr><td></td><td></td><td></td><td></td></tr>
<tr><td></td><td></td><td></td><td></td></tr>
</table>

**考考你**

将前面 555 定时器的输入、输出关系测试记录表 9.2.1 和表 9.2.2 与表 9.2.3 进行比较，可以看出 555 定时器 5 脚的功能是__________。

### 5. 电路仿真

555 定时器功能仿真测试电路如图 9.2.3 所示。

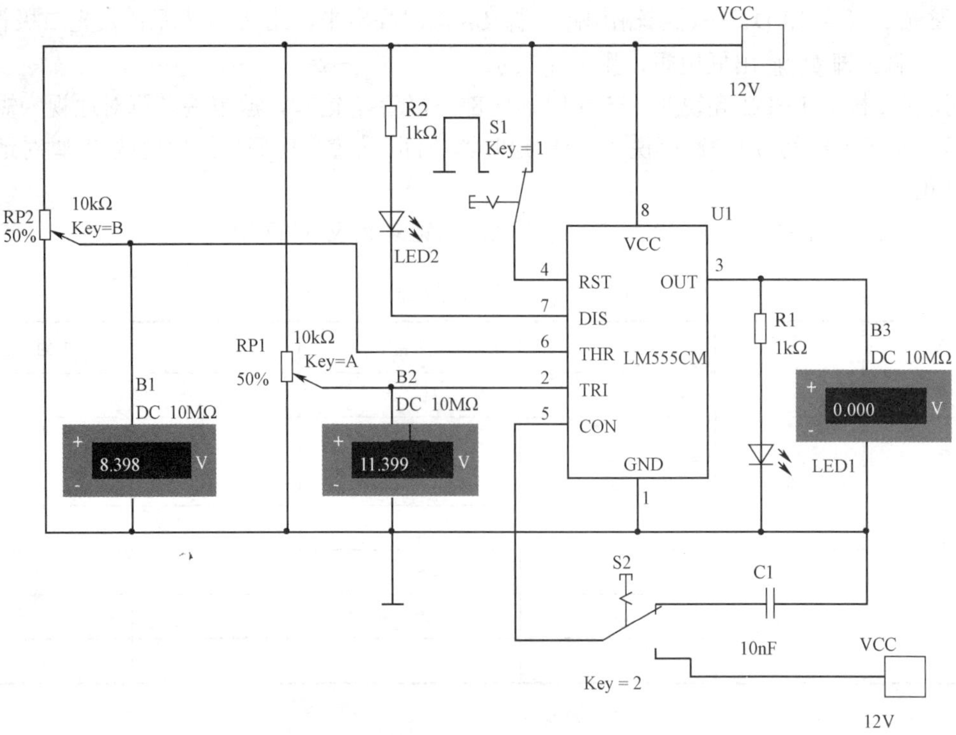


图 9.2.3 555 定时器功能仿真测试电路

## 第 2 步 用 555 定时器构成 1kHz 脉冲多谐振荡器

### 读一读

#### 1. 555 定时器构成的多谐振荡器

555 定时器构成的多谐振荡器如图 9.2.4 所示。

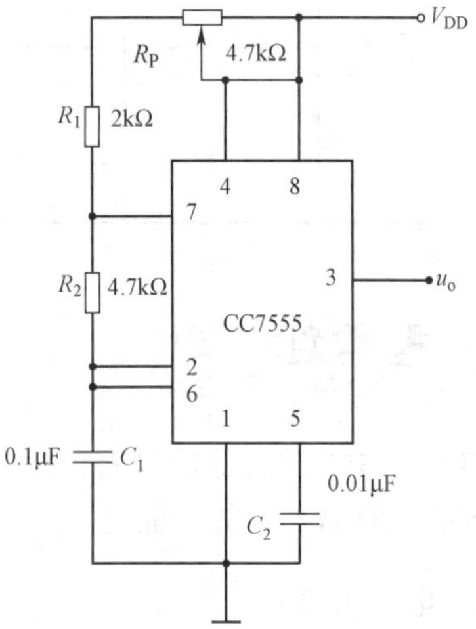


图 9.2.4 555 定时器构成的多谐振荡器原理图

#### 2. 多谐振荡器的工作原理和工作波形

当接通电源时，由于电容两端的电压不能突变，定时器的低触发端 2 脚为低电平，输出端 3 脚为高电平（内部结构决定）。电源经过 $R_1$、$R_2$ 给电容充电。当 $u_C$ 上升到 $\frac{2}{3}V_{CC}$ 时，$u_o=0$，T 导通，$C_1$ 通过 $R_2$ 和 NMOS 管放电，$u_C$ 下降。当电容两端的电压下降到低于 1/3 电源电压时，NMOS 管截止，电容放电停止，电源通过 $R_1$、$R_2$ 再次向电容充电。如此反复，形成振荡。忽略 NMOS 管导通电阻可得：（下式中 $R_1$ 包括 $R_P$ 的一部分）

充电时间：$t_{w1}=0.7(R_1+R_2)C$

放电时间：$t_{w2}=0.7R_2C$

振荡周期：$T=0.7(R_1+2R_2)C$

555 定时器构成的多谐振荡器的波形如图 9.2.5 所示。

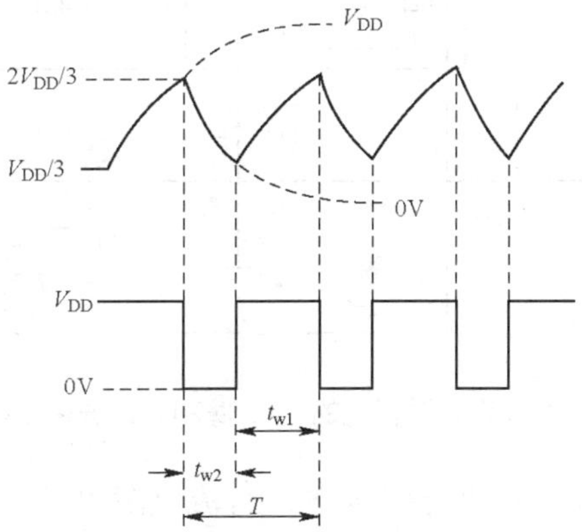


图 9.2.5　555 定时器构成的多谐振荡器波形图

## 做一做

用 555 定时器构成 1kHz 脉冲多谐振荡器

### 1．任务要求

按测试步骤要求完成所有测试内容，并填写测试报告（格式要求见附录 A）。

### 2．测试设备

数字电路综合测试台 1 台，数字万用表 1 只，示波器 1 台，CC7555 一只，2kΩ电阻 1 只，4.7 kΩ电阻 1 只，4.7 kΩ电位器 1 只，导线若干。

### 3．测试电路

555 定时器构成的 1kHz 脉冲多谐振荡器电路如图 9.2.6 所示。

### 4．测试步骤

① 根据图 9.2.4 所示的原理图，画出图 9.2.6 所示的接线图，并搭建电路，观察 3 脚输出电压 $u_o$ 和电容 $C_1$ 两端电压 $u_C$ 的波形。

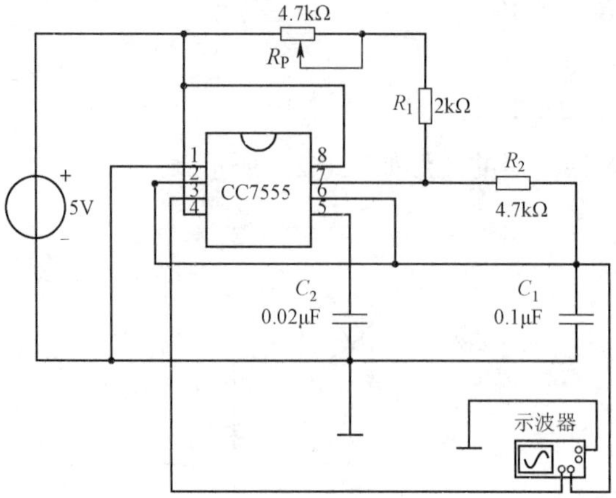


图 9.2.6　555 定时器构成的 1kHz 脉冲多谐振荡器电路图

CC7555 集成电路的 8 脚、1 脚分别接 5V 直流电源的正、负端。复位端接电源，为高电平，使电路处于非复位状态。5 脚 $C$ 端通过小电容接地而不起作用。$R_1$、$R_2$、$C_1$ 构成充电电路。7 脚构成放电电路。5 脚高触发端、2 脚低触发端并接于充放电电路中的 $R_2$ 和 $C_1$ 之间，控制输出端 3 脚的状态。

② 用示波器观察 3 脚输出电压 $u_o$ 和电容 $C_1$ 两端电压 $u_C$ 的波形，并验证其正确性。

③ 由示波器波形读取振荡周期。

# 项目 3　计数电路的制作

## 学习目标

✧　能运用数字集成电路制作与调试各种同步计数器。

✧　能通过集成电路手册或上网查询数字集成电路资料。

## 工作任务

✧　D 触发器和 JK 触发器逻辑功能的测试。

✧　用 D 触发器和 JK 触发器实现同步计数器。

✧　用集成计数器实现任意进制计数器。

### 第 1 步　用 D 触发器制作计数器

**读一读**

表 9.3.1 为 CC40174 的功能表，从功能表可以看出 CC40174 内的 6 个 D 触发器是 $CP$ 脉冲上升沿触发的。

表 9.3.1　CC40174 功能表

| $\overline{R}$ | $CP$ | $D$ | $Q$ |
|---|---|---|---|
| 0 | × | × | 0 |
| 1 | ↑ | 0 | 0 |
| 1 | ↑ | 1 | 1 |

CC40174 由 6 个相同的 D 型触发器组成，具有相互独立的数据输入端、公共时钟 $CP$ 和清零 $\overline{R}$ 输入端，在时钟上升沿数据传送到 $Q$ 输出端。$\overline{R}$ 为低电平时，触发器同时复位。

D 触发器的逻辑功能测试原理图如图 9.3.1 所示。

（1）清零信号 $\overline{R}$、触发信号 $D$、时钟脉冲信号 $CP$ 分别由开关 $S_1$、$S_2$、$S_3$ 设定。

$S_1$ 合上，$\overline{R}$ 端接地，相当于 $\overline{R}=0$（有清零信号）；$S_1$ 断开，$\overline{R}$ 端通过 50kΩ的限流电阻 $R_1$ 接电源，相当于 $\overline{R}=1$（无清零信号）。

$S_2$ 合上，$D$ 端接电源，相当于 $D=1$；$S_2$ 断开，$D$ 端通过电阻 $R_2$ 接地，相当于 $D=0$。

按钮开关 $S_3$ 与时钟脉冲输入端 $CP$ 相连接，按下 $S_3$ 瞬间，模拟输入一个 $CP$ 上升沿信号（$CP$ 由 0→1，用"↑"表示），松开（即断开）$S_3$ 瞬间，模拟输入一个 $CP$ 下降沿信号（$CP$ 由 1→0，用"↓"表示）。

（2）输出 $Q$ 的状态采用发光二极管 LED 来指示高低电平，发光二极管 LED 亮，表示 D 触发器输出为高电平（即 $Q^{n+1}=1$）；发光二极管 LED 暗，表示 D 触发器输出为低电平（即 $Q^{n+1}=0$）。

$R_4$ 为限流电阻，用以保护发光二极管，同时防止输出端过流而损坏集成电路。

取电源电压 $V_{DD}=10V$。

## 做一做

### 集成六 D 触发器 CC40174 功能测试

#### 1．任务要求

按测试步骤要求完成所有测试内容，并填写测试报告（格式要求见附录 A）。

#### 2．测试设备

数字电路综合测试台 1 台，数字万用表 1 只，CC40174 一只，300kΩ电阻 2 只，1kΩ、50kΩ电阻各一只，按钮开关 3 只，发光二极管一只，导线若干。

#### 3．测试电路

测试电路如图 9.3.1 所示。

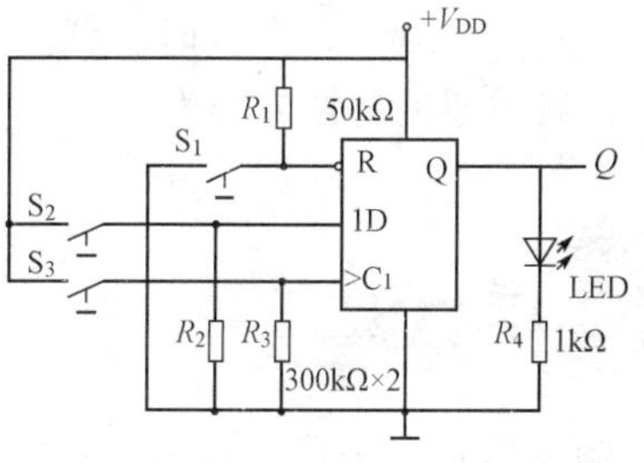


图 9.3.1　D 触发器的逻辑功能测试原理图

#### 4．测试步骤

① 利用 CC40174 中的一个 D 触发器，测试 D 触发器的逻辑功能，根据图 9.3.1 画出图 9.3.2 所示的 D 触发器逻辑功能测试接线图。

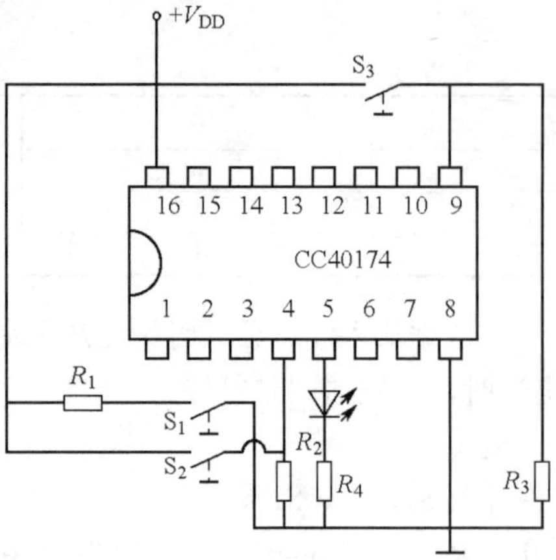


图 9.3.2　CC40174 逻辑功能测试接线图

② 测试$\overline{R}$端的复位功能。

合上 $S_1$，再分别合上或打开 $S_2$、$S_3$，观察发光二极管 LED 的状态。

断开 $S_1$，再分别合上或打开 $S_2$、$S_3$，观察发光二极管 LED 的状态。

③ 测试 D 触发器的逻辑功能。

断开 $S_1$ 后，合上 $S_2$，观察在按下和松开 $S_3$ 瞬间，发光二极管 LED 的状态。

断开 $S_1$ 后，断开 $S_2$，观察在按下和松开 $S_3$ 瞬间，发光二极管 LED 的状态。

按表 9.3.2 要求进行测试，并将测试结果填入表 9.3.2 中。

表 9.3.2　CC40174 逻辑功能测试记录

| $\overline{R}$ | $D$ | $CP$ | $Q^{n+1}$ | |
|---|---|---|---|---|
| | | | $Q^n$=0 时 | $Q^n$=1 时 |
| 0 | 0 | × | | |
| | 1 | × | | |
| 1 | 1 | ↑ | | |
| | | ↓ | | |
| | 0 | ↑ | | |
| | | ↓ | | |

**说明**

“×”表示任意状态；“↑”表示 CP 上升沿，“↓”表示 CP 下降沿。

**结论：**集成六 D 触发器 CC40174，当$\overline{R}=0$时，无论 $CP$、$D$ 为何种状态，触发器的状态均为_____（0/1），也就是说所有触发器都将____________（清零/置 1）。

而当$\overline{R}=1$时，在 $CP$ 信号______（上升沿/下降沿）时刻，$Q$ 随 $D$ 发生变化，即 $D$=1 时，$Q^{n+1}$=______（0/1），$D$=0 时，$Q^{n+1}$=______（0/1）。

D 触发器的特性方程为________（$Q^{n+1}=D/Q^{n+1}=0/Q^{n+1}=1$）。

## 读一读

触发器有两个稳定状态，在时钟脉冲作用下，两个稳定状态可相互转换，所以可用来累计时钟脉冲的个数，构成计数器。

用触发器构成计数器的原理是用触发器构成计数器时，触发器的状态随着计数脉冲的输入而变化，触发器状态变化的次数等于输入的计数脉冲数。

## 考考你

一个触发器有______个稳定状态，可以构成______进制计数器；两个触发器有______个稳定状态，可以构成__________进制计数器；$n$ 个触发器有__________个稳定状态，可以构成__________进制计数器。

## 读一读

### 1．四进制计数器的状态转换图、真值表

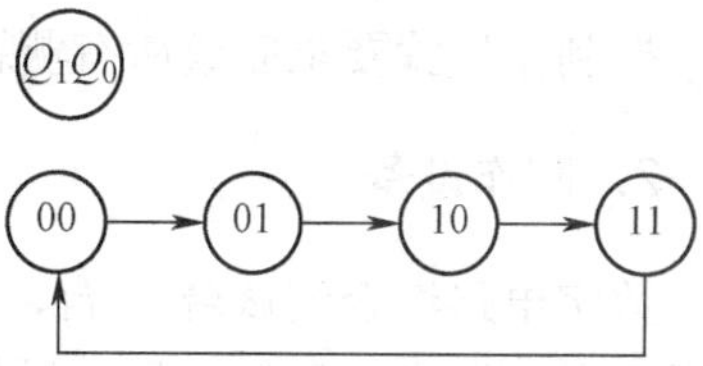

图 9.3.3　四进制加法计数器状态转换图

状态转换图是指在计数脉冲作用下，触发器状态转换的顺序图。

四进制计数器能累计 4 个时钟脉冲，有 4 个有效状态，因此用两个 D 触发器就能构成四进制计数器。设其分别用 $Q_0$ 和 $Q_1$ 表示。图 9.3.3 所示为四进制计数器的状态转换图，表 9.3.3 为其状态转换真值表。

表 9.3.3　四进制加法计数器状态转换真值表

| 计数脉冲 | 计数器现态 | | 计数器次态 | |
|---|---|---|---|---|
| 1 | 0 | 0 | 0 | 1 |
| 2 | 0 | 1 | 1 | 0 |
| 3 | 1 | 0 | 1 | 1 |
| 4 | 1 | 1 | 0 | 0 |

计数器的现态是指计数脉冲到来前计数器的状态；计数器的次态是指计数脉冲到来后计数器的状态。

例如，在图 9.3.3 中，若状态 00 是现态，则状态 01 就是它的次态；若状态 01 是现态，则状态 10 就是它的次态，依次类推。

### 2．四进制同步加法计数器的逻辑图

图 9.3.4 所示是用两个 D 触发器构成的四进制同步加法计数器的逻辑图，这里采用了同步方案，即两个触发器用同一个时钟触发。

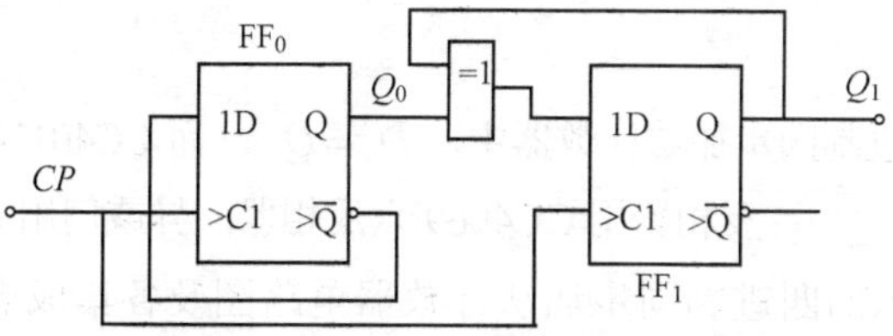

图 9.3.4　四进制同步加法计数器

## 做一做

### 用六 D 触发器 CC40174 制作四进制同步加法计数器

#### 1．任务要求

按制作步骤要求完成所有测试内容，并填写测试报告（格式要求见附录 A)。

#### 2．制作设备

数字电路综合测试台 1 台，数字万用表 1 只，CC40174、CC4070、CC4069 各一只，500Ω 电阻 2 只，发光二极管 2 只，导线若干。

#### 3．制作电路

CC40174 构成的四进制加法计数器测试电路如图 9.3.4 和图 9.3.5 所示。

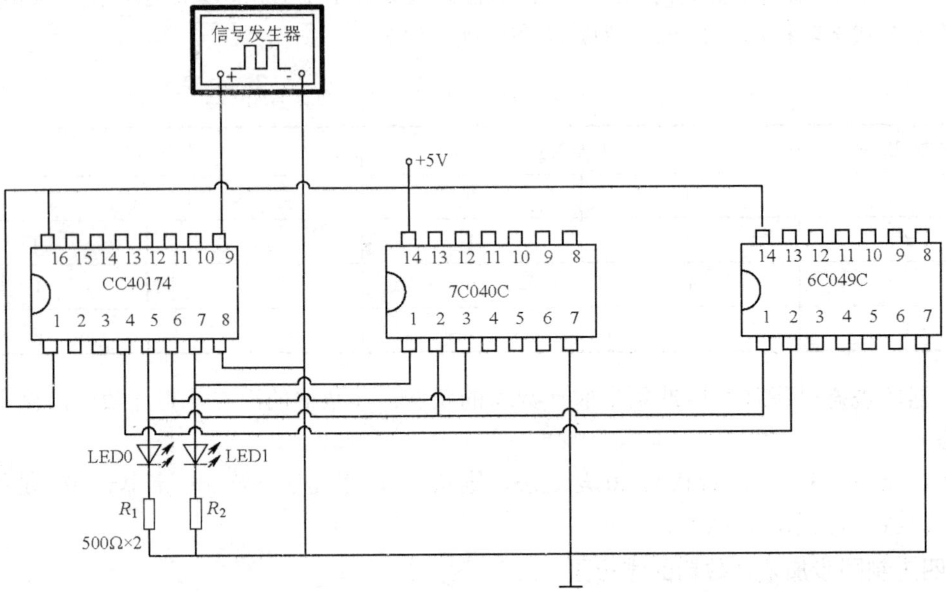


图 9.3.5 CC40174 构成的四进制加法计数器接线图

#### 4．制作步骤

（1）在图 9.3.4 所示四进制同步加法计数器中，$D_0 = \overline{Q}_0$，而 CC40174 没有 $\overline{Q}_0$ 输出端，所以必须将输出端 $Q_0$ 加到反相器得到 $\overline{Q}_0$，反相器用 CC4069 六反相器，异或门用 CC4070 四 2 输入异或门。

（2）根据图 9.3.4 所示的四进制同步加法计数器电路图及各集成电路的外引脚排列图，画出图 9.3.5 所示的接线图，并搭建实验电路图，CC40174 内部有 6 个 D 触发器，这里只用了其中两个。

（3）计数脉冲来自方波信号发生器，频率调整为 1Hz，触发器状态 $Q_1$、$Q_0$ 分别用发光二极管 LED1、LED0 来指示高低电平。观察发光二极管的亮灭情况，是否符合四进制计数器的状态转换图。将观察到的结果填入表 9.3.4 中。

表 9.3.4　四进制同步加法计数器状态转换实验记录

| $CP$ | 理论结果 | | 实验验证 | |
|---|---|---|---|---|
| | LED1 | LED0 | LED1 | LED0 |
| 0 | 0 | 0 | | |
| 1 | 0 | 1 | | |
| 2 | 1 | 0 | | |
| 3 | 1 | 1 | | |
| 4 | 0 | 0 | | |

**说明**

说明：设 LED 亮为“1”，LED 灭为“0”。

## 第 2 步　用 JK 触发器制作计数器

### 看一看

观察集成双 JK 触发器 74LS112 的外形，并与图 9.3.6 所示 74LS112 外引脚排列图进行比较，正确区分两个 JK 触发器的信号输入端（$J_1$、$K_1$、$J_2$、$K_2$），触发器的状态输出端（$Q_1$、$\overline{Q}_1$、$Q_2$、$\overline{Q}_2$），时钟脉冲信号输入端（$CP_1$、$CP_2$）（即 $CLK_1$、$CLK_2$），异步清零端（$\overline{RD_1}$、$\overline{RD_2}$）（即 $\overline{CLR_1}$、$\overline{CLR_2}$），异步置数端（$\overline{SD_1}$、$\overline{SD_2}$）（即 $\overline{PR_1}$、$\overline{PR_2}$），电源输入端（$V_{CC}$）和接地端（GND）。

集成双 JK 触发器 74LS112 内含两个独立的 JK 触发器，它们有各自独立的时钟信号 $CP$，复位、置位信号输入端（$\overline{RD}$、$\overline{SD}$）共用一个电源。

表 9.3.5 为 74LS112 的功能表，从功能表可以看出 74LS112 内的两个 JK 触发器是时钟脉冲 $CP$ 下降沿有效（用“↓”表示）。

复位、置位信号为低电平有效，也就是说，异步清零端 $\overline{RD}=0$ 时，触发器复位，即 $Q^{n+1}=0$；异步置数端 $\overline{SD}=0$ 时，触发器置位，即 $Q^{n+1}=1$。

$\overline{RD}=1$，$\overline{SD}=1$ 时，触发器的输出状态在 $CP$ 下降沿到来瞬间随触发信号 $J$、$K$ 而变化。

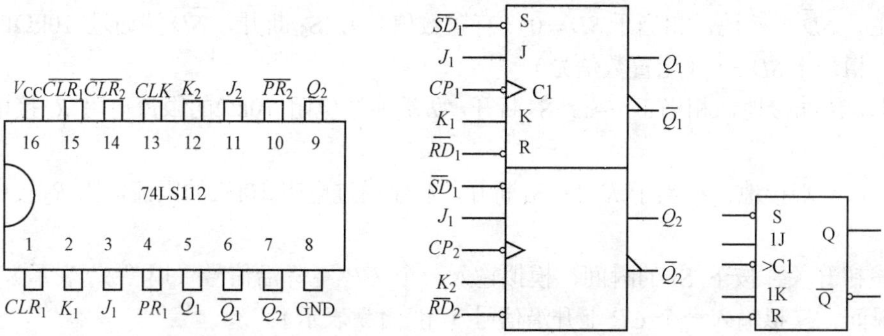


图 9.3.6　双 JK 触发器 74LS112 外引脚排列图

表 9.3.5　74LS112 功能表

| $\overline{RD}$ | $\overline{SD}$ | $CP$ | $J$ | $K$ | $Q^{n+1}$ | 功能说明 |
|---|---|---|---|---|---|---|
| 0 | 1 | × | × | × | 0 | 清零 |
| 1 | 0 | × | × | × | 1 | 置 1 |
| 1 | 1 | ↓ | 0 | 0 | $Q^n$ | 保持 |
| 1 | 1 | ↓ | 0 | 1 | 0 | 置 0 |
| 1 | 1 | ↓ | 1 | 0 | 1 | 置 1 |
| 1 | 1 | ↓ | 1 | 1 | $\overline{Q^n}$ | 翻转 |

## 读一读

图 9.3.7 所示为 JK 触发器的逻辑功能测试原理图。

（1）JK 触发器的 $J$、$K$ 信号输入端分别由开关 $S_2$、$S_4$ 设定，时钟脉冲信号 $CP$ 输入端由按钮开关 $S_3$ 设定，异步清零端 $\overline{RD}$ 由开关 $S_5$ 设定，异步置数端 $\overline{SD}$ 由开关 $S_1$ 设定。

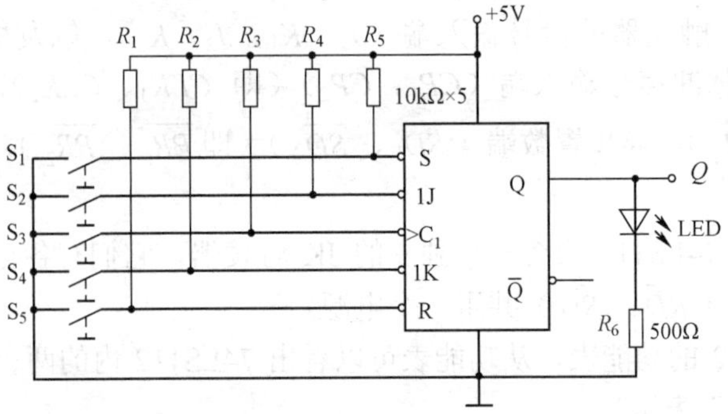


图 9.3.7　JK 触发器逻辑功能测试原理图

$S_5$ 合上，$\overline{RD}$ 端接地，相当于 $\overline{RD}=0$（有清零信号）；$S_1$ 断开，$\overline{RD}$ 端通过 10kΩ的限流电阻 $R_5$ 接电源，相当于 $\overline{RD}=1$（无清零信号）。

$S_1$ 合上，$\overline{SD}$ 端接地，相当于 $\overline{SD}=0$（有置数信号）；$S_5$ 断开，$\overline{SD}$ 端通过 10kΩ的限流电阻 $R_1$ 接电源，相当于 $\overline{SD}=1$（无置数信号）。

$S_2$ 合上，$J$ 端接地，相当于 $J$=1；$S_2$ 断开，$J$ 端通过电阻 10kΩ的限流电阻 $R_4$ 接电源，相当于 $J$=1。

$S_4$ 合上，$K$ 端接地，相当于 $K$=1；$S_4$ 断开，$K$ 端通过电阻 10kΩ的限流电阻 $R_2$ 接电源，相当于 $K$=1。

$S_3$ 为按钮开关，按下 $S_3$ 的瞬间，模拟输入一个 $CP$ 下降沿信号（用“↓”表示），松开（即断开）$S_3$ 瞬间，模拟输入一个 $CP$ 上升沿信号（用“↑”表示）。

（2）输出 $Q$ 的状态采用发光二极管 LED 来指示高低电平，发光二极管 LED“亮”，表示 D 触发器输出为“高电平”（即 $Q^{n+1}$=1）；发光二极管 LED“暗”，表示 D 触发器输出为“低电平”

（即 $Q^{n+1}=0$）。

$R_6$为限流电阻用以保护发光二极管，同时防止输出端过流而损坏集成电路。

## 做一做

双 JK 触发器 74LS112 逻辑功能测试

### 1．任务要求

按测试步骤要求完成所有测试内容，并填写测试报告（格式要求见附录 A）。

### 2．测试设备

数字电路综合测试台 1 台，数字万用表 1 只，信号发生器 1 台，74LS112 一只，10kΩ电阻 5 只，500Ω电阻 1 只，按钮开关 5 只，LED 发光二极管 1 只，导线若干。

### 3．测试电路

74LS112 的逻辑功能测试电路如图 9.3.9 和图 9.3.10 所示。

### 4．测试步骤

（1）利用 74LS112 中的一个 JK 触发器，测试 JK 触发器的逻辑功能。根据图 9.3.7 画出图 9.3.8 所示的 JK 触发器逻辑功能测试接线图，并由图 9.3.8 搭建 74LS112 的逻辑功能测试电路。

（2）测试复位端 $\overline{RD}$ 和置位端 $\overline{SD}$ 的功能。

合上 $S_1$，打开 $S_5$ 后，再分别合上或打开 $S_2$、$S_4$，在按下和松开 $S_3$ 瞬间，观察发光二极管 LED 的状态。

断开 $S_1$，合上 $S_5$ 后，再分别合上或打开 $S_2$、$S_4$，在按下和松开 $S_3$ 瞬间，观察发光二极管 LED 的状态。

同时打开 $S_1$ 和 $S_5$ 后，再分别合上或打开 $S_2$、$S_4$，在按下和松开 $S_3$ 瞬间，观察发光二极管 LED 的状态。

注意：不能同时合上 $S_1$ 和 $S_5$。

（3）测试 JK 触发器的逻辑功能。

打开 $S_1$ 和 $S_5$ 后，合上 $S_2$，打开 $S_4$，在按下和松开 $S_3$ 瞬间，观察发光二极管 LED 的状态。

打开 $S_1$ 和 $S_5$ 后，打开 $S_2$，合上 $S_4$，在按下和松开 $S_3$ 瞬间，观察发光二极管 LED 的状态。

打开 $S_1$ 和 $S_5$ 后，同时打开 $S_2$ 和 $S_4$，在按下和松开 $S_3$ 瞬间，观察发光二极管 LED 的状态。

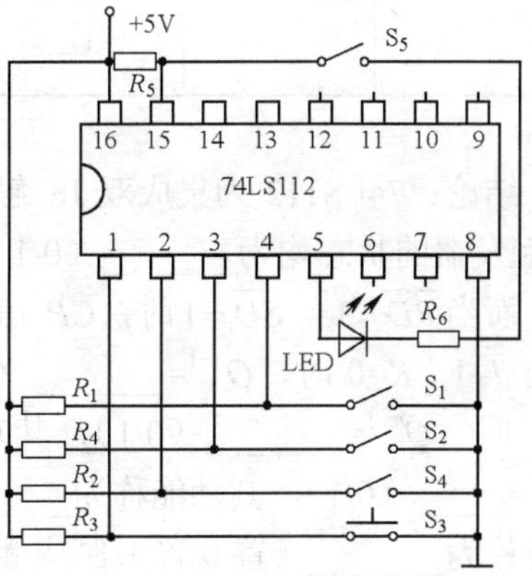

图 9.3.8　74LS112 的逻辑功能测试接线图

打开 $S_1$ 和 $S_5$ 后，同时打开 $S_2$ 和 $S_4$，在按下和松开 $S_3$ 瞬间，观察发光二极管 LED 的状态。

（4）按表 9.3.6 的要求进行测试，并将测试结果填入表 9.3.6 中。

表 9.3.6　74LS112 的逻辑功能测试记录

| $\overline{RD}$ | $\overline{SD}$ | $J$ | $K$ | $CP$ | $Q^{n+1}$ | |
|---|---|---|---|---|---|---|
| | | | | | $Q^n=0$ 时 | $Q^n=1$ 时 |
| 0 | 1 | 0 | 0 | ↓ | | |
| | | | | ↑ | | |
| | | 0 | 1 | ↓ | | |
| | | | | ↑ | | |
| | | 1 | 0 | ↓ | | |
| | | | | ↑ | | |
| | | 1 | 1 | ↓ | | |
| | | | | ↑ | | |
| 1 | 0 | 0 | 0 | ↓ | | |
| | | | | ↑ | | |
| | | 0 | 1 | ↓ | | |
| | | | | ↑ | | |
| | | 1 | 0 | ↓ | | |
| | | | | ↑ | | |
| | | 1 | 1 | ↓ | | |
| | | | | ↑ | | |
| 1 | 1 | 0 | 0 | ↓ | | |
| | | | | ↑ | | |
| | | 0 | 1 | ↓ | | |
| | | | | ↑ | | |
| | | 1 | 0 | ↓ | | |
| | | | | ↑ | | |
| | | 1 | 1 | ↓ | | |
| | | | | ↑ | | |

**结论**：74LS112 为集成双 JK 触发器，当 $\overline{RD}=0$，$\overline{SD}=1$ 时，无论 $CP$、$J$、$K$ 为何种状态，JK 触发器的状态均为_______（0/1），也就是说所有触发器都将________（清零/置 1）。

而当 $\overline{RD}=1$，$\overline{SD}=1$ 时，$CP$ 信号在______（上升沿/下降沿）时刻，$Q$ 随 $J$、$K$ 发生变化，即当 $J$=1，$K$=0 时，$Q^{n+1}$=_______（0/1），其功能称为_______（置 0/置 1/保持/翻转）；当 $J$=0，$K$=1 时，$Q^{n+1}$=_______（0/1），其功能称为________（置 0/置 1/保持/翻转）；当 $J$=$K$=0 时，$Q^{n+1}$=_____（0/1），其功能称为______（置 0/置 1/保持/翻转）；当 $J$=$K$=1 时，$Q^{n+1}$=_______，其功能称为_______（置 0/置 1/保持/翻转）。

JK 触发器的特性方程为_______（$Q^{n+1}=J\overline{Q^n}+\overline{K}Q^n$ / $Q^{n+1}=\overline{J}Q^n+K\overline{Q^n}$ / $Q^{n+1}=0$ / $Q^{n+1}=1$）。

## 读一读

四进制计数器能累计 4 个时钟脉冲，有 4 个有效状态，因此用两个 JK 触发器就能构成四进制计数器。如图 9.3.9 所示为用两个 JK 触发器构成的四进制同步加法计数器的逻辑图。

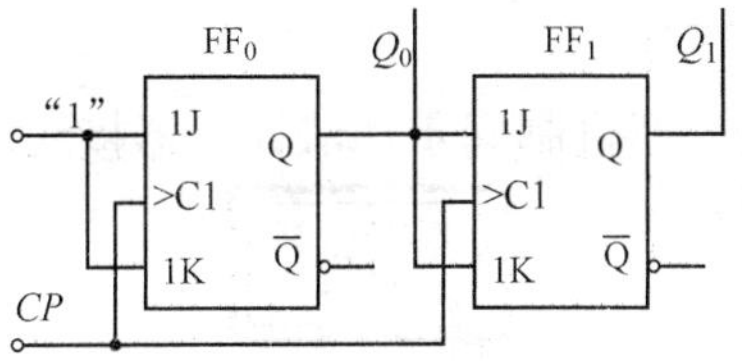


图 9.3.9　JK 触发器构成四进制同步加法计数器逻辑图

图 9.3.9 中，$J_0=K_0=1$ 时，根据 JK 触发器的逻辑功能可知，左边的触发器在 $CP$ 上升沿作用下，具有翻转的功能；$J_1=K_1=Q_0$，当 $Q_0=0$ 时，右边的触发器状态保持不变，当 $Q_0=1$ 时，右边的触发器状态在 $CP$ 上升沿作用下，具有翻转的功能。于是得到图 9.3.11 所示电路的状态转换真值表（表 9.3.7）。

表 9.3.7　图 9.3.9 电路的状态转换真值表

| 计数脉冲 $CP$ | $Q_1^n$ | $Q_0^n$ | $Q_1^{n+1}$ | $Q_0^{n+1}$ |
|---|---|---|---|---|
| 1 | 0 | 0 | 0 | 1 |
| 2 | 0 | 1 | 1 | 0 |
| 3 | 1 | 0 | 1 | 1 |
| 4 | 1 | 1 | 0 | 0 |

根据状态转换真值表画出状态转换图（图 9.3.10），由图 9.3.10 可知该电路实现了四进制加法计数器的逻辑功能。

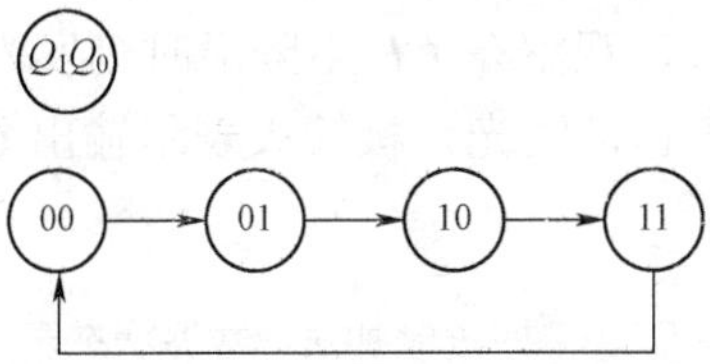


图 9.3.10　四进制同步加法计数器状态转换图

## 做一做

### 用 74LS112 双 JK 触发器制作四进制同步加法计数器

#### 1. 任务要求

按制作步骤要求完成所有测试内容，并填写测试报告（格式要求见附录 A）。

#### 2. 制作设备

数字电路综合测试台 1 台，数字万用表 1 只，信号发生器 1 台，74LS112 一只，500Ω电阻 2 只，LED 发光二极管 2 只，导线若干。

### 3. 制作电路

用 74LS112 双 JK 触发器构成的四进制同步加法计数器接线图如图 9.3.11 所示。

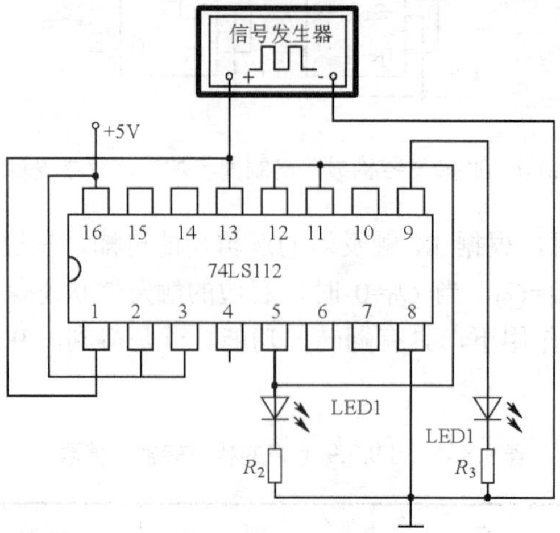


图 9.3.11　用 74LS112 双 JK 触发器构成的四进制同步加法计数器接线图

### 4. 制作步骤

（1）根据图 9.3.9 画出用 74LS112 构成的四进制同步计数器的接线图。稳压电源给 74LS112 提供+5V 电源，信号发生器提供计数脉冲，计数器的状态用发光二极管指示。

（2）根据图 9.3.11 的接线图搭建实验电路，观察计数功能。

调整信号发生器的频率为 1Hz，观察在 $CP$ 下降沿时刻发光二极管的工作情况，发光二极管亮表示输出 $Q$ 为高电平（即 $Q^{n+1}$=1），发光二极管灭表示输出 $Q$ 为低电平（即 $Q^{n+1}$=0），并将观察到的结果填入表 9.3.8 中。

表 9.3.8　四进制加法计数器状态表

| $CP$ | 理　论 | | 实　际 | |
|---|---|---|---|---|
| | LED1 | LED0 | LED1 | LED0 |
| 0 | 0 | 0 | | |
| 1 | 0 | 1 | | |
| 2 | 1 | 0 | | |
| 3 | 1 | 1 | | |
| 4 | 0 | 0 | | |

读一读

对图 9.3.9 所示时序逻辑电路进行分析。

（1）求时钟方程、驱动方程。

时钟方程：$CP_0=CP_1=CP$　（同步时序电路）

驱动方程：$J_1=K_1=Q_0^n$，$J_0=K_0=1$

（2）将驱动方程代入特性方程，得状态方程。

$$Q_1^{n+1}=J_1\overline{Q_1^n}+\overline{K_1}Q_1^n=Q_0^n\overline{Q_1^n}+\overline{Q_0^n}Q_1^n=Q_0^n\oplus Q_1^n$$

$$Q_0^{n+1}=J_0\overline{Q_0^n}+\overline{K_0}Q_0^n=\overline{Q_0^n}$$

（3）根据状态方程进行计算，列状态转换真值表。

依次设定电路的现态 $Q_1Q_0$，代入状态方程计算，得到次态（表 9.3.9）。

表 9.3.9　状态转换真值表

| 计数脉冲 CP | $Q_1^n$ | $Q_0^n$ | $Q_1^{n+1}$ | $Q_0^{n+1}$ |
|---|---|---|---|---|
| ↑ | 0 | 0 | 0 | 1 |
| ↑ | 0 | 1 | 1 | 0 |
| ↑ | 1 | 0 | 1 | 1 |
| ↑ | 1 | 1 | 0 | 0 |

（4）根据状态转换真值表画状态转换图，如图 9.3.12 所示。

（5）功能分析。判断电路为四进制加法计数器，能自启动。

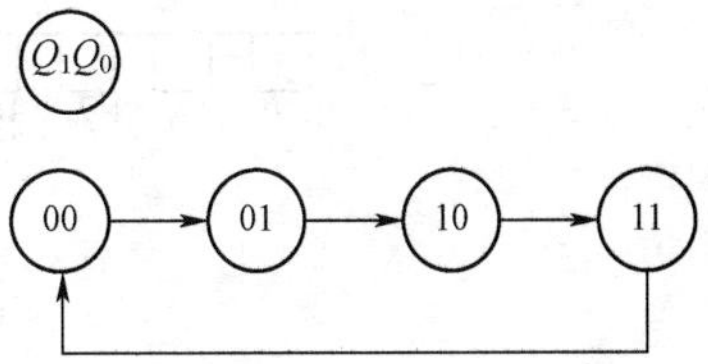


图 9.3.12　状态转换图

## 考考你

（1）JK 触发器的逻辑功能有哪些？

（2）画出图 9.3.13 中 JK 触发器的 $Q$ 端的波形，设初始状态为 0。

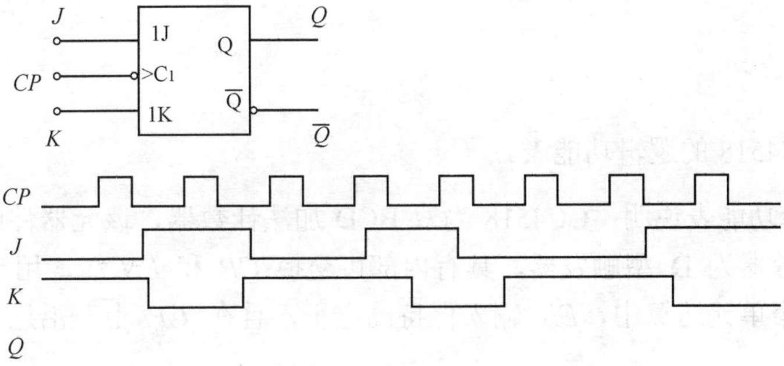


图 9.3.13　JK 触发器及其信号的波形

# 第 3 步　用集成十进制计数器构成任意进制计数器

## 读一读

用集成十进制计数器构成任意进制计数器的基本原理如下。

获得任意进制计数器的方法有两种：一是用触发器和门电路构成，前面已介绍；二是用集成计数器构成。

集成计数器的函数关系已经固化在芯片中了，其状态编码多为自然态序码，可以利用其清零或置数功能，让电路跳过某些状态而获得任意进制计数器。下面开始介绍其相关知识。

## 看一看

CC4518 为集成十进制（BCD 码）计数器，内部含有两个独立的十进制计数器，两个计数器可单独使用，也可级联起来扩大其计数范围。图 9.3.14 所示为 CC4518 的外引脚排列和逻辑图。

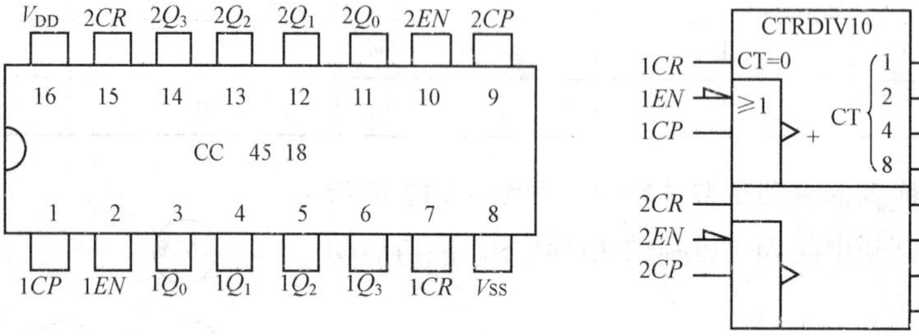


图 9.3.14　CC4518 外引脚排列和逻辑图

引脚说明：$V_{DD}$——电源端（+5V），$V_{SS}$——接地端；1*CP*、2*CP*——两计数器的计数脉冲输入端；1*CR*、2*CR*——两计数器的复位信号输入端（高电平有效）；1*EN*、2*EN*——两计数器的控制信号输入端（高电平有效）；$1Q_0$～$1Q_3$，$2Q_0$～$2Q_3$——两计数器的状态输出端。

## 读一读

表 9.3.10 为 CC4518 的逻辑功能表。

CC4518 的逻辑功能表说明：CC4518 为双 BCD 加法计数器，该元器件由两个相同的同步 4 级计数器组成。计数器为 D 型触发器，具有内部可交换 *CP* 和 *EN* 线，用于在时钟上升沿或下降沿加计数。在单个单元运算中，*EN* 输入保持高电平，且在 *CP* 上升沿进位。*CR* 线为高电平时，计数器清零。

表 9.3.10　CC4518 的逻辑功能表

| *CR* | *CP* | *EN* | 功能 |
|---|---|---|---|
| 1 | × | × | 全部为 0 |
| 0 | ↑ | 1 | 加计数 |
| 0 | 0 | ↓ | 加计数 |
| 0 | ↓ | × | 保持 |
| 0 | × | ↑ | |
| 0 | ↑ | 0 | |
| 0 | 1 | ↓ | |

## 做一做

CC4518 逻辑功能测试

### 1. 任务要求

按测试步骤要求完成所有测试内容，并填写测试报告（格式要求见附录 A）。

### 2. 测试设备

数字电路综合测试台 1 台，数字万用表 1 只，CC4518 一只，导线若干。

### 3. 测试电路

CC4518 逻辑功能的测试电路原理图如图 9.3.15 所示。

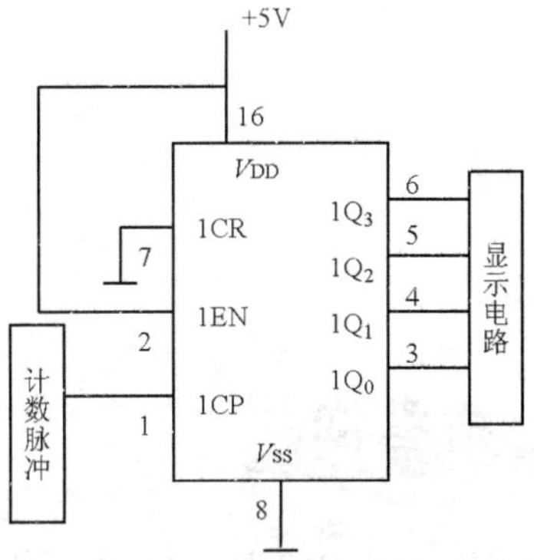

图 9.3.15 CC4518 逻辑功能的测试电路原理图

### 4. 测试步骤

（1）$CR$=1 时，改变 $CP$ 和 $EN$，观察计数器的输出。

（2）$CR$=0，$EN$=1 时，$CP$ 上升沿到来时，观察计数器的输出。

（3）记录计数器的输出结果，填写表 9.3.11，并验证 CC4518 功能表（表 9.3.10）。

**结论**：由 8421 加法计数器状态表（表 9.3.11），可以得到 CC4518 的状态转换图，如图 9.3.16 所示。CC4518 为十进制计数器。

表 9.3.11 8421 加法计数器状态表

| 计 数 | 计数器输出 | | | |
|---|---|---|---|---|
| | $Q_3$ | $Q_2$ | $Q_1$ | $Q_0$ |
| 0 | | | | |
| 1 | | | | |
| 2 | | | | |
| 3 | | | | |
| 4 | | | | |
| 5 | | | | |
| 6 | | | | |
| 7 | | | | |
| 8 | | | | |
| 9 | | | | |
| 10 | | | | |

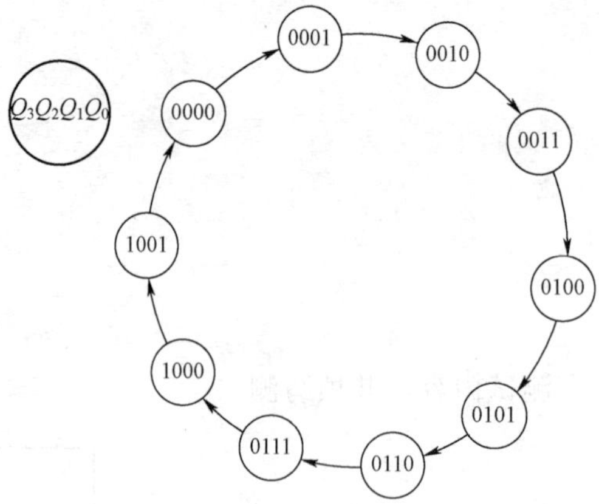


图 9.3.16　CC4518 的状态转换图

## 考考你

当 $CR$=0，$CP$=0 时，$EN$ 下降沿到来，CC4518 的逻辑功能测试电路又将如何改动？

## 读一读

### 1．构成二十四进制计数器的思路

CC4518 内部含有两个独立十进制（BCD 码）计数器，要实现二十四进制计数，可以将两片独立的十进制计数器分别构成二进制计数器和四进制计数器，分别称为十位片和个位片。状态转换分别如图 9.3.17 和图 9.3.18 所示。

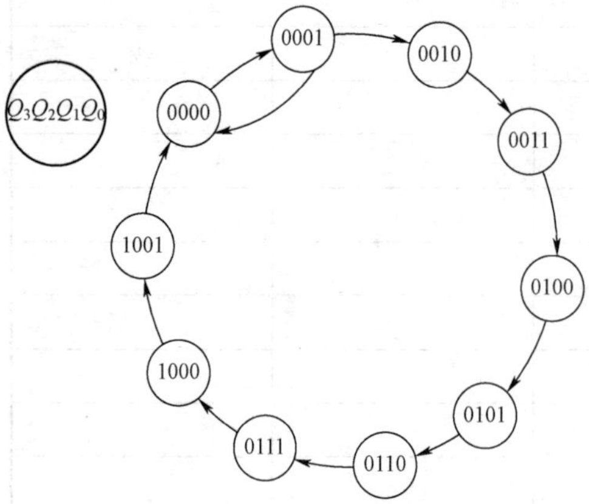


图 9.3.17　十位片二进制计数器状态转换图

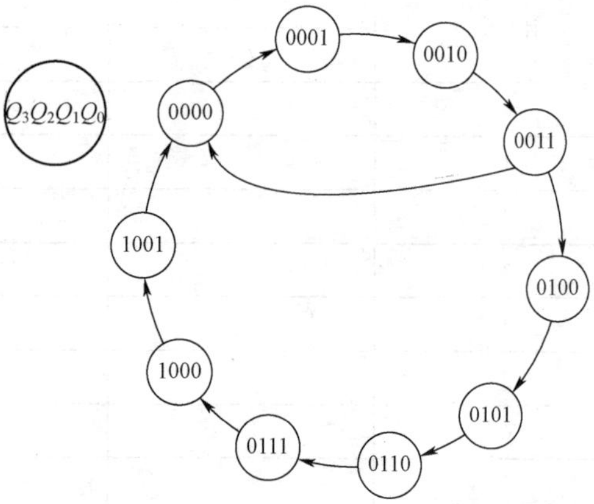


图 9.3.18　个位片四进制计数器状态转换图

如图 9.3.17 所示，当计数器的状态变成 0010，即一旦 $Q_1$=1 时，将 $Q_1$ 的高电平信号作为复位信号，使计数器立即归零。由于该状态出现的时间极短，所以它是过渡状态，电路的有效状态只有 0000 和 0001 两个，这就构成了二进制计数器，所以复位信号 $CR=Q_1$ 。

如图 9.3.18 所示，当计数器的状态变成 0100，即一旦 $Q_2$=1 时，将 $Q_2$ 的高电平信号作为复位信号，使计数器立即归零。由于该状态出现的时间极短，所以它是过渡状态，电路的有效状态分别为 0000、0001、0010、0011，这就构成了四进制计数器，所以复位信号 $CR=Q_2$。

### 2. CC4518 实现二十四进制计数器的逻辑图

（1）根据前面介绍的二进制和四进制计数器的构成原理画出图 9.3.19 所示用 CC4518 实现二十四进制计数器的逻辑图。

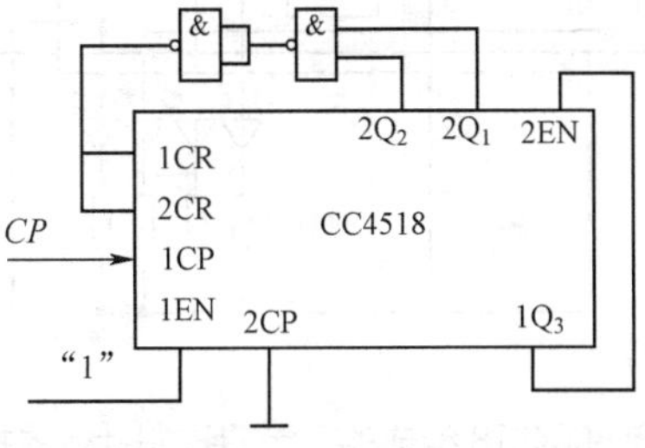


图 9.3.19　用 CC4518 集成计数器构成的二十四进制计数器逻辑图

（2）图 9.3.19 中 1*EN*=1，计数脉冲从 1*CP* 输入，每来一个 *CP* 上升沿，个位片计数一次；2*CP*=0，2*EN*=1$Q_3$，每来一个 1$Q_3$ 下降沿，十位片计数一次。

### 3. 二十四进制计数器的计数原理

计数脉冲输入个位片的 *CP* 端，当第十个计数脉冲上升沿到来时，1$Q_3$ 由 1 变 0，作为下降沿送到 2*EN*，使十位片计数一次，2$Q_0$ 由 0 变 1；当第二十个计数脉冲上升沿到来时，1$Q_3$ 又由 1 变 0，作为下降沿送到 2*EN*，使十位片又计数一次，2$Q_0$ 由 1 变为 0，而 2$Q_1$ 由 0 变 1；当二十四个计数脉冲上升沿到来时，1$Q_2$ 由 0 变 1，此时 1$Q_2$、2$Q_1$ 同时为 1，经与非门送到 1*CR*、2*CR*，使十位片、个位片同时复位，即使其个位片和十位片的输出全部为 0，从而完成一个计数循环。

## 做一做

### 用集成十进制计数器 CC4518 制成二十四进制计数器

### 1. 任务要求

按测试程序要求完成所有测试内容，并填写测试报告（格式要求见附录 A）。

### 2. 制作设备

数字电路综合测试台 1 台，数字万用表 1 只，信号发生器 1 台，CC4518、CC4011 各一只，500Ω电阻 8 只，LED 发光二极管 8 只，导线若干。

### 3. 制作电路

用 CC4518 构成的二十四进制计数器接线图如图 9.3.20 所示。

**4．制作步骤**

（1）根据图 9.3.19 画出图 9.3.20 所示用 CC4518 集成计数器构成的二十四进制计数器接线图。

（2）根据图 9.3.20 用 CC5418 搭建二十四进制计数器电路。

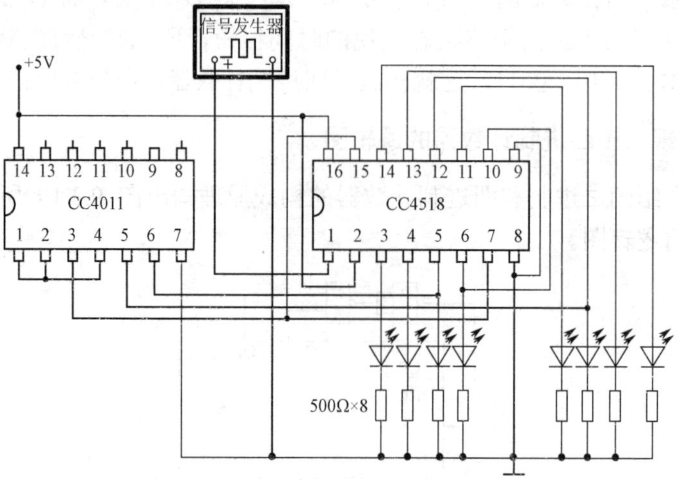


图 9.3.20　CC4518 构成的二十四进制计数器接线图

这里的两个与非门采用了 CC4011，其外引脚排列和逻辑功能见附录 G。

把计数器各功能端前标有“1”的叫“计数器 1”，标有“2”的叫“计数器 2”。在测试电路中，“计数器 1”的控制脉冲由 *CP* 端输入，因此 1*EN* 应接高电平；“计数器 2”的控制脉冲由 *EN* 端输入，因此 2*CP* 应接低电平。

（3）计数脉冲由信号发生器提供，稳压电源提供 5V 电压，计数器的输出状态可用 8 个发光二极管表示。调整信号发生器，使其输出频率为 1Hz 的方波，观察发光二极管的工作情况。

（4）填写表 9.3.12，并验证其逻辑功能。

表 9.3.12　二十四进制计数器状态测试记录表

| 计数脉冲 | 二进制数码 | | | | | | | |
|---|---|---|---|---|---|---|---|---|
| | $2Q_3$ | $2Q_2$ | $2Q_1$ | $2Q_0$ | $1Q_3$ | $1Q_2$ | $1Q_1$ | $1Q_0$ |
| 0 | | | | | | | | |
| 1 | | | | | | | | |
| 2 | | | | | | | | |
| 3 | | | | | | | | |
| 4 | | | | | | | | |
| 5 | | | | | | | | |
| 6 | | | | | | | | |
| 7 | | | | | | | | |
| 8 | | | | | | | | |
| 9 | | | | | | | | |
| 10 | | | | | | | | |
| 11 | | | | | | | | |
| 12 | | | | | | | | |

续表

| 计数脉冲 | 二进制数码 | | | | | | | |
|---|---|---|---|---|---|---|---|---|
| | $2Q_3$ | $2Q_2$ | $2Q_1$ | $2Q_0$ | $1Q_3$ | $1Q_2$ | $1Q_1$ | $1Q_0$ |
| 13 | | | | | | | | |
| 14 | | | | | | | | |
| 15 | | | | | | | | |
| 16 | | | | | | | | |
| 17 | | | | | | | | |
| 18 | | | | | | | | |
| 19 | | | | | | | | |
| 20 | | | | | | | | |
| 21 | | | | | | | | |
| 22 | | | | | | | | |
| 23 | | | | | | | | |

**结论**：二十四进制计数器中各信号的流向是，个位片的计数脉冲从______（CC4518/CC4011）的第___脚输入，十位片的计数脉冲来自______（CC4518/CC4011）的第___脚，个位片和十位片的复位信号来自_______（CC4518/CC4011）的第___脚，$1Q_2$、$2Q_1$ 的信号分别送到 CC4011 的 5、6 两脚的作用是__________。

**读一读**

1．六进制加法计数器的状态转换图

与二十四进制计数器的构成原理一样，用 CC4518 中两个独立的十进制计数器分别构成六进制计数器和十进制计数器，则就能实现六十进制计数。

图 9.3.21 所示为六进制加法计数器的状态转换图。

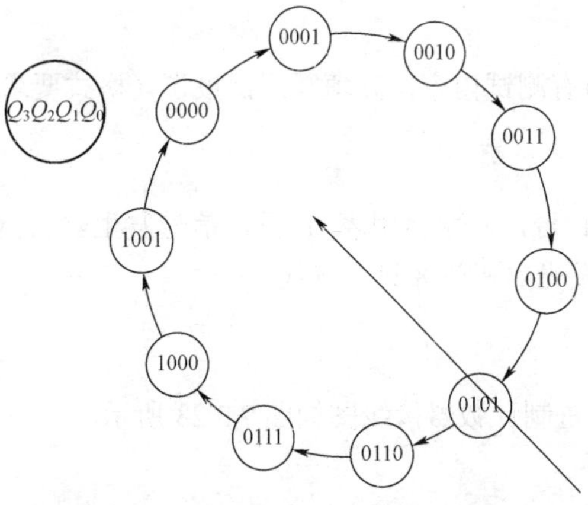


图 9.3.21　六进制计数器状态转换图

与图 9.3.17 所示十位片二进制计数器状态转换图中复位信号的形成和图 9.3.18 所示个位片四进制计数器复位信号的形成相似，图 9.3.21 中当计数器的状态变成 0110，即一旦 $Q_2$ 和 $Q_1$ 同时为高电平时，将形成复位信号，使计数器立即归零。由于该状态出现的时间极短，所以它是过渡状态，电路的有效状态 0000、0001、0010、0010、0011、0100，这就构成了六进制计数器，所以复位信号为 $CR=Q_2\,Q_1$。

### 2．用 CC4518 实现六十进制计数器的逻辑图

根据前面所学知识，画出图 9.3.22 所示用 CC4518 实现六十进制计数器的逻辑图。

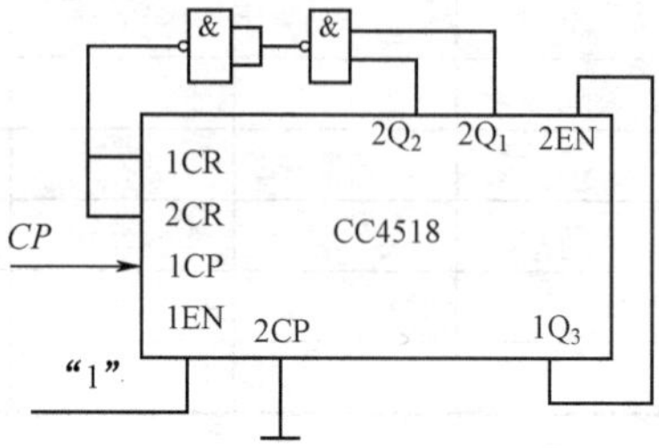


图 9.3.22　CC4518 构成的六十进制计数器逻辑图

### 3．六十进制计数器的计数原理

与图 9.3.19 所示二十四进制计数器的计数原理相似，六十进制计数器的计数原理是计数脉冲输入个位片的 $CP$ 端，个位片本来就是十进制计数器，当每输入十个计数脉冲的上升沿到来时，$1Q_3$ 都由 1 变为 0，作为下降沿送到 $2EN$，使十位片计数一次。当第六十个计数脉冲上升沿到来时，$2Q_2$、$2Q_1$ 同时为 1，经与非门送到 $1CR$、$2CR$，使十位片、个位片同时复位，即使其个位片和十位片的输出全部为 0，完成一个计数循环。

## 做一做

### 用 CC4518 实现六十进制计数器的逻辑图

### 1．任务要求

按制作步骤要求完成所有测试内容，并填写测试报告（格式要求见附录 A）。

### 2．制作设备

数字电路综合测试台 1 台，数字万用表 1 只，信号发生器 1 台，CC4518、CC4011 各一只，500Ω电阻 8 只，LED 发光二极管 8 只，导线若干。

### 3．制作电路

用 CC4518 构成的六十进制计数器接线图如图 9.3.23 所示。

### 4．制作步骤

（1）根据逻辑图画出图 9.3.23 所示的 CC4518 构成的六十进制计数器接线图。

（2）根据图 9.3.23 用 CC4518 搭建六十进制计数器的实验电路，并验证其逻辑功能。

（3）计数脉冲由信号发生器提供，稳压电源提供+5V 电压，计数器的输出状态用 8 个发光二极管表示。调整信号发生器，使其输出频率为 1Hz 的方波，观察发光二极管的工作情况是否符合六十进制的计数规律。

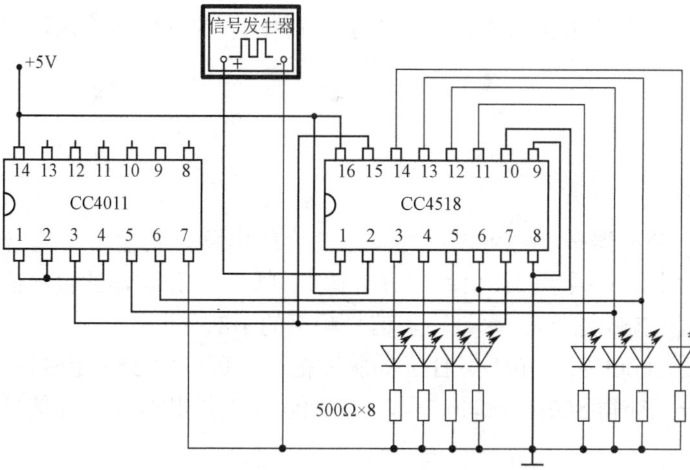


图 9.3.23　CC4518 构成的六十进制计数器接线图

**结论**：六十进制计数器中各信号的流向是，个位片的计数脉冲从____（CC4518/CC4011）的第______脚输入，十位片的计数脉冲来自____（CC4518/CC4011）的第____脚；个位片和十位片的复位信号来自__________（CC4518/CC4011）的第____脚；$2Q_1$、$2Q_2$ 的信号分别送到 CC4011 的 5、6 两脚的作用是_____。

# 项目 4　秒计数器译码显示电路的制作

## 学习目标

- ✧ 能用计数器构成分频电路。
- ✧ 能用触发器构成分频电路。
- ✧ 会画计数译码显示电路的方框图，能叙述各部分的作用。
- ✧ 会制作和调试二十四进制（时）计数译码显示电路。
- ✧ 会制作和调试六十进制（分、秒）计数译码显示电路。

## 工作任务

- ✧ 用计数器制作 1000 分频电路。
- ✧ 制作和调试二十四进制（时）计数译码显示电路。
- ✧ 制作和调试六十进制（分、秒）计数译码显示电路。

## 第 1 步　1000 分频器电路的制作与调试

### 看一看

数字钟的 555 振荡电路输出频率较高，为了得到 1Hz 的秒信号输入，需要对振荡器的输出信号进行分频。

### 读一读

在数字电路中，分频器是一种可以进行频率变换的电路，其输入、输出信号是频率不同的脉冲序列。输入、输出信号频率的比值称为分频比。例如，2 分频器的输出信号频率是输入信号频率的 1/2，8 分频器的输出信号频率是输入信号频率的 1/8。

在本项目中需要 1000Hz、500Hz、1Hz 的脉冲信号，可以由 555 定时谐振电路获得 1000Hz 脉冲信号，再经 2 分频获得 500Hz 脉冲信号，经 1000 分频获得 1Hz 脉冲信号。

### 考考你

分频器的分频比能否大于 1?

### 做一做

1000 分频器电路的制作与调试

1. 任务要求

按制作步骤要求完成所有测试内容，并填写测试报告（格式要求见附录 A）。

2. 制作设备

数字电路综合测试台 1 台，数字万用表 1 只，信号发生器 1 台，示波器 1 台，CC4518 两只，470Ω电阻 1 只，发光二极管 1 只，导线若干。

3. 制作电路

1000 分频器测试电路图如图 9.4.1 所示。

4. 制作步骤

（1）电路由两个 CC4518 集成电路中的三个十进制计数单元组成，实际上就是一个 1000 进制计数器。

（2）根据图 9.4.1 可画出图 9.4.2 所示用 4518 构成的 1000 分频器接线图。

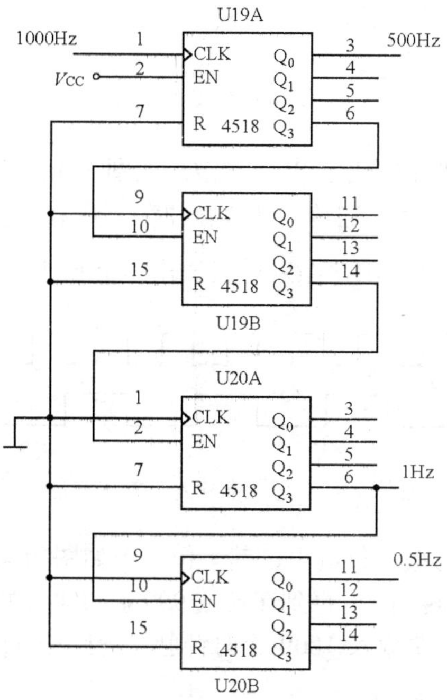


图 9.4.1 1000 分频器测试电路图

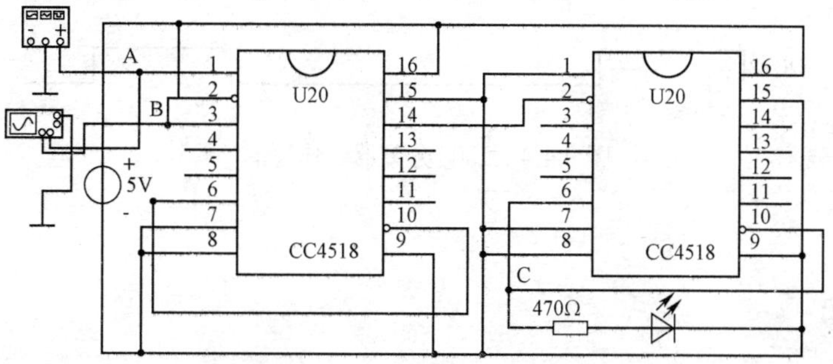


图 9.4.2 1000 分频器接线图

（3）根据图 9.4.2 进行电路安装调试。

（4）在第一个计数单元的输入端，即 4518 的 1 脚输入 1000Hz 的方波信号。

（5）用示波器观察 A、B、C 三个测试点的波形，同时用数字频率计分别测试 A、B、C 三个测试点处的频率，记录并分析它们之间的关系，填写到表 9.4.1 中。

表 9.4.1 1000 分频器测试记录

| 测 试 点 | 信 号 频 率 | 信号波形示意图 |
|---|---|---|
| A 点 | | |
| B 点 | | |
| C 点 | | |
| 三个测试点信号之间的关系 | | |

### 读一读

2 分频信号由计数器的最低位输出，其工作波形如图 9.4.3 所示。由计数器工作原理可知，每来一个计数脉冲该位加 1，即状态翻转。计数脉冲在上升沿有效，下降沿无效。由图 9.4.3 可见，从 1*CP* 端输入 2 个时钟脉冲，则在 $1Q_A$ 端只输出 1 个脉冲，实现了 2 分频，即 $f_{O1}=\frac{1}{2}f_i$。

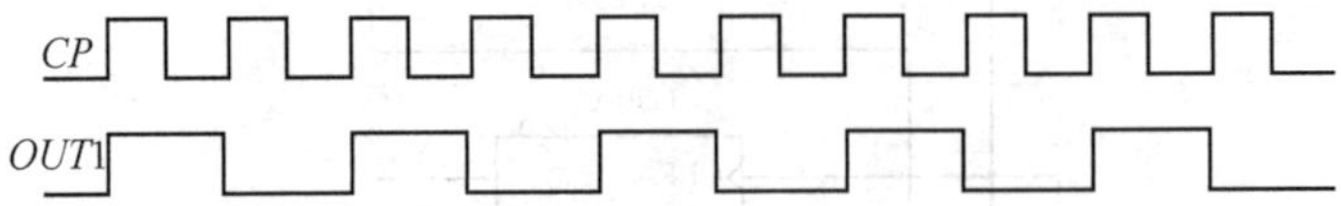


图 9.4.3　2 分频器输入、输出波形

1000 分频信号由计数器的最高位输出，其工作波形如图 9.4.4 所示。由计数器工作原理可知，每计数 998 时该位由 0 翻转为 1，直到在计数 999 后再来计数脉冲时计数器清零复位，该位转 0。由波形图可见，从 1*CP* 端输入 1000 个时钟脉冲，则在 $1Q_D$ 端只输出 1 个脉冲，实现了 1000 分频，即 $f_{O2}=\frac{1}{1000}f_i$。

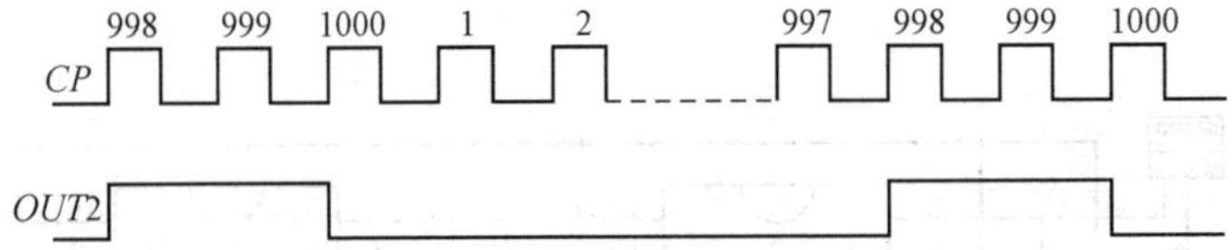


图 9.4.4　1000 分频器工作波形

### 考考你

如何用计数器构成 100 分频器？试画出其电路图。

## 第 2 步　二十四进制（时）计数译码显示电路的制作与调试

### 读一读

在数字钟电路中，可以根据“60 秒为 1 分”“60 分为 1 小时”“24 小时为 1 天”的计数周期，分别组成计数器。将这些计数器适当连接，就可以实现“秒”“分”“时”的计时功能。同时要将“秒”“分”“时”的状态显示成清晰的数字符号，就需要将计数器的状态经译码器进行译码，并通过显示器将其显示出来，这实际上构成了数字钟电路中“秒”“分”“时”的三个计数译码显示电路。

图 9.4.5 所示为计数译码显示电路的方框图。从图 9.4.5 可以看出，计数译码显示电路由计数器、译码器、驱动器、显示器 4 部分组成。

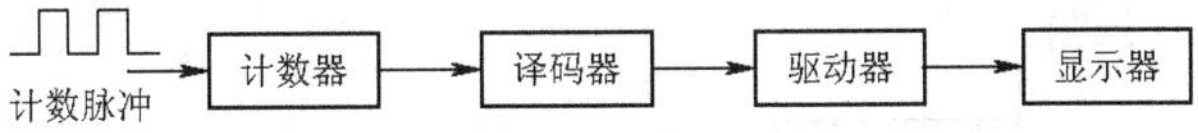


图 9.4.5　计数译码显示电路方框图

在所制作的数字钟电路中，两个六十进制（秒、分）、一个二十四进制（时）的计数器均采用集成十进制计数器 CC4518 构成，有关 CC4518 的功能及其所构成的六十进制和二十四进制计数器电路已在本学习领域项目 3 中进行了详细介绍，这里不再赘述。

在所制作的数字钟电路中，译码器均采用输出高电平的 CMOS 显示译码器 CC4511 构成，有关 CC4511 的功能及其所构成的数字显示电路已在学习领域七的项目 2 中进行了详细介绍，这里不再赘述。

另外，在所制作的数字钟电路中，由于显示器选用了可以与集成电路直接配用的共阴极半导体数码管 BS201，因此无须外加驱动器电路，只要直接将 CC4511 与 BS201 直接配接即可。有关 BS201 的功能已在学习领域七的项目 2 中进行了详细介绍，这里也不再赘述。

## 看一看

二十四进制（时）计数译码显示电路由二十四进制计数器和译码显示两部分电路组成，有关这两部分电路的知识已在本学习领域的项目 3 中做了详细介绍，在此不再赘述。请参考前面的知识分析其工作原理。

## 做一做

### 二十四进制（时）计数译码显示电路的制作与调试

**1. 任务要求**

按制作步骤要求完成所有测试内容，并填写测试报告（格式要求见附录 A）。

**2. 制作设备**

数字电路综合测试台 1 台，数字万用表 1 只，信号发生器 1 块，CC4081、CC4518 各一只，CC4511、BS201 型 LED 数码管各两只，470Ω电阻 14 只，导线若干。

**3. 制作电路**

二十四进制（时）计数译码显示测试电路如图 9.4.6 所示。

**4. 制作步骤**

① 根据图 9.4.6 画出二十四进制（时）计数译码显示电路的接线图（图 9.4.7）。

② 安装并调试二十四进制（时）计数译码显示电路。

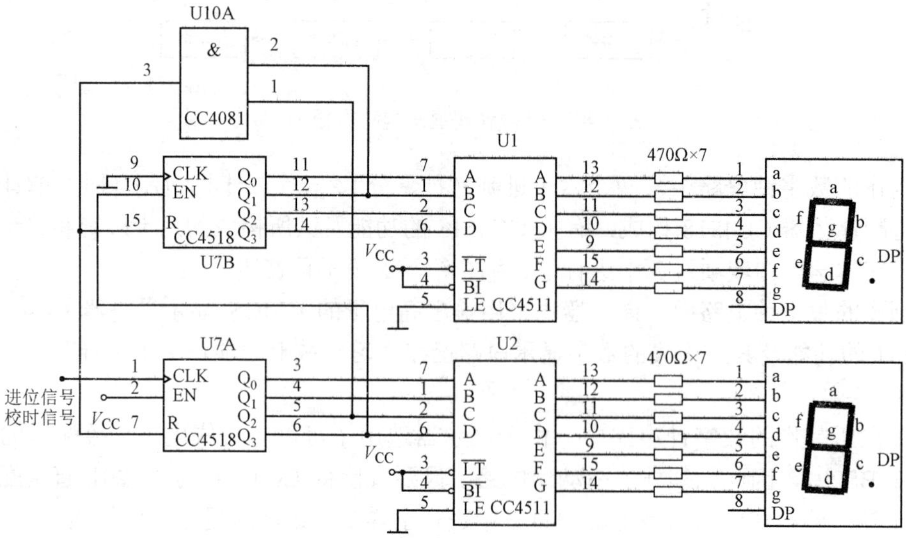

图 9.4.6　二十四进制（时）计数译码显示测试电路

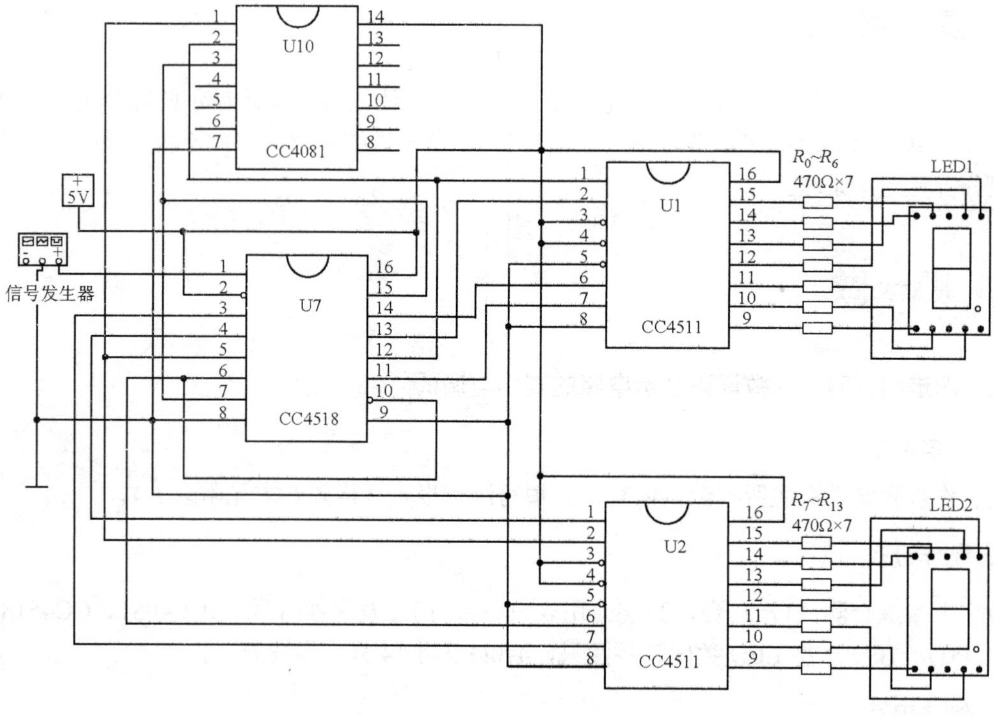

图 9.4.7　二十四进制（时）计数译码显示电路的接线图

## 做一做

**二十四进制（时）计数译码显示电路仿真制作**

按制作步骤要求完成所有测试内容。准备计算机 1 台，Multisim 10.0 或其他同类软件 1

套。二十四进制（时）计数译码显示电路仿真制作电路如图 9.4.8 所示。

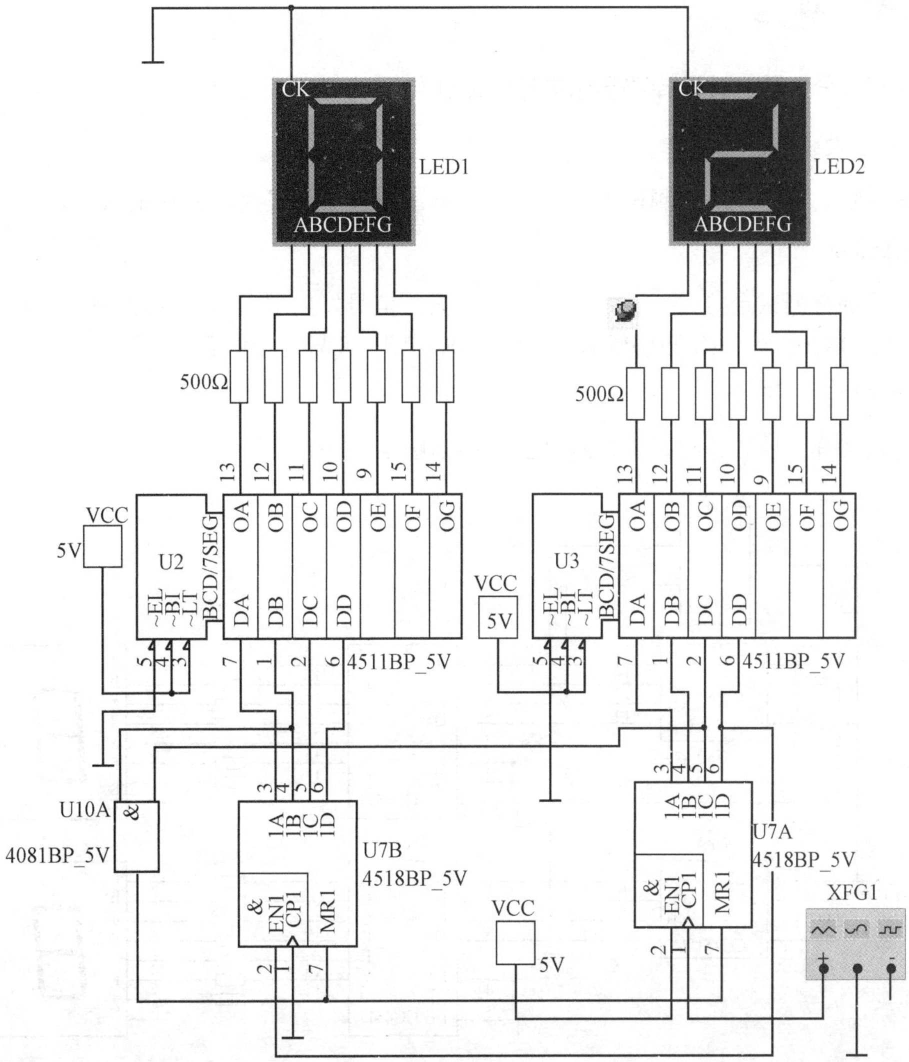


图 9.4.8　二十四进制（时）计数译码显示电路仿真制作电路

## 第 3 步　六十进制（分、秒）计数译码显示电路的制作与调试

### 看一看

六十进制（分、秒）计数译码显示电路原理图与二十四进制（时）计数译码显示电路原理图进行比较后可以看出，六十进制（分、秒）计数译码显示电路只是在二十四进制（时）计数译码显示电路的基础上做了很小的改动，复位信号来自 CC4518 的 13、12 脚，当计数到 0110 0000 即 60 时电路复位。

## 做一做

### 六十进制（分、秒）计数译码显示电路的制作与调试

#### 1. 任务要求

按制作步骤要求完成所有测试内容，并填写测试报告（格式要求见附录 A）。

#### 2. 制作设备

数字电路综合测试台 1 台，数字万用表 1 只，信号发生器 1 台，CC4081、CC4518 各 2 只，CC4511、BS201 型 LED 数码管各 4 只，470Ω电阻 28 只，导线若干。

#### 3. 制作电路

六十进制（分，秒）计数译码显示测试电路如图 9.4.9 所示。

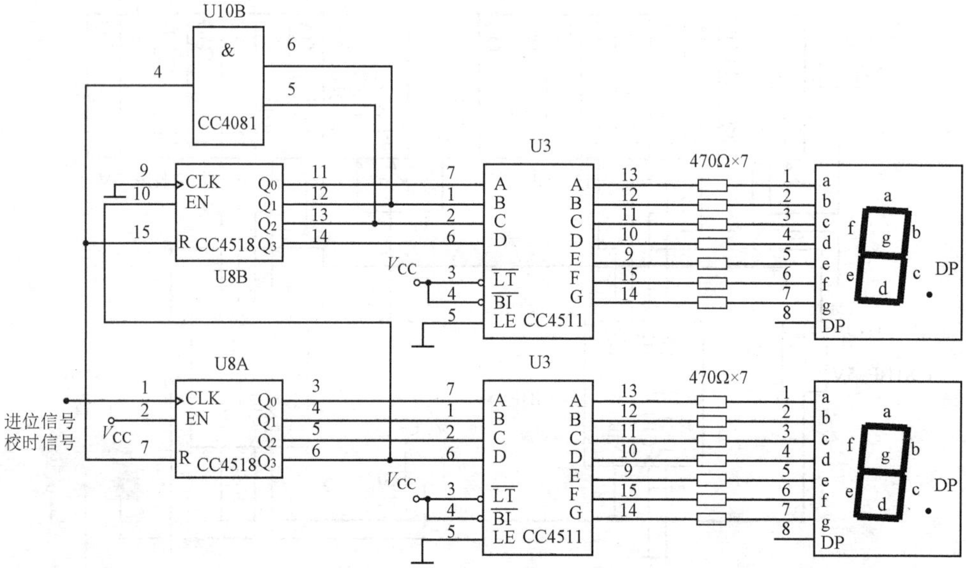


图 9.4.9 六十进制（分，秒）计数译码显示测试电路

#### 4. 制作步骤

①根据图 9.4.9 画出六十进制（分、秒）计数译码显示电路的接线图（如图 9.4.10 所示）。

②安装并调试六十进制（分，秒）计数译码显示电路（为与后面的总装配图配套，该电路应做两面，分别用于“分”、“秒”的显示）。

## 做一做

### 六十进制（分、秒）计数译码显示电路仿真制作

按制作步骤要求完成所有测试内容。准备计算机 1 台，Multisim 10.0 或其他同类软件 1 套。六十进制（分、秒）计数译码显示电路仿真制作电路如图 9.4.11 所示。

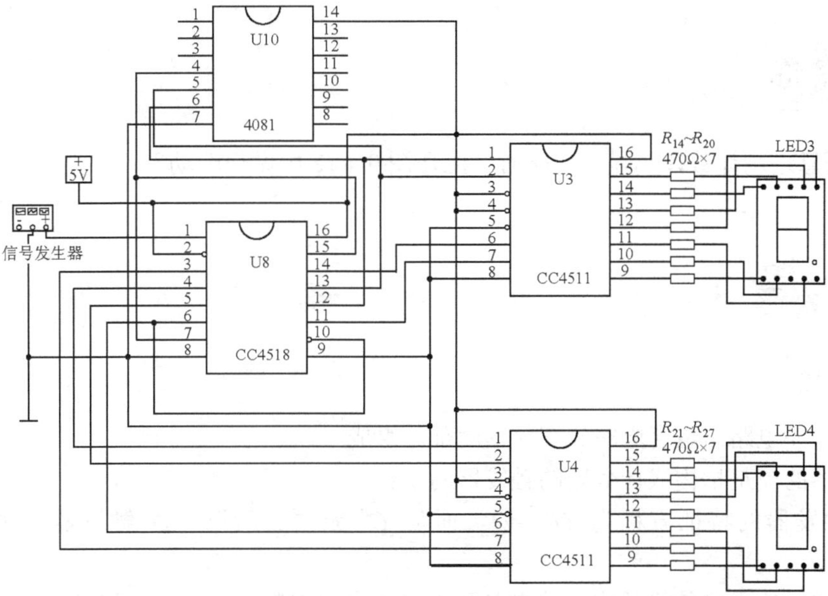


图 9.4.10　六十进制（分、秒）计数译码显示电路的接线图

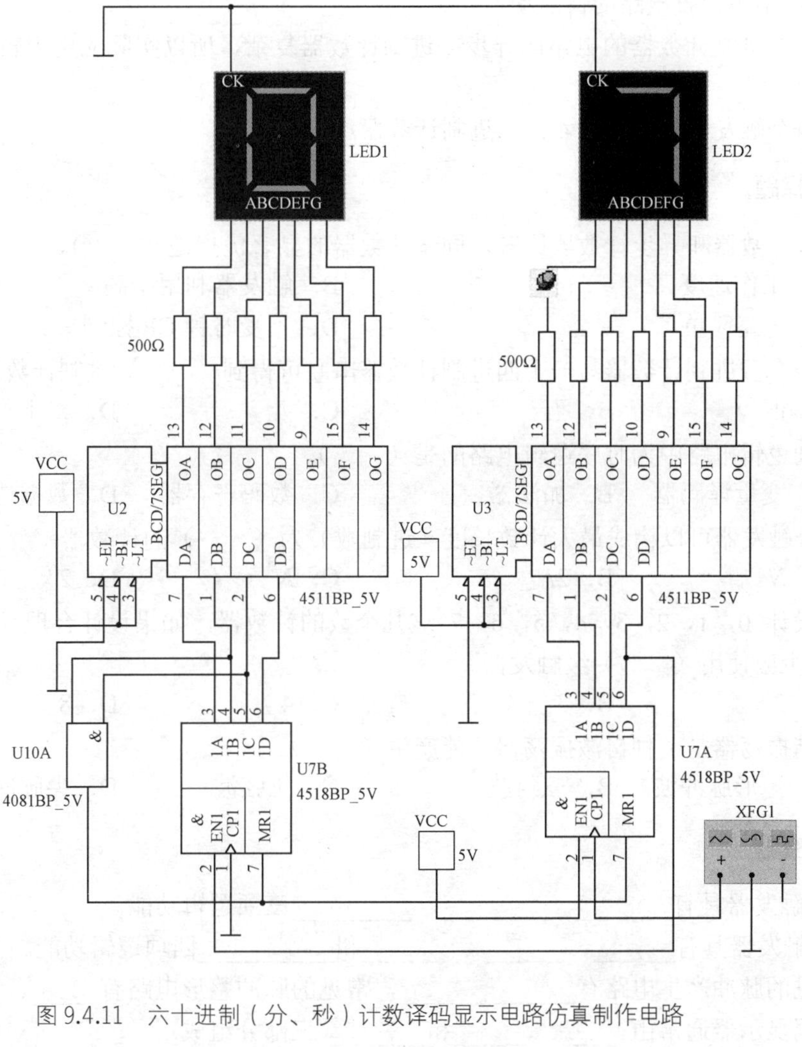


图 9.4.11　六十进制（分、秒）计数译码显示电路仿真制作电路

## 考考你

欲构成任意进制计数译码显示电路时，应在图 9.4.12 中做何改动？

## 习　题

### 一、判断题

1．同步时序电路由组合电路和存储器两部分组成。（　　）

2．计数器的模是指构成计数器的触发器的个数。（　　）

3．D 触发器的特征方程为 $Q^{n+1}=D$，而与 $Q^n$ 无关，所以，D 触发器不是时序电路。（　　）

4．在同步时序电路的设计中，若最简状态表中的状态数为 $2^N$，而又是用 $N$ 级触发器来实现其电路，则不用检查电路的自启动性。（　　）

5．同步二进制计数器的电路比异步二进制计数器复杂，所以实际应用中较少使用同步二进制计数器。（　　）

6．用 4 个触发器可以构成 4 位二进制计数器。（　　）

### 二、选择题

1．同步计数器和异步计数器比较，同步计数器的显著优点是（　　）。

A．工作速度高　　B．触发器利用率高

C．电路简单　　D．不受时钟 CP 控制

2．把一个五进制计数器与一个四进制计数器串联可得到（　　）进制计数器。

A．四　　B．五　　C．九　　D．二十

3．下列逻辑电路中为时序逻辑电路的是（　　）。

A．变量译码器　　B．加法器　　C．数码寄存器　　D．数据选择器

4．$N$ 个触发器可以构成最大计数长度（进制数）为（　　）的计数器。

A．$N$　　B．$2N$　　C．$N^2$　　D．$2^N$

5．欲设计 0，1，2，3，4，5，6，7 这几个数的计数器，如果设计合理，采用同步二进制计数器，最少应使用（　　）级触发器。

A．2　　B．3　　C．4　　D．8

6．多谐振荡器是一种自激振荡器，能产生（　　）。

A．矩形脉冲波　　B．三角波　　C．正弦波　　D．尖脉冲

### 三、填空题

1．RS 触发器具有_______、________、_________三项逻辑功能。

2．JK 触发器具有______、______、_______和_________四项逻辑功能。

3．常见的脉冲产生电路有_____________，常见的脉冲整形电路有_____、____。

4．译码显示器通常由_____、______和________三部分组成。

## 四、综合分析题

1．用时序电路的分析方法分析图 9.5.1 构成了几进制计数器？

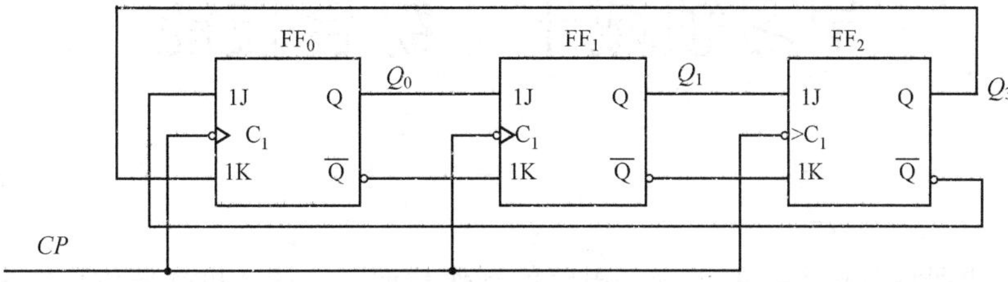


图 9.5.1

2．分析图 9.5.2 所示由 CC4518 构成的时序电路为几进制计数器？

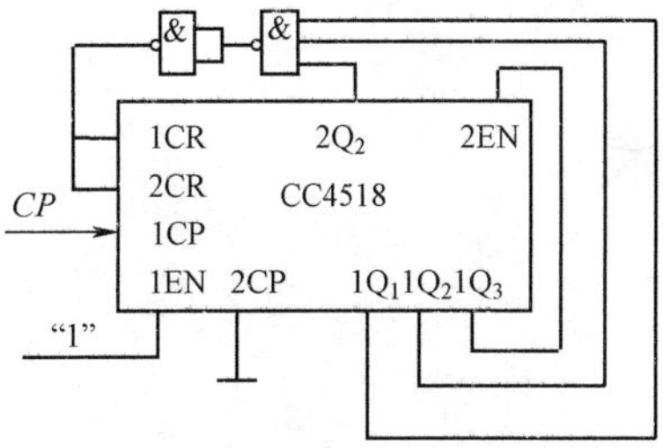


图 9.5.2

3．参照本学习领域的原理和制作过程，设计制作一秒表。

# 学习领域十　综合技能

## 领域简介

电子技术技能训练包括电路的识读、电路的制作与调试、计算机软件仿真技术等。

本领域重点介绍模拟电路的综合应用和数字电路的综合应用。通过在市场购买电子元器件，可以锻炼市场素质；通过在通用板上焊接元器件，可以锻炼工艺素质；通过设计性的综合制作，可以培养自主学习的能力和创新能力，为本专业后续学习打下良好的专业理论基础和操作能力基础。

## 项目1　焊接与拆焊技术

### 学习目标

- ✧ 认识焊接材料、焊接工具。
- ✧ 学会手工焊接技术、波峰焊接技术、再流焊技术，掌握检验焊接质量的技术。
- ✧ 掌握拆焊技术。

### 工作任务

- ✧ 手工焊接技术基本功训练。
- ✧ 波峰焊接技术基本功训练。
- ✧ 再流焊技术基本功训练。
- ✧ 拆焊技术基本功训练。

### 第1步　焊接技术

#### 读一读

焊接概念

焊接是金属连接的一种方法。利用加热、加压或其他手段，在两种金属的接触面，依靠原子或分子的相互扩散作用，形成一种新的牢固的结合，使这两种金属永久地连接在一起。这个过程就称为焊接。

焊接分为熔焊、钎焊和接触焊三类。锡焊属于软钎焊。

锡焊的特点：焊料的熔点低，适用范围广；易于形成焊点，焊接方法简便；成本低廉、操作方便；容易实现焊接自动化。

## 知识链接

### 焊接材料

### 1. 焊料

焊料是用来连接两种或多种金属表面，同时在被连接金属的表面之间起冶金学桥梁作用的金属材料。常用的焊料是焊锡，焊锡是一种锡铅合金。锡的熔点是232℃，铅的熔点为327℃。

（1）对焊料的要求：熔点低，凝固快，有良好的浸润作用，抗腐蚀性要强，要有良好的导电性和足够的机械强度。

（2）锡铅合金的特性：如图10.1.1所示，锡铅合金温度在固相线*ADBEC*之下时为固态，温度上升到固相线 *ADBEC* 时开始熔化，当温度上升到液相线或大于液相线时全部熔化，变成液态。可以看出 *B* 点是固液转换较为理想的情况，所以一般电子电气焊接选用锡铅按6∶4的比例制成焊锡，其熔点只有190℃左右，焊接起来很方便。锡铅合金的特性优于锡和铅本身，机械强度高，表面张力小，黏度下降，从而增大了流动性，提高了抗氧化能力。常用的焊锡丝有两种，一种是将焊锡做成管状，管内有松香，称松香焊锡丝，使用这种焊锡丝焊接时可不加助焊剂。另一种是无松香的焊锡，焊接时要加助焊剂。

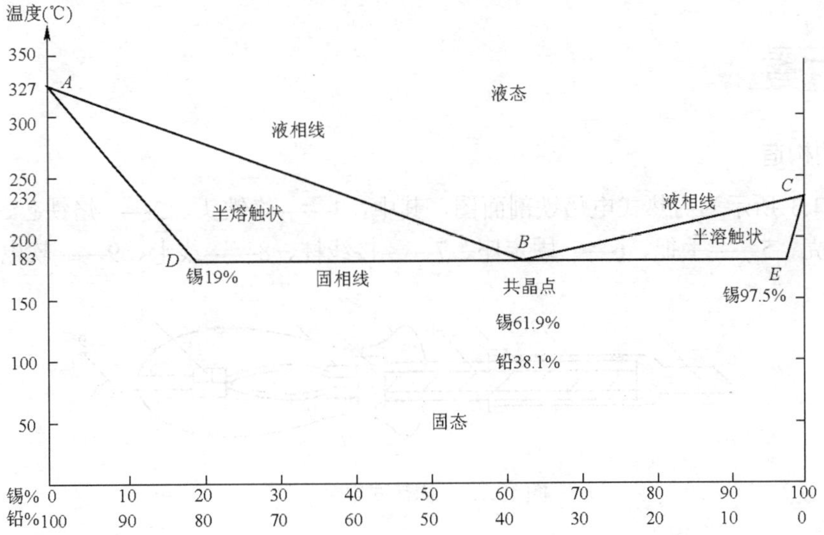


图10.1.1　锡铅合金相图

### 2. 焊剂

焊剂用来增加润湿，以帮助和加速焊接的进程，故焊剂又称助焊剂。焊剂的作用原理如下。

（1）化学作用：主要表现在达到焊接温度前，能充分地使金属表面的氧化物还原或置换。

（2）物理作用：主要表现在两个方面，一是改善焊接时的热传导作用，促使热量从热源向焊接区扩散传送；二是施加焊剂能减少熔融焊剂的表面张力，提高焊料的流动性。

### 看一看

**锡焊机理**

锡焊是将焊料、焊件同时加热到最佳焊接温度，在不同金属表面相互浸润、扩散，最后形成多组织的结合层。

焊点剖面如图 10.1.2 所示，其中，1——母材、2——镀层、3——结合层、4——焊料层、5——表面层、6——结合层、7——铜箔、8——基板。

锡焊的必要条件：

（1）被焊接金属材料应具有良好的可焊性；

（2）被焊金属材料表面必须清洁；

（3）焊接要有适当的温度；

（4）焊接应有适当的时间；

（5）焊剂使用得当；

（6）焊料的成分和性能符合焊接要求。

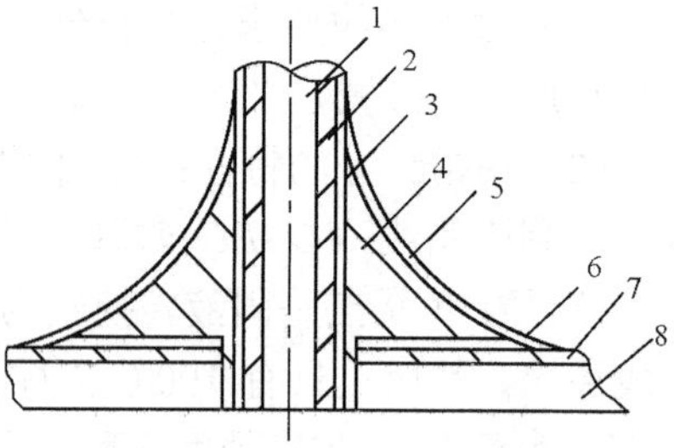

图 10.1.2　焊点剖面示意图

## 第 2 步　手工焊接技术

### 看一看

**电烙铁的构造**

如图 10.1.3 所示为内热式电烙铁剖面图，其中，1——烙铁头、2——烙铁芯、3——卡箍、4——金属外壳、5——手把、6——固定座、7——接线柱、8——线卡、9——软电线。

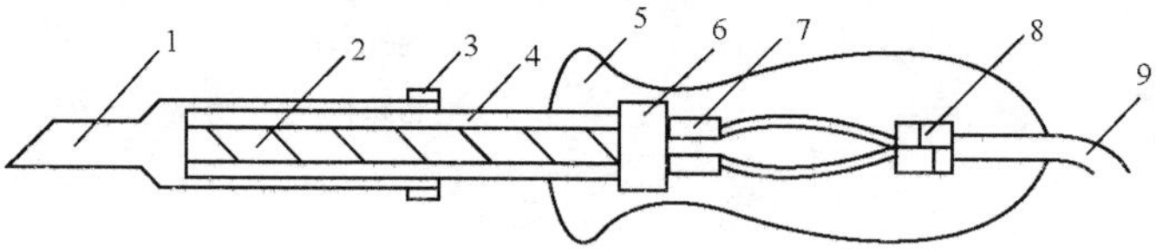

图 10.1.3　内热式电烙铁

如图 10.1.4 所示为外热式电烙铁剖面图，其中，1——烙铁头、2——金属外壳、3——烙芯。

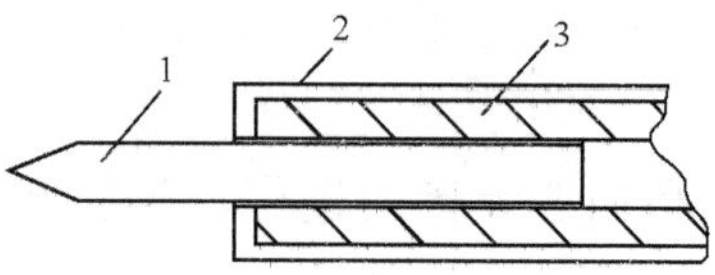

图 10.1.4　外热式电烙铁

## 做一做

### 手工焊接方法

#### 1. 电烙铁的握法

手握烙铁的手柄，绝不能握在金属部分。常见的拿烙铁的方法有反握法、正握法和握笔法三种，如图 10.1.5 所示。小功率烙铁采用握笔法，操作灵活方便，被广泛采用。大功率的烙铁比较大，也较重，所以采用反握法或正握法。

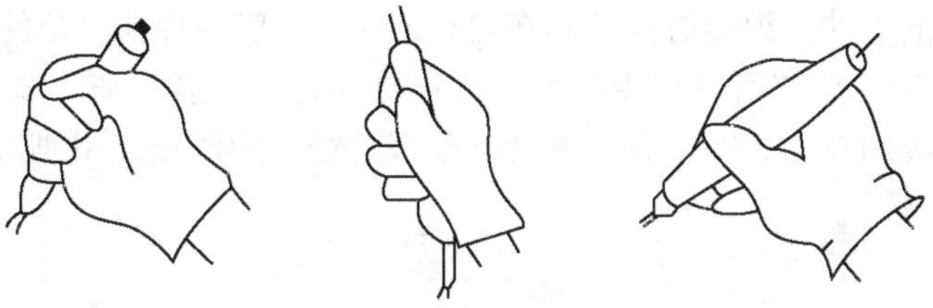

（a）反握法　（b）正握法　（c）握笔法

图 10.1.5　电烙铁的握法

#### 2. 焊接操作步骤

通常采用如图 10.1.6 所示的五工序施焊法，简要说明如下。

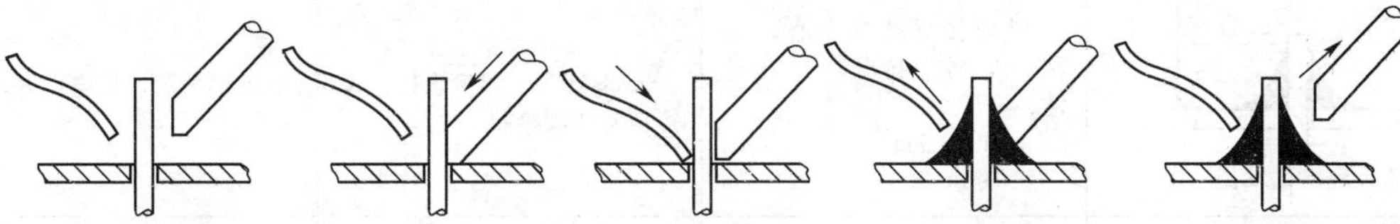

（a）准备　（b）加热　（c）加焊锡　（d）移去焊料　（e）移开烙铁

图 10.1.6　五工序施焊法

（1）准备：准备好被焊工件，烙铁加热到工作温度并吃好锡，一手握好烙铁，一手抓好焊料（通常是焊锡丝），烙铁与焊锡丝分居于被焊工件两侧。

（2）加热：烙铁头均匀接触被焊工件，包括工件引脚和焊盘。不要施加压力或随意拖动烙铁。

（3）加焊锡：当工件被焊部位升温到焊接温度时，送上焊锡丝并与工件焊点部位接触，熔融、润湿。送锡要适量。

（4）移去焊料：熔入适量焊料（当焊锡铺满焊孔）后，迅速移去焊锡丝。

（5）移开烙铁：移去焊料后，在助焊剂还未挥发完之前，焊锡已完全熔化，焊锡的流动性很强，焊点最光亮时迅速移去烙铁，否则将留下不良焊点。烙铁撤离方向与焊锡留存量有关，焊点质量与浸润有关，一般以线路板成 45°方向撤离，如图 10.1.7 所示。

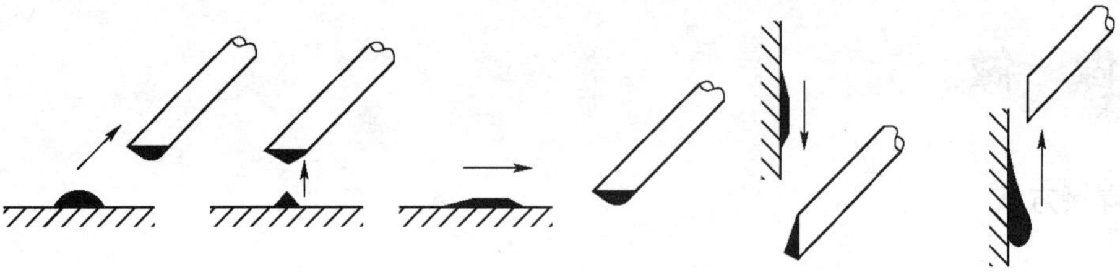

图 10.1.7　烙铁头的撤离过程

### 3. 焊接技巧及注意点

可采用隔点焊接的方法，焊接时间控制在 3s 之内。一般先焊四个角的一、两只引脚，再逐一对其他引脚进行焊接。全部引脚焊接好后，用小针头逐一轻拔引脚，检查是否有虚焊现象。再用放大镜查看各引脚间有无短路，有问题及时处理，最后用酒精将引脚进行清洗。

## 看一看

常见焊点及质量分析见表 10.1.1。

表 10.1.1　焊点及质量分析

| 焊 点 外 形 | 外 观 特 点 | 原 因 分 析 | 产生的后果 |
|---|---|---|---|
| 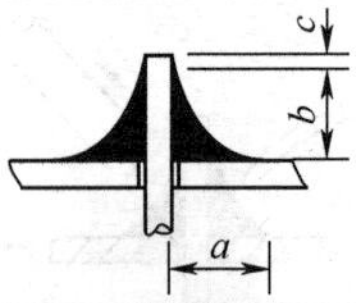  | 以焊接导线为中心，匀称、呈裙形拉开，外观光洁、平滑<br>$a=(1\sim1.2)b$<br>$c$=1mm | 焊料适当，温度合适，焊点自然成圆锥状 | 外形美观，导电良好，连接可靠 |
| 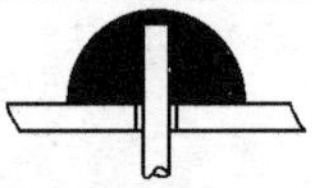 | 焊料过多，焊料面呈凸形 | 焊丝撤离过迟 | 浪费焊料，可能包藏缺陷 |
| 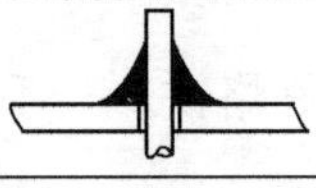 | 焊料过少 | 焊丝撤离过早 | 机械强度不足 |
| 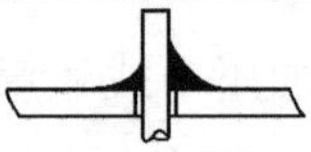 | 焊料未流满焊盘 | 焊料流动性不好，助焊剂不足或质量差 | 强度不够 |
| 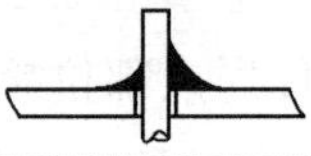 | 出现拉尖 | 烙铁撤离角度不当，助焊剂过多，加热时间过长 | 外观不佳，易造成桥接 |
| 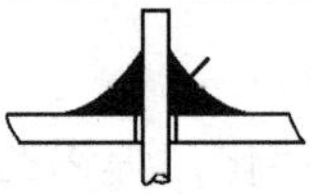 | 松动 | 焊料未凝固前引线移动，引线氧化层未处理好 | 导电不良或不导电 |

## 做一做

### 技能训练

实习步骤如下。

（1）焊接前准备：烙铁头吃锡。

（2）焊接训练：焊接贴板元器件，焊接直立元件，焊接晶体管，焊接集成电路。

（3）拆焊训练。

（4）进行重焊练习。

## 读一读

### 注意事项

（1）保持烙铁头的清洁。处于高温状态的烙铁头，其表面容易积聚杂质，形成隔热层，影响正常的焊接，因此须随时除去杂质。

（2）注意烙铁头与焊件和焊盘两者间的接触。不要只将烙铁与元器件脚接触而远离焊盘，或只与焊盘接触而远离被焊元器件。

（3）掌握好加热时间。使用不同的烙铁，焊接不同的元器件，一定要掌握好焊接时间，加热时间太短，温度不够，会造成焊接质量差，而加热时间过长会使被焊元件损坏、印刷电路板变形、敷铜皮脱落、塑料材料损坏等。

（4）控制好焊锡量。用焊锡丝做焊料时，注意观察焊锡丝熔化量和控制焊锡丝的给进速度。

（5）初次使用的新烙铁，必须首先对烙铁头上锡。在使用一段时间后，由于烙铁头在高温情况下容易氧化，烙铁头被焊料侵蚀而改变形状，使烙铁在焊接时不好使用，这时也要及时对烙铁进行修整上锡。

（6）有一种合金烙铁头，在烙铁头表面上镀有一层合金，使烙铁头的使用寿命比普通烙铁长得多。这种烙铁头不得用砂纸、砂布或锉刀对烙铁头进行打磨加工，以免破坏镀层，缩短烙铁的使用寿命。对于这种烙铁，上锡时可以借助于用松香或助焊剂进行上锡。在使用时，烙铁头上有脏物，只能用浸水海棉或湿布擦拭。

（7）内热式电烙铁的加热元器件是用瓷管做成的，所以，不能用力敲击烙铁和用钳子用力夹连接杆，以免损坏加热元器件。

（8）一般的烙铁有三个电源线接线柱，其中一个与烙铁的外壳相通，经过外接线接地。另外两个接线柱接加热元器件，这两接线柱经外线插座接 220V 市电。在使用中要特别注意，不能接错。所以，烙铁的电源线插头应是三线插头。烙铁的外壳接地有两个好处，一是可以避免烙铁外壳带电而使操作者有触电的危险。二是在焊接时，若烙铁头带电会损坏电路上的元器件，将烙铁外壳接地，从而防止由于烙铁带电对电路元器件的影响，特别是焊接 CMOS 元件，要求一定要将烙铁接地。

（9）在烙铁的使用中，还要注意使用安全，防止烫伤。锡焊接技术在印制电路上安装元器件，都是通过焊接进行安装的。电子线路的安装焊接都是采用锡焊接的。

## 第 3 步　波峰焊接工艺技术

### 拓　展

波峰焊接（Wave Soldering）是利用波峰焊机内的机械泵或电磁泵，将熔融钎料压向波峰喷嘴，形成一股平稳的钎料波峰，并源源不断地从喷嘴中溢出，装有元器件的印制电路板以直线平面运动的方式通过钎料波峰面而完成焊接的一种成组焊接工艺技术（图 10.1.8）。

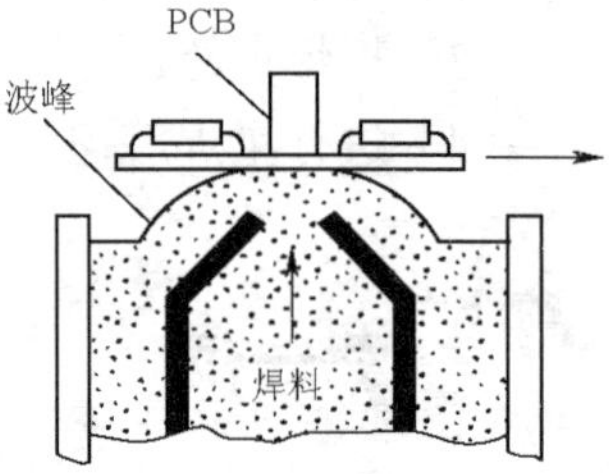


图 10.1.8　波峰焊接示意图

波峰焊机通常由波峰发生器，印制电路板传输系统，钎剂喷涂装置，印制电路板预热、冷却装置与电气控制系统等部分组成。

#### 1．波峰焊接的分类

波峰焊分单波峰和双波峰，双波峰的波型又可分为λ、T、Ω和 O 旋转波四种波型。

#### 2．波峰焊接工艺流程

波峰焊工艺流程如图 10.1.9 所示，其详细说明见表 10.1.2。

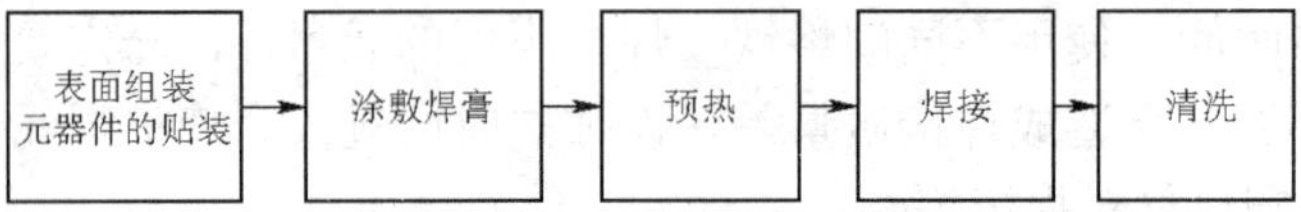


图 10.1.9　波峰焊接工艺流程图

表 10.1.2　波峰焊接工艺流程说明

| 工　艺 | 目　的 | 装　置 | 主要技术要求 |
|---|---|---|---|
| 表面组装<br>元器件的贴装 | 用粘接剂将表面组装元器件粘接在 PCB 板上了；<br>插入经成形的有引线元器件 | 自动贴装机<br>自动插装机 | 元器件与 PCB 结合强度；<br>定精度 |
| 涂敷焊膏 | 将焊膏涂敷到印制板电路上 | 喷雾式<br>发泡式<br>喷流式 | 整个基板涂覆，焊剂比重控制 |
| 预热 | 焊剂中的熔剂蒸发缓解热冲击 | 预热器 | 预热条件：<br>基板表面温度 130～150°C，1～3min |
| 焊接 | 连续地成组焊接，元器件和电路板之间建立可靠的电气机械连接 | 喷射式波峰焊机<br>双波峰焊接设备 | 焊料温度：240～250°C；<br>焊料不纯物控制；<br>基板与焊料槽浸渍角为 6°～10° |
| 清洗 | SMA 清洗 | 清洗设备 | 清洗剂种类<br>清洗工艺和设备<br>超声波频率等 |

## 第 4 步　其他焊接技术

### 1．SMT 中采用的波峰焊接工艺

SMT 中采用的波峰焊工艺流程如图 10.1.10 所示，其详细说明见表 10.1.3。

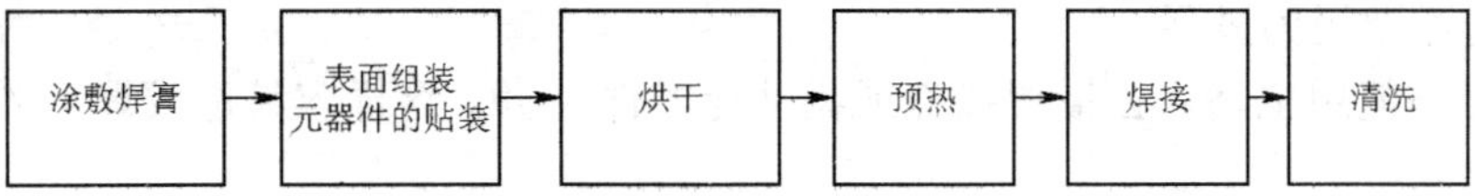


图 10.1.10　SMT 中采用的波峰焊接工艺流程图

表 10.1.3　SMT 中采用的波峰焊接工艺流程说明

| 工　艺 | 目　的 | 装　置 | 主要技术要求 |
|---|---|---|---|
| 涂敷焊膏 | 将焊膏（或焊剂）涂敷到印制电路规定的位置 | 注射滴涂<br>印刷涂敷 | 精度；<br>涂敷量（厚度） |
| 表面组装元器件的贴装 | 用焊膏粘性（或粘接剂）将表面组装元器件粘接在 PCB 上 | 自动贴装机 | 元器件与 PCB 结合强度；<br>定精度 |
| 烘干 | 烘膏烘干，粘接剂固化 | 加热、光照、超声 | 时间；<br>强度 |
| 预热 | 焊剂中的熔剂蒸发缓解热冲击 | 预热器 | 温度；<br>时间 |
| 焊接 | 焊料再流焊接，元器件和电路板之间建立可靠的电气机械连接 | 红外、气相、热风、激光、热板焊机 | 焊料温度 240~250°C；<br>焊料不纯物控制 |
| 清洗 | SMA 清洗 | 清洗设备 | 清洗剂种类；<br>清洗工艺和设备；<br>超声波频率等 |

### 2．免洗焊接技术

免洗焊接包括两种技术：一种是采用焊后免洗剂；另一种是在惰性气体中或在反应气体中进行焊接。

免洗焊接工艺的优点：

① 在焊接中，由于少用或不使用焊剂，从而消除了由于截留焊剂气体引起的焊接缺陷，并消除了喷嘴的堵塞，提高了焊接质量。

② 取消了清洗工艺和相应设备，大大降低了生产成本。

## 第 5 步　拆焊技术

拆焊又称解焊。在安装、调试和维修中常要更换一些元器件，需要将已焊接的焊点拆除，这个过程就是拆焊。

### 1. 拆焊的原则

① 拆焊时要尽量避免所拆卸的元器件因过热和机械损伤而失效。

② 拆焊印制电路板上的元器件时要避免印制焊盘和印制导线因过热和机械损伤而剥离或断裂。

③ 拆焊过程中要避免电烙铁及其他工具烫伤或机械损伤周围其他元器件、导线等。

**2．拆焊的操作要求**

① 严格控制加热的温度与时间。

② 拆焊时不要用力过猛。

③ 拆焊时不能用电烙铁去撬焊接点或晃动元器件引脚，这样容易造成焊盘的剥离和引脚的损伤。

**3．拆焊的方法**

拆焊的方法有：剪断拆焊法、分点拆焊法、集中拆焊法、采用吸锡器或吸锡烙铁拆焊法、采用空针头拆焊法、采用吸锡材料拆焊法、间断加热拆焊法等。

# 项目 2　温度控制器的制作

## 学习目标

- ✧ 各种仪表的使用、电子装配和调试、电路相关参数的测量、PCB 板电路自动生成、电路仿真。

## 工作任务

- ✧ 按工艺要求制作印制电路板。
- ✧ 安装电路，实现温度控制功能。

## 第 1 步　温控器电路识读

### 看一看

**1．任务要求**

在实际应用中，经常碰到被控温度要求保持在预先设定的范围内，这就需要恒温控制。本项目的恒温控制电路十分简单，控制灵敏度高，具有较高的使用价值。为此下面用所学知识制作温度控制器。

**2．测试设备**

数字万用表 1 只，30W 电烙铁 1 只等；万能线路板 1 块，LM358、BTA16-800 等元器件。

**3．制作电路**

电路如图 10.2.1 所示。

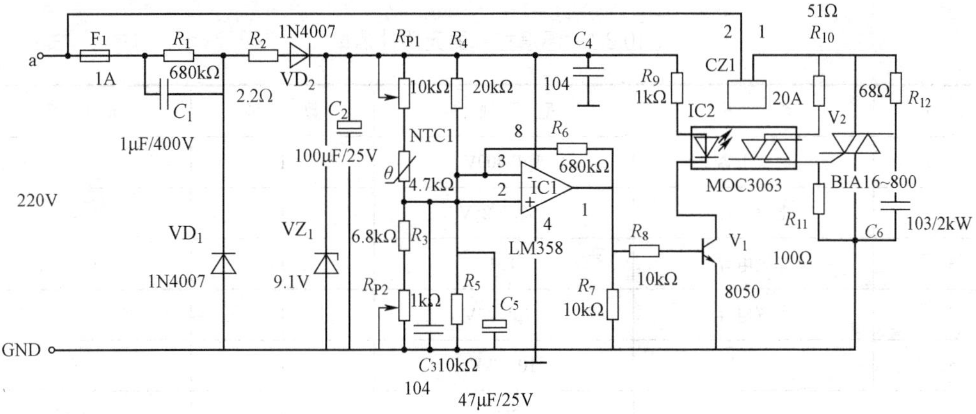


图 10.2.1　温度控制器电路原理图

## 读一读

### 1. 电路的工作原理

图 10.2.1 为温度控制器电路原理图。整个电路由电源电路、温度检测控制电路、驱动电路构成。其中电源电路采用 $C_1$ 电容限流、$VD_1$、$VD_2$ 构成整流电路，由 $C_2$ 电容进行滤波得到平滑的直流电，由稳压管为电路提供稳定的直流电。其中电阻 $R_1$ 作为电容 $C_1$ 的泄放电阻，$R_2$ 起一定的限流和保护作用。控制电路的核心是由正温度系数的热敏电阻作为温度检测元件，由 $R_{P1}$、NTC1、$R_3$、$R_{P2}$ 构成采样电路。运放在电路中构成电压比较器，它的同相输入端接由 $R_4$、$R_5$ 构成的分压电路，$C_5$ 并在 $R_5$ 两端目的是为了保证运放同相输入端电压的稳定。检测电路和分压电路的电阻要求采用精密电阻，以提高控制精度。$R_6$ 在电路中调节温度的回差。该电路的输出回路采用光电耦合器的晶闸管输出电路。运放的输出信号驱动三极管，由三极管控制光电耦合器的导通与截止，从而控制晶闸管控制电路的通断。温度电路的工作原理如下：由温度检测电路输出的电压加到运放的反相输入端，当被控温度升高时，热敏电阻的阻值降低，当温度升高到预先设定的温度上限时，运放输出翻转，输出低电平，三极管 $V_1$ 截止，晶闸管关断，切断负载加热电路。随着温度的降低，运放反相输入端的电压降低，当被控温度达到设定温度的下限时，运放又翻转，输出高电平，控制晶闸管导通而使被控设备加热。这样，温度控制器便实现了将被控温度控制在一定范围内，无须人工管理加热设备工作。

### 2. 元器件清单

温度控制器元器件清单见表 10.2.1

### 3. 元器件安装

（1）各元器件按其在电路板上布置的位置插入电路板。

表 10.2.1 温度控制器元器件清单

| 序号 | 名称 | 型号规格 | 数量 | 元件标号 |
|---|---|---|---|---|
| 1 | 电解电容 | 1μF/400V | 1 | $C_1$ |
| 2 | 电解电容 | 100μF/25V | 1 | $C_2$ |
| 3 | 涤纶电容 | 104 | 1 | $C_3$、$C_4$ |
| 4 | 电解电容 | 47μF/25V | 1 | $C_5$ |
| 5 | 瓷片电容 | 103/2kV | 1 | $C_6$ |
| 6 | 插头 | 20A | 1 | CZ1 |
| 7 | 熔断器带座 | 1A | 1 | $F_1$ |
| 8 | 集成电路 | LM358 | 1 | IC1 |
| 9 | 光电耦合器 | MOC3063 | 1 | IC2 |
| 10 | 热敏电阻 | 4.7kΩ | 1 | NTC1 |
| 11 | 电阻 | 680kΩ | 1 | $R_1$ |
| 12 | 电阻 | 51Ω | 1 | $R_{10}$ |
| 13 | 电阻 | 100Ω | 1 | $R_{11}$ |
| 14 | 电阻 | 68Ω | 1 | $R_{12}$ |
| 15 | 电阻 | 2.2Ω | 1 | $R2$ |
| 16 | 电阻 | 6.8kΩ | 1 | $R_3$ |
| 17 | 电阻 | 20kΩ | 1 | $R_4$ |
| 18 | 电阻 | 10kΩ | 3 | $R_5$、$R_7$、$R_8$ |
| 19 | 电阻 | 680kΩ | 1 | $R_6$ |
| 20 | 电阻 | 1kΩ | 1 | $R_9$ |
| 21 | 可调电阻 | 10kΩ | 1 | $R_{P1}$ |
| 22 | 可调电阻 | 1kΩ | 1 | $R_{P2}$ |
| 23 | 三极管 | 8050 | 1 | $V_1$ |
| 24 | 晶闸管 | BTA16-800 | 1 | $V_2$ |
| 25 | 整流二极管 | 1N4007 | 2 | $VD_1$、$VD_2$ |
| 26 | 稳压二极管 | 9.1V | 1 | $VZ_1$ |
| 其他：印刷电路板/导线若干、电源插头、电灯、温度计等 | | | | |

（2）热敏电阻应通过插头和插座接到被控设备附近。

（3）220V 交流电直接加到电路板上，所以应注意装配的安全。

（4）输出的负载可用电灯作为加热元器件，应对电路板上的对应印制导线上加焊锡，以防止电流过大而烧毁印制导线，如控制的功率较大应通过接触器或继电器触点进行转接。

### 4．主要元器件参考资料

1）集成运放 LM358

LM358 内部包括两个独立的、高增益、内部频率补偿的低压双运算放大器，适合于电源电压范围很宽的单电源使用，也适用于双电源工作模式，在推荐的工作条件下，电源电流与电源电压无关。

LM358 的主要特性有：①内部频率补偿；②直流电压增益高（约 100dB）；③单位增益频带宽（约 1MHz）；④电源电压范围宽：单电源（3～32V）；双电源（±1.5～±15V）；⑤低功耗电流，适合于电池供电；⑥低输入偏流；⑦低输入失调电压和失调电流；⑧共模输入电压范围宽，包括接地；⑨差模输入电压范围宽，等于电源电压范围，输出电压摆幅大（0～$V_{CC}$-1.5V）

LM358 的封装形式有塑封 8 引脚双列直插式和贴片式，其引脚功能如图 10.2.2 所示。

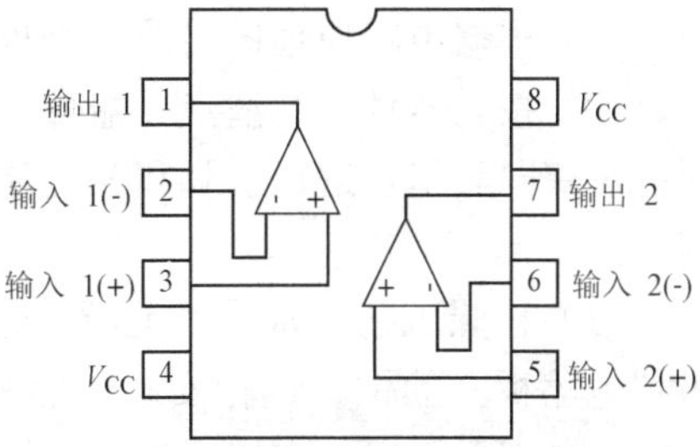


图 10.2.2　LM358 引脚功能

2）光电耦合器 MOC3063

MOC3063 为过零检测双向可控硅输出型的光电耦合器，封装形式为 6 脚 DIP，其外形结构和图形符号如图 10.2.3 所示。

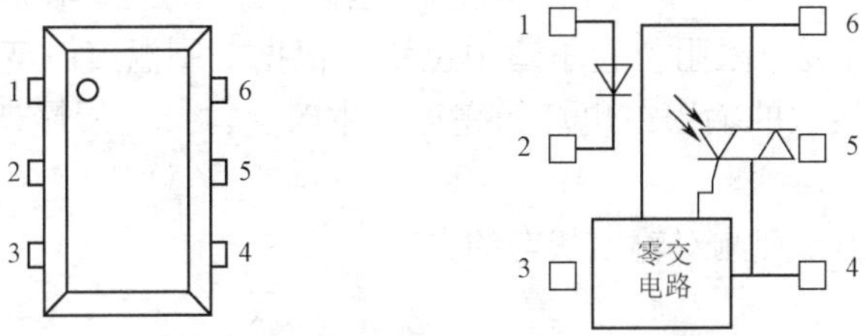


图 10.2.3　MOC3063 外形结构和图形符号

各引脚功能：1 脚为内部发光二极管的阳极，2 脚为内部发光二极管的阴极，3 脚为空脚，4 脚为输出主连接端，5 脚为内部的基片（不连接），6 脚为输出的另外一个主连接端。

其工作原理是：由红外发光二极管作为发光源，光敏元器件作为受光器，当输入端不加信号时，输出两端是断开的。如果在输入端加入信号，发光二极管发光，光线照射到光敏元器件上，使输出双向可控硅两端导通。

MOC3063 的主要参数见表 10.2.2.。

表 10.2.2　　MOC3063 的主要参数

| 序　　号 | 参 数 名 称 | 参 数 大 小 | 序　　号 | 参 数 名 称 | 参 数 大 小 |
|---|---|---|---|---|---|
| 1 | 阻断电压峰值 | 600 V | 5 | LED 最高反向电压 | 6V |
| 2 | 重复峰值电流 | 1 A | 6 | LED 最高耗散功率 | 120 mW |
| 3 | 最高耗散功率 | 150 mW | 7 | 隔离电压峰值 | 7500 V |
| 4 | LED 最大触发电流 | 60 mA | 8 | 最大零交叉禁止电压 | 20 V |

## 第 2 步　温控器电路的制作

### 做一做

**制作步骤**

（1）根据电路原理图对照印制板装配图进行识读，找出各个元器件所在位置。

（2）按元器件清单清点元器件，使用万用表进行质量检测。对晶体管和 LM358 进行引脚判别，对双向晶闸管进行引脚和触发能力的测定，对光电耦合器 MOC3063 进行引脚和好坏特性的测定。

（3）按照工艺要求进行元器件的预加工成形。根据装配图和插件规范，将各元器件按其在印制电路板上的位置进行安装。热敏电阻应通过插头和插座接到被控设备附近。印制电路板四周用 4 个螺母固定、支撑。输出所接负载可用电灯作为加热元器件。

（4）正确焊接元器件，印制电路板的焊接质量满足工艺要求。

（5）将电位器 $R_{P2}$ 调到底（阻值最大位置），$R_{P1}$ 滑动触点调到最小位置，输入 220V 交流电源，测量电容 $C_2$ 两端的直流电压。测量 $V_1$ 各极电位，判断输出晶闸管的工作状态。

（6）设定温度。首先将热敏电阻和电灯放在控温箱内，用温度计测量温度。调节精密可调电阻 $R_{P1}$，测试运放的输出应在高低电平之间变化，输出的电灯也应做相应的变化，如不变化应查看电路连接。然后将可调电阻阻值置于适中位置，根据控制温度改变热敏电阻的温度，调节 $R_{P1}$，使在控制温度附近运放的输出或电灯的亮灭发生改变。接着缓慢调 $R_{P2}$，直至控温点附近输出能准确动作。

（7）调节 $R_6$ 阻值大小，观测对输出状态的影响。

### 考考你

（1）通过调节什么元器件，使本控制器不在控温点附近频繁动作？

（2）双向晶闸管在本电路中起什么作用？

### 安全警告

**注意事项**

（1）由于 220V 交流电直接加到本电路印制板上，所以应注意装配的安全。

（2）如果负载功率较大，应在电路板上的对应印制导线上加焊锡，以防止电流过大而烧毁印制导线，如控制的功率很大应通过接触器触点进行转接。

（3）改变电路参数调试电路时，必须先断电再改变电路参数。

## 第 3 步 温控器制作技能考核

按表 10.2.3 进行操作，按表 10.2.4 进行评价。

表 10.2.3 制作任务要求

| 课题：温度控制器制作 | 定额工时： |
|---|---|
| 实习要求：<br>（1）熟悉温度控制器电路的原理图和装配图；<br>（2）理解温度控制器电路的工作原理和运放、光电耦合器的应用；<br>（3）对电路可能出现的故障现象能迅速排除 | |
| 工具：万用表（MF-47 型）、电烙铁、起子、镊子、电路板、电路图纸、实验台等。 | |
| 实习内容和步骤：<br>（1）阅读温度控制器电路的原理图、装配图、印刷板图，搞清原理，对照元器件清单对元器件进行检测，如有故障应更换；<br>（2）按印制电路板装配元器件；<br>（3）调试和测试：<br>①调试前认真检查各元器件的安装情况。正常后先不接负载，接上电源用万用表测试稳压二极管两端的直流电压，输出电压应正常；<br>②将热敏电阻和电灯放在控温箱内，调节精密可调电阻 $R_{P1}$，测试运放的输出应在高低电平之间变化，输出的电灯也应做相应的变化，如不变化应查看电路连接。然后将可调电阻阻值置于适中位置，根据控制温度改变热敏电阻的温度，调节 $R_{P1}$，使在控制温度附近运放的输出或电灯的亮灭发生改变；<br>③接着缓慢调 $R_{P2}$，直至控温点附近使输出能准确动作；<br>④根据实际使用的情况，调节 $R_6$ 的阻值，使不在控温点附近频繁动作 | |

表 10.2.4 技能考核评分表

| 班级__________姓名____________学号__________板号__________ | | | |
|---|---|---|---|
| 项目内容 | 配分 | 评分标准 | 得分 |
| 装前检查：<br>（1）根据图纸核对所用元器件的规格、型号和数量；<br>（2）对印制板按图做线路检查和外观检查 | 10 | （1）清点元器件时有遗漏，扣 1 分；<br>（2）不按图进行检查或存在问题没有检查出来，扣 2 分 | |
| 元件测试：<br>（1）用万用表对电阻、电容、晶体管进行引脚、极性及好坏的判别；<br>（2）将不合格的元器件筛选出来 | 15 | （1）不会用万用表对元件进行检测，扣 3 分；<br>（2）检查元器件的方法不正确，不合格的元器件没有筛选出来，扣 1 分 | |
| 元器件安装：<br>（1）元件成形美观、线路板清洁；<br>（2）焊点光滑，无虚焊和漏焊；<br>（3）焊接过程中不损坏元件 | 40 | （1）元器件成形不美观，不整齐扣 2 分；<br>（2）每有一处虚焊或焊点有毛刺，扣 1 分；<br>（3）元器件安装有误（漏装和错装），每一个扣 3 分；焊接时元器件损坏扣 10 分 | |
| （1）调节 $R_{P1}$，记录使输出状态发生改变时的温度值；<br>（2）调节 $R_6$ 的阻值大小，观测对输出状态的影响 | 20 | 方法不对扣 2 分，不会用仪器扣 2 分，操作不熟练扣 2 分 | |
| 记录结果、读数正确 | 10 | 不做记录和结果不正确一个扣 2 分 | |
| 安全文明按有关规定 | 5 | 发生重大事故应取消考核资格，每违反一次从总分扣 5 分 | |
| 合 计 | 100 | 得分合计 | |

### 第 4 步　温控器仿真

温控器仿真电路如图 10.2.4 所示。

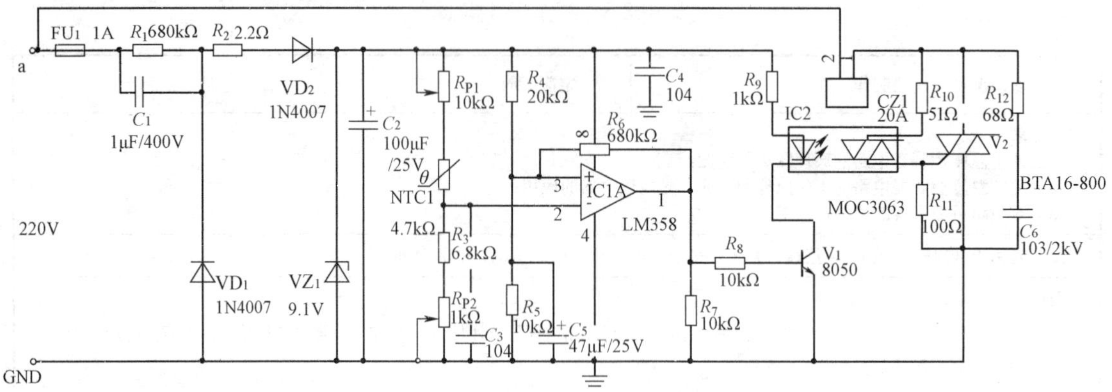


图 10.2.4　温控器仿真电路

## 项目 3　24 秒倒计时器电路的制作

### 学习目标

✧　能将 24 秒倒计时器电路的各个单元电路装配并组合成整机电路。

✧　会装配和调试 24 秒倒计时器电路。

### 工作任务

✧　按工艺要求完成 24 秒倒计时器电路的整机装配与调试。

### 第 1 步　倒计时器电路识读

#### 看一看

**1．任务要求**

制作 24 秒倒计时器，可以直接清零、启动、暂停、连续和具有声光报警功能，同时用七段数码管显示时间，当计时器减到零时，会发出声光报警信号。

**2．测试设备**

数字万用表 1 只，30W 电烙铁 1 只；万能线路板 1 块，74LS48、74LS192 等元器件。

3．制作电路

电路由秒脉冲发生器、计数器、译码器、显示电路、报警电路和辅助控制电路五部分组成，如图 10.3.1 所示。其整机电路如图 10.3.2 所示。

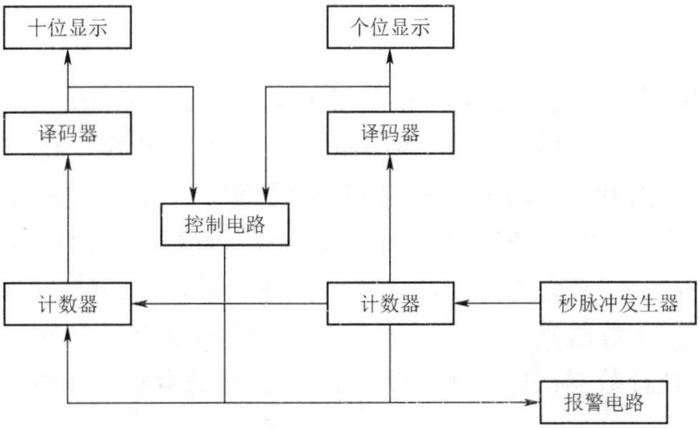


图 10.3.1　24 秒倒计时器电路工作原理方框图

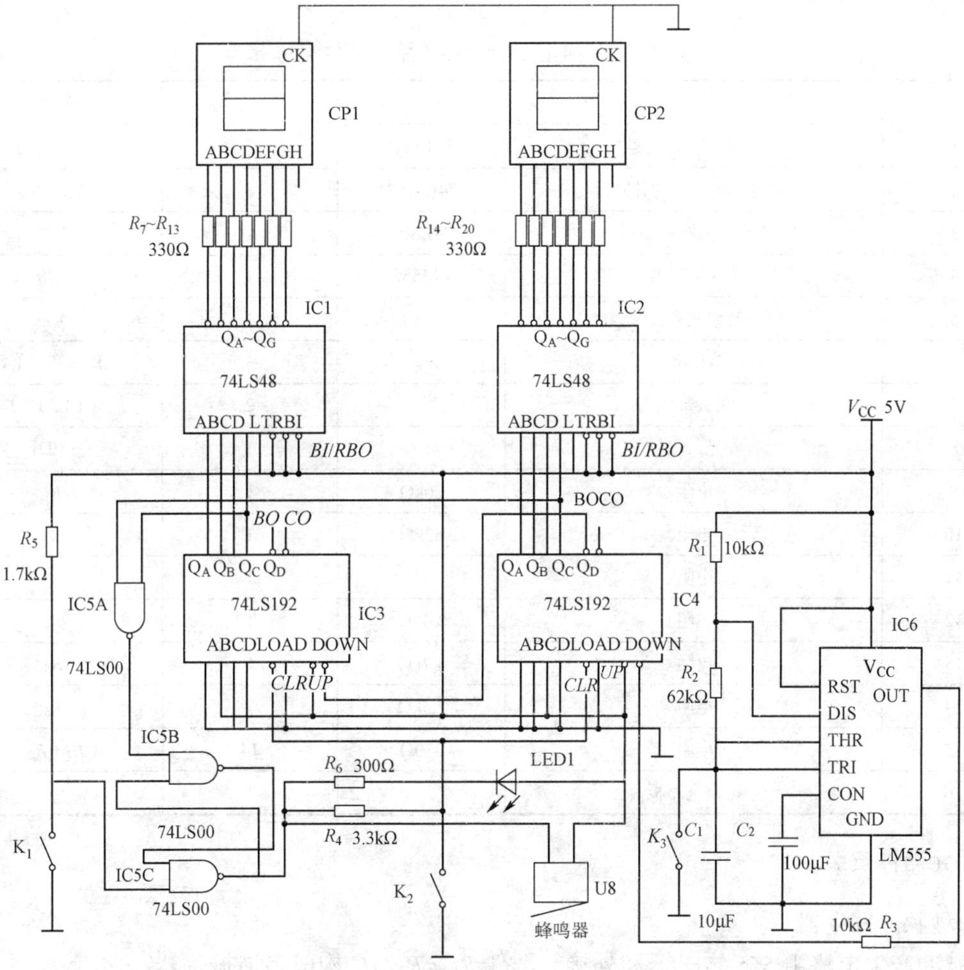


图 10.3.2　24 秒倒计时器电路图

## 读一读

### 1．电路工作原理

由 555 定时器输出秒脉冲经过 $R_3$ 输入计数器 IC4 的 DOWN 端，作为减计数脉冲。当计数器计到 0 时，IC4 的（13）脚输出借位脉冲使十位计数器 IC3 开始计数。本电路采用 99 作为计数器复位脉冲。当计数器由 00 跳变到 99 时，利用个位和十位的 9，即 1001 通过与非门 IC5 去触发 RS 触发器使电路翻转，从 11 脚输出低电平使计数器置数，并保持为 24，同时 D 发光二极管亮，蜂鸣器发出报警声，即声光报警。按下 $K_1$ 时，RS 触发器翻转 11 脚输出高电平，计数器开始计数。若按下 $K_2$，计数器立即复位，松开 $K_2$ 计数器又开始计数。若需要暂停时，按下 $K_3$，振荡器停止振荡，使计数器保持不变，断开 $K_3$ 后，计数器继续计数。

### 2．元器件清单

24 秒倒计时器电路元器件清单见表 10.3.1。

表 10.3.1　24 秒倒计时器电路元器件清单

| 序　号 | 名　称 | 型 号 规 格 | 数　量 | 元器件标号 |
|---|---|---|---|---|
| 1 | BCD-7 段译码器 | 74LS48 | 2 | IC1、IC2 |
| 2 | 可预置 BCD 可逆计时器 | 74LS192 | 2 | IC3、IC4 |
| 3 | 2 输入端四与非门 | 74LS00 | 1 | IC5 |
| 4 | 555 定时器 | LM555 | 1 | IC6 |
| 5 | 蜂鸣器 | — | 1 | U8 |
| 6 | 按钮 | — | 3 | $K_1$、$K_2$、$K_3$ |
| 7 | 共阴极数码管 | — | 2 | CP1、CP2 |
| 8 | 发光二极管 | $\phi$3 红 | 1 | LED1 |
| 9 | 电阻 | 20kΩ | 1 | $R_1$ |
| 10 | 电阻 | 62kΩ | 1 | $R_2$ |
| 11 | 电阻 | 1kΩ | 1 | $R_3$ |
| 12 | 电阻 | 3.3kΩ | 1 | $R_4$ |
| 13 | 电阻 | 4.7kΩ | 1 | $R_5$ |
| 14 | 电阻 | 1.5kΩ | 1 | $R_6$ |
| 15 | 电阻 | 330Ω | 14 | $R_7$～$R_{20}$ |
| 16 | 印刷电路板 | | 1 | |

### 3．元器件安装

1）秒脉冲发生器

秒脉冲产生电路由 555 定时器和外接元器件 $R_1$、$R_2$、$C$ 构成多谐振荡器。

输出脉冲的频率为：

$$f=\frac{1}{t_1+t_2}，\quad f=\frac{1.44}{(R_1+2R_2)\cdot C}$$

经计算得到$f\approx$1Hz，即 1 秒。

2）计数器

计数器由两片 74LS92 同步十进制可逆计数器构成。

利用预置数 $RD$=0，$\overline{LD}$=1，$\overline{CP}_D$=1，实现计数器按 8421 码递减进行减计数。利用借位输出端 $\overline{BO}$ 与下一级的 $CP$ 连接，实现计数器之间的级联。

利用预置数端 $\overline{LD}$ 实现异步置数。当 $RD$=0，且 $\overline{LD}$=0 时，不管 $CP_U$ 和 $CP_D$ 时钟输入端的状态如何，将使计数器的输出等于并行输入数据，即 $Q_3Q_2Q_1Q_0=D_3D_2D_1D_0$。

3）译码及显示电路

本电路由译码驱动 74LS48 和 7 段共阴极数码管组成。74LS48 译码驱动器具有以下特点：内部上拉输出驱动，有效高电平输出，内部有升压电阻而不需要外接电阻。

4）控制电路

完成计数器的复位、启动计数、暂停 / 继续计数、声光报警等功能。控制电路由 IC5 组成。IC5B 受计数器的控制。IC5C、IC5D 组成 RS 触发器，实现计数器的复位、计数和保持 24，以及声、光报警的功能。

（1）$K_1$：启动按钮。$K_1$ 处于断开位置时，当计数器递减计数到零时，控制电路发出声、光报警信号，计数器保持 24 状态不变，处于等待状态。当 $K_1$ 闭合时，计数器开始计数。

（2）$K_2$：手动复位按钮。当按下 $K_2$ 时，不管计数器工作于什么状态，计数器立即复位到预置数值，即 24。当松开 $K_2$ 时，计数器从 24 开始计数。

（3）$K_3$：暂停按钮。当“暂停/连续”开关处于“暂停”时，计数器暂停计数，显示器保持不变，当此开关处于“连续”状态，计数器继续累计计数。

5）报警电路

当 IC5D 输出为低电平时，发光二极管 D 发光，同时蜂鸣器发出报警。

**4．主要元器件参考资料**

1）74LS48 芯片

74LS48 芯片是一种常用的七段数码管译码器驱动器，常用在各种数字电路和单片机系统的显示系统中，下面介绍一下这个元器件的一些参数与应用技术。74LS48 引脚图、方框图、符号图如图 10.3.3 所示。

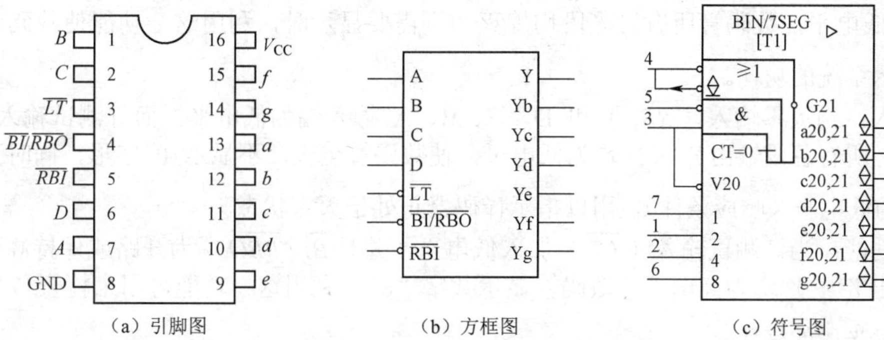


（a）引脚图　（b）方框图　（c）符号图

图 10.3.3　74LS48 引脚图、方框图、符号图

74LS48 功能表见表 10.3.2

表 10.3.2 74LS48 功能表

| 十进制或功能 | 输入 | | | | | | $\overline{BI}/\overline{RBO}$ | 输出 | | | | | | |
|---|---|---|---|---|---|---|---|---|---|---|---|---|---|---|
| | $\overline{LT}$ | $\overline{RBI}$ | $A_3$ | $A_2$ | $A_1$ | $A_0$ | | $Y_a$ | $Y_b$ | $Y_c$ | $Y_d$ | $Y_e$ | $Y_f$ | $Y_g$ |
| 0 | 1 | 1 | 0 | 0 | 0 | 0 | 1 | 1 | 1 | 1 | 1 | 1 | 1 | 0 |
| 1 | 1 | × | 0 | 0 | 0 | 1 | 1 | 0 | 1 | 1 | 0 | 0 | 0 | 0 |
| 2 | 1 | × | 0 | 0 | 1 | 0 | 1 | 1 | 1 | 0 | 1 | 1 | 0 | 1 |
| 3 | 1 | × | 0 | 0 | 1 | 1 | 1 | 1 | 1 | 1 | 1 | 0 | 0 | 1 |
| 4 | 1 | × | 0 | 1 | 0 | 0 | 1 | 0 | 1 | 1 | 0 | 0 | 1 | 1 |
| 5 | 1 | × | 0 | 1 | 0 | 1 | 1 | 1 | 0 | 1 | 1 | 0 | 1 | 1 |
| 6 | 1 | × | 0 | 1 | 1 | 0 | 1 | 0 | 0 | 1 | 1 | 1 | 1 | 1 |
| 7 | 1 | × | 0 | 1 | 1 | 1 | 1 | 1 | 1 | 1 | 0 | 0 | 0 | 0 |
| 8 | 1 | × | 1 | 0 | 0 | 0 | 1 | 1 | 1 | 1 | 1 | 1 | 1 | 1 |
| 9 | 1 | × | 1 | 0 | 0 | 1 | 1 | 1 | 1 | 1 | 0 | 0 | 1 | 1 |
| 10 | 1 | × | 1 | 0 | 1 | 0 | 1 | 0 | 0 | 0 | 1 | 1 | 0 | 1 |
| 11 | 1 | × | 1 | 0 | 1 | 1 | 1 | 0 | 0 | 1 | 1 | 0 | 0 | 1 |
| 12 | 1 | × | 1 | 1 | 0 | 0 | 1 | 0 | 1 | 0 | 0 | 0 | 1 | 1 |
| 13 | 1 | × | 1 | 1 | 0 | 1 | 1 | 1 | 0 | 0 | 1 | 0 | 1 | 1 |
| 14 | 1 | × | 1 | 1 | 1 | 0 | 1 | 0 | 0 | 0 | 1 | 1 | 1 | 1 |
| 15 | 1 | × | 1 | 1 | 1 | 1 | 1 | 0 | 0 | 0 | 0 | 0 | 0 | 0 |
| 灭灯 $\overline{BI}$ | × | × | × | × | × | × | 0 | 0 | 0 | 0 | 0 | 0 | 0 | 0 |
| 灭零 $\overline{RBI}$ | 1 | 0 | 0 | 0 | 0 | 0 | 0 | 0 | 0 | 0 | 0 | 0 | 0 | 0 |
| 试灯 $\overline{LT}$ | 0 | × | × | × | × | × | 1 | 1 | 1 | 1 | 1 | 1 | 1 | 1 |

其功能描述如下：

正常译码显示：只要灭灯输入信号（$\overline{BI}/\overline{RBO}$）和试灯输入信号（$\overline{LT}$）为高电平（$\overline{BI}/\overline{RBO}$也可悬空，下同），就可对输入为十进制数 1～15 的二进制码（0001～1111）进行译码，产生显示 1～15 所需的七段显示码（其中 10～15 用特殊符号显示）。如果$\overline{LT}$、$\overline{RBI}$和$\overline{BI}/\overline{RBO}$均为高电平，则译码器对输入十进制数 0 的二进制码（0000）进行译码。

灭灯输入：当灭灯输入（$\overline{BI}$）直接接低电平时，不管其他各输入端为何状态，各段输出 $Y_a \sim Y_g$ 均为低电平，数码管所有发光段均熄灭。不需要显示时，利用这一功能使数码管熄灭，可以降低显示系统的功耗。

灭零输入：当灭零输入（$\overline{RBI}$）和 D、C、B、A 输入端为低电平，而灯测试输入（$\overline{LT}$）为高电平时，所有各段输出 $Y_a \sim Y_g$ 均为低电平，使数码管全灭，不显示 0 字形，同时灭零输出（$\overline{RBO}$）变为低电平（响应条件），用以指示译码器正处于灭零状态。

灯测试功能：当灯测试输入（$\overline{LT}$）加入低电平，并且$\overline{BI}/\overline{RBO}$端为开路或保持高电平时，所有各段输出 $Y_a \sim Y_g$ 均为高电平，数码管显示数字“8”。利用这一功能可用来检查 74LS48 和数码管七个发光段的好坏。

$\overline{BI}/\overline{RBO}$是线与逻辑，做灭灯输入（$\overline{BI}$）或灭零输出（$\overline{RBO}$）之用，或兼做两者之用。

2）74LS192 芯片

74LS192 芯片是双时钟方式的十进制可逆计数器。74LS192 引脚图和逻辑符号如图 10.3.4 所示。

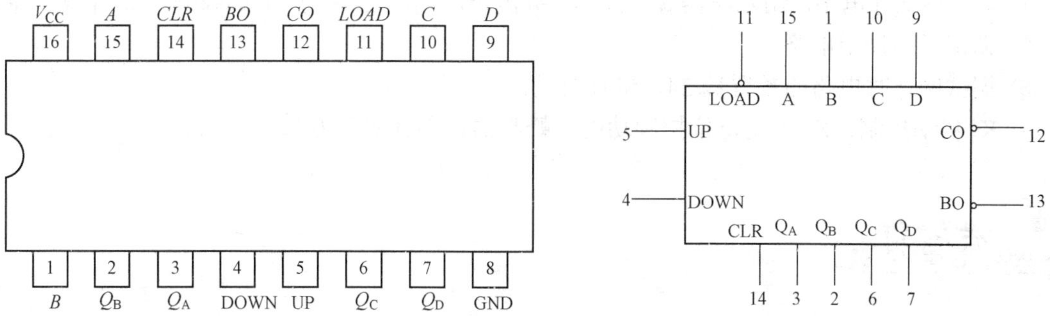


图 10.3.4　74LS192 引脚图和逻辑符号

74LS192 功能表见表 10.3.3。其功能描述如下。

- *DOWN* 为加计数时钟输入端，UP 为减计数时钟输入端。
- *LOAD* 为预置输入控制端，异步预置。
- *CLR* 为复位输入端，高电平有效，异步清除。
- *CO* 为进位输出：1001 状态后负脉冲输出。
- *BO* 为借位输出：0000 状态后负脉冲输出。

表 10.3.3　74LS192 功能表

| 输　入 | | | | | | | | 输　出 | | | |
|---|---|---|---|---|---|---|---|---|---|---|---|
| *CLR* | $\overline{LOAD}$ | *DOWN* | *UP* | *D* | *C* | *B* | *A* | $Q_D$ | $Q_C$ | $Q_B$ | $Q_A$ |
| 1 | × | × | × | × | × | × | × | 0 | 0 | 0 | 0 |
| 0 | 0 | × | × | *d* | *c* | *b* | *a* | *d* | *c* | *b* | *a* |
| 0 | 1 | – | 1 | × | × | × | × | 加计数 | | | |
| 0 | 1 | 1 | – | × | × | × | × | 减计数 | | | |

## 第 2 步　倒计时器电路的制作

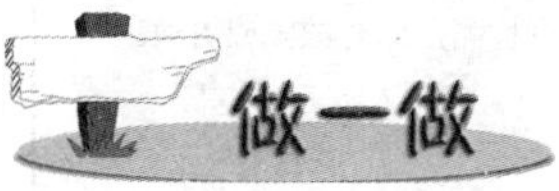


**制作步骤**

（1）根据电路原理图对照印制板装配图进行识读，找出各个元器件所在位置。

（2）按元器件清单清点元器件，使用万用表进行质量检测。对发光二极管和蜂鸣器引脚进行判别，对按钮引脚和好坏特性测定。

（3）按照工艺要求进行元器件的预加工成形。根据装配图和插件规范，将各元器件按其在印制电路板上的位置进行安装。

（4）正确焊接元器件，印制电路板的焊接质量满足工艺要求。

（5）可按功能分步调试。

① 调试秒脉冲电路，用示波器观察波形，并测定周期，$K_3$ 控制秒脉冲输出（即计数暂停）。

② 调试译码显示电路。

③ 调试倒计时电路的预置数 24、倒计时功能。

④ $K_1$ 启动控制，$K_2$ 手动复位控制功能，蜂鸣器在倒计时到 0 秒时鸣叫。

### 考考你

如何实现 60 秒倒计时器电路？

### 读一读

（1）本电路采用 5V 电源供电，可选用小型稳压电源。

（2）在电路仿真时，因秒脉冲信号仿真运行太慢，所以要调整 555 振荡器电路的电阻 $R_1$、$R_2$ 的阻值，输出频率大于 300Hz 的方波，以便明显观察到仿真运行情况。

## 第 3 步　倒计时器制作技能考核

按表 10.3.4 进行操作，按表 10.3.5 进行评价。

表 10.3.4　制作任务要求

| | |
|---|---|
| 课题：24 秒倒计时电路制作 | 定额工时： |
| 实习要求：<br>（1）熟悉 24 秒倒计时电路的原理图和装配图。<br>（2）理解 24 秒倒计时电路的工作原理和数码显示、计数、555 振荡电路的应用。<br>（3）对电路可能出现的故障现象能迅速排除 | |
| 工具、电器：万用表（MF-47 型）、电烙铁、起子、镊子、电路板、电路图纸、实验台等 | |
| 实习内容和步骤：<br>（1）阅读 24 秒倒计时电路的原理图、装配图、印刷板图，搞清原理，对照元器件清单对元器件进行检测，如有故障应更换。<br>（2）用印制电路板装配元器件。<br>（3）调试和测试：<br>①调试前认真检查各元器件的安装情况。先用万用表测试电源对地电阻，应该越大越好。正常后接上电源观察电路工作情况，应该显示 24。特别注意有无元器件发热冒烟，如有应及时断电检查；<br>②调试秒脉冲电路，用示波器观察波形，并测定周期，$K_3$ 控制秒脉冲输出（即计数暂停）；<br>③调试译码显示电路；<br>④调试倒计时电路的预置数 24、倒计时功能；<br>⑤$K_1$ 启动控制，$K_2$ 手动复位控制功能，蜂鸣器在倒计时到 0 秒时鸣叫 | |

表 10.3..5　技能考核评分表

| 班级________姓名__________学号________板号________ | | | |
|---|---|---|---|
| 项目内容 | 配分 | 评分标准 | 得分 |
| 装前检查：<br>（1）根据图纸核对所用元器件的规格、型号和数量；<br>（2）对印制板按图作线路检查和外观检查 | 10 | （1）清点元器件时有遗漏，·扣 1 分；<br>（2）不按图进行检查或存在问题没有检查出来，扣 2 分 | |
| 元件测试：<br>（1）用万用表对电阻、电容、晶体管进行引脚、极性及好坏的判别；<br>（2）将不合格的元器件筛选出来 | 15 | （1）不会用万用表对元器件进行检测，扣 3 分；<br>（2）检查元器件的方法不正确，不合格的元器件没有筛选出来，扣 1 分 | |
| 元器件安装：<br>（1）元器件成形美观、线路板清洁；<br>（2）焊点光滑无虚焊和漏焊；<br>（3）焊接过程中不损坏元器件 | 40 | （1）元器件成形不美观，不整齐，扣 2 分；<br>（2）每有一处虚焊或焊点有毛刺，扣 1 分；<br>（3）元器件安装有误（漏装和错装），每一个扣 3 分；焊接时元器件损坏，扣 10 分 | |
| 电路调试：<br>（1）秒脉冲信号；<br>（2）数码显示；<br>（3）24 秒倒计时；<br>（4）控制，蜂鸣 | 30 | 方法不对扣 2 分，不会用仪器扣 2 分，操作不熟练，扣 2 分，振荡显示、计时、蜂鸣缺一，扣 5 分 | |
| 安全文明按有关规定 | 5 | 发生重大事故应取消考核资格，每违反一次从总分扣 5 分 | |
| 合　计 | 100 | 得分合计 | |

## 第 4 步　倒计时器仿真

（1）8 用 Multisim 10.0 绘制仿真电路图。

（2）仿真运行调试。

第一步：调试秒脉冲电路。用仿真示波器观察 555 集成电路 3 角输出波形，并测定周期约为 1s。$K_3$ 控制秒脉冲输出，断路时正常输出脉冲，闭合时无脉冲输出，即计数暂停。

注意：Multisim 10.0 仿真速度与计算机 CPU 运行速度成正比。如果计算机 CPU 主频慢，Multisim 10.0 仿真默认步长为 $1^{-5}$s，会造成仿真速度极慢，无法观察运行效果，所以根据所用计算机情况调整默认仿真步长。本项目设置为 0.001s，能很好地观察运行效果，如图 10.3.5 和图 10.3.6 所示。

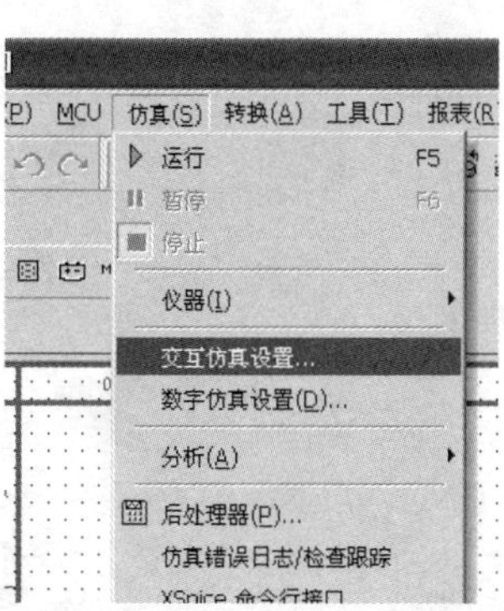


图 10.3.5　“交互仿真设置”命令

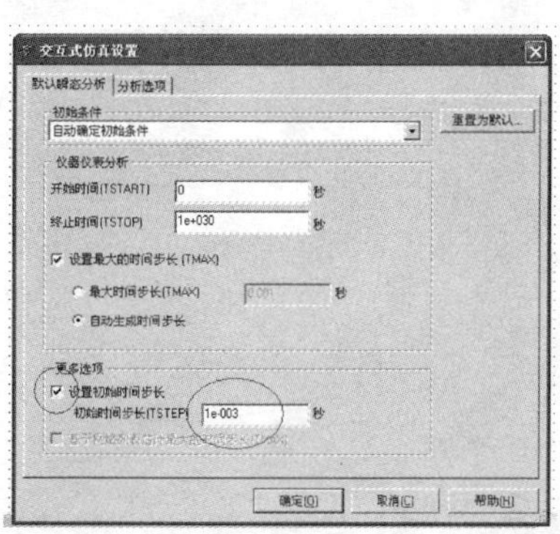


图 10.3.6　交互仿真参数设置

第二步：调试译码显示电路。在 74LS48 的 *A*、*B*、*C*、*D* 端输入一定的数字信号，观察数码管的显示情况。

第三步：调试倒计时电路的预置数 24、倒计时功能。$K_1$ 启动控制，$K_2$ 手动复位控制功能、蜂鸣器在倒计时到 0 秒时鸣叫。

24 秒倒计时器仿真电路如图 10.3.7 所示。

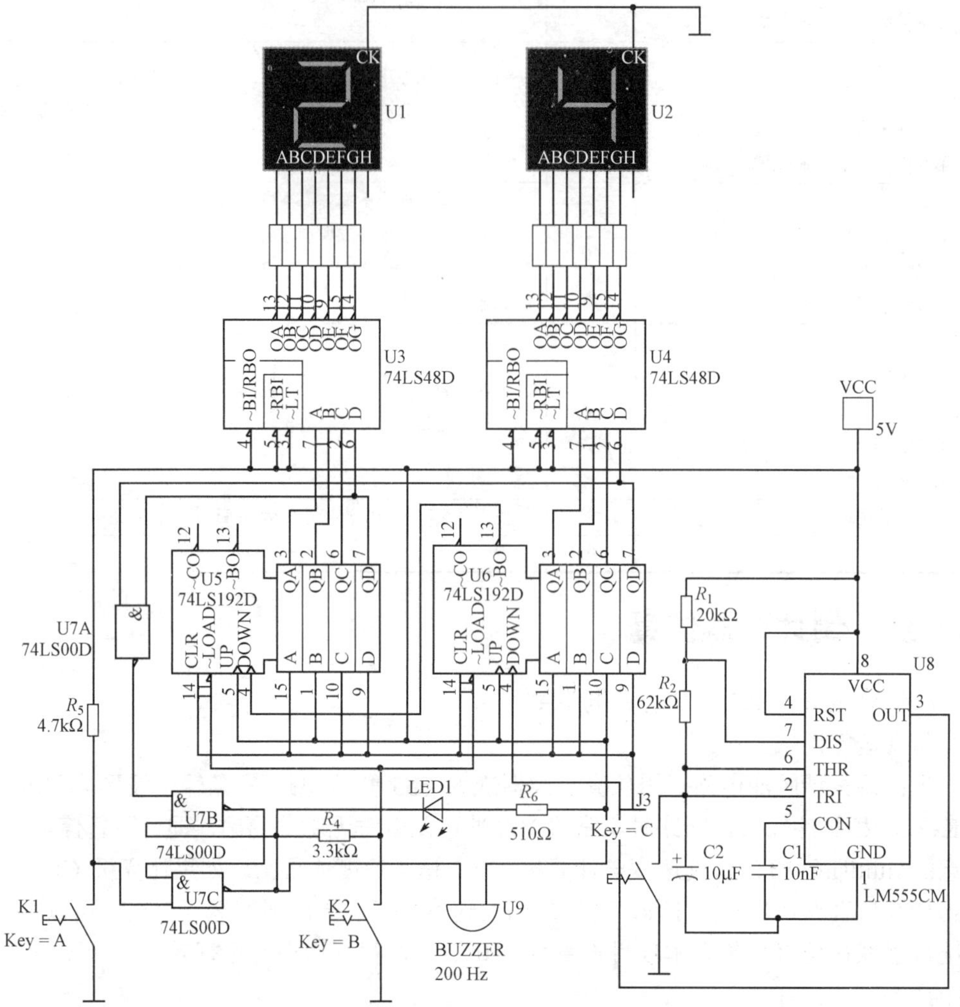


图 10.3.7　24 秒倒计时器仿真电路

# 附　　录

## 附录 A　项目测试报告格式

项目测试报告：

项目编号：______

《　　　　　　　》报告

测试人（签名）：____________

审核人（签名）：____________

负责人（签名）：____________

---

项目名称：____________________

项目编号：____________________

测试设备：____________________

____________________

____________________

测试电路：

第　页

---

测试程序：

________________________________________

________________________________________

________________________________________

________________________________________

________________________________________

________________________________________

________________________________________

________________________________________

________________________________________

________________________________________

________________________________________

________________________________________

________________________________________

________________________________________

第　页

---

结论：

________________________________________

________________________________________

________________________________________

________________________________________

________________________________________

________________________________________

________________________________________

________________________________________

________________________________________

________________________________________

________________________________________

________________________________________

________________________________________

________________________________________

第　页

# 附录B 项目制作报告格式

项目制作报告：

项目编号：_____

《　　　　　　》报告

制作人（签名）：______________

审核人（签名）：______________

负责人（签名）：______________

---

项目名称：______________

项目编号：______________

调试设备：______________

______________

______________

制作电路：

第　页

---

制作程序：

______________________________

第　页

---

问题解决及体会：

______________________________

第　页

# 附录C　标准电路绘图纸

| | | | |
|---|---|---|---|
| 电路名称 | | | |
| 项目名称 | | | |
| 项目编号 | | 日期 | |
| 制　图 | | 班级 | |
| 审　核 | | 学号 | |

# 附录D　半导体器件型号命名方法

表D.1　中国半导体元器件型号组成部分的符号及其意义

| 第一部分 | | 第二部分 | | 第三部分 | | | | 第四部分 | 第五部分 |
|---|---|---|---|---|---|---|---|---|---|
| 用数字表示元器件的电极数目 | | 用汉语拼音字母表示元器件的材料和极性 | | 用汉语拼音字母表示元器件的类型 | | | | 用数字表示序号 | 用汉语拼音字母表示规格号 |
| 符号 | 意义 | 符号 | 意义 | 符号 | 意义 | 符号 | 意义 | | |
| 2 | 二极管 | A | N型，锗材料 | P | 普通管 | D | 低频大功率管 ($f_\alpha$<3MHz，$P_C$≥1W) | | |
| | | B | P型，锗材料 | V | 微波管 | | | | |
| | | C | N型，硅材料 | W | 稳压管 | A | 高频大功率管 ($f_\alpha$>3MHz，$P_C$≥1W) | | |
| | | D | P型，硅材料 | C | 参量管 | | | | |
| 3 | 三极管 | A | PNP型，锗材料 | Z | 整流管 | T | 半导体闸流管 (可控整流管) | | |
| | | B | NPN型，锗材料 | L | 整流堆 | | | | |
| | | C | PNP型，硅材料 | S | 隧道管 | Y | 效应元器件 | | |
| | | D | NPN型，硅材料 | N | 阻尼管 | B | 雪崩管 | | |
| | | E | 化合物材料 | U | 光电元器件 | J | 阶跃恢复管 | | |
| | | | | K | 开关管 | CS | 场效应元器件 | | |
| | | | | X | 低频小功率管 ($f_\alpha$<3MHz，$P_C$≥1W) | BT | 半导体特殊元器件 | | |
| | | | | | | FH | 复合管 | | |
| | | | | G | 高频小功率管 ($f_\alpha$>3MHz，$P_C$≥1W) | PIN | PIN型管 | | |
| | | | | | | JG | 激光元器件 | | |

表 D.2 日本半导体器件型号组成部分的符号及其意义

| 第一部分 | | 第二部分 | | 第三部分 | | 第四部分 | | 第五部分 | |
|---|---|---|---|---|---|---|---|---|---|
| 用数字表示元器件有效电极数目或类型 | | 日本电子工业协会（JEIA）注册登记的半导体元器件 | | 用字母表示元器件使用材料和类型 | | 元器件在日本电子工业协会(JEIA)的登记号 | | 同一型号的改进型产品标志 | |
| 符号 | 意义 | 符号 | 意义 | 符号 | 意义 | 符号 | 意义 | 符号 | 意义 |
| 0 | 光电二极管或三极管及包括上述元器件的组合管 | S | 已在日本电子工业协会(JEIA)注册登记的半导体元器件 | A | PNP 高频晶体管 | 多位数字 | 这一元器件在日本电子工业协会（JEIA）的注册登记号。性能相同、不同厂家生产的元器件可以使用同一个登记号 | B<br>C<br>D<br>⋮ | 表示这一元器件是原型号产品的改进产品 |
| | | | | B | PNP 低频晶体管 | | | | |
| | | | | C | NPN 高频晶体管 | | | | |
| 1 | 二极管 | | | D | NPN 低频晶体管 | | | | |
| 2 | 三极管或具有 3 个电极的其他元器件 | | | F | P 控制极可控硅 | | | | |
| | | | | G | N 控制极可控硅 | | | | |
| | | | | H | N 基极单结晶体管 | | | | |
| 3 | 具有 4 个有效电极的元器件 | | | J | P 沟道场效应管 | | | | |
| | | | | K | N 沟道场效应管 | | | | |
| | | | | M | 双向可控硅 | | | | |

表 D.3 欧洲半导体元器件型号组成部分的符号及其意义

| 第一部分 | | 第二部分 | | | | 第三部分 | | 第四部分 | |
|---|---|---|---|---|---|---|---|---|---|
| 用字母表示器件使用的材料 | | 用字母表示元器件的类型及主要特性 | | | | 用数字或字母加数字表示登记号 | | 用字母对同一型号元器件进行分级 | |
| 符号 | 意义 | 符号 | 意义 | 符号 | 意义 | 符号 | 意义 | 符号 | 意义 |
| A | 元器件使用禁带为 0.6～1.0eV（注）的半导体材料，如锗 | A | 检波二极管<br>开关二极管<br>混频二极管 | M | 封闭磁路中的霍尔元器件 | 三位数字 | 代表通用半导体元器件的登记序号（同一类型元器件使用一个登记号） | A<br>B<br>C<br>D<br>E<br>⋮ | 表示同一型号的半导体元器件按某一个参数进行分级的标志 |
| | | B | 变容二极管 | P | 光敏元器件 | | | | |
| B | 元器件使用禁带为 1.0～1.3eV 的半导体材料，如硅 | C | 低频小功率三极管，$R_{Tj}$>15℃/W | Q | 发光元器件 | | | | |
| | | D | 低频大功率三极管，$R_{Tj}$≤15℃/W | R | 小功率可控硅，$R_{Tj}$>15℃/W | | | | |
| C | 元器件使用禁带大于 1.3eV 的半导体材料，如砷化镓 | E | 隧道二极管 | S | 小功率开关管，$R_{Tj}$>15℃/W | | | | |
| | | F | 高频小功率三极管，$R_{Tj}$>15℃/W | T | 大功率可控硅，$R_{Tj}$≤15℃/W | 一个字母两位数字 | 代表专用半导体元器件的登记序号（同一类型元器件使用一个登记号） | | |
| D | 元器件使用禁带小于 0.6eV 的半导体材料，如锑化铟 | G | 复合元器件及其他元器件 | U | 大功率开关管，$R_{Tj}$≤15℃/W | | | | |
| | | H | 磁敏二极管 | X | 倍增二极管 | | | | |
| R | 元器件使用复合材料，如霍尔元件和光电池使用的材料 | K | 开放磁路中的霍尔元件 | Y | 整流二极管 | | | | |
| | | L | 高频大功率三极管，$R_{Tj}$≤15℃/W | Z | 稳压二极管 | | | | |

# 附录 E 中国国标半导体集成电路型号命名方法

中国国家标准局批准颁布的标准 GB3430—82 规定半导体集成电路品种的国家标准型号共由 5 部分组成，各组成部分的符号及其意义见表 E.1。

表 E.1 国家标准型号各组成部分的符号及其意义

| 第零部分 | | 第一部分 | | 第二部分 | 第三部分 | | 第四部分 | |
|---|---|---|---|---|---|---|---|---|
| 用字母表示元器件符合国家标准 | | 用字母表示元器件的类型 | | 用阿拉伯数字和字母表示元器件系列品种 | 用字母表示元器件的工作温度范围 | | 用字母表示元器件的封装形式 | |
| 符号 | 意义 | 符号 | 意义 | | 符号 | 意义 | 符号 | 意义 |
| C | 中国制造 | T | TTL 电路 | TTL 分为: | C | 0～70℃ | F | 多层陶瓷扁平封装 |
| | | H | HTL 电路 | 54/74××× | G | –25～70℃ | B | 塑料扁平封装 |
| | | E | ECL 电路 | 54/74H××× | L | –25～85℃ | H | 黑瓷扁平封装 |
| | | C | CMOS 电路 | 54/74L××× | E | –40～85℃ | D | 多层陶瓷双列直插封装 |
| | | M | 存储器 | 54/74S××× | R | –55～85℃ | J | 黑瓷双列直插封装 |
| | | μ | 微型机电路 | 54/74LS××× | M | –55～125℃ | P | 塑料双列直插封装 |
| | | F | 线性放大器 | 54/74AS××× | … | | S | 塑料单列直插封装 |
| | | W | 稳压器 | 54/74ALS××× | | | T | 金属圆壳封装 |
| | | D | 音响、电视电路 | 54/74F××× | | | K | 金属菱形封装 |
| | | B | 非线性电路 | | | | C | 陶瓷芯片载体封装 |
| | | J | 接口电路 | 4000 系列 | | | E | 塑料芯片载体封装 |
| | | AD | A/D 转换器 | 54/74HC××× | | | G | 网格针栅陈列封装 |
| | | DA | D/A 转换器 | 54/74HCT××× | | | … | |
| | | SC | 通信专用电路 | … | | | SOIC | 小引线封装 |
| | | SS | 敏感电路 | | | | PCC | 塑料芯片载体封装 |
| | | SW | 种表电路 | | | | LCC | 陶瓷芯片载体封装 |
| | | SJ | 机电仪表电路 | | | | | |
| | | SF | 复印机电路 | | | | | |
| | | … | | | | | | |

# 附录F　集成电路封装与引脚识别

不同种类的集成电路，封装不同，按封装形式分为普通双列直插式、普通单列直插式、小型双列扁平、小型四列扁平、圆形金属、体积较大的厚膜电路等。

按封装体积大小分为：厚膜电路、双列直插式、单列直插式、金属封装、双列扁平、四列扁平。

表F.1给出了常见集成电路封装及其特点。

表F.1　常见集成电路封装及其特点

| 名　称 | 封　装　标 | 引脚数/间距 | 特点及其应用 |
|---|---|---|---|
| 金属圆形<br>Can，TO-99 | 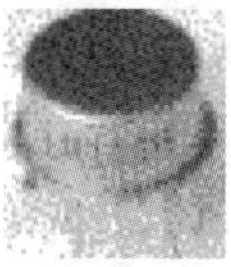 | 8，12 | 可靠性高，散热和屏蔽性能好，价格高，主要用于高档产品 |
| 功率塑封<br>ZIP-TAB |  | 3，4，5，8，10，12，16 | 散热性能好，用于大功率元器件 |
| 双列直插<br>DIP，SDIP，DIPtab | 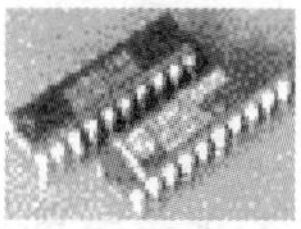 | 8，14，16，20，22，24，28，40<br>2.54mm/1.78mm<br>标准/窄间距 | 塑封造价低，应用最广泛；陶瓷封装耐高温，造价较高，用于高档产品中。 |
| 单列直插<br>SIP，SSIP，SIP tab |  | 3，5，7，8，9，10，12，16<br>2.54mm/1.78mm<br>标准/窄间距 | 造价低且安装方便，广泛用于民用品 |
| 双列表面安装<br>SOP，SSOP |  | 5，8，14，16，20，22，24，28，40<br>2.54mm/1.78mm<br>标准/窄间距 | 体积小，用于微组装产品 |
| 扁平封装<br>QFP，SQFP |  | 32，44，64，80，120，144，168<br>0.88mm/0.65mm<br>QFP/SQFP | 引脚数多，用于大规模集成电路 |
| 软封装 |  | 直接将芯片封装在PCB板上 | 造价低，主要用于低价民用品，如玩具IC等 |

两引脚之间的间距为：普通标准型塑料封装，双列、单列直插式一般多为2.54±0.25 mm，其次有2mm（多见于单列直插式）、1.778±0.25mm（多见于缩型双列直插式）、1.5±0.25mm或1.27±0.25mm（多见于单列附散热片或单列V型）、1.27±0.25mm（多见于双列扁平封装）、1±0.15mm（多见于双列或四列扁平封装）、0.8±0.05～0.15mm（多见于四列扁平封装）、0.65±0.03mm（多见于四列扁平封装）。

双列直插式两列引脚之间的宽度一般有 7.4～7.62mm、10.16mm、12.7mm、15.24mm 等数种。

双列扁平封装两列之间的宽度（包括引线长度）一般有 6～6.5±mm、7.6mm、10.5～10.65mm 等。

四列扁平封装 40 引脚以上的长×宽一般有：10×10mm（不计引线长度）、13.6×13.6±0.4mm（包括引线长度）、20.6×20.6±0.4mm（包括引线长度）、8.45×8.45±0.5mm（不计引线长度）、14×14±0.15mm（不计引线长度）等。

表 F.2 给出了几种集成电路引脚识别方法。

表 F.2　几种集成电路引脚识别方法

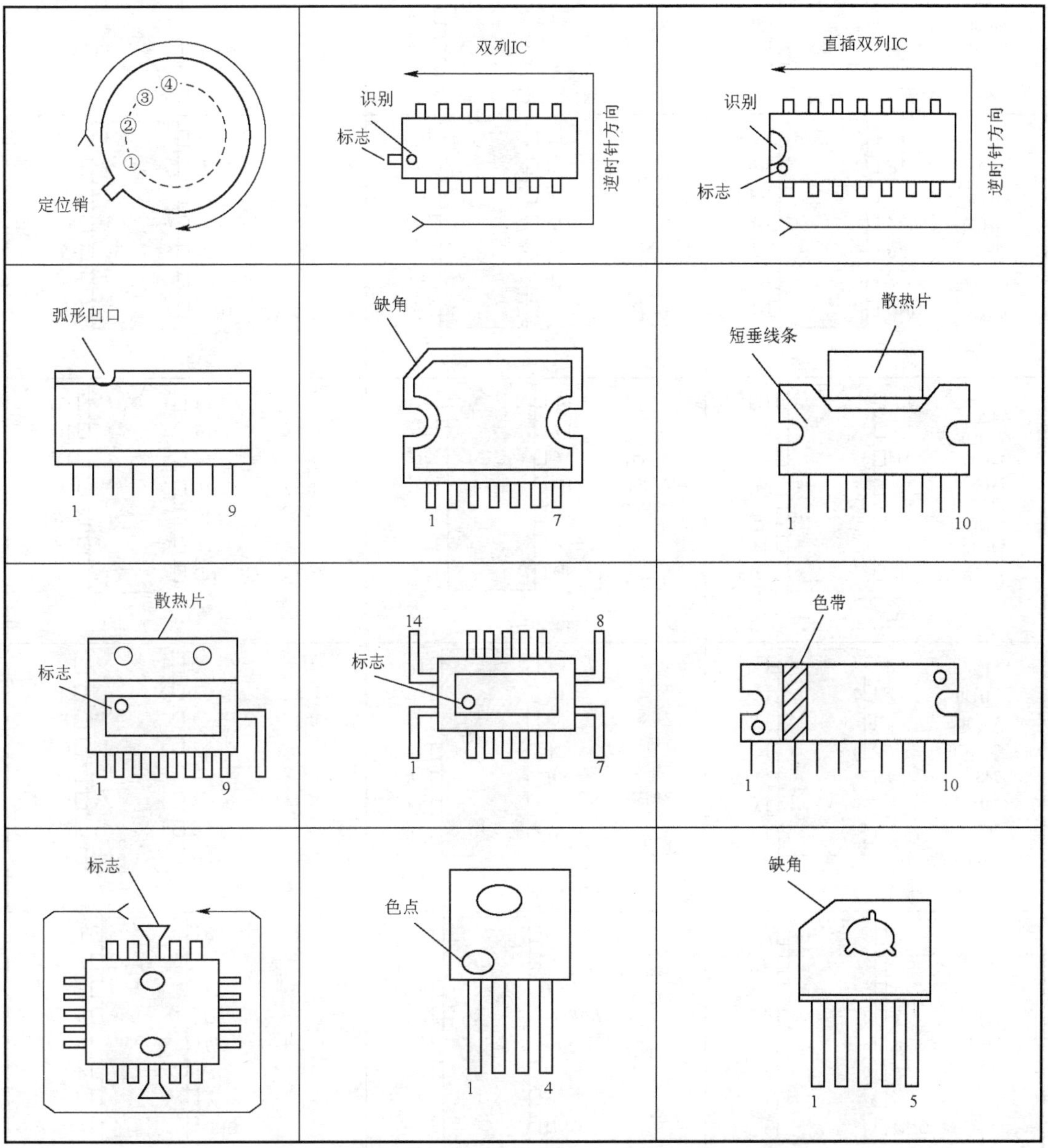

# 附录 G 常见数字集成电路引脚图

## G.1 74 系列数字逻辑电路外引线排列图

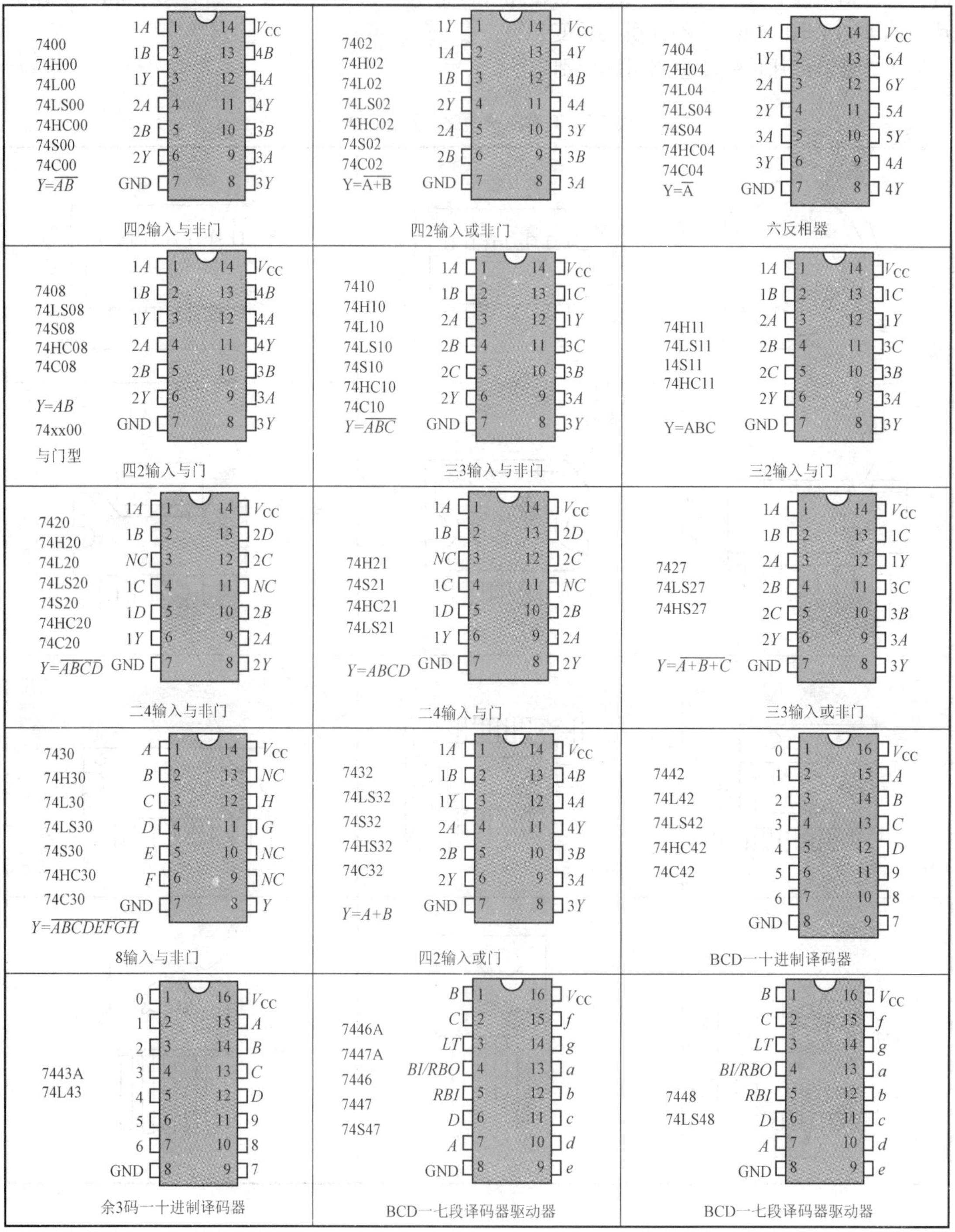

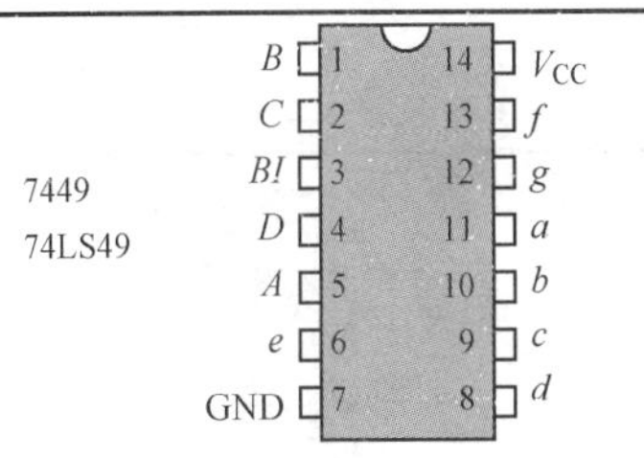


BCD一七段译码器驱动器

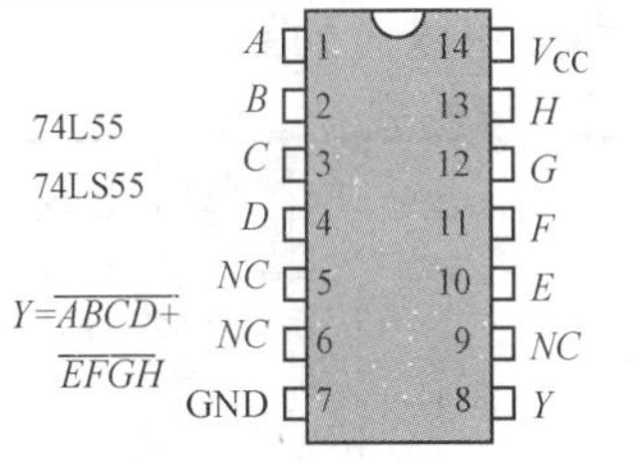


二组4输入与或非门

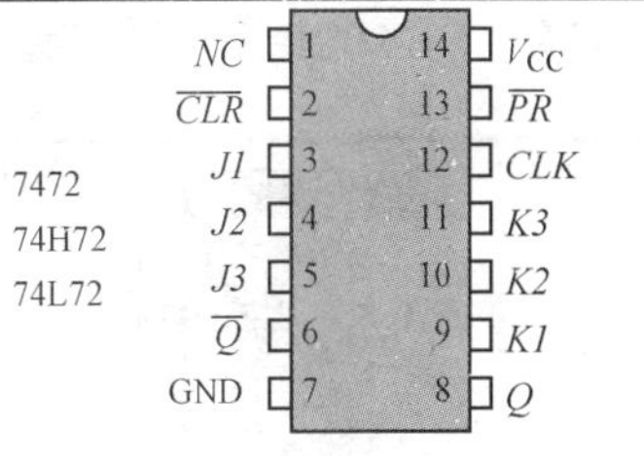


与输入J-K主从触发器

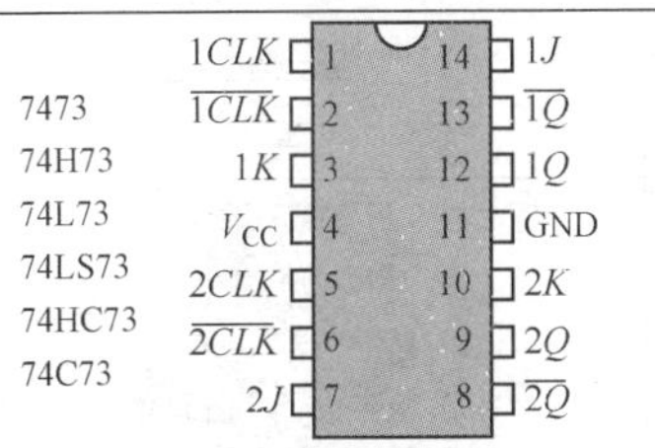


带清除端双J-K 触发器

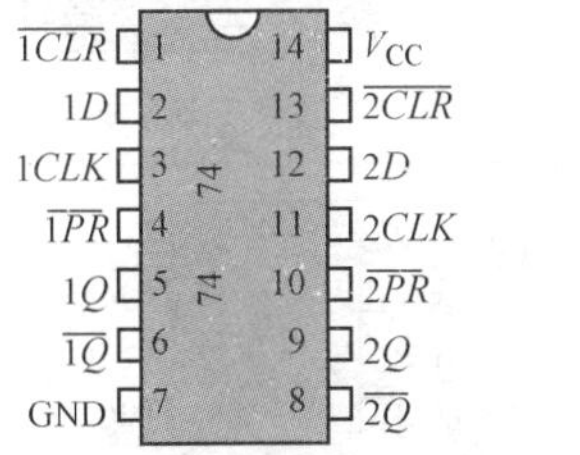


带预置和清除端双D触发器

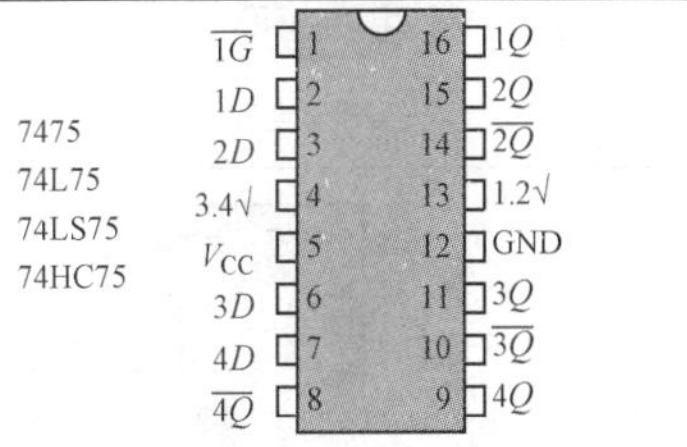


4位双稳态D型锁存器

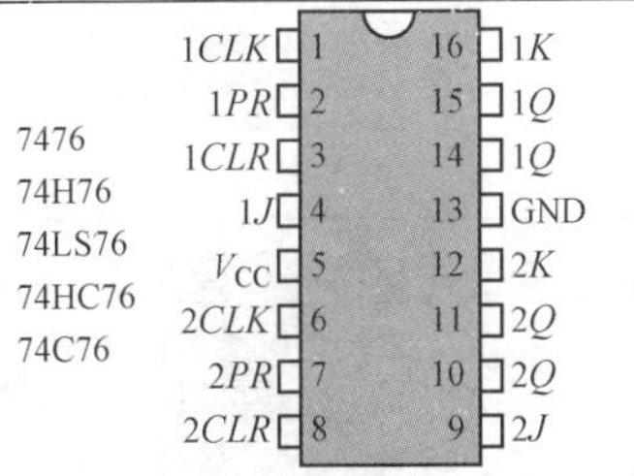


带预置，清除端双J-K触发器

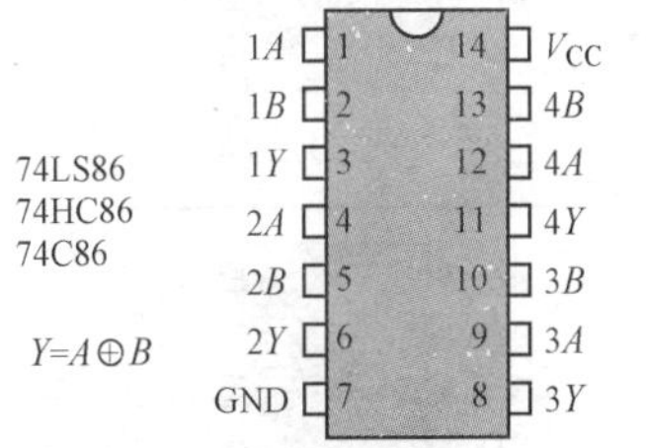


四2输入异或门

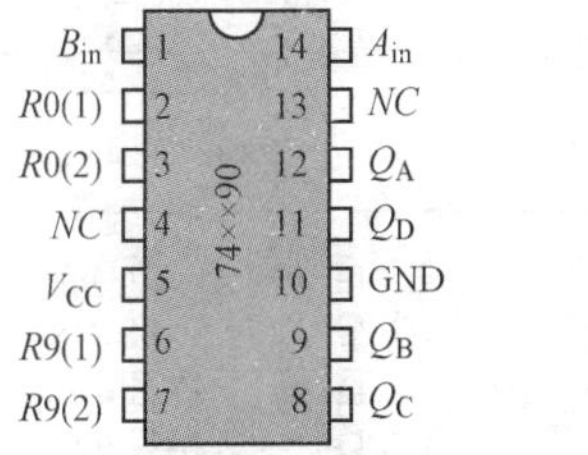


十进制计数器

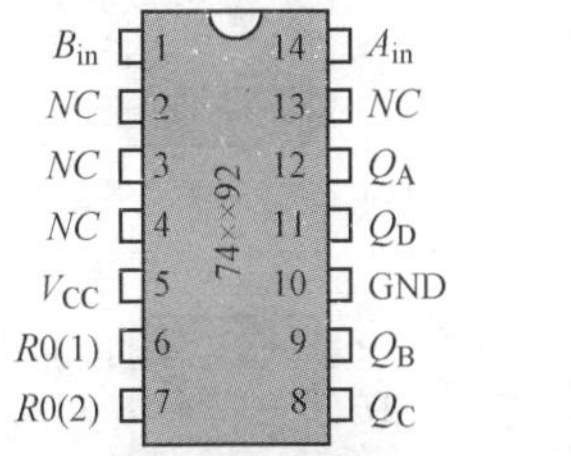


十二分频计数器

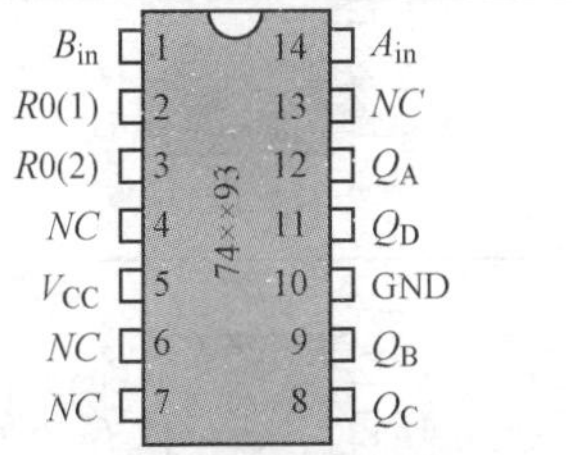


4位二进制计数器

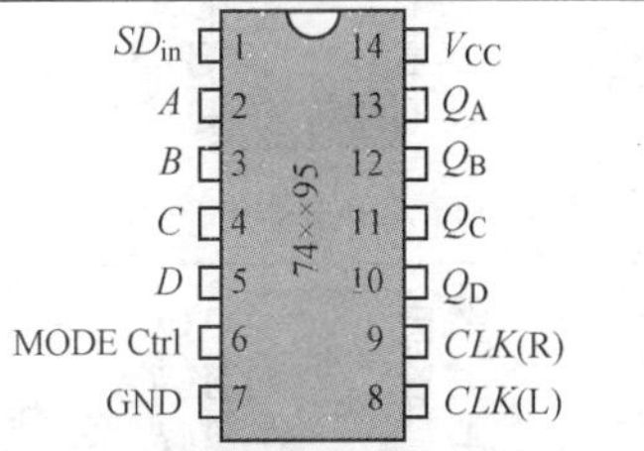


4位串入并出存取移位寄存器

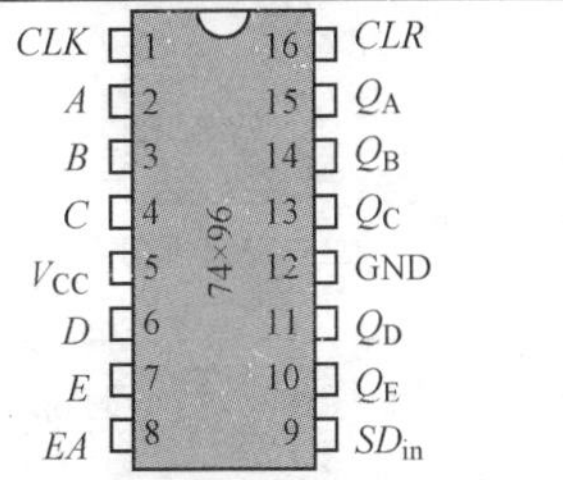


5位移位寄存器

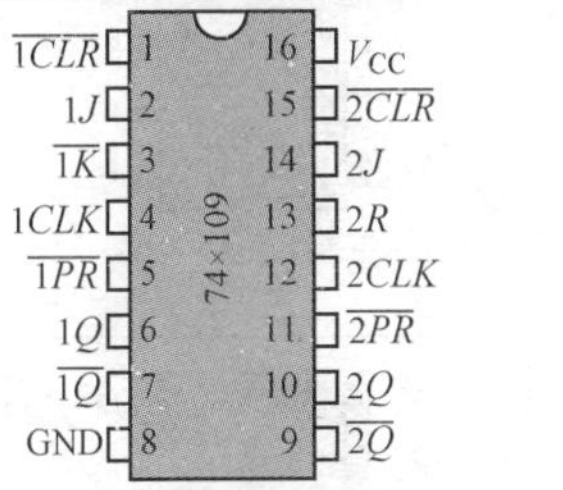


双J-K正沿触发器

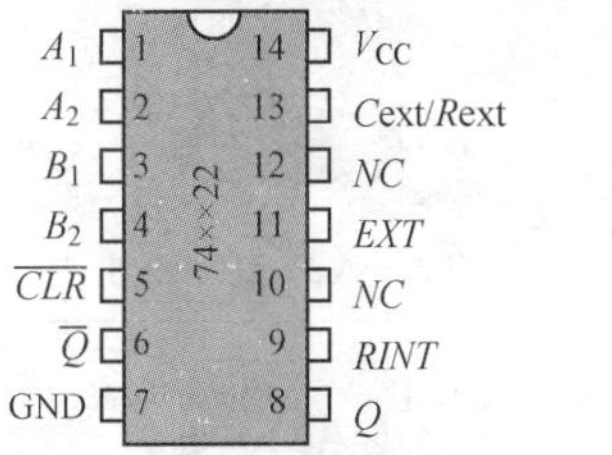


可重触发单稳多谐振荡器

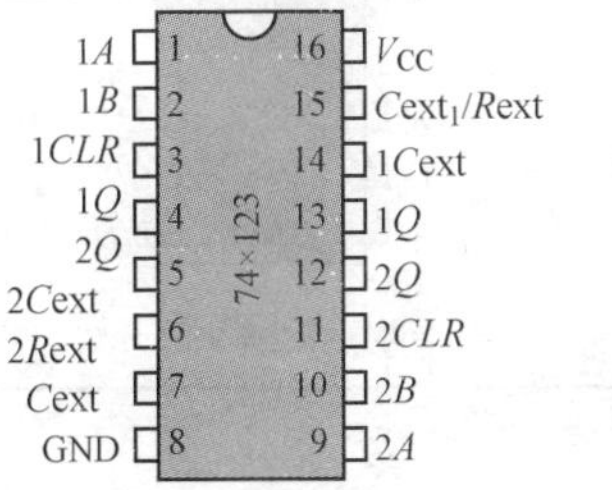


可重触发单稳多谐振荡器

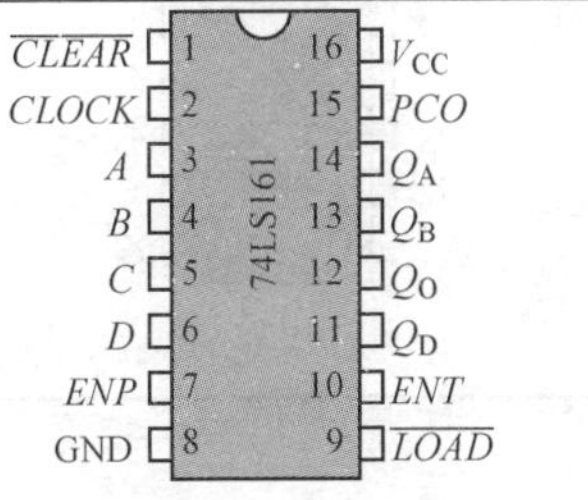


4位二进制同步计数器

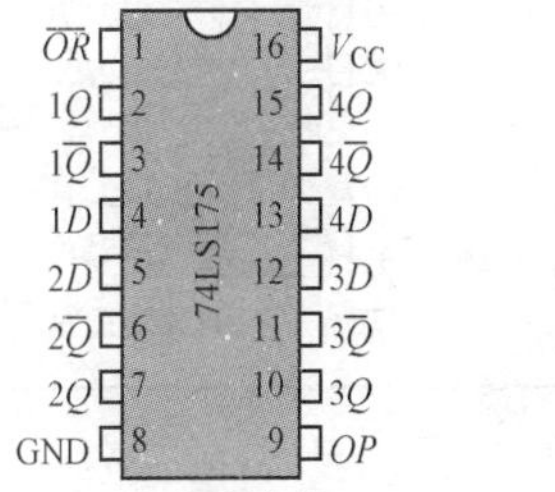


四上升D触发器

## G.2 CC4000 系列数字逻辑电路外引线排列图

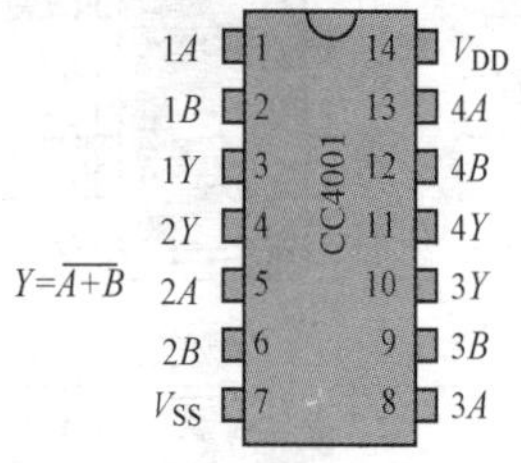


四2输入与非门

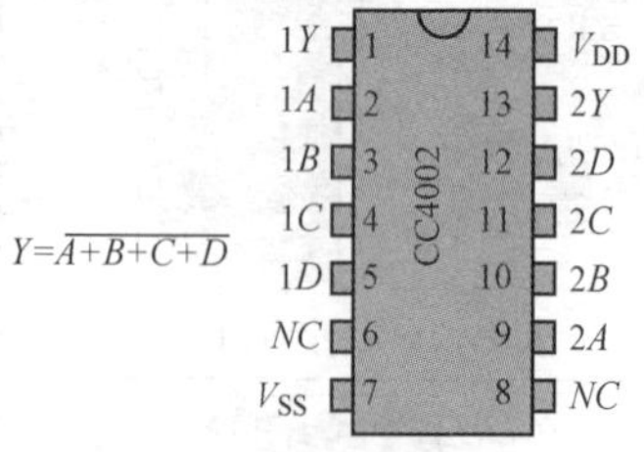


双4输入或非门

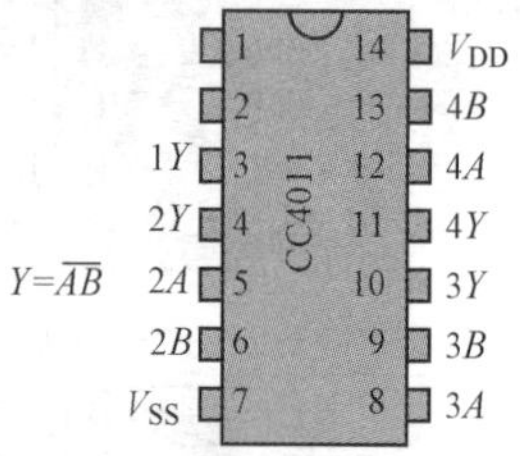


四2输入与非门

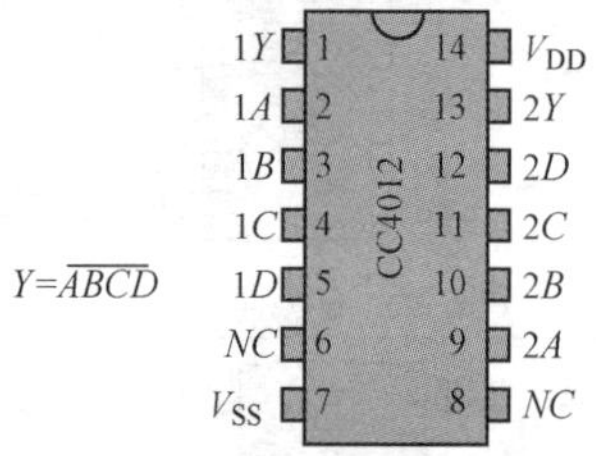


双4输入与非门

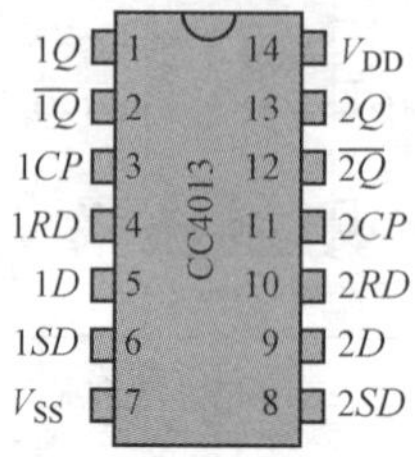


双上升沿D触发器

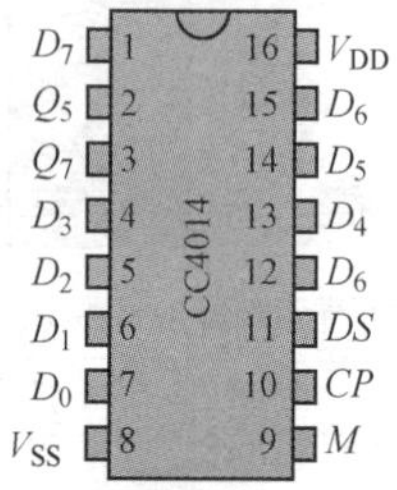


8位移位寄存器

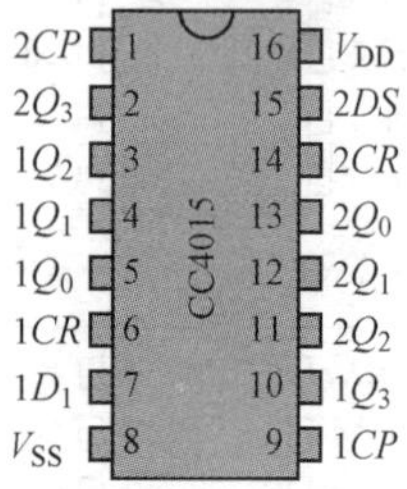


双4位串入-并出移位寄存器

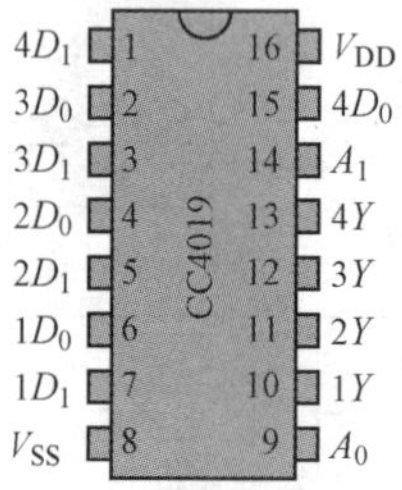


四2选1数据选择器

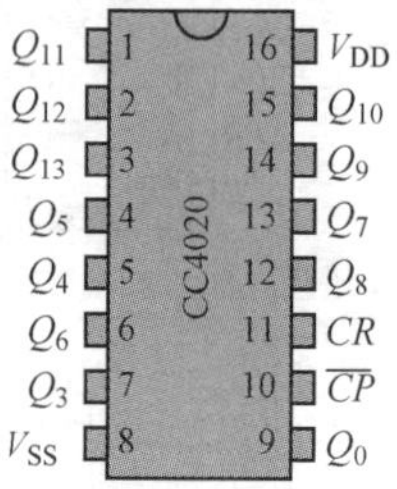


14位二进制串行计数器

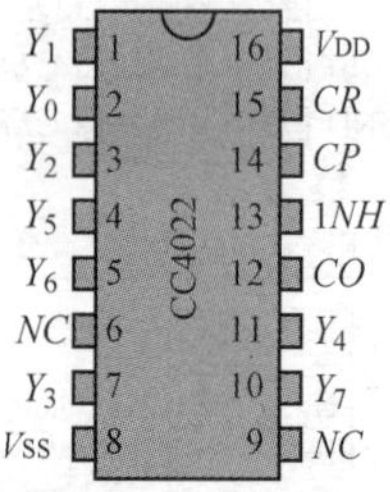


十进制计数器/脉冲分配器

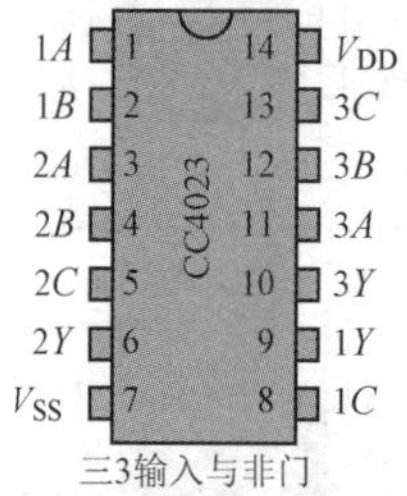


三3输入与非门

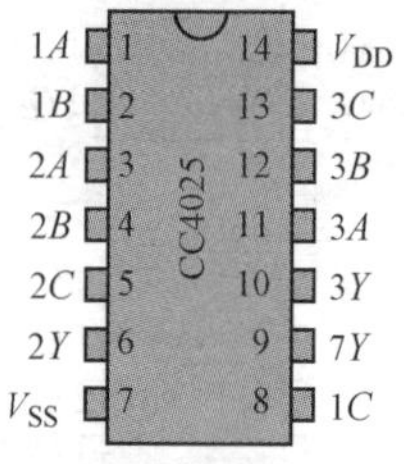


三3输入或非门

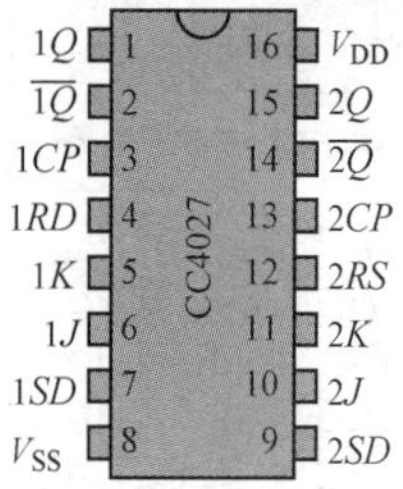


双上升沿J-K触发器

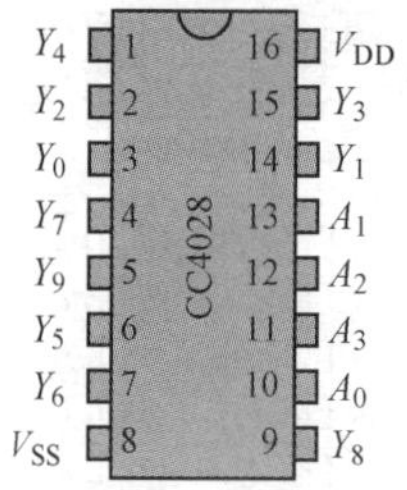


4线-10线译码器

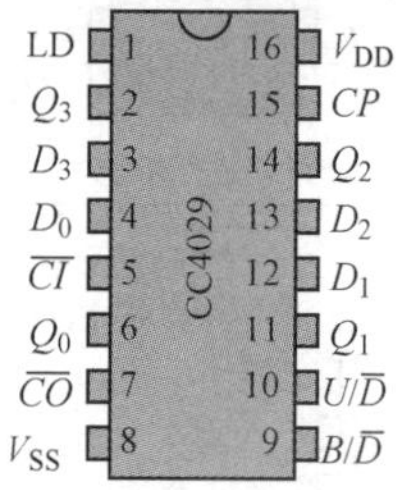


4位二进制/十进制加减计数器

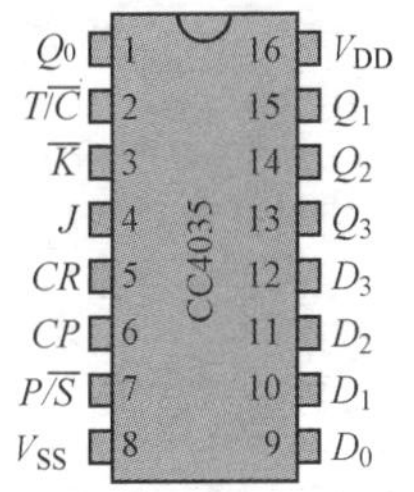

4位移位寄存器

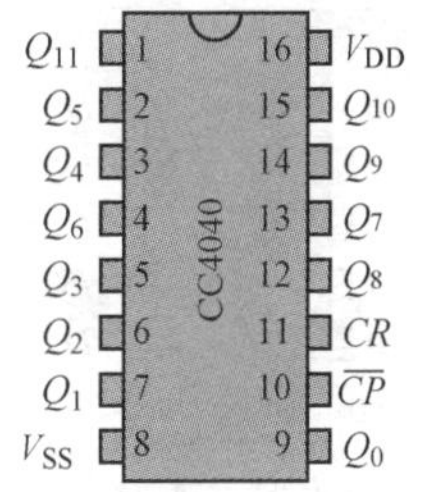

12位二进制串行计数器

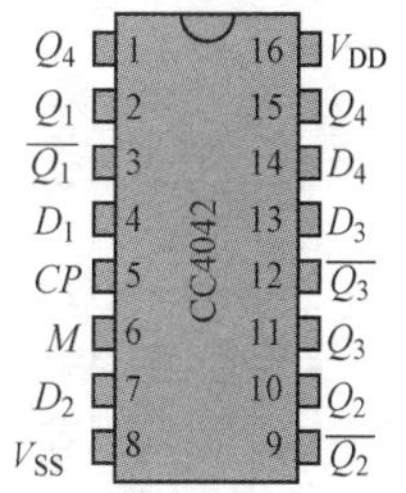

4D锁存器

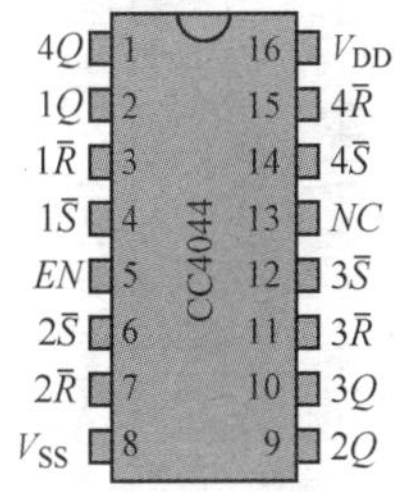

4R-S锁存器(3S)

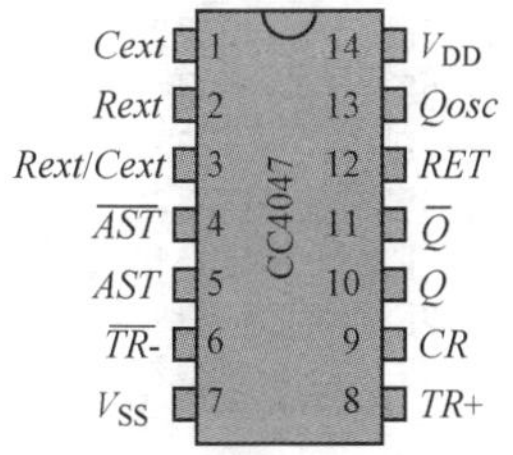

单稳态/非稳态多谐振荡器

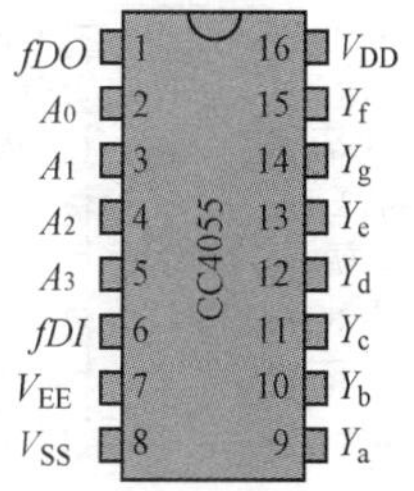

4线–七段译码器
(驱动液晶显示器)

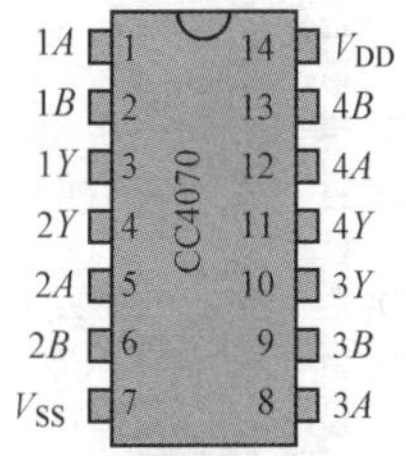

四异或门

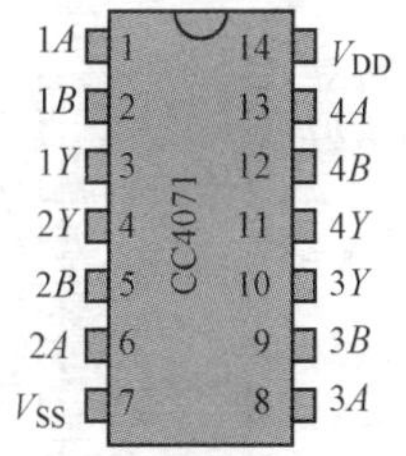

四2输入或门

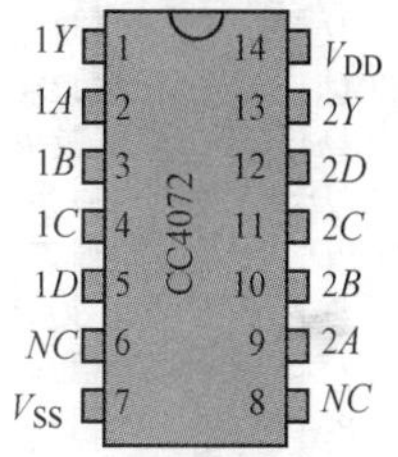

双4输入或门

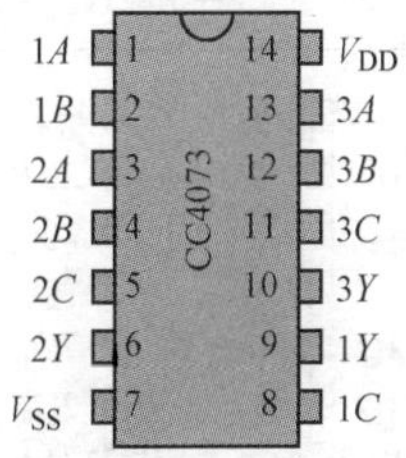

三3输入与门

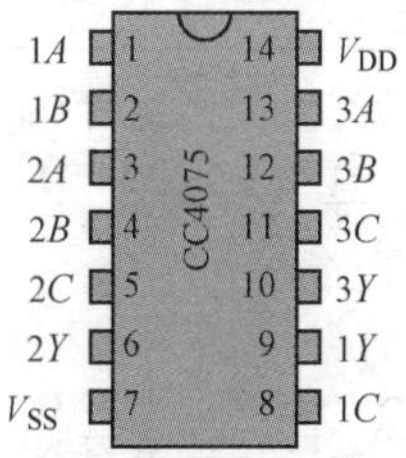

三3输入或门

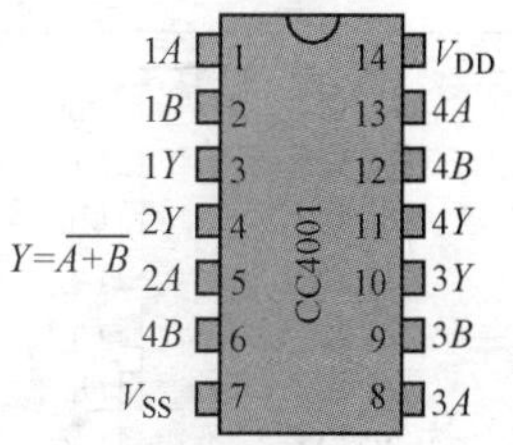

四2输入与非门

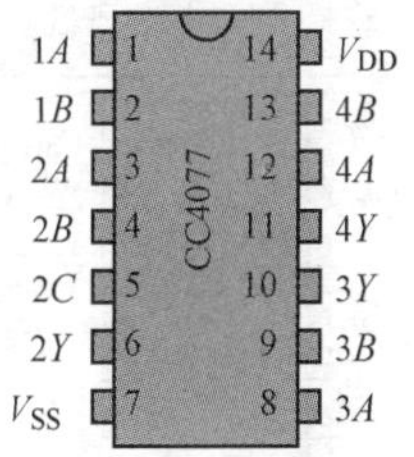

四异或非门

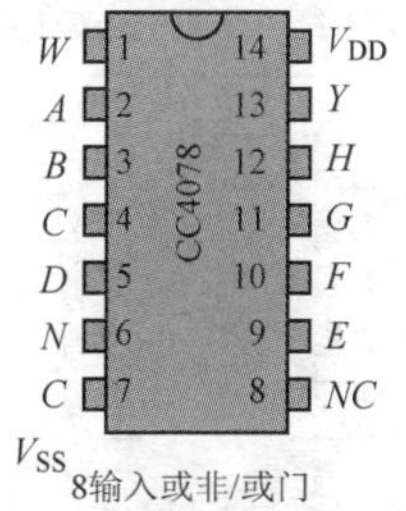

8输入或非/或门

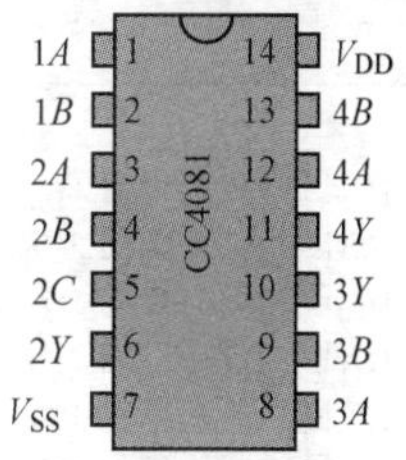

四2输入与门

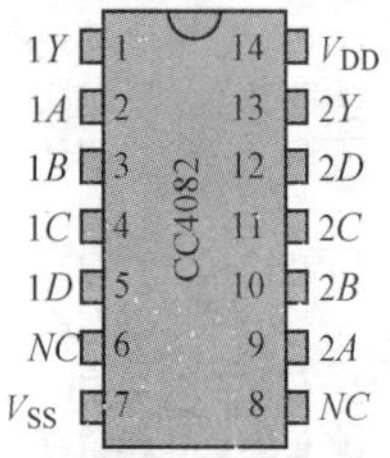

双4输入与门

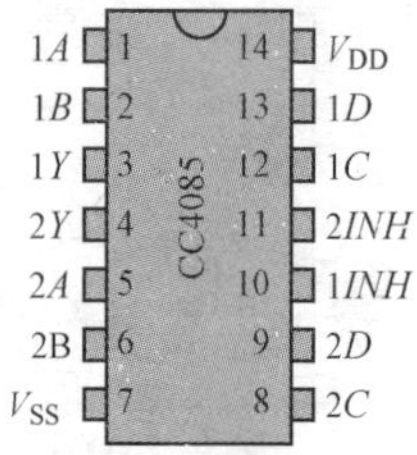

双2-2输入与或非门

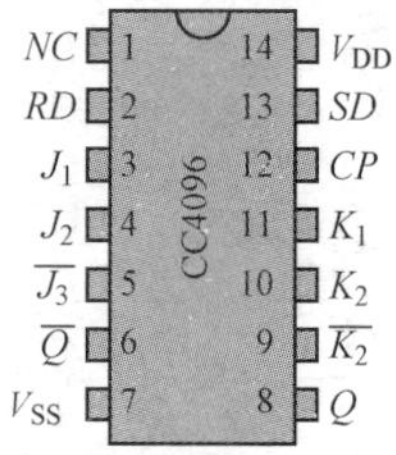

门输入主从J-K触发器

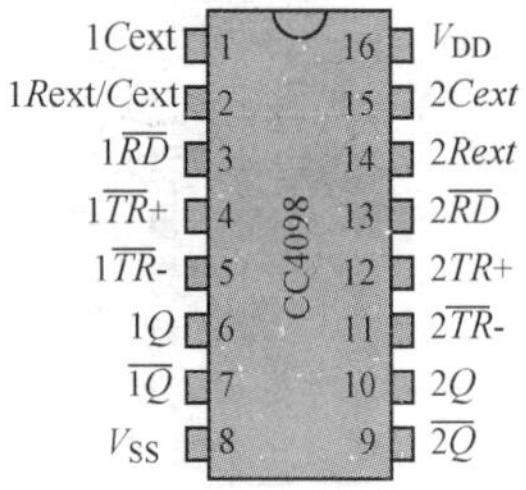

双可重触发单稳态触发器

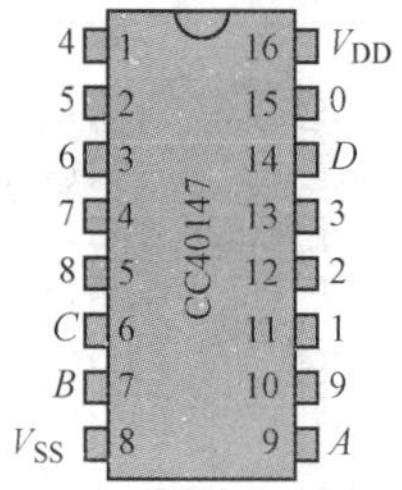

4线优先编码器(BCD输出)

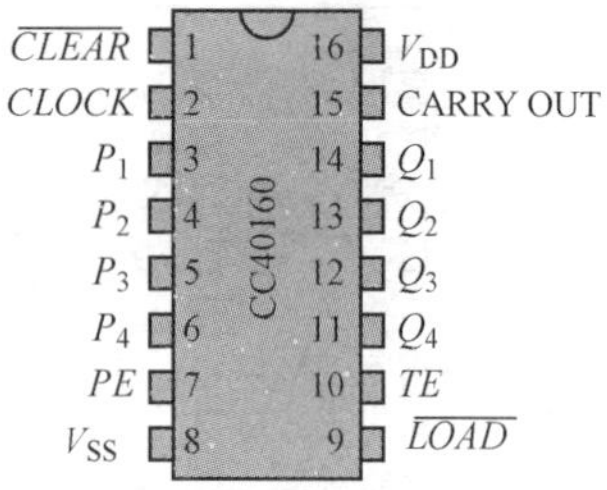

十进制同步计数器
(有预置端，异步清除)

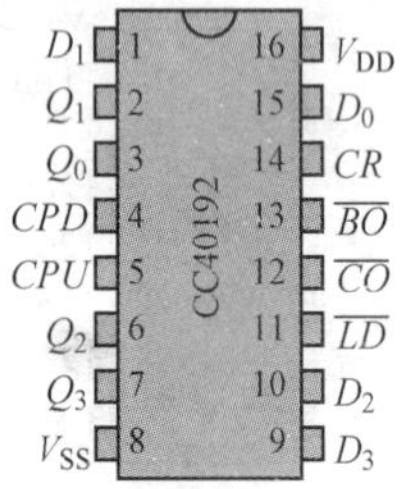

十进制同步加/减计数器
(有预置端，双时钟)

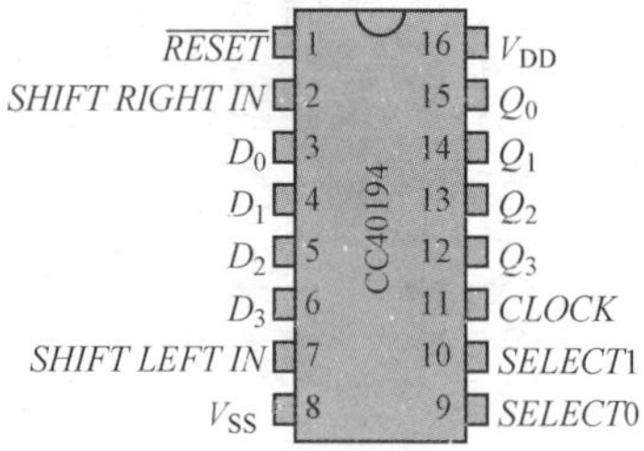

4位双向移位寄存器(并存并取)

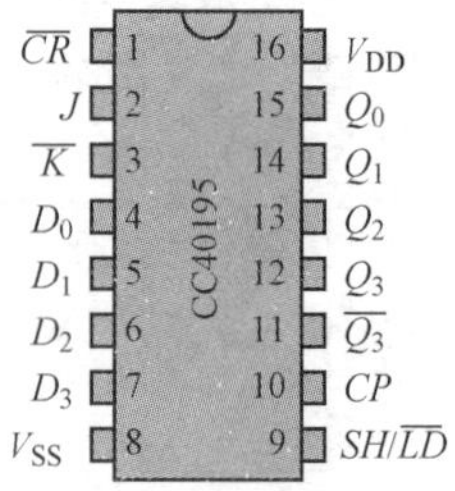

4位移位寄存器
(并行存取，J-K输入)

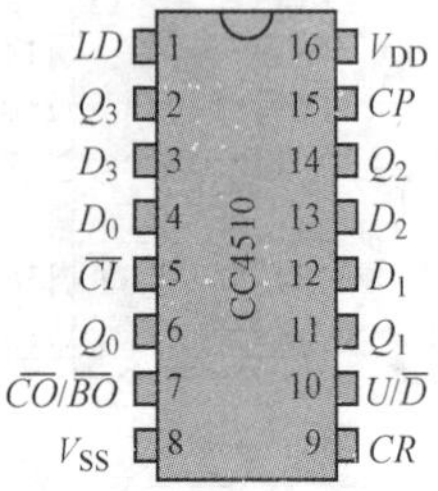

十进制同步加/减计数器

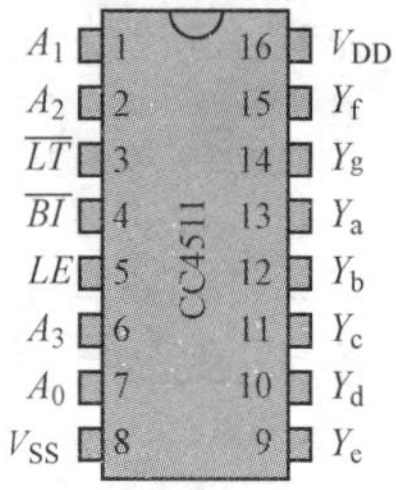

4线-七段锁存译码器/驱动器

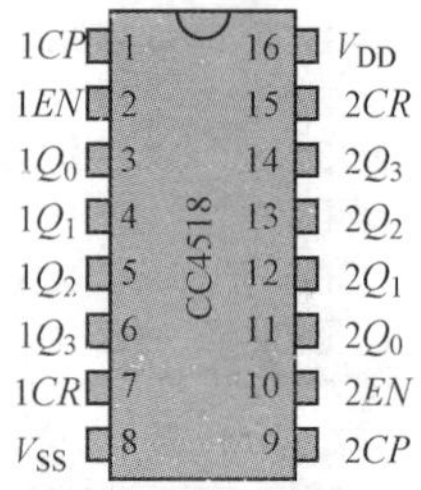

十进制同步加/减计数器

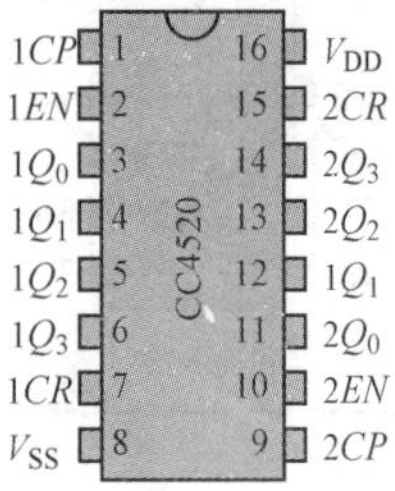

双4位二进制同步计数器

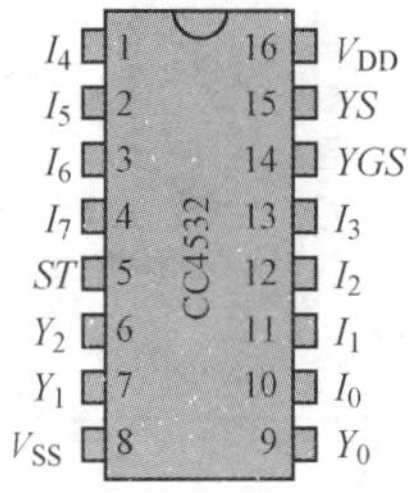

8线-3线优先编码器

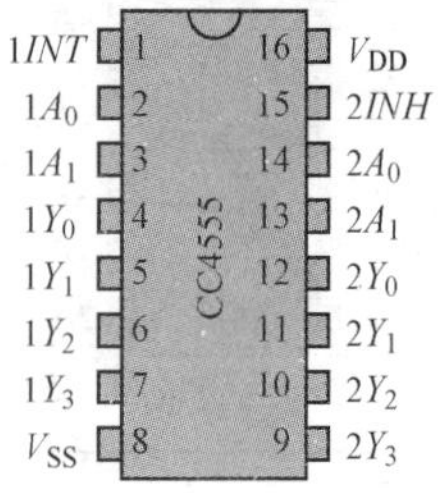

双2位-4线译码器

# 附录 H　质量管理基本常识

## 1. ISO 9000

ISO 是国际标准化组织的简称，ISO 是希腊文“平等”的意思。该组织的英文全称是 International Organization for Standardization。

ISO 是世界上最大的国际标准化组织之一。它成立于 1947 年 2 月 23 日，美国的 Howard Coonley 当选为 ISO 的第一任主席。ISO 的前身是 1928 年成立的“国际标准化协会国际联合会”（简称 ISA）。

ISO 9000 标准是由 ISO/TC176 组织各国标准化机构协商一致后制订的，经国际标准化组织（ISO）批准发布，提供在世界范围内实施的有关质量管理活动规则的标准文件，被称为国际通用质量管理标准。首次发布为 1986－1987 年，1994 年修订、补充为第二版，2000 年发布了第三版。

ISO 9001 用于证实组织具有提供满足顾客要求和适用法规要求的产品的能力，目的在于增进顾客满意度。

## 2. QC

QC 为英文 Quality Control 的简称，中文意思是品质控制，其在 ISO 8402:1994 的定义是“为达到品质要求所采取的作业技术和活动”。

品质政策：由持续不断的改善过程，建立全面品质管理与品质第一的企业文化，提供客户满意的产品与服务，成为世界级的公司。

内在品质：每一个阶段的研发与制造过程对最终产品的品质与可靠性，都会产生必然影响，因此从一开始就专注于将品质与可靠性建构在产品内。对品质的承诺是永续成功的基础，因此每一位员工都将参与品质与可靠性的保证行动视为工作本分。每一种机能与每一位个体对“无缺点”作业负责。

## 3. 6Q

Quake（震撼）、Quality（品质）、Queerness（奇妙）、Quickness（快速）、Quenchless（无止境）、Quest（追求）。

## 4. 5S

5S 是在日本等国家和地区广受推崇的一套管理活动。在质量管理活动中，5S 堪称为最基础的管理项目。5S 管理包括以下五项内容：Seiri（整理）、Seiton（整顿）、Seiso（清扫）、Seiketsu（清洁）、Shitsuke（素养）。

整理（Seiri）：区分用与不用的东西，不用的东西清理掉。

整顿（Seiton）：要用的东西依规定定位、定量地摆放整齐，明确地标示。

清扫（Seiso）：清除职场内的脏污，并防止污染的发生。

清洁（Seiketsu）：将前 3S 实施的做法制度化、规范化，贯彻执行并维持成果。

素养（Shitsuke）：人人依规定行事，养成好习惯。

这五项内容在日文的罗马发音中，均以 S 为开头，故称为 5S。5S 活动是具体而实在的，不仅让员工一听就懂，而且能实行，就是要为员工创造一个干净、整洁、舒适、合理的工作场所和空间环境。

# 参 考 文 献


[1] 华永平．模拟电子线路[M]．北京：电子工业出版社，2005．

[2] 康华光．电子技术基础[M]．4 版．北京：高等教育出版社，1999．

[3] 郑应光．模拟电子线路[M]．南京：东南大学出版社，2000．

[4] 杨崇志．新编晶体管使用手册[M]．沈阳：辽宁科学技术出版社，2000．

[5] 高卫斌．电子线路[M]．北京：电子工业出版社，2005．

[6] 陈其纯．电子线路[M]．3 版．北京：高等教育出版社，1998．

[7] 电子工程手册编委会．标准集成电路数据手册——运算放大器[M]．北京：电子工业出版社，1994．

[8] 电子工程手册编委会编．标准集成电路数据手册——稳压器电路[M]．北京：电子工业出版社，1994．

[9] 蒯红权，刘玉正．模拟电路制作与调试[M]．北京：电子工业出版社，2006．

[10] 阎石．数字电子电路[M]．北京：中央广播电视大学出版社，1993．

[11] 任为民，沈雅芬．数字电子电路学习和试验指导．北京：中央广播电视大学出版社，1993．

[12] 任为民．电子技术基础课程设计[M]．北京：中央广播电视大学出版社，1997．

[13] 陈振源．电子技术基础[M]．北京：高等教育出版社，2001．

[14] 侯建军．数字电路实验一体化教程[M]．北京：清华大学出版社，北京交通大学出版社，2005．

[15] 许小军．电子技术基础[M]．南京：东南大学出版社，2005．

[16] 王汉桥．数字电子电路[M]．北京：中国电力出版社，2007．

[17] 刘海燕．数字电路制作与调试[M]．北京：电子工业出版社，2007．

[18] 劳动和社会保障教材办公室．电子技术技能训练[M]．北京：中国劳动社会保障出版社，2003．